理論生物学の基礎

関村利朗・山村則男 共編

海游舎

はじめに

　近年，生物の諸現象を数理的あるいは理論的に取り扱う学問分野が急速な発展をみせており，理論生物学という新しい分野を形成してきている．しかし，この分野は，取り扱う問題の範囲が生態学，発生学，進化生物学，遺伝学，医学など極めて幅広い分野に及ぶこともあり，その考え方や解析法を基礎から丁寧に一冊の本にまとめたものが，和書はもとより洋書でもないのが現状である．本書の目的は，これまで長年にわたって多くの先人たちによって蓄積されてきた理論生物学の考え方，数理モデルの構築法とその解析法を幅広くまとめて，基礎から分かりやすく解説することである．したがって，この本はこの分野の最新の研究結果を集めた論文集ではないことを注意しておきたい．主な読者である若い学生諸君や専門を異にする研究者の方々は，まず本書によって理論生物学の基礎を幅広く学び，そのうえで個別の研究へとさらに進んでもらいたいと考えている．

　本書の執筆者でもある4名は，さまざまな方面からの要請もあり，『理論生物学入門』((株)現代図書, 2007)を出版した．このたび，『理論生物学の基礎』を出版するにあたり，内容のいっそうの充実をはかるために，新たに専門の異なる気鋭の研究者2名の方に加わっていただき，計6名の執筆者による理論生物学の幅広い分野をカバーするこの一冊が完成した次第である．

　1, 2章は主に生態学に関する章である．1章は「生物の個体数変動論」である．まず単一の生物種からなる集団の単純成長モデルである指数成長モデルに始まり，さらに密度効果を入れたロジスティック成長モデルへと展開する．次に相互作用する2種以上の生物種の個体数変動を記述する数理モデルとして，ロトカ・ボルテラモデルが取り上げられる．2種系としては，捕食

者-被食者系，競争系，共生系が議論される．3種系では3種食物連鎖系，2被食者-1捕食者系，3種巡回系が解説される．最後に，一般的な多種ロトカ・ボルテラモデル系の基本的な性質が考察される．2章は「空間構造をもつ集団の確率モデル」である．生物の個体数の時間的変動だけでなく，空間分布を併せて考えるのがこの章の特徴である．離散モデルの代表格である格子モデルをベースにして，格子空間上のロジスティック成長モデルやゲーム理論，また，応用上重要なメタ個体群モデルなどが取り上げられている．さらに，これらのモデルの保全生態学への応用も取り上げられていて大変興味深い．

　3, 4章は広い意味で発生学に関する章である．3章は「生化学反応論」である．質量作用の法則など化学反応論の基礎となる諸概念の解説と，自己触媒反応などいくつかの応用例を通してその数理的な解析法が紹介される．また，生体内反応として応用上重要な，活性化-抑制反応，酵素反応，そして有名なベルーゾフ・ザボチンスキー (BZ) 反応などが解説される．4章は「生物の形態とパターン形成」である．この章は大きく分けて3つの部分からなっている．まず，植物の葉序パターンとフィボナッチ分数の関係など，生物の形態と数学との深い関わりについての解説である．また，生物の形態進化の考え方も紹介されている．次に位置情報説，チューリングパターンなど多細胞生物の細胞分化パターン形成の考え方と数理モデル，そしてその数理的な解析法が解説される．この章の最後は，生物個体群に見られる空間的パターン形成モデルの紹介と解説である．

　5, 6章は進化生物学と集団遺伝学に関する章である．5章は生物の「適応戦略の数理」である．1個体が次世代に残す子どもの数，すなわち，適応度を最大にする生存戦略が議論される．このような最適問題は工学でよく現れる問題であり，そこで使われる手法が適応戦略の数理として広く応用されている．この章では，最適採餌理論，包括適応度を考慮した利他行動や社会性の進化，性比理論，動的最適問題などが解説される．6章は「遺伝の数理」である．この章ではハーディ・ワインベルグの法則をはじめ，遺伝子の集団

はじめに v

中での世代を経ての変化を記述する集団遺伝学のモデルが解説される．また，生物の遺伝形質に多数の遺伝子が関与していて連続的形質とみなせる場合（体サイズ，卵数など）に適用可能な量的遺伝モデルも解説される．

7章は「医学領域の数理」である．この章では医学領域のさまざまな問題が取り上げられる．集団中の感染症の流行，生体内の免疫システム，発がん過程の数理，また古典的にも有名な神経細胞の数理モデルなどが解説される．医学は生物学に基礎をおいているため，生物学の数理モデルが当然関係してくる．また医学領域の研究は社会的な重要性もあり，数理的研究も盛んに行われていることが紹介される．

8章は「バイオインフォマティクス」である．現在膨大な量の生物遺伝情報が蓄積されており，それらを利用して生物学や医学上の諸問題を解決する手段の一つとしてバイオインフォマティクスという学問分野が創設された．ここでは，その基礎的な考え方から実用的な遺伝情報データベースの利用法，解析のアルゴリズム，また，医療分野への応用としてヒトの食道がんへの応用例などが紹介される．

以上，内容をざっと概観するだけでもわかるように，現時点でこれ以上望めないほどの内容をもつ"理論生物学の基礎"の入門的教科書あるいは参考書ができたものと確信している．さらに，巻末には「プログラム集」を付けて，読者が自身で理論生物学の学習をより身近に，またリアルに体験できるように心がけた．もし読者がパソコンをもっているか使用できる環境にあれば，「プログラム集」に収めているソースプログラムを利用して本文中の作図や演習問題の数値解を得ることができる．ただし，ソースプログラムはMathematica，C言語，R言語などのソフトウェアを使用して書かれているため，読者はこの本とは別にそれらのプログラムが動作するパソコン環境を整える必要がある．また，同じく巻末に付録，各章の演習問題解答，参考文献を載せるなど，教科書としてまとまりのある書となっている．

前述のように，理論生物学はまさに発展中の学問である．生物現象が個別の視点からだけでなく統合化された理論として理解されるようになるなど，

この学問が真に完成されるまでには今しばらく時間がかかるであろう．現時点において，本書が日本の若い学生諸君，また，専門を異にする研究者の方々への理論生物学の基礎を学ぶ教科書あるいは参考書としての役割を果たすことができれば，編者としてこのうえない喜びである．

  2012 年 2 月

関村利朗・山村則男

目 次

1章 生物の個体数変動論 ……………………………………… (竹内康博)

- 1-1 指数成長 …………………………………………………………… 2
  - 1-1-1 指数成長モデルとは ……………………………………… 2
  - 1-1-2 指数成長モデルの例：人口 ……………………………… 4
  - 1-1-3 移住を考慮した指数成長モデル ………………………… 5
  - 1-1-4 連立型指数成長モデル：溶存酸素分布 ………………… 8
  - 1-1-5 べき乗指数成長モデル：人口爆発・世界人口 ………… 10
- 1-2 ロジスティック成長 ……………………………………………… 14
  - 1-2-1 ロジスティック成長モデルとは ………………………… 14
  - 1-2-2 ロジスティック成長の性質 ……………………………… 15
  - 1-2-3 日本の人口：最小2乗法 ………………………………… 19
  - 1-2-4 離散ロジスティックモデルとカオス …………………… 20
  - 1-2-5 時間遅れを考慮したロジスティック成長 ……………… 23
- 1-3 ロトカ・ボルテラモデル (2種系) ……………………………… 24
  - 1-3-1 捕食者-被食者系 ………………………………………… 24
  - 1-3-2 競争系 ……………………………………………………… 28
  - 1-3-3 共生系 ……………………………………………………… 32
- 1-4 ロトカ・ボルテラモデル (3種系) ……………………………… 32
  - 1-4-1 食物連鎖 …………………………………………………… 33
  - 1-4-2 2被食者-1捕食者系 ……………………………………… 34
  - 1-4-3 巡回的競争モデル ………………………………………… 37
- 1-5 ロトカ・ボルテラモデル (n種系) ……………………………… 39
  - 1-5-1 内部平衡点 ………………………………………………… 40
  - 1-5-2 競争的排除の原理 ………………………………………… 41
- 演習問題 ………………………………………………………………… 42

2章 空間構造をもつ集団の確率モデル ……………………… (佐藤一憲)

- 2-1 はじめに …………………………………………………………… 45
- 2-2 基本的な確率モデル ……………………………………………… 47
- 2-3 格子空間上のロジスティックモデル …………………………… 52
- 2-4 コンタクトプロセスに関連するモデル ………………………… 60

2-5	格子空間上のゲーム理論	62
2-6	空間点過程	69
2-7	メタ個体群モデル	73
2-8	保全生態学への応用	78
	Box 2-A　式(2.62)の第1式の導出	86
	Box 2-B　式(2.62)の第2式の導出	88
演習問題		91

3章　生化学反応論　　　　　　　　　　　　　　　　　　　　　（関村利朗）

3-1	反応速度論の基礎	93
	3-1-1　質量作用の法則と簡単な応用	93
	3-1-2　自己触媒反応	96
	3-1-3　振動解をもつ自己触媒反応	97
3-2	活性化-抑制反応	98
	3-2-1　活性化-抑制系	98
	3-2-2　活性化因子・抑制因子モデル	99
3-3	酵素反応と酵素反応の阻害	102
	3-3-1　ミカエリス・メンテンの酵素反応理論	103
	3-3-2　阻害がある場合の酵素反応論	107
3-4	ベルーゾフ・ザボチンスキー (BZ) 反応	110
	3-4-1　BZ 反応の発見	110
	3-4-2　簡単化された FKN モデル	112
演習問題		114

4章　生物の形態とパターン形成　　　　　　　　　　　　　　　（関村利朗）

4-1	生物の形態の数量化	119
	4-1-1　生物の形態やパターンと数	120
	4-1-2　成長と形	123
	4-1-3　形態進化	127
	Box 4-1　アロメトリー式 (4.7) の導出	132
4-2	多細胞生物の細胞分化パターン形成	132
	4-2-1　細胞分化パターンとは何か	132
	4-2-2　細胞分化の位置情報説	133
	4-2-3　反応拡散方程式と拡散誘導不安定性理論	137
	4-2-4　側方抑制機構	144
	4-2-5　細胞移動によるパターン形成	148
4-3	生物個体群におけるパターン形成	156
	4-3-1　単純拡散過程と生物種の侵入	156

4-3-2　増殖を含む拡散過程 ･････････････････････････････････････ 159
　　　4-3-3　相互作用が作り出す生物集団パターン ･･････････････････ 161
　演習問題 ･･･ 167

5章　適応戦略の数理 ･････････････････････････････････････ (山村則男)

　5-1　単純な最適問題 ･･･ 171
　　　5-1-1　進化と最適問題 ･･ 171
　　　5-1-2　最適採餌理論 ･･･ 175
　　　5-1-3　変動環境のもとでの休眠戦略 ････････････････････････････ 180
　5-2　包括適応度 ･･･ 182
　　　5-2-1　利他行動の進化 ･･･ 182
　　　5-2-2　社会性の進化 ･･･ 183
　5-3　ゲームモデル ･･･ 187
　　　5-3-1　タカ・ハトゲーム ･･････････････････････････････････････ 187
　　　5-3-2　性比理論 ･･･ 190
　　　5-3-3　協力行動の進化 ･･･ 193
　5-4　動的最適問題 ･･･ 195
　　　5-4-1　ダイナミック・プログラミング ･･････････････････････････ 195
　　　5-4-2　ポントリャーギンの最大原理 ････････････････････････････ 198
　演習問題 ･･･ 201

6章　遺伝の数理 ･･ (山村則男)

　6-1　集団遺伝学の基本的概念 ･･････････････････････････････････････ 203
　　　6-1-1　遺伝と進化 ･･･ 203
　　　6-1-2　遺伝子頻度の変化 ･･････････････････････････････････････ 206
　　　6-1-3　遺伝的多様性維持のメカニズム ･･････････････････････････ 209
　　　6-1-4　遺伝的浮動と中立説 ････････････････････････････････････ 210
　6-2　遺伝子座モデル ･･･ 214
　　　6-2-1　単数体モデル ･･･ 214
　　　6-2-2　単数倍数体（性染色体）モデル ･･････････････････････････ 214
　　　6-2-3　二遺伝子座モデル ･･････････････････････････････････････ 215
　　　6-2-4　個体ベースモデル ･･････････････････････････････････････ 217
　6-3　量的遺伝モデル ･･･ 222
　　　6-3-1　量的形質の遺伝と進化 ･･････････････････････････････････ 222
　　　6-3-2　性淘汰 ･･･ 223
　　　6-3-3　適応動態アプローチ ････････････････････････････････････ 226
　演習問題 ･･･ 230

7章 医学領域の数理 ……………………………………（梯　正之）

- 7-1 感染症流行の数理モデル ……………………………… 233
  - 7-1-1 感染症の基本数理モデル ………………………… 233
  - 7-1-2 性感染症の数理モデル …………………………… 240
  - 7-1-3 病原体とホストの進化 …………………………… 248
  - 7-1-4 感染症の流行データと時系列解析：偶然変動と周期性，カオス …… 250
- 7-2 免疫システムの数理モデル ……………………………… 253
  - 7-2-1 免疫システムの仕組み：数理モデルの基盤 ………… 253
  - 7-2-2 免疫システムの基本モデル：ウイルスの侵入 ……… 256
  - 7-2-3 免疫システムの基本モデル：キラーT細胞の働き …… 260
- 7-3 発がん過程の数理モデル ……………………………… 262
  - 7-3-1 がんはどのようにして起こるか …………………… 263
  - 7-3-2 発がん過程の数理モデル ………………………… 266
  - 7-3-3 がんに関わるさまざまな数理モデル ……………… 273
- 7-4 神経細胞の数理モデル ………………………………… 273
  - 7-4-1 神経細胞の電気生理とホジキン・ハクスレーのモデル … 274
  - 7-4-2 ホジキン・ハクスレーのモデルのダイナミックな特性 … 278
  - 7-4-3 フィッツヒュー・南雲方程式：
       ホジキン・ハクスレーのモデルのエッセンス ……… 282
- 演習問題 ……………………………………………………… 286

8章 バイオインフォマティクス ………………………（高橋広夫）

- 8-1 生物のもつ遺伝子から塩基配列・タンパク質まで ………… 289
- 8-2 バイオインフォマティクス概観 ………………………… 294
- 8-3 ウェブサイトに公開された生物情報データベース ………… 295
  - 8-3-1 塩基配列情報データベース ……………………… 295
  - 8-3-2 アミノ酸配列情報データベース ………………… 295
  - 8-3-3 タンパク質構造情報データベース ……………… 296
  - 8-3-4 遺伝子発現情報データベース …………………… 296
  - 8-3-5 タンパク質機能データベース …………………… 297
  - 8-3-6 代謝ネットワークデータベース ………………… 297
- 8-4 配列解析 ………………………………………………… 298
  - 8-4-1 ホモロジーとアライメント ……………………… 299
  - 8-4-2 アライメントのためのダイナミックプログラミングの原理 …… 300
  - 8-4-3 スミス・ウォーターマンのアルゴリズム ………… 303
  - 8-4-4 BLAST …………………………………………… 304
- 8-5 発現解析 ………………………………………………… 305
  - 8-5-1 DNAチップ ……………………………………… 306
  - 8-5-2 クラスタ解析 …………………………………… 307
  - 8-5-3 判別分析 ………………………………………… 310

	8-5-4 遺伝子選択 ………………………………………………… 310
8-6	医療分野への応用 ………………………………………………… 314
	8-6-1 がんと食道がん ……………………………………………… 314
	8-6-2 食道がんに関するバイオマーカー探索と実験的検証 ……… 315
演習問題 ……………………………………………………………………… 319

付　録

1	微分方程式系の安定性解析と最小 2 乗法によるデータ解析 ………… (竹内康博)
	1A 微分方程式系の安定性解析法 ……………………………… 321
	1B 最小 2 乗法によるデータ解析 ……………………………… 328
2	2 変数反応方程式と定常解近傍での解の振る舞い ………………… (関村利朗)
	2A 線形解析法 …………………………………………………… 329
	2B (u, v)-位相空間における解の振る舞いの分類 …………… 330
3	移流項を含む反応拡散方程式導出と拡散方程式の解法 …………… (関村利朗)
	3A 釣り合いの法則を使った導出法 …………………………… 332
	3B 単純拡散方程式の導出法と初期値問題の解法 …………… 336

演習問題解答 ……………………………………………………………… 339

プログラム集
1	C 言語プログラム（1 章，3 章，4 章）………………………………… 347
2	Mathematica プログラム（2 章，7 章）……………………………… 353
3	R 言語プログラム（6 章，8 章）……………………………………… 365

参考文献 …………………………………………………………………… 367

事項索引 …………………………………………………………………… 377

1章
生物の個体数変動論

(竹内康博)

　第1章では，生物の個体数変動を記述するための基本的な数理モデルを考察する．まず単独の生物種が（別の生物種との相互作用なしに）生活している場合を考える．生物の世代が重なっている場合に対するモデルとして，時間が連続的に変化することを仮定した基礎的な指数成長モデルとロジスティック成長モデル（常微分方程式モデル）を取り上げ，その基本的な性質を理解する．また昆虫などのように世代が重ならない生物に対しては，時間は離散的であると仮定したほうが合理的であるので，離散時間モデルも考察する．ロジスティック成長の離散時間モデル（差分方程式モデル）はカオスを生みだすことを解説する．また，生物の個体数変動には時間遅れを考慮すること（例えば，餌を捕ったあとすぐに捕食者の個体数が増えるわけではなく，個体数増加には時間が必要である）が現実的である場合，常微分方程式モデルは時間遅れを含む微分方程式モデルとなる．ロジスティック成長に時間遅れを導入すると，単調な成長が振動する成長に変化することを解説する．

　生物種は単独で生活している場合はまれで，通常他の生物種と相互作用しながら生活している．このような相互作用する2種以上の生物種の個体数変動を記述する基本的な数理モデルとして，ロトカ・ボルテラモデルを考察する．まず2種系として，捕食者-被食者系，競争系，共生系を取り上げる．次に3種系を考える．3種食物連鎖系，2被食者-1捕食者系，3種巡回競争系を解説する．最後に一般的な多種ロトカ・ボルテラモデル系に関して知られている基本的な性質を考察する．

1-1 指数成長

1-1節では，基本的な成長現象である**指数成長モデル**を取り上げ，その基本的な性質を考察する．例として人口を取り上げ，指数成長モデルの応用可能性を考察する．

1-1-1 指数成長モデルとは

人口や化学反応における物質の濃度など，時間的に成長（変化）するデータが与えられたとする．このとき，変化するデータを表現する方程式を求めよう．方程式からその解を求めれば，時間を将来に延ばし，未来の人口や化学反応における終局的な物質濃度を予測できる．

例1-1 アルコール濃度と酔っ払い運転

アルコールを摂取すると20％は胃，80％は腸から血中にアルコールが入る．表1-1の交通事故データがあったとする．表1-2は体重60 kgの人に対するアルコール摂取量と血中アルコール濃度の関係である．アルコール摂取量と血中アルコール濃度は比例することが知られている．事故率100％となるのはビール，日本酒，ウィスキーをどれくらい飲んだときか考えよう．

表1-1 事故データ

血中のアルコール濃度 x(%)	0	0.05	0.1	0.14	0.17	0.18
事故率 y(%)	1	1	8	20	35	49

表1-2 血中のアルコール濃度とアルコール摂取量との関係（体重60 kgの人）

血中のアルコール濃度	ビール	日本酒	ウィスキー
0.05	1本	2合	3杯
0.1	2本	4合	6杯

血中のアルコール濃度 x と事故率 y の関係を見やすくするために表1-1をグラフ表示（図1-1の事故データグラフ）する．グラフは指数関数 $y(x) = be^{ax}$ [$= b\exp(ax)$ とも書く] のように見える．今，$x=0$ で $y=1$ より $y(0)=b=1$，$x=0.14$ のとき $y=20$ であるので $e^{0.14a}=20$ から $a = \log 20/0.14 \fallingdotseq 21.398$ と定数 a，

1-1 指数成長

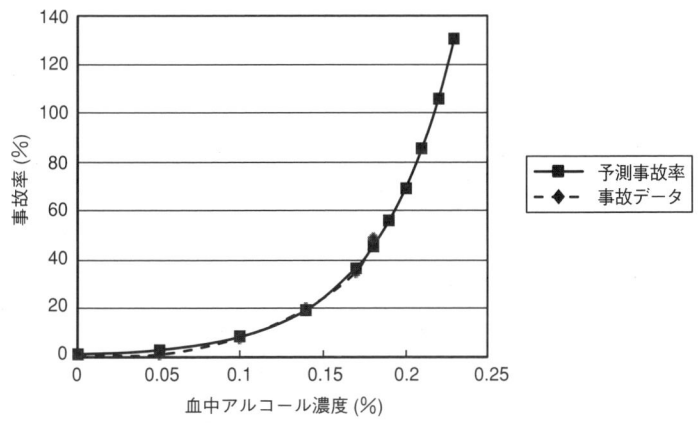

図1-1　血中アルコール濃度と事故率

b を決定する．したがって，式は $y=e^{21.398x}$ となる．求めた指数関数をデータと重ねて表示すると図1-1の予測事故率データグラフが得られ，両者は大体一致しているように見える．$y=100$ となるのは $100=e^{21.398x}$ から $x ≒ 0.2152$ となり，ビール $0.2152/0.05 ≒ 4.3$ 本で事故率100％となることが分かる．

例1-1で現れた式 $y(x)=be^{ax}$ を**指数成長**と呼ぶ．$b>0$ の場合 x を無限大に増加したとき，$a>0$ ならば $y(x)$ は無限大に増加し，$a<0$ ならば $y(x)$ は0に漸近することに注意しよう．指数成長式の両辺を x に関して微分すると**指数成長に対する方程式**

$$\frac{dy}{dx}=ay \tag{1.1}$$

が得られる．a は**マルサス係数**と呼ばれる．この式から指数成長の場合，成長速度 dy/dx は現在の量 y（交通事故の場合，現時点での事故率）に比例することが分かる．

逆に式(1.1)を満たす関数 $y(x)$ を求めよう．式(1.1)の両辺を y で割り，x で積分すると

$$\int \frac{1}{y}\frac{dy}{dx}dx = \int a\,dx \tag{1.2}$$

が得られる．左辺は $\log y$，右辺は $ax+c$（c：積分定数）となるので，$\log y = ax+c$ から $y=e^{ax+c}$ が得られ，$e^c=b$ とおけば，指数成長式が求められる．こ

のような解法を**変数分離法**と言う．別の解法を考えよう．式(1.1)の両辺に e^{-ax} を掛け，左辺を右辺に移項すると

$$0 = e^{-ax}\left(\frac{dy}{dx} - ay\right) = \frac{d}{dx}(e^{-ax}y) \tag{1.3}$$

が得られる．この式は $e^{-ax}y$ を x で微分すると0となることを示しているので，$e^{-ax}y = b$ (b：定数) が得られ，指数成長式 $y = be^{ax}$ が求められる．

1-1-2 指数成長モデルの例：人口

指数成長モデルの例として，日本の人口成長を取り上げよう．最近少子化が問題になっている日本の人口成長はどうなっているだろうか．

例1-2　1880年から100年間の日本の人口

1880年から100年間の日本の人口データは表1-3のように与えられている．データを横軸に年代 t，縦軸に人口 y のグラフで表示すると，図1-2の人口データのグラフのうちの1980年までの曲線が得られる．グラフからデータは指数成長していそうなので，1880年を $t=0$，10年を1単位として，指数成長式 $y(t) = be^{at}$ を決定しよう．

表1-3

年	1880	1890	1900	1910	1920	1930	1940	1950	1960	1970	1980
人口 (100万人)	36.6	39.9	43.8	49.2	56.0	64.5	72.0	83.2	93.4	103.7	117.1

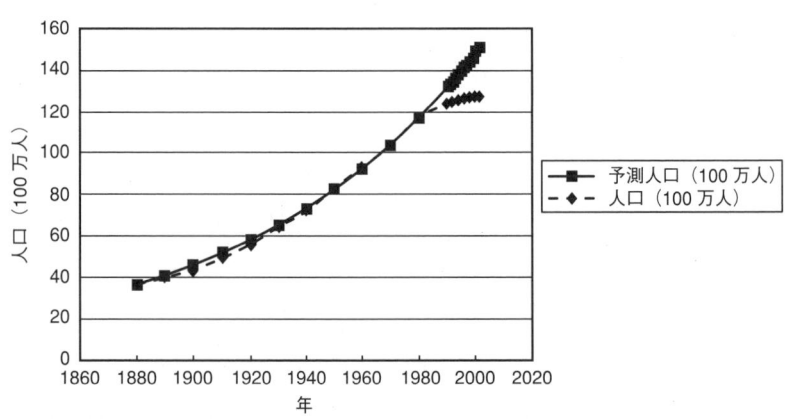

図1-2　日本の人口のデータと将来予測

例1-1では，定数 a, b をデータ2個から決定したが，今回は与えられたデータを全て用いよう．b はデータ $y(0)=36.6$ から $b=36.6$ とする．10年ごとの人口増加率は

$$\frac{y(t+1)}{y(t)} = \frac{be^{a(t+1)}}{be^{at}} = e^a \quad (= 一定) \tag{1.4}$$

から，指数成長では増加率が一定であることが分かる．式(1.4)から $\log\{y(t+1)/y(t)\}=a$ となるので，全てのデータの平均値として $a=0.116$ が得られる．得られた指数成長式 $y(t)=36.6e^{0.116t}$ をデータと重ねて表示すると，1980年までは両者はよく一致しているように見える．

表1-4は1990年以降の日本の人口と，上で求めた指数成長式による予測人口で，図1-2の1990年以降のグラフで表示してある．グラフから日本の人口は1980年代までは指数成長を示しているが，1990年以降の人口の予測は現実と大きくかけ離れていることが見てとれる．

表 1-4

年	1990	1991	1992	1993	1994	1995	1996	1997	1998	1999	2000	2001
人口 (100万人)	123.6	124.1	124.6	125.3	125.6	125.9	126.2	126.2	126.5	126.7	126.9	127.3
予測人口 (100万人)	131.5	133.1	134.6	136.2	137.8	139.4	141.0	142.6	144.3	146.0	149.4	151.2

1-1-3 移住を考慮した指数成長モデル

前項の指数成長モデルは移入や移出を無視したモデルであった．本項では**移住付き指数成長モデル**を考察しよう．ある湖において魚の個体数が指数成長していて，毎年一定数の放流と漁獲があるとする．放流と漁獲がない場合（または放流量と漁獲量が等しい場合），魚の個体数は指数成長しているので，時間無限大で湖の魚の個体数は無限大になる．放流と漁獲がある場合，過度な漁獲で魚が絶滅することがあるだろうか．また，放流数が大きいとき，有限な時刻で湖の魚の個体数は無限大になることがあるだろうか．

移住付き指数成長モデルは

$$\frac{dN}{dt} = aN + s - h, \quad N(0) = N_0 > 0 \tag{1.5}$$

と表される．Nは魚の個体数，tは時間，aはマルサス係数（放流と漁獲がない場合に魚は個体数を増加させるので，$a>0$と仮定する），s, hはともに非負の定数で，sは放流（stocking），hは漁獲（harvesting）を表す．式(1.5)で第2の式は**初期条件**と呼ばれ，$t=0$での湖の魚の個体数がN_0であることを表す．

放流と漁獲がない場合（または放流量と漁獲量が釣り合っている場合）は式(1.5)で$s-h=0$となるので，式(1.5)の解は

$$\frac{dN}{dt}=aN \Rightarrow N(t)=N_0 e^{at} \tag{1.6}$$

となる．$s-h \neq 0$の場合の式(1.5)の解を求めよう．関数$N(t)=C(t)e^{at}$が式(1.5)を満たすように，tの関数$C(t)$をうまく選ぼう．$N(t)=C(t)e^{at}$が，式(1.5)で$s-h=0$の場合の解$N_0 e^{at}$に対応していることに注意しよう．定数N_0を変数$C(t)$に置き換えているので**定数変化法**と呼ばれる．$N(t)=C(t)e^{at}$を式(1.5)の両辺に代入すると

$$\frac{dC}{dt}e^{at}+aCe^{at}=aCe^{at}+s-h \tag{1.7}$$

が得られるので，関数$C(t)$が$dC/dt=(s-h)e^{-at}$を満たせばよい．両辺をtで積分すると

$$C(t)=\frac{(h-s)e^{-at}}{a}+d \quad (d：定数) \tag{1.8}$$

が得られる．この$C(t)$を$N(t)=C(t)e^{at}$に代入すると$N(t)=(h-s)/a+de^{at}$となる．定数dは式(1.5)の初期条件$N(0)=(h-s)/a+d=N_0$を満たすように$d=N_0-(h-s)/a$と選ぶ．したがって，式(1.5)の解

$$N(t)=N_0 e^{at}+\frac{h-s}{a}(1-e^{at}) \tag{1.9}$$

が求められた．$h-s=0$のとき，式(1.9)は$N(t)=N_0 e^{at}$となることに注意しよう．

式(1.9)を用いて，放流と漁獲が指数成長に及ぼす影響を考えよう．放流量が漁獲量より大きい場合（$s>h$），$t>0$で$N(t)>N_0 e^{at}$であるので，放流の効果で魚の個体数は自然の場合と比べて早く成長する．また魚の個体数が無限大になるのは時間無限大であり，有限な時刻では魚の個体数は有限であるこ

1-1 指数成長

とが確認できる．逆に漁獲量が放流量を上回る合 ($s<h$)，$t>0$ で $N(t)<N_0 e^{at}$ であるので個体数の成長は遅くなる．このとき，過度の漁獲で湖の魚が絶滅することがあるだろうか．例をあげて検証してみよう．

例 1-3 魚の個体数に対する放流と漁獲の影響

$N_0=1000$，$a=0.25/$週とする．$s-h=0$ の場合，$N(t)=N_0 e^{at}$ が初期個体数 N_0 の2倍になる時刻を t_2（**2倍化時間**）とすると $t_2=\log 2/a=2.773$ 週であり，湖での生産力が非常に大きい．図 1-3 は放流量と漁獲量の差 $s-h$ を変化させた場合の，式 (1.9) のグラフである．$s>h$ なら自然の指数成長（$s=h$）より早く成長し，逆に $s<h$ なら成長が遅くなることが分かる．特に $s-h=-250$ で個体数が一定となり，また $s-h=-300$ の場合，有限時刻で個体数が0となり，過度の漁獲で湖の魚が絶滅することに注意しよう．

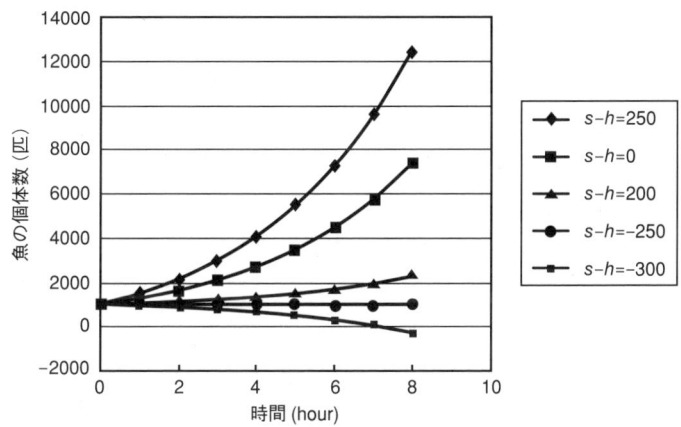

図 1-3 魚の個体数に対する放流と漁獲の影響 s は単位時間あたりの放流量，h は漁獲量を表す．

式 (1.9) に戻ろう．書き換えて，

$$N(t)=\left(N_0-\frac{h-s}{a}\right)e^{at}+\frac{h-s}{a} \qquad (1.10)$$

$N(t)=$ 一定となる条件は $h-s=aN_0$ であり，$h-s>aN_0$ ならば $N(t)$ は減少関数となり，$t\to\infty$ で負となることが分かる．$N(t)=0$ となる**絶滅時刻**を t_e とすると

$$t_e = \frac{1}{a} \log\left(\frac{1}{1 - aN_0/(h-s)}\right) \tag{1.11}$$

となることが確かめられる．

1-1-4 連立型指数成長モデル：溶存酸素分布

前項までは日本の人口や魚の個体数のように変数が1つの指数成長を考察した．本項では変数が2つの場合の指数成長を取り上げる．平均流速 v_0 の定常な流れをもつ河川の溶存酸素分布を考察しよう．水源地からの距離を s とし，変数は河川の地点 s での溶存酸素量（DO：dissolved oxygen）を $C(s)$，水中の有機物汚染の尺度である生物化学的酸素要求量（BOD：biochemical oxygen demand）を $L(s)$ とする．$C(s)$ が大きいほど河川はきれいであると考えられる．河川の水温が一定であるとすれば，溶存酸素濃度の平衡値 C_s が決まる．水に溶けることが可能な酸素量は $D = C_s - C$ で与えられる．L と D に対する微分方程式は以下のように書き表すことができる．

$$\begin{aligned} v_0 \frac{dL}{ds} &= -k_1 L & (L(0) = L_0 > 0) \\ v_0 \frac{dD}{ds} &= k_1 L - k_2 D & (D(0) = D_0 > 0) \end{aligned} \tag{1.12}$$

ここで k_1, k_2 は河川の浄化能力を表す正の定数である．

式 (1.12) を満たす $L(s)$, $D(s)$ を求めよう．1-1-1 項と同様に第1式から $L(s) = L_0 \exp(-k_1 s/v_0)$ が求められる．以前と異なり，マルサス係数が負であることに注意すると，水源地から河口に向かって河川は流れることによってBOD値を下げる（水質を浄化している）ことが分かる（図 1-4）．得られた $L(s)$ を第2式に代入すると $D(s)$ に関する方程式

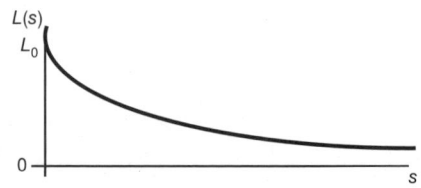

図 1-4 川が長ければ (s：大) BOD は 0 に近くなる

$$\frac{dD}{ds} = \frac{k_1}{v_0} L_0 \exp\left(-\frac{k_1 s}{v_0}\right) - \frac{k_2}{v_0} D \tag{1.13}$$

が求められる．1-1-3項の**定数変化法**を用いよう．解を $D(s) = E(s)\exp(-k_2 s/v_0)$ として，式(1.13)を満たす関数 $E(s)$ を決定する． d を定数として

$$\begin{aligned} E(s) &= \frac{k_1 L_0}{k_2 - k_1} \exp\left(\frac{(k_2 - k_1)s}{v_0}\right) + d \\ D(s) &= \frac{k_1 L_0}{k_2 - k_1} \exp\left(-\frac{k_1 s}{v_0}\right) + d\exp\left(-\frac{k_2 s}{v_0}\right) \end{aligned} \tag{1.14}$$

となる． $C(s) = C_s - D(s)$ を用い， $C(0) = C_s - D_0 = C_0$ に注意して定数 d を決定すると

$$\begin{aligned} C(s) = C_s &- (C_s - C_0)\exp\left(-\frac{k_2}{v_0}s\right) \\ &+ \frac{k_1 L_0}{k_2 - k_1}\left[\exp\left(-\frac{k_2}{v_0}s\right) - \exp\left(-\frac{k_1}{v_0}s\right)\right] \end{aligned} \tag{1.15}$$

が得られる．溶存酸素量 $C(s)$ の変化を見てみよう．

例1-4　河川の生物化学的酸素要求量と溶存酸素量濃度

式(1.12)のパラメータの値を $k_1 = 0.25/\text{day}$, $k_2 = 0.5/\text{day}$, $C_s = 9.2\,\text{mg}/l$ (水温20℃)， $v_0 = 25\,\text{km/day}$ としよう．今，水源地では溶存酸素量が $C_0 = C_s = 9.2\,\text{mg}/l$ $(D_0 = C_s - C = 0)$ で最大の酸素量が溶存しているが，汚染されていてBOD

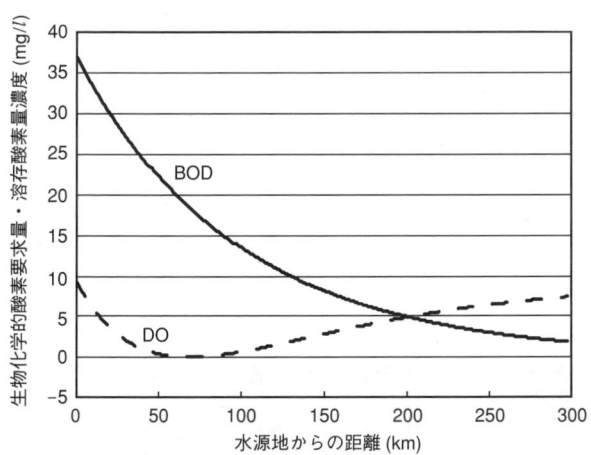

図1-5　河川の生物化学的酸素要求量と溶存酸素量濃度 (水源地が汚染されている場合)

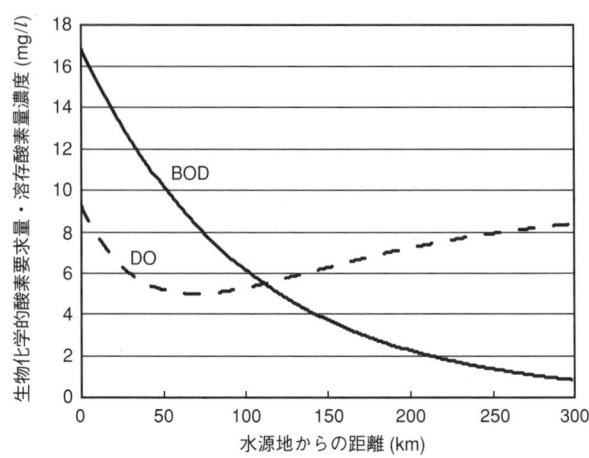

図 1-6 河川の生物化学的酸素要求量と溶存酸素量濃度 (水源地の水質を改善した場合)

値は $L_0 = 36.8\,\mathrm{mg}/l$ であるとする.河川の環境基準を溶存酸素量 $5\,\mathrm{mg}/l$ 以上とする.水源地では環境基準値が満たされているが,流域全体ではどうだろうか.河川全体の溶存酸素量 $C(s)$ を調べ,河川の汚染状況を明らかにしよう.$L(s) = L_0 \exp(-k_1 s/v_0)$ と式 (1.15) で表される $C(s)$ のグラフは図 1-5 で与えられる.河川の上流域 $(0 \leq s < 14)$,および下流域 $(s \geq 203)$ では環境基準を上回る溶存酸素量であるが,河川の中流域 $(14 < s < 203)$ では環境基準を下回ることが分かる.

河川全体で環境基準を満たすようにするには,水源地の汚染を改善し L_0 をどの程度下げたらよいだろうか.今 $C_0 = C_s$ であるので式 (1.15) の第 2 項が消えることに注意し,$C(s)$ が最小値をとる地点 s を求めると,

$$s = \frac{v_0}{k_2 - k_1} \log\left(\frac{k_2}{k_1}\right) = 69.3 \tag{1.16}$$

となる.$C(69.3) \geq 5$ となるように式 (1.15) で L_0 を求めると $L_0 = 16.8$ となる.図 1-6 から流域全体で溶存酸素量が環境基準を上回るように水質が改善されることが分かる.

1-1-5 べき乗指数成長モデル:人口爆発・世界人口

$a,\ r,\ N_0$ を定数としたとき,

$$\frac{dN}{dt} = aN^r \quad (N(0) = N_0 > 0) \tag{1.17}$$

1-1 指数成長

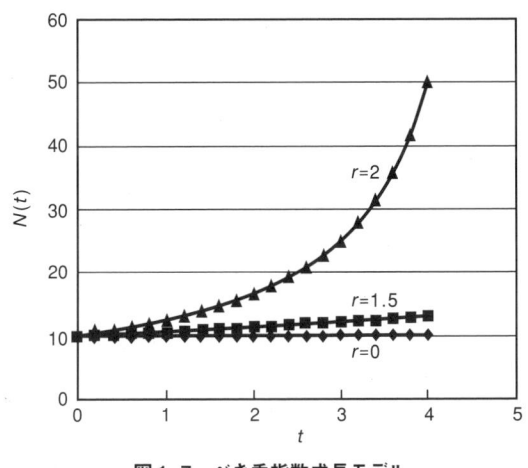

図 1-7 べき乗指数成長モデル

をべき乗指数成長モデルと呼ぶ．これまでの微分方程式は右辺が変数の 1 次式なので，**線形微分方程式**と呼ばれる．式 (1.17) の右辺は $r \neq 1$ の場合 1 次式ではないので，**非線形微分方程式**と呼ばれる．以後にさまざまな非線形微分方程式が現れる．式 (1.17) において $r=1$ のとき，解は指数成長 $N(t) = N_0 e^{at}$ となることに注意しよう．$r \neq 1$ の場合，1-1-1 項で説明した**変数分離法**で式 (1.17) の解を求めよう．

$$\int_{N_0}^{N} N^{-r} dN = \int_0^t a\, dt \tag{1.18}$$

から

$$N(t) = N_0 \left[1 + (1-r)\, a N_0^{r-1} t \right]^{1/(1-r)} \tag{1.19}$$

が求められる．$N_0 = 10$，$a = 0.02$ とし，$r = 0, 1.5, 2$ と変化させた式 (1.19) のグラフが図 1-7 に与えられている．r を増やすと急激な成長が得られることが分かる．

式 (1.19) で $r=0$ とすると直線 $N(t) = N_0 + at$，$r = 1/2$ で 2 次関数 $N(t) = N_0 \{1 + at/(2\sqrt{N_0})\}^2$，$r = 3/4$ のとき 4 次関数 $N(t) = N_0 \{1 + at/(4\sqrt[4]{N_0})\}^4$，$r \to 1$ で指数関数 $N(t) \to N_0 e^{at}$ が得られる．$r > 1$ の場合を考えよう．式 (1.19) の分母 $1 + (1-r)\, a N_0^{r-1} t$ は t に関する減少関数で，$t = 0$ では正，$t \to +\infty$ で負になることに注意しよう．したがって，分母の値は有限な時刻で 0 となり，式 (1.19) はこの

時刻で無限大に爆発する．$r=2$ では，$N(t)=N_0\{1-N_0at\}^{-1}$（**双曲型成長**と呼ばれる）より，爆発時刻は $t=(aN_0)^{-1}$ で与えられる．$0<r\leqq1$ でも $N(t)$ は爆発するが，爆発時刻は $t=\infty$ であることに注意しよう．

例1-5　世界人口の変化：人口爆発

　図1-8 は 1650〜1990 年の世界人口の増加をグラフにしたものである．グラフからは人口の成長曲線が2次成長なのか，指数成長なのか，双曲型成長なのか判断が難しい．図1-9 は世界人口の逆数の変化を表示している．これを見ると直線に近く見える．一方，双曲型成長曲線 $N(t)=N_0\{1-N_0at\}^{-1}$ から

$$\frac{1}{N(t)} = \frac{1}{N_0} - at \tag{1.20}$$

が得られる．$N(t)$ の逆数は負の傾きをもつ直線で表現される．

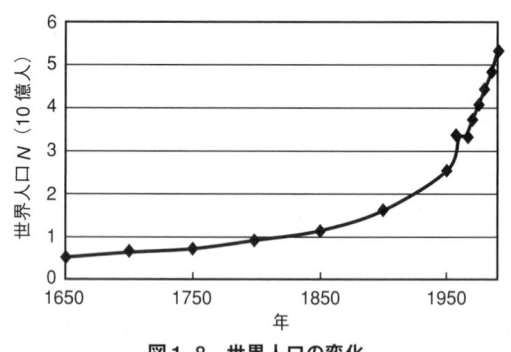

図1-8　世界人口の変化

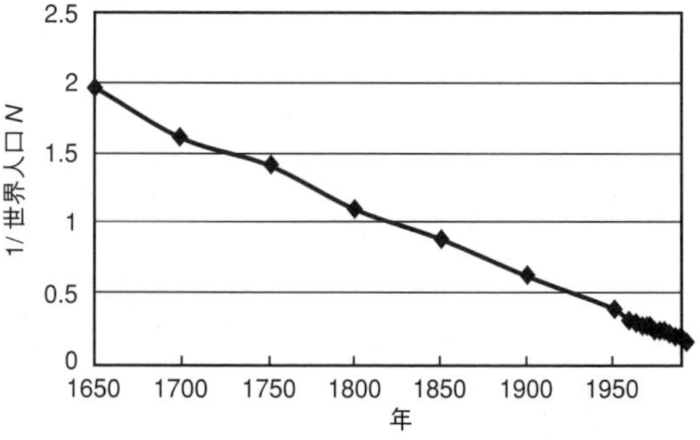

図1-9　世界人口の逆数の変化

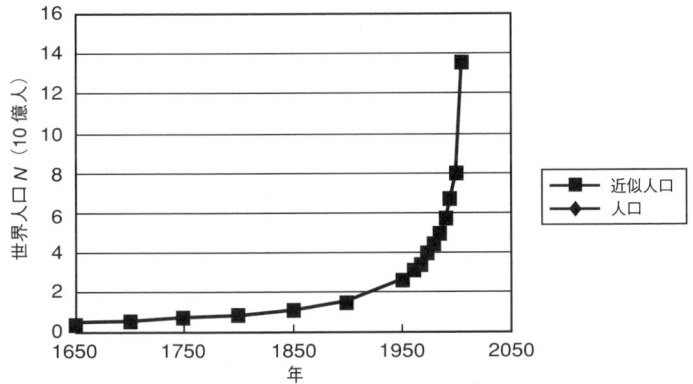

図 1-10　世界人口と双曲型成長モデル

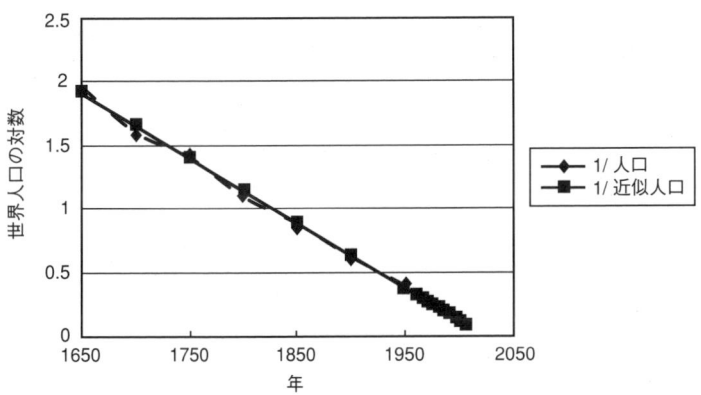

図 1-11　世界人口と双曲型成長の逆数

以上の考察に基づき，Keyfitz (1968) は世界人口を双曲型成長で近似した．最小2乗法（付録1Bを見よ）を用いて $N_0 = 0.525 \times 10^9$，$aN_0 = 0.00267/$年が求められる．したがって

$$N(t) = \frac{0.525 \times 10^9}{1 - 0.00267t} \tag{1.21}$$

が得られ，$1/aN_0 = 374.53$ から，世界人口が爆発するのは $1650 + 374.53 = 2024$ 年6月となる．図1-8に双曲型成長式 (1.21)，図1-9に双曲型成長式 (1.21) の逆数 $1/N(t)$ を世界人口のデータと重ねて表示すると，驚くほど一致しているように見える（図1-10, 1-11 を見よ）．

1-2 ロジスティック成長

1-2節では,自己密度依存効果の入ったロジスティック成長モデルを取り上げる.

1-2-1 ロジスティック成長モデルとは

Nをある生物の個体数としよう.成長率dN/dtが個体数に比例する場合は**指数成長**と呼ばれ,指数成長は時間無限大で個体数が無限大に増加した(1-1節参照).しかし自然界の生物個体数の成長を見ると,通常無限大に増大することはなく,成長に限界がある.これは,生物が利用できる生息場所や食糧が有限であることによる.このような大きな個体数に対する生物成長の制限を指数成長モデルに付け加えたモデルを**ロジスティック成長モデル**と呼び,次式で表される.

$$\frac{dN}{dt}=aN-bN^2=aN\left(1-\frac{N}{N^*}\right), \quad N(0)=N_0>0 \tag{1.22}$$

ここでa, bは正の定数で,$a/b=N^*$である.生物間の出会いの確率はN^2に比例するので,式(1.22)の右辺第2項は**自己密度依存効果**と呼ばれる.$b=0$なら式(1.22)は正のマルサス係数をもつ指数成長モデルとなることに注意しよう.またNが大きく($N>a/b=N^*$)なるとdN/dtは負になり,成長率が負となるためNが減少することにも注意しよう.

式(1.22)を満たす解を求めよう.指数成長モデルと同じ**変数分離法**を用いる.

$$\int_{N_0}^{N}\frac{N}{N(1-N/N^*)}=\int_0^t a\,dt \tag{1.23}$$

左辺の分数を**部分分数展開**して積分すると,

$$\int_{N_0}^{N}\frac{1}{N}dN+\int_{N_0}^{N}\frac{1/N^*}{1-N/N^*}dN=\log\frac{N(t)}{N_0}-\log\left(\frac{1-N(t)/N^*}{1-N_0/N^*}\right)$$

$$=\log\left(\frac{N(t)}{N_0}\cdot\frac{N^*-N_0}{N^*-N(t)}\right)=at \tag{1.24}$$

したがって

$$N(t)=\frac{N^*}{1+(N^*/N_0-1)e^{-at}} \tag{1.25}$$

が得られる．この式は**ロジスティック成長**と呼ばれる．

別の解法を考えよう．式(1.22)は**リッカチ型微分方程式**と呼ばれる微分方程式のクラスに属する．式(1.22)で$N=1/c$とおき，cに関する方程式にすると，

$$\frac{dc(t)}{dt} = -\frac{1}{N^2} \cdot \frac{dN}{dt} = -\frac{1}{N^2}(aN - bN^2) = -ac(t) + b \qquad (1.26)$$

となる．これは式(1.5)と同じクラスの線形微分方程式であることに注目しよう．**定数変化法**によりdを定数として

$$c(t) = \frac{1}{N(t)} = \frac{1}{N^*} + de^{-at} \qquad (1.27)$$

ここで$t=0$のとき$1/N_0 = 1/N^* + d$なので，式(1.25)が得られる．

式(1.25)では$N(t) \to N^*$ ($t \to +\infty$)となることに注意しよう．$a/b = N^*$は**環境収容力**と呼ばれる．

1-2-2 ロジスティック成長の性質

例1-6 ロジスティック成長

$a=2$, $N^*=100$として$N_0 = 10, 50, 200$に対するロジスティック成長式(1.25)のグラフが図1-12に与えられている．$N_0 < N^*$ ($N_0 > N^*$)ならば$N(t)$は単調増加（単調減少）で，いずれの場合も$N(t) \to N^*$ ($t \to \infty$)となることが，式(1.25)からすぐ分かる．図1-12から$N_0 < N^*/2$のとき，$N(t)$が$N^*/2$に達するまで下

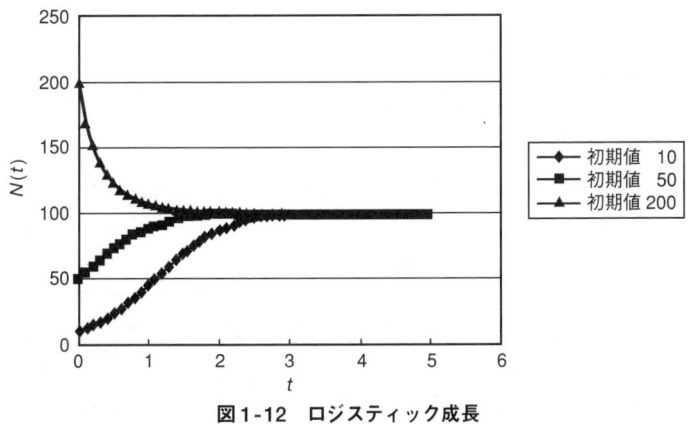

図1-12 ロジスティック成長

に凸，$N^*/2$ 以降は上に凸である．変曲点は $N(t)=N^*/2$ となる時刻であり，式(1.25)から

$$t=t_i=\frac{1}{a}\log\left(\frac{N^*}{N_0}-1\right) \tag{1.28}$$

で与えられる．これを用いると

$$N(t)=\frac{N^*}{1+\exp[-a(t-t_i)]} \tag{1.29}$$

となる．$t=t_i$ でロジスティック成長グラフが点対称（180°回転すると元のグラフに重なること）であることが分かる．

例1-7 アメリカにおける1年間に消費する全繊維中に占める合成繊維の割合

アメリカにおいて 1930〜1960 年の間に1年間に消費した全繊維中に占める合成繊維の割合 U のグラフが図 1-13 に与えられている．グラフからは U がロジスティック成長しているかどうかは不明である．式 (1.25) で $U(t)=N(t)/N^*$ とすると，$1/U-1=(1/U_0-1)e^{-at}$ となり，両辺の対数をとると

$$\log\left(\frac{1}{U}-1\right)=\log\left(\frac{1}{U_0}-1\right)-at \tag{1.30}$$

となる．ロジスティック成長は，縦軸を $\log(1/U-1)$，横軸を t とすると，切片 $\log(1/U_0-1)$ を通る傾き $-a$ の直線となることがこの式より分かる．図 1-13 で縦軸を $\log(1/U-1)$ として描き換えると図 1-14 が得られる．図 1-14 が直線で近似できそうに見えるので，$U(t)$ をロジスティック成長とみなす．付録 1B で述

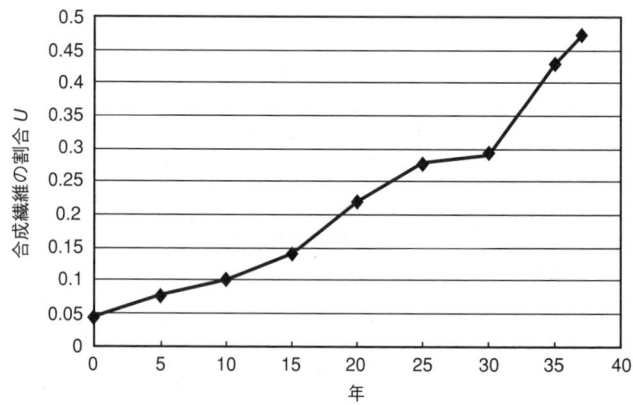

図1-13 アメリカにおける1年間に消費する全繊維中に占める合成繊維の割合 U

1-2 ロジスティック成長

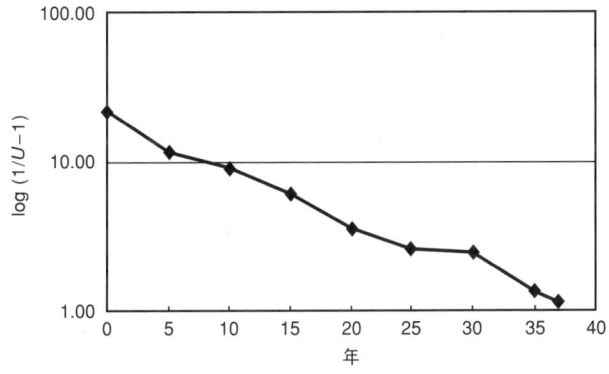

図1-14 図1-13で縦軸をlog(1/U−1)としたグラフ

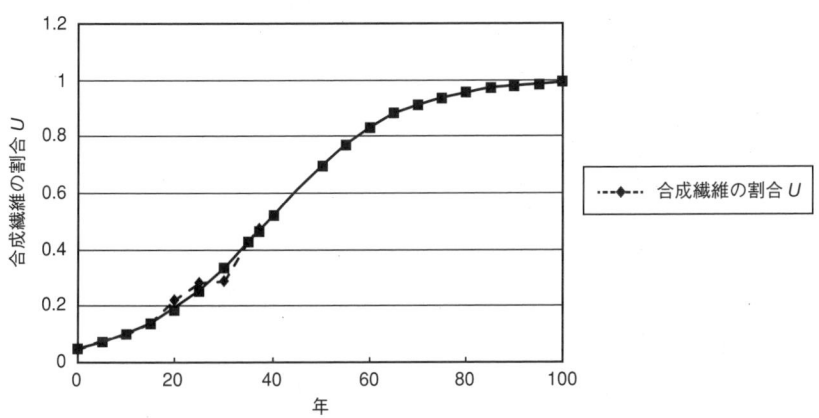

図1-15 合成繊維の消費割合データとロジスティック成長近似

べる最小2乗法で$1/U_0=18.94$，$U_0=0.053$，$a=0.0757$が得られる．データと近似式を重ねて描くと図1-15が得られる．これから，アメリカにおいて2030年には合成繊維の割合が全繊維中の100%近くを占めることが予想される．

ロジスティック成長グラフの変曲点は$t=t_i$で$N(t_i) \to N^*/2$となるので，$U(t_i)=1/2$を満たす．グラフの$N<N^*/2$ ($U<1/2$) を満たす部分では成長が加速 $[d^2N(t)/dt^2>0]$ し，$N>N^*/2$ ($U>1/2$) では成長が減速 $[d^2N(t)/dt^2<0]$

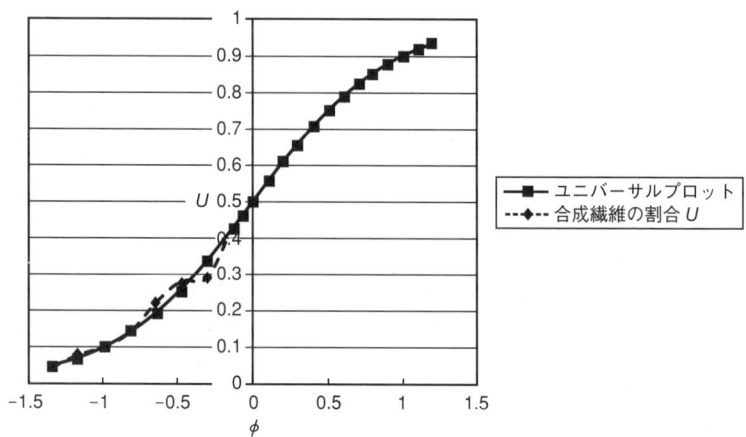

図1-16 合成繊維の消費割合データとユニバーサルプロット

していることが分かる．このような性質をもつ成長曲線は**シグモイド曲線**
（**S字曲線**）と呼ばれる．

式(1.29)から，

$$U(t)=\frac{1}{1+\exp[-a(t-t_i)]} \tag{1.31}$$

が得られる．合成繊維の占める割合が10％から90％にまで増加するために必要
な時間（**交替時間**）$\Delta t = t_2 - t_1$ $[U(t_1)=0.1, U(t_2)=0.9]$ を求めよう．$e^{-a(t_1-t_i)}=9$，
$e^{-a(t_2-t_i)}=1/9$ から $e^{-a(t_1-t_2)}=81$ となり，$\Delta t = t_2 - t_1 = (\log 81)/a$ が得られる．$a=$
0.0757のとき $\Delta t=58$ 年となる．58年間で合成繊維が全消費繊維に占める割
合が10％から90％に増加することが分かった．

今，変曲点 $t=t_i$ を時刻の原点とした新しい時間 $\phi = 2(t-t_i)/\Delta t$ を導入すると

$$U(\phi)=\frac{1}{1+\exp[-a\phi\Delta t/2]}=\frac{1}{1+\exp[-\phi\log 9]} \tag{1.32}$$

が得られる．この関数はロジスティック成長の係数 a, U_0 とは無関係に成立
することに注意しよう．このため，このグラフは**ユニバーサルプロット**と呼
ばれ，$U(-1)=0.1, U(0)=0.5, U(1)=0.9$ を満たす．合成繊維の割合とユニ
バーサルプロットが図1-16に与えられている．一般に，さまざまな技術置換
を時間 ϕ について観察するとほぼ同一のグラフに乗ることが知られている．

1-2-3 日本の人口：最小2乗法

1-1-2項で考察した日本の人口の例に戻ろう．図1-2で与えられた日本の人口のグラフを図1-17に示した．■データのグラフは総人口数，◆データは10年ごとの人口増加数である．グラフを見ると1980年以降人口増加率が減少してきていることが分かる．

日本の人口成長をロジスティック成長

$$N(t) = \frac{N^*}{1+(N^*/N_0-1)e^{-at}} \tag{1.33}$$

で表現しよう．式を決定できれば将来の日本の人口の予測をすることができる．与えられたデータと誤差ができるだけ小さくなるようなパラメータ N^*, a, N_0 の値を決定しよう．

ロジスティック方程式(1.22)の近似式として，

$$\frac{1}{\bar{N}} \cdot \frac{\Delta N}{\Delta t} = a - b\bar{N} \tag{1.34}$$

を採用しよう．ここで ΔN は時間区間 Δt（今の例では10年間）における N の変化量，$\bar{N}$ は N の平均値（各時間区間の最初と最後の N の平均値）である．

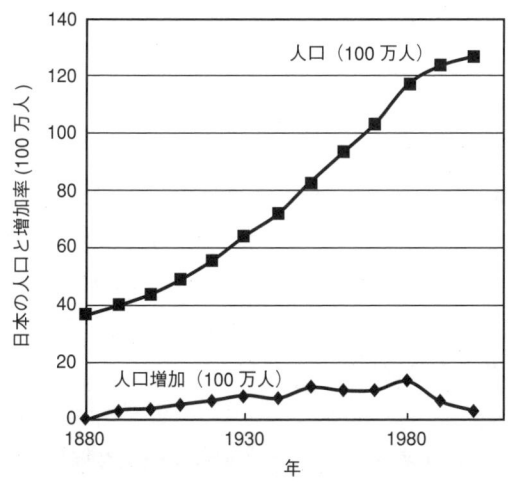

図1-17　日本の人口と10年間の人口増加数

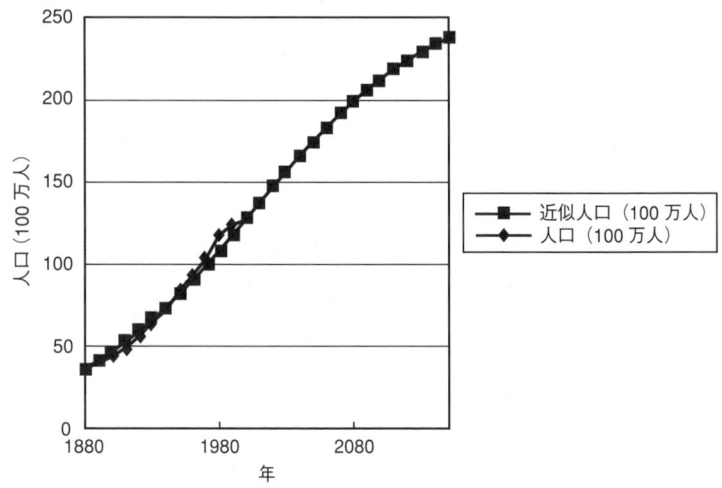

図1-18 日本の人口とロジスティック成長近似

もしデータがロジスティック成長に正確に従っていれば，式(1.34)より，縦軸を$(\Delta N/\Delta t)/\bar{N}$，横軸を$\bar{N}$としたグラフは，切片$a$，傾き$-b$の右下がりの直線になっているはずである．データとの誤差をいちばん小さくする直線の方程式を求めよう．これを**最小2乗法**(付録1B)と呼ぶ．

日本の人口のデータを入れて計算すると，$k_0=0.014578=a$，$k_1=-5.46667\times 10^{-5}=-b$，$N^*=a/b=266.7$が求められる．日本の人口がロジスティック成長していると仮定すると，最終的に約2億6千万人に達することが予想される．これは現在の少子化傾向を考えると想像できない数値であろう（図1-18を見よ）．

1-2-4 離散ロジスティックモデルとカオス

これまで考察してきた成長モデルでは時間が連続的であった．1年で1世代を終える昆虫など，親と子が同時に存在しない場合（離散的な世代である場合）は，離散時間のモデルを考えたほうが現実的である．

まず，**離散世代をもつ指数成長モデル**

$$x_{n+1}=rx_n \tag{1.35}$$

を考える．ここでx_nは$n(=1,2,3,\cdots)$世代での生物個体数，rは成長率とする．式(1.35)は等比数列なので，$x_n=r^n x_0$が得られる．したがって$n\to\infty$と

すると $0<r<1$ で $x_n \to 0$ となり，$r>1$ で $x_n \to \infty$ となることが分かる．連続時間の指数成長と比較すると，前者はマルサス係数が負，後者はマルサス係数が正の場合に対応していることに注意しよう．したがって，指数成長に関しては時間が連続的であっても離散的であっても本質的な違いはない．

次に，**離散時間のロジスティック成長モデル**を考えよう．

$$x_{n+1} = r x_n (1 - x_n) \tag{1.36}$$

初期個体数 $x_0 > 0$ に対して，式 (1.36) を満足する解 x_n が常に正であるためには $0 < x_0 < 1$，$0 < r \leq 4$ でなければならない．r の値をこの範囲で変化させたとき，解 x_n は対応する連続時間のロジスティック成長モデルのように一定値に漸近するだろうか．図 1-19 は式 (1.36) で $r=0.5, 2.0, 3.2$ とした解の世代変化を表示している．$r=0.5$ では 0 に，$r=2.0$ では 0.5 に解が漸近していることが見てとれる．$r=3.2$ では約 0.8 と 0.5 の 2 つの値を交互にとる周期解に漸近している．このような解を周期 2 の**周期解**と呼ぶ．さらに r の値を大きくして

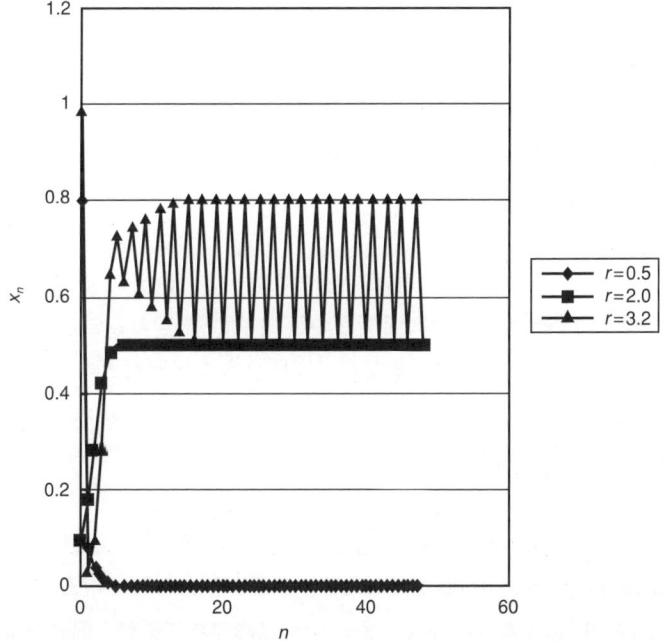

図 1-19 離散ロジスティックモデル式 (1.36) で $r = 0.5, 2.0, 3.2$ とした場合の解

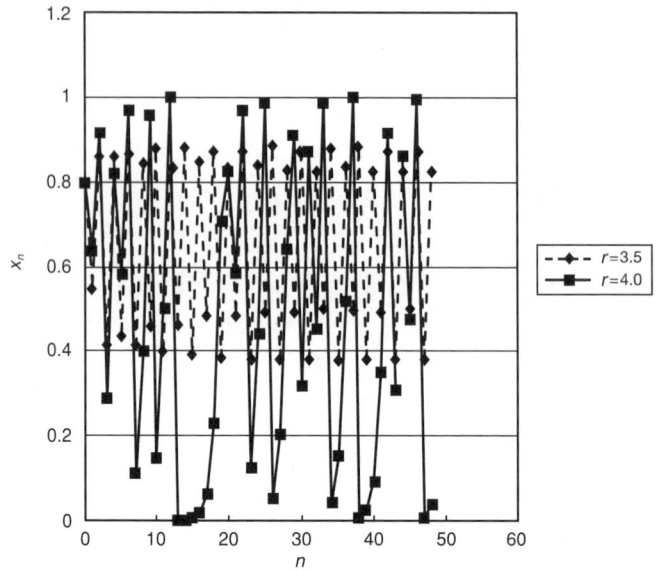

図1-20 離散ロジスティックモデル式(1.36)で $r=3.5$, 4.0 とした場合の解

みよう(図1-20).$r=3.5$ では4点を交互にとる解が現れ,$r=4$ では複雑な振動が観察される.このように離散ロジスティックモデル式(1.36)は,r の値によって連続時間のロジスティックモデルと様子が大変異なる解をもっていることが分かる.

次のことが知られている.解は,$r<1$ では0に,$1<r<3$ では $1-1/r$ に漸近すること,$3<r<1+\sqrt{6}$ では周期2の周期解に漸近すること,その後 $1+\sqrt{6}<r<3.57\cdots$ では周期4, 8, 16 などの周期をもつ周期解となる.$3.57\cdots<r\leq 4$ の大部分の r では周期的でない解(不規則な振動)が現れる.このような解はどのような周期振動にも収束しない.このような不規則な振動は**カオス**と呼ばれる.

図1-20で $r=4$ のカオス振動解を詳しく見てみよう.図1-21は $r=4$ の場合で,初期値 x_0 を 0.8 と 0.80001 とした2つの解が与えられている.$n=20$ すぎまでは2つの解は重なって見えるが,それ以降離れて振動し続けるように見える.実は n を大きくしていくと,2つの解は近づいたり離れたりを無限に

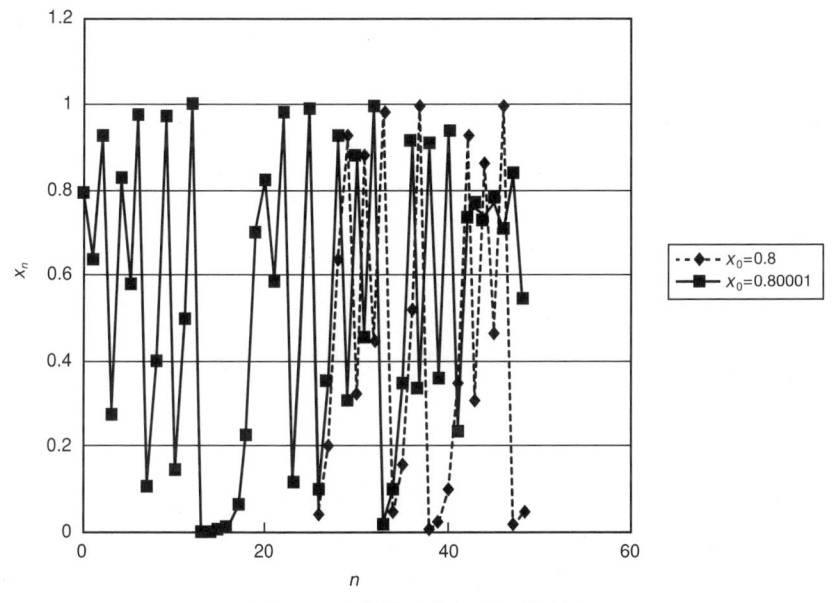

図 1-21 初期値に対する解の鋭敏性

繰り返す．このような性質を**解の初期値に対する鋭敏性**と呼ぶ．指数成長ではこのような不規則な振動は得られなかったこと，また式 (1.36) から，不規則な振動は**自己密度依存効果**によって得られることに注意しよう．実験室や野外で観察された生物個体群のデータに不規則な振動が得られた場合，その原因が実験条件や環境条件のノイズによるものであるのか，それとも個体数振動に本質的に含まれる自己密度依存効果によるものであるか考える必要があることを，カオスの発見は示している．

1-2-5 時間遅れを考慮したロジスティック成長

ロジスティック成長モデル式 (1.22) に戻ろう．式 (1.22) を少し変形して，

$$\frac{dN(t)}{dt} = aN(t)\left[1 - \frac{N(t-T)}{N^*}\right], \quad N(s) > 0 \ (-T \leq s \leq 0) \tag{1.37}$$

を考える．ここで T は**時間遅れ**を表す正の定数であり，妊娠期間や過去の個体が時間遅れを伴って現在の個体に与える負の影響を表現しているものと考

えられる．式(1.22)と違い，式(1.37)では右辺の最後の項が$N(t)$ではなく$N(t-T)$となっていることに注意しよう．現在の時刻tにおける単位個体あたりの成長率$(dN(t)/dt)/N(t)$が，現在の個体数$N(t)$ではなく過去の時刻$t-T$における個体数$N(t-T)$の減少関数で表されている．この方程式は，**時間遅れを有するロジスティック方程式**，**ライトの方程式**または**ハッチンソンの方程式**と呼ばれる．

$T=0$のとき，式(1.37)の解は$t \to \infty$で環境収容力に単調に（振動しないで）漸近する$[N(t) \to N^*]$ことを思い出そう．aTを大きくすると解はN^*の周りを振動し始める．しかし，$aT \leq 37/24$ならば解は$t \to \infty$で$N(t) \to N^*$となる．さらにaTを大きくすると，$aT < \pi/2$ではN^*の周りを振動する周期解をもつことが知られている．$37/24$（約1.5417）と$\pi/2$（約1.5708）の間にはギャップがある．$aT < \pi/2$まで前者の解の性質が成り立つことが予想されているが，数学的には未解決問題である．

1-3　ロトカ・ボルテラモデル（2種系）

ロジスティック成長モデルは単一の変数（人口や，特定の生物個体など）を対象としていた．本節では2種類の生物種の個体数変動を表す代表的なモデルとして**ロトカ・ボルテラモデル**（Lotka-Volterra model）を取り上げ，その基本的な性質を述べる．

1-3-1　捕食者-被食者系

第1次世界大戦後，ベニス，リエーカ，トリエステといったアドリア海沿岸の漁港における水揚げデータを調べると，戦前と比べて捕食者となる大型魚の割合が非常に大きくなっていることが発見された．もちろん，オーストリアとイタリアの間で起こった戦争が漁業活動を中断させていたことが原因であるが，なぜこの中断が被食者より捕食者に有利に働いたのだろうか．この疑問が，当時積分方程式の研究で有名であったピサ大学の数学者Vito Volterraに持ち込まれた．彼はxで被食者密度を，yで捕食者密度を表し，これら2変数の関係を微分方程式にまとめ，戦争により捕食者の割合が増加し

たことを説明した．これが1923年から1940年にわたる「理論生態学の黄金時代」の端緒となった研究であり，生物学に数学を本格的に用いる生物数学の出発点であったといえる．

Volterraは，捕食者が存在しない場合に被食者密度は正のマルサス係数aをもつ指数成長をし（時間無限大で被食者密度は無限大に爆発する），被食者が存在しない場合捕食者密度は負のマルサス係数$-c$をもつ指数成長をする（時間無限大で捕食者密度は0に収束する）と仮定した．両者がともに存在する場合は，被食者の単位あたりの成長率$(dx/dt)/x$は捕食者密度に比例して減少（比例定数$b>0$）し，捕食者の単位あたりの成長率$(dy/dt)/y$は被食者密度に比例して増加（比例定数$d>0$）するとする．こうして**捕食者-被食者の微分方程式系**

$$\frac{dx}{dt}=x(a-by), \quad \frac{dy}{dt}=y(-c+dx); \quad x(0)>0, \ y(0)>0 \tag{1.38}$$

が得られる．

式(1.38)より$(x(0), y(0))=(c/d, a/b)$ならば，解は任意の時刻$t>0$で$(x(t), y(t))=(c/d, a/b)$を満たすことが分かる．このような時間に関して不変な点を**平衡点**と呼ぶ．正の平衡点をE$=(c/d, a/b)$と記そう．初期値がEと異なる場合を考えよう．式(1.38)の第1式に$(c-dx)/x$，第2式に$(a-by)/y$を辺々に掛けて加えると

$$0=\left(\frac{c}{x(t)}-d\right)\frac{dx(t)}{dt}+\left(\frac{a}{y(t)}-b\right)\frac{dy(t)}{dt}$$
$$=\frac{d}{dt}\{(c\log x(t)-dx(t))+(a\log y(t)-dy(t))\}\equiv\frac{d}{dt}V(x(t), y(t)) \tag{1.39}$$

が得られる．すなわち，解$(x(t), y(t))$は任意の$t>0$で$V(x(t), y(t))=$一定$=V(x(0), y(0))$を満たす．関数$c\log x-dx$，$a\log y-by$はそれぞれ$x=c/d$，$y=a/b$で最大値をとるから，関数$V(x, y)$は平衡点Eで唯一の最大値をとる．またEから出発する全ての半直線に沿ってVは$-\infty$へ減少する．したがって，等高線$V(x, y)=$一定はEの周りの閉曲線であることが分かる．$V(x(t), y(t))=$一定であるから，解$(x(t), y(t))$は出発点$(x(0), y(0))$に戻ってくる．こうして，解軌道は周期的であることが分かる（図1-22を見よ）．

捕食者-被食者の密度は周期的に振動することが分かった．その振幅と振

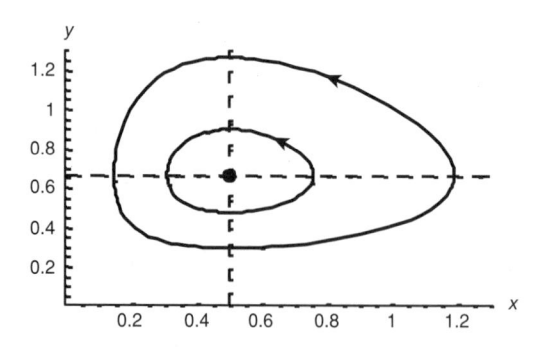

図1-22 捕食者-被食者モデル式 (1.38) ($a=2$, $b=3$, $c=1$, $d=2$) の周期解 解は正の平衡点 E = (1/2, 2/3) を囲む閉軌道となる．

動数は初期値に依存して決まることが知られている．しかし，両者の密度の**時間平均**は初期値と無関係に一定で，平衡点 E の対応する成分の値に一致していることが次のように簡単に確かめられる．今，周期解の周期を T とする．式 (1.38) から

$$\frac{d}{dt}(\log x(t)) = \frac{dx(t)}{dt}\bigg/ x(t) = a - by(t) \tag{1.40}$$

が得られるので，両辺を1周期間積分し，周期解なので $x(T) = x(0)$ に注意すると

$$0 = \log x(T) - \log x(0) = aT - b\int_0^T y(t)dt \Rightarrow \frac{1}{T}\int_0^T y(t)dt = \frac{a}{b} \tag{1.41}$$

となる．同様な結果が被食者に関しても求められ，

$$\frac{1}{T}\int_0^T y(t)dt = \frac{a}{b}, \quad \frac{1}{T}\int_0^T x(t)dt = \frac{c}{d} \tag{1.42}$$

が証明された．

以上で，戦争中に捕食者の割合が増加したデータを説明するための Voltera の準備が整った．漁業活動は被食者の増加率を減少（a の代わりに少し小さな $a-k$ となる）させ，捕食者の死亡率を増加（c の代わりに少し大きな $c+m$ となる）させる．捕食関係を表す定数 b, d は漁業活動により影響されない．こうして，漁業活動が中断されていた期間の捕食者-被食者の時間平均式 (1.42) と比べて，捕食者密度の時間平均は $(a-k)/b$ と少し小さくなり，被食者密度の時間

1-3 ロトカ・ボルテラモデル（2種系）　　27

平均は$(c+m)/d$と少し増加する．漁業活動の停止により，捕食者密度は増加し，被食者密度は減少したのである．

　式(1.38)では捕食者が存在しないとき，被食者が指数的に増殖する．被食者に対する資源が有限であるとしよう．被食者内部の資源に対する競争を考慮して，被食者の成長はロジスティック成長に従うとしよう．捕食者にも密度効果を含めて，式(1.38)の代わりに

$$\frac{dx}{dt}=x(a-ex-by),\quad \frac{dy}{dt}=y(-c+dx-fy);\quad x(0)>0,\ y(0)>0 \tag{1.43}$$

を考えよう．ここで，a, b, c, d, eは正の定数，fは非負の定数（捕食者個体群は爆発しないので$f=0$の場合も考える）とする．式(1.43)が正の平衡点$E=(x^*, y^*)$をもつとしよう．式(1.38)と同様に，式(1.43)の解$(x(t), y(t))$はEの周りを回転する周期解となるだろうか．式(1.38)に関して考察した関数$V(x(t), y(t))$を再び考えよう．ただし，式(1.38)では$(x^*, y^*)(c/d, a/b)$であったことに注意すると，

$$V(x(t), y(t))\equiv d(x^*\log x(t)-x(t))+b(y^*\log y(t)-y(t)) \tag{1.44}$$

となる．$V(x(t), y(t))$を時間微分すると，

$$\frac{d}{dt}V(x(t), y(t))=de(x^*-x(t))^2+bf(y^*-y(t))^2\geq 0 \tag{1.45}$$

が得られる．今回は，解$(x(t), y(t))$は等高線$V(x, y)=$一定の閉曲線にとどまらず，山の頂上である平衡点$E=(x^*, y^*)$に向かって山を登ることが分か

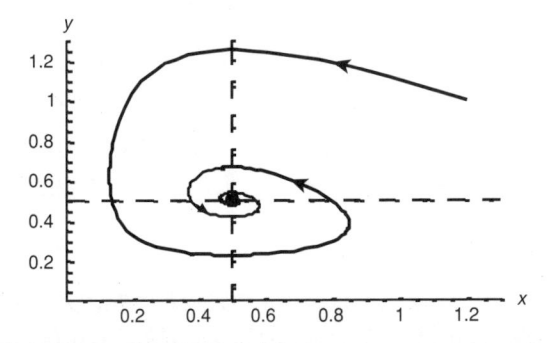

図1-23 捕食者・被食者モデル式(1.43) ($a=2$, $b=3$, $c=1$, $d=2$, $e=1$, $f=0$) の解 正の平衡点$E=(1/2, 1/2)$に収束する．

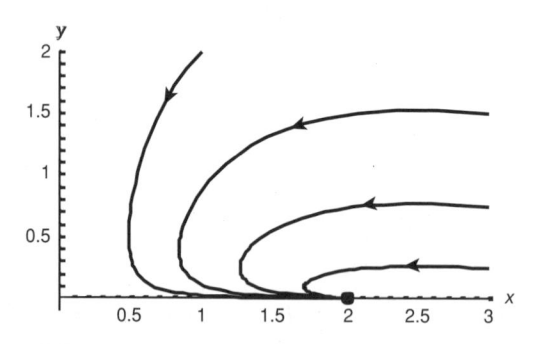

図 1-24 捕食者・被食者モデル式 (1.43) ($a=2$, $b=2$, $c=1$, $d=5$, $e=1$, $f=0$) の解
正の平衡点 E = (x^*, y^*) が存在しなければ，解は被食者平衡点 E = $(a/e, 0)$ に漸近する．

る．式 (1.43) の全ての解は，正の平衡点 E が存在する場合は，時間無限大でEに漸近することを示すことができる．図 1-23 はこのような解の一例である．読者は式 (1.38) と同様に式 (1.43) の場合も漁業活動の影響を導入すると，平衡点Eの捕食者に対応する成分が減少し，被食者に対応する成分が増加することを確かめよ．なお，平衡点Eが存在しないときは，式 (1.43) の全ての解は捕食者個体数が0で被食者だけが存在する平衡点 $(a/e, 0)$ に漸近することが分かっている．この場合，時間無限大で捕食者は絶滅し，被食者だけがその環境収容力 a/e に漸近することが分かっている（図 1-24）．

1-3-2 競争系

x と y を，競争する2種の生物種の個体数密度としよう．1-3-1項の捕食者-被食者系では，捕食者の成長率 $(dy/dt)/y$ は被食者 x の増加関数であったことを思い出そう．今回は x と y が競争しているので，1-3-1項と異なり，単位あたりの成長率 $(dx/dt)/x$, $(dy/dt)/y$ はともに x と y の減少関数となるだろう．今，単純にこの減少が x と y に比例すると仮定しよう．**2種競争系**は

$$\frac{dx}{dt}=x(a-bx-cy), \quad \frac{dy}{dt}=y(d-ex-fy); \quad x(0)>0, y(0)>0 \quad (1.46)$$

で表される．ここで，a から f は全て正の定数とする．ライバル種 y が存在しなければ，種 x は式 (1.46) からロジスティックモデルに従う．同様に，ライバル種 x が存在しなければ，種 y はロジスティックモデルに従う．2種 x,

y が同時に存在した場合，いずれの種が残るだろうか．それとも両種は共存できるだろうか．

式 (1.46) は (0, 0), (a/b, 0), (0, d/f) の平衡点をもつ．また方程式

$$a - bx - cy = d - ex - fy = 0 \tag{1.47}$$

が正の解 (x^*, y^*) をもてば，(x^*, y^*) は式 (1.46) の正の平衡点となる．式 (1.47) が正の解をもたないとき，一方の種が絶滅し，他種の密度はそのロジスティックモデルの平衡点に漸近する（図 1-25）．また式 (1.47) で与えられる 2 直線が一致する場合，解は関係式 $x(t)y(t)^{-(a/d)} = x(0)y(0)^{-(a/d)}$ を満たす（図 1-26）．

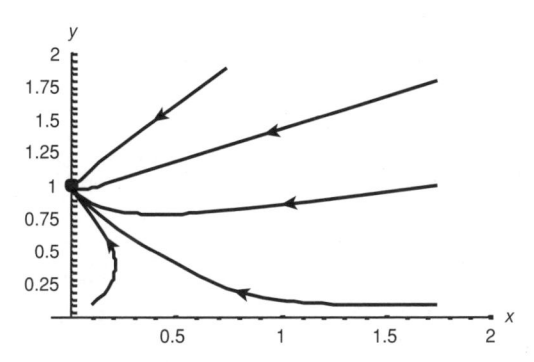

図 1-25 競争系モデル式 (1.46) ($a=1$, $b=1$, $c=2$, $d=1$, $e=0.5$, $f=1$) 正の平衡点が存在しなければ一方の種だけが生き残る．

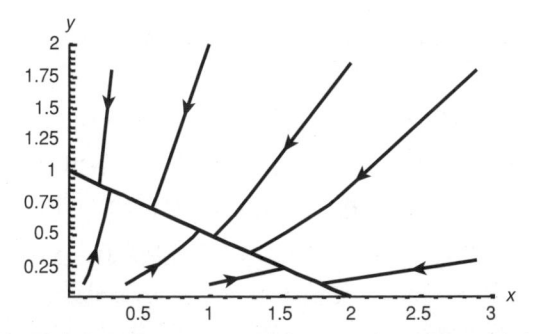

図 1-26 競争系モデル式 (1.46) ($a=2$, $b=1$, $c=2$, $d=4$, $e=2$, $f=4$) 2 直線 (1.47) が一致する場合，解は直線上の 1 点に収束する．

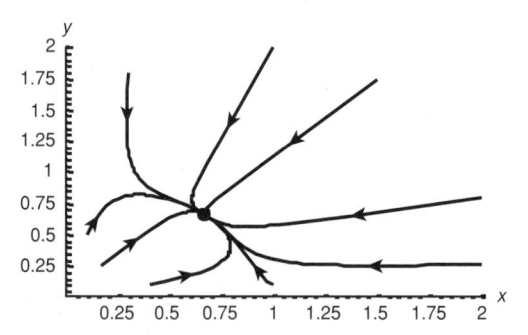

図1-27 競争系モデル式(1.46) ($a = 2$, $b = 2$, $c = 1$, $d = 4$, $e = 1$, $f = 2$)　正の平衡点 (x^*, y^*) が存在し，$bf - ce > 0$ が満たされると競争種は安定共存する．

式(1.46)が正の平衡点 (x^*, y^*) をもつ場合を考えよう．(x^*, y^*) は式(1.47)の解であるから

$$x^* = \frac{af - cd}{bf - ce} > 0, \qquad y^* = \frac{bd - ae}{bf - ce} > 0 \tag{1.48}$$

となる．2つの場合が考えられる．

(1) $bf - ce > 0$ の場合

このとき式(1.46)の任意の解が正の平衡点 (x^*, y^*) に漸近する(図1-27)．2種は**安定共存**する．この性質は，前項で考察した関数 $V(x, y)$ の係数を変更して次の関数を考えれば示される．

$$V(x(t), y(t)) \equiv (x^* \log x(t) - x(t)) + w(y^* \log y(t) - y(t)) \tag{1.49}$$

ここで w は後で決定される正の定数である．$V(x(t), y(t))$ を時間微分すると，

$$\frac{d}{dt} V(x(t), y(t)) = b(x^* - x(t))^2 + (c + we)(x^* - x(t))(y^* - y(t)) + wf(y^* - y(t))^2 \tag{1.50}$$

が得られる．$w = (2bf - ce)/e^2 > 0$ と選べば，$dV(x(t), y(t))/dt$ は任意の解 $(x(t), y(t))$ に対して非負となり，$(x(t), y(t)) = (x^*, y^*)$ のときだけ0となることが分かる．1-3-1項の式(1.43)と同様に，式(1.46)の解 $(x(t), y(t))$ は等高線 $V(x, y) =$ 一定の閉曲線にとどまらず，山の頂上である平衡点 (x^*, y^*) に向かって山を登ることが分かる．

(2) $bf - ce < 0$ の場合

このとき式(1.46)の解は初期値に応じて平衡点 $(a/b, 0)$, $(0, d/f)$ のいずれ

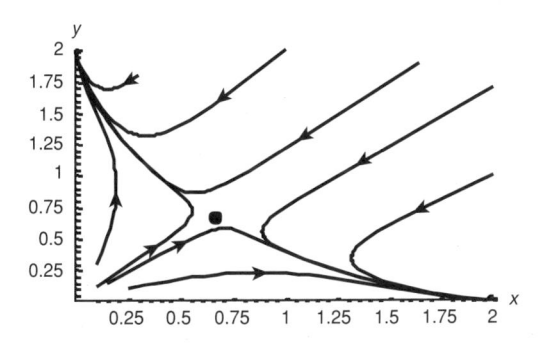

1-3 ロトカ・ボルテラモデル (2種系)

図 1-28 競争系モデル式 (1.46) ($a=2$, $b=1$, $c=2$, $d=2$, $e=2$, $f=1$) 正の平衡点 (x^*, y^*) が存在し, $bf-ce<0$ が満たされると双安定で, 初期値に応じて勝者が決定される.

かに漸近する (図 1-28). これは**双安定**と呼ばれる.

安定共存の条件 $bf-ce>0$ は, 競争種それぞれの**自己密度依存**効果を表す係数の積 bf が, 他種への競争の大きさを表す係数の積 ce より大きいことを意味すること, 双安定はその逆に他種への競争が自己密度依存効果を上回っていることを意味する. さらに, 安定共存の場合, 正の平衡点が 2 つの 1 種平衡点 (a/b, 0), (0, d/f) を結ぶ線分より上方にあり, 双安定の場合は下方にあることに注意しよう.

2 種の個体群 x と y の成長が 1 つの資源 R に線形に依存しているとしよう. すなわち

$$\frac{dx}{dt}=x(aR-a_1), \qquad \frac{dy}{dt}=y(bR-a_2) \tag{1.51}$$

ここで a, b は正の比例定数, $a_i>0$ ($i=1$, 2) は資源が 0 である場合の個体群 x と y の減少率である. さらに, 資源の量 R が x と y の個体群密度に線形依存しているならば,

$$R=\bar{R}-c_1x-c_2y \qquad (\bar{R}, c_1, c_2 : 正の定数) \tag{1.52}$$

と表される. 上式を式 (1.51) に代入すると**ロトカ・ボルテラ競争系の式** (1.46) が得られる. 式 (1.47) に対応する 2 直線は平行であるので (したがって, 正の平衡点がないので), 2 種は共存できない.

以上の議論は n 個体群が m 種の資源に線形依存している場合に拡張できる. $n>m$ ならば, 少なくとも 1 種の個体群が絶滅する (1-5 節参照). したがっ

て，長期的に見れば，存在する資源の種類数より多くの種類の個体群は生き残ることができない（**競争的排除の原理**と呼ばれる）．競争的排除の原理が成立するためには，資源に対する個体群成長率の線形依存性が重要である．しかし，資源の量が個体群密度に依存するという仮定［式(1.52)］は，競争的排除の原理が成立するためには，実は不必要であることが知られている．

1-3-3 共生系

今度は2種の個体群xとyが共生的である場合を考えよう．**2種共生系**は

$$\frac{dx}{dt}=x(a-bx+cy), \quad \frac{dy}{dt}=y(d+ex-fy); \quad x(0)>0,\ y(0)>0 \tag{1.53}$$

と表される．ここで，aからfは全て正の定数とする．競争系と比べると，共生系では，他種個体群の存在が自らの成長にとって互いにプラスとなっていることに注意しよう．

$bf-ce<0$の場合（両者の共生の度合いを表す係数の積が**自己密度依存効果**より大きい場合），時間無限大で，共生系の解は全て無限大に向かって増大する．逆に$bf-ce>0$の場合（自己密度依存効果のほうが共生の効果を上回る場合），正の平衡点が存在し，全ての解は時間無限大で正の平衡点に漸近する．この性質は，正の平衡点(x^*, y^*)が

$$x^*=\frac{af+cd}{bf-ce}>0, \quad y^*=\frac{bd+ae}{bf-ce}>0 \tag{1.54}$$

で与えられること，競争系と同様$w=(2bf-ce)/e^2>0$と選べば，$dV(x(t), y(t))/dt$は任意の解$(x(t), y(t))$に対して非負となり，$(x(t), y(t))=(x^*, y^*)$のときだけ0となることから示される．式(1.54)から，他種援助の係数cとeが大きいほど，互いの個体数が大きくなることが分かる．

1-4 ロトカ・ボルテラモデル（3種系）

前節では，2種系のロトカ・ボルテラモデルを取り上げた．1-3-1項の捕食者-被食者系では周期変動が得られた．しかしその周期的変動は，初期値を変化させると異なる周期的変動が得られた（図1-22参照）．一般的に2種系のロトカ・ボルテラモデルでは，孤立した周期的変動（周期解が孤立してい

1-4 ロトカ・ボルテラモデル (3種系)

て,周期解の近くから出発した解はその周期解に漸近する)を表現できないことが知られている.1-4節では3種の**ロトカ・ボルテラモデル**を考察し,孤立した周期的変動やカオス的な変動が発生することを示す.

1-4-1 食物連鎖

1-3節の捕食者(y)-被食者(x)系[式(1.43)]に,yの捕食者zを追加した3栄養段階の**食物連鎖**

$$\frac{dx}{dt}=x(r_1-a_{11}x-a_{12}y)$$
$$\frac{dy}{dt}=y(-r_2+a_{21}x-a_{22}y-a_{23}z) \tag{1.55}$$
$$\frac{dz}{dt}=z(-r_3+a_{32}y-a_{33}z)$$

を考察しよう.ここで,被食者のマルサス係数は正,捕食者は負としている.式(1.55)が正の平衡点(x^*, y^*, z^*)をもつとしよう.$c_i\ (i=1, 2, 3)$を正の定数として,捕食者-被食者系[式(1.43)]に対する関数式(1.44)を参考に,関数

$$V(x(t), y(t), z(t)) \equiv c_1(x^*\log x(t)-x(t))+c_2(y^*\log y(t)-y(t))$$
$$+c_3(z^*\log z(t)-z(t)) \tag{1.56}$$

を考察しよう.

$$c_1=1, \quad c_2=\frac{a_{12}}{a_{21}}, \quad c_3=\frac{a_{12}a_{23}}{a_{21}a_{32}} \tag{1.57}$$

と選ぶと,

$$\frac{d}{dt}V(x(t), y(t), z(t))=c_1a_{11}(x^*-x(t))^2+c_2a_{22}(y^*-y(t))^2$$
$$+c_3a_{33}(z^*-z(t))^2 \geq 0 \tag{1.58}$$

となり,捕食者-被食者系[式(1.43)]と同様,全ての解$(x(t), y(t), z(t))$は正の平衡点(x^*, y^*, z^*)に収束し,3種は共存する.

以上の議論はn栄養段階からなる食物連鎖に容易に拡張でき,正の平衡点が存在すれば,無条件にn種は安定共存できることが示せる.この性質は,捕食者の密度依存係数が$a_{ii}=0\ (i=2, \cdots, n)$であっても(捕食者の種内競争が存在しなくても),成り立つことが知られている.また被食者のマルサス係数r_1を増加させると,捕食者の平衡点の値が増加し,より高密度で捕食者が生き残ることが分かる.

1-4-2　2被食者-1捕食者系

前項では捕食者-被食者系に上位捕食者を追加してより長い食物連鎖を構成しても，正の平衡点が存在すれば，全ての個体群の安定共存が保証されることが示された．本項では，捕食者-被食者系に別の被食者を追加した，**2被食者-1捕食者系**を考察しよう．正の平衡点が存在すれば，3種は共存できるだろうか．2種の被食者密度を x_1, x_2，捕食者密度を y として，

$$\frac{dx_1}{dt} = x_1(r_1 - x_1 - \alpha x_2 - \varepsilon y)$$
$$\frac{dx_2}{dt} = x_2(r_2 - \beta x_1 - x_2 - \mu y) \tag{1.59}$$
$$\frac{dy}{dt} = y(-r_3 + d\varepsilon x_1 + d\mu x_2)$$

を考えよう．被食者 x_1, x_2 のマルサス係数を $r_1, r_2 > 0$，捕食者のマルサス係数は $-r_3 < 0$ とする．被食者間の競争の大きさは $\alpha, \beta > 0$ で表され，捕食による被食者密度の減少係数を $\varepsilon, \mu > 0$ とする．また，$d > 0$ は被食者の捕食者への転換係数で，簡単のため被食者によらないと仮定する．

競争係数 $\alpha, \beta > 0$ の大きさによって，3つの場合を考えよう．

(1) $\alpha < r_1/r_2, \beta < r_2/r_1$ の場合

このとき，式 (1.59) で $y=0$ として得られる2競争者系では2競争種が安定共存している (1-3-2 項を見よ)．式 (1.59) の正の平衡点は，$\alpha + \beta < 2$ のとき，存在すれば安定であることが示される．したがって，正の平衡点での3種の安定共存が可能である．

(2) $\alpha > r_1/r_2, \beta > r_2/r_1$ の場合

このとき2種競争者系では2競争種は双安定で，どちらが生き残るかは初期値の大きさによって決定される (1-3-2 項を見よ)．この場合，(1) と同様に正の平衡点で3種が安定共存する場合以外に，正の平衡点は不安定であるが周期解が出現し，周期的振動によって3種が共存できることがある．

(3) $\alpha \leq r_1/r_2, \beta > r_2/r_1$ の場合

このとき，2種競争者系では被食者1が優勢で，被食者2は絶滅する．このような競争者系に捕食者を導入して全ての種が共存できるかどうかを考察

1-4 ロトカ・ボルテラモデル (3種系)

しよう．以後，$r_1=r_2=r_3=1, a=1, \beta=1.5$ とする．さらに $d=0.5, \mu=1$ と固定する．優勢な競争者に対する捕食者の捕食率を表す係数 ε を変化させて，3種の共存可能性を調べよう．ε を大きくすると，式 (1.59) の全ての平衡点が不安定になることが示される．$\varepsilon=6$ とすると，正の平衡点の周りに周期解が出現し，3種が周期的に振動しながら共存できることが分かる (図1-29)．$\varepsilon=8$ とすると，振幅が前より大きくなり，1周期の間に2つのピークをもつ周期解が得られる (図1-30)．さらに増加して，$\varepsilon=10$ とすると，解は複雑な挙動をもつカオス解 (バンスのらせんカオス) が得られる (図1-31)．$\varepsilon=12$ とする

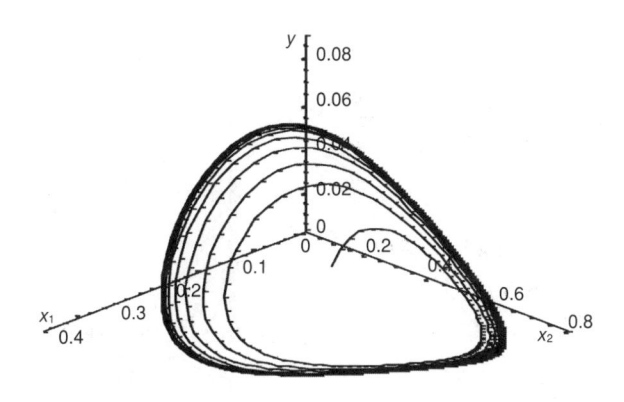

図1-29　周期的共存 (ピークが1つ) ($\varepsilon=6$)

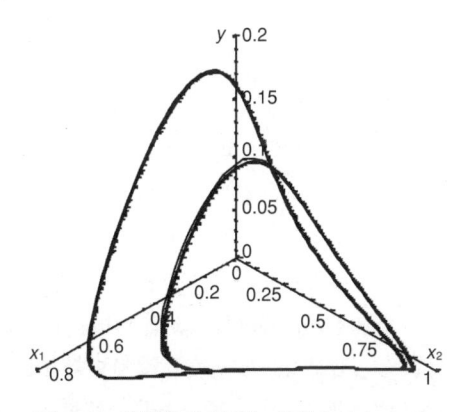

図1-30　周期的共存 (ピークが2つ) ($\varepsilon=8$)

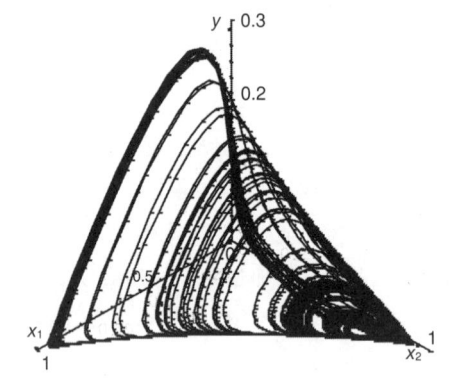

図1-31 バンスのらせんカオスによる共存 ($\varepsilon = 10$)

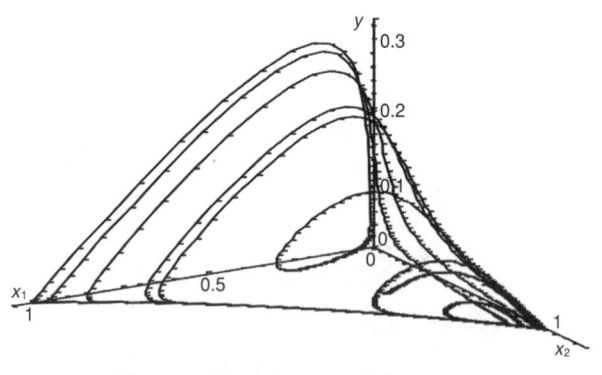

図1-32 別のカオスによる共存 ($\varepsilon = 12$)

と, 別のカオス解が出現する (図1-32). いずれの例においても, 新たに導入された捕食者が優勢な捕食者を好む場合 ($\varepsilon > \mu$) に共存が可能になることに注意しよう.

アメリカの海洋生物学者Paineは, 北アメリカ西海岸の岩礁帯において次のような実験を行った. 重要な捕食者であるヒトデを取り除いたところ, 被食者の1つであるムラサキイガイが増加し, 他の被食者は激減した. この実験は, 生物の多様性にとって捕食者が重要な役割をもっていることを実験的に示している. 上の2被食者-1捕食者系モデルの結果は, 捕食者が (被食者

内の競争で) 優勢な被食者を好む場合に，3種が共存しやすくなることを示している．また，共存の形式は正の平衡点で安定共存するだけでなく，周期解やカオス解で共存することも可能であることも示している．

1-4-3 巡回的競争モデル

ロトカ・ボルテラモデルで記述される食物連鎖モデルに対しては，正の平衡点が存在すれば，平衡点で生物種は安定共存できた．競争モデルでこの性質が常に成り立つとは限らないことが 1-2-3 項で示された (双安定の場合)．

本項では，3種が競争関係にある場合，非常に奇妙な現象が起きることを見てみよう．ある時刻では種1だけが生き残っていて他種は絶滅しているように見えるが，突然，種1の密度が減少し種2が系を支配したかのように見える．その後種3が種2を打倒し，生態系を支配する．しかし種3は最終的な支配者ではなく，その後種1が復活し，系を支配する最初の状態に戻る．このような3競争者の優勢種巡回的交代は永遠に繰り返される．ある種が支配的である時間間隔は，種が交代するごとに徐々に長くなっていく．このようなフィールドを観察していると，ある種がうまく環境に適応でき他の2種を絶滅の危機の淵に追いやりフィールドを支配したように見える．しかし外部環境が何も変化しないのに，突然革命が起き支配者が交代するのである．

このような動態は次の方程式で実現できる．

$$\frac{dx_1}{dt}=x_1(1-x_1-\alpha x_2-\beta x_3)$$
$$\frac{dx_2}{dt}=x_2(1-\beta x_1-x_2-\alpha x_3) \tag{1.60}$$
$$\frac{dx_3}{dt}=x_3(1-\alpha x_1-\beta x_2-x_3)$$

ここで，競争を表すパラメータは $0<\beta<1<\alpha$, $\alpha+\beta>2$ を満たすとする．このモデルは競争係数の関係が非常に人為的なもので，現実の生態系でこの方程式を満たすものを発見することはできないだろう．そのような特殊なモデルを考察する必要性が，はたしてあるのだろうかと読者は疑問をもつかもしれない．しかし，より一般的な場合に発生するかもしれない生態系の性質を前もって知っておくという意味で役に立つ．また競争者の巡回的支配が現実

の生態系で観察された場合に，その原因を究明するためのヒントを与えてくれるだろう．

モデルは特殊な対称性，**巡回的相互作用**を仮定している．すなわち，種1を2，種2を3，種3を1に置き換えても，方程式は不変である．2種 x_1, x_2 の関係を調べるために，上式で $x_3=0$ としよう．

$$\frac{dx_1}{dt}=x_1(1-x_1-ax_2)$$
$$\frac{dx_2}{dt}=x_2(1-\beta x_1-x_2) \tag{1.61}$$

仮定 $0<\beta<1<a$ から，1-3-2項の結果より $t\to\infty$ で，$x_1(t)\to 0$, $x_2(t)\to 1$ となることが分かる．種1, 2の競争では種2が勝者である．競争係数に関する巡回的対称性から，種2, 3の競争では種3が勝者，種3, 1の競争では種1が勝者である．3種の競争はこのような意味で，**ジャンケン的競争**である．この性質により，**3種競争モデル**では，3つの平衡点 $(1,0,0)$, $(0,1,0)$, $(0,0,1)$ と，3つの境界平面 $x_1=0$, $x_2=0$, $x_3=0$ 上の解軌道で構成される**ヘテロクリニックサイクル**（図1-33Aで解が収束する軌道）と呼ばれる解軌道が存在する．

仮定 $a+\beta>2$ から，上のヘテロクリニックサイクルが安定であること，すなわち解 $(x_1(t), x_2(t), x_3(t))$ が $t\to\infty$ でヘテロクリニックサイクルに漸近することが保証される（図1-33Aを見よ）．この性質は次の2つの関数

$$S=x_1+x_2+x_3$$
$$P=x_1x_2x_3 \tag{1.62}$$

を用いて示すことができる．P/S^3 の解に沿った時間微分が

$$\frac{d}{dt}\left(\frac{P}{S^3}\right)=S^{-4}P\left(1-\frac{a+\beta}{2}\right)\left[(x_1-x_2)^2+(x_2-x_3)^2+(x_3-x_1)^2\right]\leq 0 \tag{1.63}$$

となることから［$a+\beta>2$ に注意］，全ての解（直線 $x_1=x_2=x_3$ を除く）が境界 $P=0$ に収束することが分かる．境界上で，解は上で述べたようにヘテロクリニックサイクル上を動くので，全ての解は $t\to\infty$ でヘテロクリニックサイクルに漸近する．図1-33Bは解の時間変化を与える．種の支配時間が時間とともに増加していることが分かる．実は，3つの座標軸上の平衡点 $(1,0,0)$, $(0,1,0)$, $(0,0,1)$ の近傍に滞在する時間は，指数 $(a-1)(1-\beta)>1$ で指数関数的に増加することが知られている．競争が弱い場合［$a+\beta<2$］，全ての解は $t\to\infty$ で

1-5 ロトカ・ボルテラモデル (n種系)

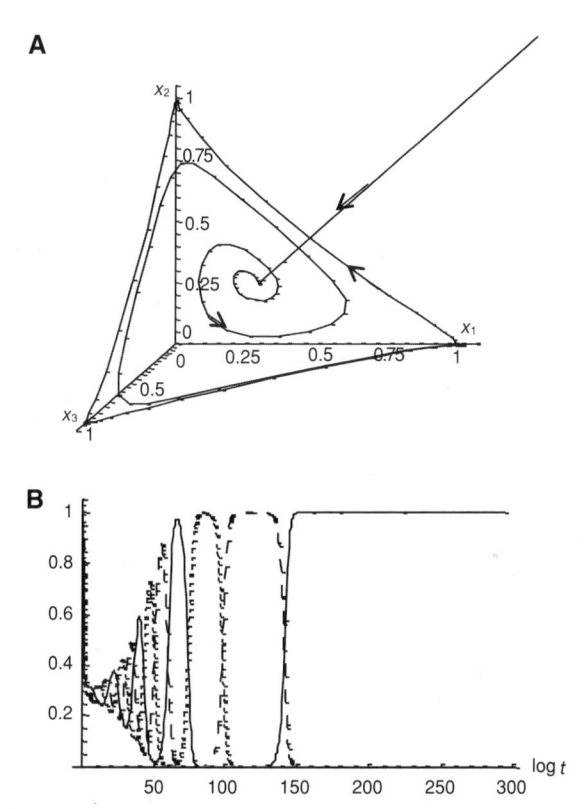

図1-33 (A) 巡回的競争モデル ($a=2, \beta=0.5$). 解はヘテロクリニックサイクルに漸近する. (B) 解 ($x_1(t), x_2(t), x_3(t)$) の時間変化. 横軸は $\log t$.

正の平衡点 $(1, 1, 1)/(1+a+\beta)$ に収束し，3種が共存できる．

1-5 ロトカ・ボルテラモデル(n種系)

n 種個体群で構成される**一般化ロトカ・ボルテラモデル**は

$$\frac{dx_i}{dt} = x_i \left(r_i + \sum_{j=1}^{n} a_{ij} x_j \right) \quad (i=1, \cdots, n) \tag{1.64}$$

で記述される．ここで x_i は i 種個体群密度，r_i は内的増加（または減少）率，a_{ij} は i 種個体群に対する j 種個体群からの影響を表している．影響が増進効

果ならば正，阻害効果ならば負となる．行列 $A=(a_{ij})$ は**相互作用行列**と呼ばれる．

x_i が i 種個体群密度を表しているので，方程式 (1.64) で考察される状態空間は非負の象限

$$R_+^n = \{x=(x_1, \cdots, x_n) \in R^n : x_i \geq 0 \ (i=1, \cdots, n)\} \tag{1.65}$$

となる．R_+^n の境界面 $x_i=0$ は i 種個体群密度が 0，すなわち i 種が不在である状態を表している．もし $x_i(0)=0$ ならば全ての時刻 t で $x_i(t)=0$ となる．したがってロトカ・ボルテラモデルでは，失われた種は「移住」できない．

2 次元のロトカ・ボルテラモデルの解の性質は完全に分類できたが，種の数が 3 以上のロトカ・ボルテラモデルは数多くの未解決な問題が残されている．本節では一般化ロトカ・ボルテラモデルに対して知られているいくつかの一般的な結果を紹介する．

1-5-1　内部平衡点

全ての $i=1, \cdots, n$ に対して $x_i>0$ を満たす式 (1.64) の平衡点（正の平衡点または**内部平衡点**と呼ばれる）は，次の方程式を満たす正の解である．

$$r_i + \sum_{j=1}^n a_{ij} x_j = 0 \quad (i=1, \cdots, n) \tag{1.66}$$

集合 R_+^n の内部を $\mathrm{int}\, R_+^n = \{x=(x_1, \cdots, x_n) \in R^n : x_i>0 \ (i=1, \cdots, n)\}$ と定義する．式 (1.64) の内部平衡点は式 (1.66) を満たす $\mathrm{int}\, R_+^n$ に属する解 $x=(x_1, \cdots, x_n)$ である．

次の性質が知られている．$\mathrm{int}\, R_+^n$ が式 (1.64) の α 極限または ω 極限をもつための必要十分条件は，式 (1.64) が内部平衡点をもつことである．ここで，式 (1.64) の ω 極限は，$t\to\infty$ における式 (1.64) の解 $x(t)$（初期値 $x(0)=x$ を満たす）の集積点の集合

$$\omega(x) = \{y \in R^n : \text{ある点列 } t_k \to \infty \text{ に対して } x(t_k) \to y\} \tag{1.67}$$

である．すなわち，ω 極限に含まれる点は，任意の長い時間が経過した後でも，その全ての点の近傍に解 $x(t)$ が何回も訪れるという性質をもっている（α 極限は $t_k \to -\infty$ に対して同様に定義される）．平衡点はそれ自身 α 極限または ω 極限であるので，上記の性質で十分条件は自明である．重要な性質は

必要性である．式(1.66)が正の解をもつかどうかをチェックすることは（原理的には）難しくはない．もし式(1.66)が正の解をもたなければ，int R_+^n が式(1.64)の α 極限または ω 極限をもたない，すなわち全ての解は境界に収束する（いくつかの種が絶滅する）か，または無限大に発散する．また int R_+^n に周期解が存在すれば，内部平衡点が存在する．

一般に式(1.66)は int R_+^n に最大1個の解をもつ．式(1.66)が2個以上の解をもつのは det $A=0$ の場合だけである．次の性質も重要である．一意な内部平衡点 p が存在して，解 $x(t)$ が境界に収束したり無限大に発散しなければ，$x(t)$ の時間平均は p に収束する．すなわち

$$\lim_{T\to\infty}\frac{1}{T}\int_0^T x_i(t)dt = p_i \quad (i=1, \cdots, n) \tag{1.68}$$

が成り立つ．この性質は式(1.42)の一般化である．初期値が $x(0)=p$ を満たせば任意の時刻 t で $x(t)=p$ が成り立つので，式(1.68)は明らかに成立する．解が境界に収束したり無限大に発散せず内部平衡点が一意であれば，一般的に式(1.68)が満たされる．この意味において，内部平衡点は解の時間平均を与えている．

1-5-2 競争的排除の原理

競争的排除の原理とは，n 種の個体群の成長が m 種類の資源に線形に依存している場合（ただし $n>m$），少なくとも1種の個体群は絶滅することを言う．したがって長期的に見れば，生き残ることができる個体群の種数は，存在する資源の種類数より多くはない．

以下でこの原理を数学的に証明しよう．個体群の成長が資源に線形に依存しているという仮定から，

$$\frac{dx_i}{dt}\bigg/x_i = b_{i1}R_1 + \cdots + b_{im}R_m - a_i \quad (i=1, \cdots, n) \tag{1.69}$$

ここで x_i は i 個体群密度，R_k は k 番目の資源量，定数 $a_i>0$ は全ての資源が0である場合の i 個体群の減少率である．b_{ik} は k 番目の資源を利用する際の i 個体群の効率を表す．資源量は個体群密度に依存する．資源量が個体群密度に線形依存している場合，

$$R_k = \overline{R_k} - \sum_{i=1}^{n} x_i a_{ki} \tag{1.70}$$

と表せる．ここで$\overline{R_k}$とa_{ki}は正の定数である．式(1.70)を式(1.69)に代入すると**一般化ロトカ・ボルテラモデル**式(1.64)が得られる．競争的排除の原理は式(1.70)で表される資源量の個体群密度への線形依存性は必要ではなく，個体群成長の資源に対する線形依存性と，個体群が無限大に増加しないことを仮定すれば十分である．

仮定$n>m$より，次の方程式系

$$\sum_{i=1}^{n} c_i b_{ij} = 0 \quad (j=1, \cdots, m) \tag{1.71}$$

は，自明でない解$(c_1, \cdots, c_n)$をもつ．$a = \sum_{i=1}^{n} c_i a_i$とおく．$a \neq 0$としよう．$c_i$を適当に選んで$a>0$と仮定しよう．式(1.69)より

$$\sum_{i=1}^{n} c_i \frac{d}{dt} \log x_i = \sum_{i=1}^{n} c_i \frac{dx_i}{dt} / x_i = -a \tag{1.72}$$

が得られる．上式を0からTまで積分すると，ある定数Cに対して

$$\prod_{i=1}^{n} x_i(T)^{c_i} = Ce^{-aT} \tag{1.73}$$

が得られる．$T \to \infty$とすると，右辺は0に収束する．全ての$x_i(T)$は仮定から有界であるから，少なくとも1つのiについて$\liminf_{T \to +\infty} x_i(T) = 0$でなければならない．これは種$i$が絶滅することを意味する．

演習問題

問題1-1 例1-1で事故率が100%となるウィスキーと日本酒の飲酒量を求めよ．

問題1-2 1-1-2項の1880年から2001年までの日本の人口のデータを用いて，マルサス係数を決定せよ．得られた人口予測指数成長モデルと本項のモデルを比較せよ．

問題1-3 インターネットなどで世界人口のデータを求め，世界人口の変化を指数成長モデルで予想せよ．

問題1-4 式(1.9)を式(1.5)に代入し，式(1.9)が式(1.5)を満たすことを確かめよ．

問題1-5 1-1-3項の絶滅時間を求めよ．

問題1-6 1-1-4項で河川の環境基準を流域全体で溶存酸素量が$7\,\text{mg}/l$以上であ

るとして，同様の問題を考察せよ．

問題 1-7　インターネットで最新の世界人口を調べ，同様な議論をせよ．

問題 1-8　1-2-2項で与えられたロジスティック成長グラフが変曲点で点対称であることを確かめよ．

問題 1-9　式(1.29)を確かめよ．また$N(t)$は$t<t_i$のとき下に凸，$t>t_i$のとき上に凸となる関数であることを示せ．

問題 1-10　2005年8月24日の新聞報道によると，2005年1月から6月の日本人の出生数が537,637人だったのに対して，死亡数が568,671人で，半年間に日本の人口が31,034人減少したと言う．この事実を踏まえ，1-2-3項の予想を議論せよ．

問題 1-11　式(1.43)について，漁業活動の影響を考察せよ．

問題 1-12　$w=(2bf-ce)/e^2$と選ぶと，式(1.50)は非負となることを確かめよ．

問題 1-13　共生系[式(1.53)]で正の平衡点が存在する場合，全ての解が時間無限大でこの正の平衡点に漸近することを確かめよ．

問題 1-14　式(1.55)をn種系に拡張し，正の平衡点が安定になることを示せ．

2章

空間構造をもつ集団の確率モデル

(佐藤一憲)

　この章では，主に生態学において用いられる，空間構造をもつ集団の確率モデルの基本的な内容を取り扱う．特に，格子空間上のロジスティックモデルやゲーム理論，空間点過程，メタ個体群モデルを紹介する．空間構造や確率過程が集団に与える影響を調べるためには，それらを含まない場合に得られる結果についても知っておく必要がある．

2-1 はじめに

　集団中に伝染病が流行する状況を想像してみよう．未感染者は感染者と接触することによって病気に感染するが，集団中の個体は全て同等であるとみなして，どの未感染者も個体あたりの感染率は，集団中の感染者数に比例すると仮定するのが，最も単純で分かりやすいモデリングであると考えられる（質量作用の法則）．しかし，そのような単純化は現実的でないことは明らかである．現実的な仮定としてはさまざまなものが考えられるが，はたしてどのような仮定が伝染病の流行に決定的な違いをもたらすのだろうか．あるいは，決定的な違いを与えると思っていた仮定が実はそれほどでもないのかもしれない．このようなことを調べるためには，単純化されたモデルを使って，そのような仮定を入れた場合と入れない場合を比較すればよい．伝染病の例で言えば，そばに感染者がいれば病気は移りやすいだろうから，それぞれの個体の周りにどのような個体がいるのか，という空間的な情報をモデルに入

れることによって，大きな違いが出てくるのではないだろうか．また，たとえ周りに同じ数の感染者がいても病気にかかるかどうかは確実ではないだろう．つまり，病気にかかるかどうかは確率的に決まってくるかもしれない．ところで，周りに多くの感染者で囲まれている個体もいれば，逆に少ない個体もいるだろう．したがって，感染者がどんどん増えていく場所もある一方で，感染者がほとんどいなくなってしまう場所もあるだろう．このような個体から構成されている集団全体として見れば，それらの効果が相殺することによって，結局は，空間構造とか確率過程が与える効果はそれほど大きなものではないのかもしれない．このようなことの真偽については，数理モデルを使ってみて初めて理解できるものである．

　数理生物学で扱う空間構造と言えば，通常，連続空間を考えて，偏微分方程式の1つである反応拡散方程式による研究のことを指す場合が多い (重定 1992; 細野 2008)．一方，離散的な空間構造のある確率モデルの代表として，ここで取り上げる格子モデルは比較的マイナーである反面，初学者には概念的にも分かりやすく，例えばすぐにでもコンピュータ・シミュレーションを実行することができるし，とっつきやすい印象がある．ただし，格子モデルの数学的解析は難しい (今野 2008)．そこで，数理生態学では，誰でも簡単に計算することができるような近似手法が提案されている．それがペア近似と呼ばれるもので，実際には全ての個体間に距離に応じた相関があるところを，隣り合ったものどうしの影響だけを考えて，それ以上離れたものからの影響は無視することによって，そのダイナミクスを，比較的精度よく，定性的かつ定量的に近似するような手法である．一方，空間点過程と呼ばれる連続空間上でのダイナミクスを数理的に取り扱うための工夫も行われていて，モーメントクロージャ法と呼ばれる．

　このように，集団のダイナミクスに空間構造を導入することはごく自然なことだが，数理的解析は非常に複雑になることが多く，そのためのさまざまな手法が多くの研究者たちによって考案されてきた．なお，Dieckmann et al. (2000) は，生態学の格子モデルや空間点過程に関して非常によくまとめられた書籍である．残念ながら，今のところ，これに匹敵するような日本語の文献はない．また，格子モデルの性質を調べる場合に，単位空間が極めて小

さいものとして，連続的な空間の場合の結果に対応づけられることがある(Durrett 1999)．ランダム・ウォークと拡散過程の関係がその最も単純なものであろう(4-3節，付録3B)．

次に，メタ個体群モデルと呼ばれる階層的な空間構造をもつモデルを紹介する．生物学で用いられる格子モデルとは，格子空間上に規則的に配置された格子点の中に生息している生物を考えて，各格子点の間での相互作用を入れたものであるから，いろいろなモデルが含まれる．ここでは，特に，格子点上にはたかだか1個体しか生息しないものとして，隣り合った格子点の間でしか相互作用は考えないという比較的単純なものだけを考えることにする．一方，メタ個体群モデルは，(複数の個体数を含んでいる)複数の局所的個体群を移動分散によってつなげた集まり全体であるメタ個体群のダイナミクスを考えるモデルである．そこでは，個体数が互いに同調しない局所的個体群が存在することによって，たとえある局所的個体群が絶滅しても，他の局所的個体群からの移動分散が起こるために，メタ個体群全体は永続的に存続しやすくなる．ただし，数理的な取り扱いは複雑になるために，局所的個体群を生物が占有しているかいないかという2状態に単純化したパッチ占有モデルと呼ばれるモデルが盛んに研究されている．ここでは，メタ個体群モデルとして，このようなパッチ占有モデルを紹介する．

空間構造のある確率モデルを考えるうえで，空間構造のない確率モデルの結果や，微分方程式との基本的な関連事項を，頭の片隅においておくことは有効である．そこで，まずそのような基本的内容を概観した後で，この章の本題である空間構造をもつ確率モデルとして，格子モデルと空間点過程，そしてメタ個体群モデルを紹介する．最後に，保全生態学への応用として生息地破壊の問題を考える．

2-2 基本的な確率モデル

はじめに考える問題は，ある時刻までに起こった事象を数えることである(**純出生過程** (pure birth process))．例えば，開店してからその時刻までに店を訪れたお客さんの人数や，生物集団で言えばそれまでに生まれた「個体数」

である．時刻tで個体数がnであることを$X(t)=n$と表そう．このとき，$X(t)$のとりうる値は0以上の整数と考えられる．$X(t) \in \{0, 1, 2, \cdots\} = Z_+$．微小時間$\Delta t$だけ経過した後の時刻$t+\Delta t$での個体数は確率的に決まるものとしよう．1個体増えて$n+1$となる確率は$\lambda_n \Delta t + o(\Delta t)$[*1]であり，2個体以上増える確率は$o(\Delta t)$とする．ここで，遷移率[*2] λ_nは時間に依存しないものとする（すなわち，どの時刻でも同じ遷移率で起こるとして，このことを時間的に一様であると言う）．また，このモデルは**マルコフ過程**（Markov process）と呼ばれる（状態が離散的であるので**マルコフ連鎖**（Markov chain）とも呼ばれる）が，次のステップにおける状態が現在の状態のみに依存して決まる．

このとき，時刻tで個体数がkである確率$p_k(t) = P(X(t)=k)$について

$$\begin{cases} \dfrac{dp_0(t)}{dt} = -\lambda_0 p_0(t) \\ \dfrac{dp_k(t)}{dt} = -\lambda_k p_k(t) + \lambda_{k-1} p_{k-1}(t) \quad (k=1, 2, \cdots) \end{cases} \tag{2.1}$$

が成り立つ（演習問題2-1）．初期条件として

$$p_i(0) = 1 \quad \text{かつ} \quad p_k(0) = 0 \quad (k \neq i) \tag{2.2}$$

を考える．すなわち，時刻0ではi個体いるとしよう．今，その時刻までの個体数を考えているので，減ることはなく，任意の時刻で個体数はi以上である．特に，次の2つの特別な例がよく出てくる．

まず，$\lambda_n = \lambda$の場合，すなわち，増える確率がそのときの個体数には依存しない場合である（例えば，お客さんが増えていく様子を表す）．このとき式(2.1)の解は

$$p_k(t) = \begin{cases} 0 & (k=0, 1, \cdots, i-1) \\ e^{-\lambda t} \dfrac{(\lambda t)^{k-i}}{(k-i)!} & (k=i, i+1, i+2, \cdots) \end{cases} \tag{2.3}$$

[*1] スモールオー「o」は**ランダウの記号**と呼ばれる．$o(\Delta t)$という表現は小さなΔtに比べてもとても小さいことを意味する．すなわち$\lim_{\Delta t \to 0} \dfrac{o(\Delta t)}{\Delta t} = 0$という条件を満たす．

[*2] （遷移）確率と（遷移）率は違うものである．確率は0から1の間の実数の値しかとることができないが，率は0以上の全ての実数の値をとることができる．例えば，有限の微小時間Δt後の変化は演習問題2-1のなかで出てくる差分方程式のなかの確率$\lambda_n \Delta t$として表現されるが，$\Delta t \to 0$の極限をとった後の微分方程式(2.1)では，対応する変化は率λ_nとして現れる．それは，単位時間あたりに変化する回数の平均である．

2-2 基本的な確率モデル

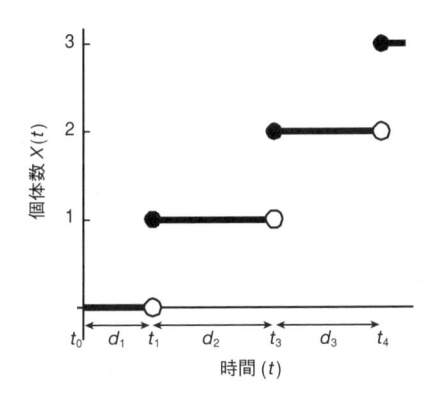

図 2-1 ポアソン過程 (純出生過程の1つ) における個体数の変化 t_i ($i=0, 1, \cdots$) および d_i ($i=1, 2, \cdots$) は，それぞれ確率変数 T_i ($i=0, 1, \cdots$) および D_i ($i=1, 2, \cdots$) の実現値 (シミュレーションで実際に得られた値) を表す．個体数は1つずつ増えていくことに注意．

となる (演習問題 2-2)．これは強度 λt のポアソン分布であり，確率過程 $\{X(t)\}$ は**ポアソン過程** (Poisson process) と呼ばれる．すなわち，ランダムに到着するお客さんの人数の分布は，時刻 t で平均 $\lambda t + i$ 人のポアソン分布に従っていて，時刻 0 のときに比べて増えた人数の平均はそれまでに経過した時間 t に比例する．ところで，個体数は1つずつ増えていくが，開始時刻 $T_0=0$ および個体数が増える時刻 T_i ($i=1, 2, \cdots$) を考えたときに，その時間間隔 $D_i = T_i - T_{i-1}$ ($i=1, 2, \cdots$) は，互いに独立な指数分布に従うことが知られている．ここで，T_i や D_i は，実験を行うごとに異なる確率変数であることに注意しよう (図 2-1)．

次に，$\lambda_n = n\lambda$ の場合，すなわち，そのときの個体数に比例した確率で子どもが生まれてくる場合である (**ユール過程**; Yule process)．密度依存のない指数増殖する集団のダイナミクスに相当する．このとき式 (2.1) の解は，$i \geq 1$ に対して

$$p_k(t) = \begin{cases} 0 & (k=0, 1, \cdots, i-1) \\ {}_{k-1}C_{i-1} e^{-i\lambda t}(1-e^{-\lambda t})^{k-i} & (k=i, i+1, \cdots) \end{cases} \quad (2.4)$$

となり (負の2項分布)，$i=0$ に対して

$$p_k(t) = \begin{cases} 0 & (k=1, 2, \cdots) \\ 1 & (k=0) \end{cases} \quad (2.5)$$

となる．したがって，時刻 t での平均 $E[X(t)] = \sum_{k=0}^{\infty} kP(X(t)=k) = \sum_{k=0}^{\infty} kp_k(t)$ は

$$E[X(t)] = ie^{\lambda t} \tag{2.6}$$

である．すなわち，上で述べた指数増殖という意味は，平均がちょうどそのようになっているということである（演習問題 2-3）．ただし，ここでは示さないが，確率モデルは，分散のように，決定論的なモデルからは得られない特徴ももっていることに注意しよう．

次に，このモデルに死亡過程を加えよう（**出生死亡過程**；birth and death process）．すなわち，$X(t)=n$ の場合の時刻 $t+\Delta t$ での個体数は次のようにして決まるものとする．1 個体増えて $n+1$ となる確率は $n\lambda\Delta t + o(\Delta t)$ であり，1 個体減って $n-1$ となる確率は $n\mu\Delta t + o(\Delta t)$ である．また，2 個体以上の増減がある確率は $o(\Delta t)$ である．$\Delta t \to 0$ の極限を考えると，$p_k(t)$ は

$$\begin{cases} \dfrac{dp_0(t)}{dt} = \mu p_1(t) \\ \dfrac{dp_k(t)}{dt} = -k\lambda p_k(t) + (k-1)\lambda p_{k-1}(t) - k\mu p_k(t) + (k+1)\mu p_{k+1}(t) \quad (k=1, 2, \cdots) \end{cases} \tag{2.7}$$

を満足する．ここでも初期条件は $p_i(0)=1$ とする．純出生過程の場合とは異なるが，平均の従う微分方程式を求めて，それを解くことを考える．

式 (2.7) より，平均 $E[X(t)]$ は

$$\frac{dE[X(t)]}{dt} = (\lambda - \mu)E[X(t)] \tag{2.8}$$

に従う．したがって

$$E[X(t)] = ie^{(\lambda-\mu)t} \tag{2.9}$$

となる（演習問題 2-4）．ここまでに紹介した内容の詳細については Allen (2003)，藤曲 (2003)，ゴエル & リヒターディン (1978)，成田 (2010)，ピールー (1974)，シナジ (2001)，鈴木 (1997) なども参照してほしい．

この節では，出生死亡過程について，与えられた微分方程式を $p_k(t)$ について素直に解いたり，平均が従う微分方程式を（定義に従って導いて）解いたりしてきたが，確率母関数を用いると，もっとエレガントにこれらの値を求めることができる (藤曲 2003)．

次に，上記の出生死亡過程と (Itô 型の) **確率微分方程式** (stochastic differential equation) との関係を少しだけ見ておこう.出生死亡過程との大きな違いは,$X(t)$ が整数値以外の値もとることができることである.したがって,個体数そのものを表すというよりは,単位面積あたりの個体数 (個体数密度) のようなものと考えたほうがよいかもしれない.すなわち,出生死亡過程と対応させて,$X(t)=x$ の場合の時刻 $t+\Delta t$ での変化した個体数の平均が $(\lambda-\mu)x\Delta t+o(\Delta t)$ で,分散が $(\lambda+\mu)x\Delta t+o(\Delta t)$ であるとする.このとき,$X(t)$ は

$$dX(t) = (\lambda - \mu)X(t)\,dt + \sqrt{(\lambda+\mu)X(t)}\,dW(t) \tag{2.10}$$

に従うことが知られている (Bailey 1964; Allen 2003).ここで $W(t)$ は1次元**標準ウィナー過程** (Wiener process) と呼ばれる確率変数であり,正規分布 $N(0, t)$ に従う.また,$W(t+\Delta t)-W(t)$ は正規分布 $N(0, \Delta t)$ に従い,連続だが至るところ微分不可能である.ここで,区間 $[0, t]$ を N 個の等間隔 $h=t/N$ に分割して,分割点を $\{t_0=0, t_1, t_2, \cdots, t_N=t\}$ とする.また,ウィナー過程の増分を $\Delta W_k = W(t_{k+1})-W(t_k)$ とすると,ウィナー過程は

$$W(t_n) = \sum_{k=0}^{n-1} \Delta W_k \quad (n=1, 2, \cdots, N) \tag{2.11}$$

のように近似できる.式(2.11)を利用した確率微分方程式の数値解法を**オイラー・丸山スキーム** (Euler-Maruyama scheme) と呼ぶ (三井ら 2004).

ところで,ΔW_k は正規分布 $N(0, h)$ に従うので,数値計算するときには標準正規分布 $N(0, 1)$ に従う確率変数 ξ_k を用いて

$$\Delta W_k = \xi_k \sqrt{h} \tag{2.12}$$

とすると便利である.

式(2.10)から平均 $E[X(t)]$ が以下のように求められる.

$$E[X(t)] = i e^{(\lambda-\mu)t} \tag{2.13}$$

(対応する**コルモゴロフの前進方程式** (Kolmogorov's forward equation) を用いて求めることができる.Allen 2003).ただし,時刻0での値を $X(0)=i$ とした.これは,式(2.9)と等しいことに注意しよう.図2-2に,指数成長する場合の出生死亡過程と確率微分方程式に対応するシミュレーションを実行した結果を示した.

出生死亡過程では状態変数は離散的に変化するのに対して,確率微分方程

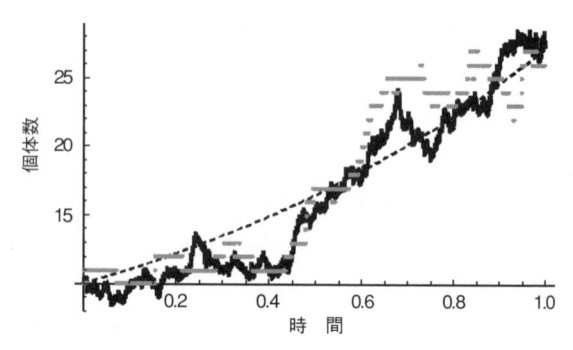

図2-2 指数成長する場合の出生死亡過程と確率微分方程式による個体数の変化 初期値 $i=10$, 出生率 $\lambda=2$, 死亡率 $\mu=1$. 灰色：出生死亡過程, 黒：確率微分方程式, 曲線：理論的な平均. 出生死亡過程に対してはオイラー法を, 確率微分方程式に対してはオイラー・丸山法を用いた.

式では連続的に変化するというように, 両者は異なるモデルである. しかし, このようなモデルの間でも同じような性質を共有する場合がある. 上記では集団が指数的な成長をする最も簡単な例を紹介したが, Allen & Allen (2003) および Allen et al. (2005) は, ロジスティック成長する場合について, 出生死亡過程と確率微分方程式のモデルが与える**平均存続時間** (mean persistence time)[*3] の比較を行っている. 出生死亡過程に対しては, ゴエル & リヒターディン (1978), カーリン (1974), Leigh (1981) を, 確率微分方程式に対しては, ゴエル & リヒターディン (1978), Hakoyama & Iwasa (2000) を参照せよ. 一方, 以下で紹介する格子モデルやメタ個体群モデルでも, 上記と対応するモデルについて, 平均存続時間が見積もられている (Durrett & Liu 1988; Durrett & Schonmann 1988; Durett et al. 1989; Grasman & HilleRisLambers 1997; Hakoyama & Iwasa 2005; Hill et al. 2002).

2-3 格子空間上のロジスティックモデル

この節では, 格子空間と呼ばれる規則的に配置された点の集合上での, 集

[*3] 絶滅が生じるまでに要する時間の平均. 平均絶滅(待ち)時間とも呼ばれる.

団の時空間的なダイナミクスを考える．また，ここで考えるダイナミクスのルールは確率的に決められるものであり，**確率セルオートマトン**(stochastic cellular automaton) と言うこともある[*4]．確率論では，**無限粒子系**(interacting particle system) として盛んに研究されているモデルである[*5]．そのような**格子モデル**(lattice model) のなかでも，最も単純なルールをもつ（が，数学的な解析はとても難しい）ものが，ここで紹介する**(基本)コンタクトプロセス**(basic contact process) (Harris 1974)，あるいは**格子ロジスティックモデル**(lattice logistic model) (Matsuda et al. 1992) と呼ばれるものである．コンタクトプロセスは，もともと伝染病伝播の数学モデルとして研究が始められた．Matsuda et al. (1992) は，生物集団において個体間相互作用が空間的に制限されるときのダイナミクスを考えるために，格子ロジスティックモデルとして空間構造を導入した．このモデルを定義するためには2つの方法がある．状態遷移のルールによるものと，グラフ表現によるものである．ここでは，前者についてだけ示す．

話を簡単にするために，直線状の1次元格子空間 Z（整数の集合．$\{\cdots, -2, -1, 0, 1, 2, \cdots\}$）を考えよう．各格子点は ⓪ または ⊕ のいずれかの状態をもつ．状態 ⓪ は生物がいない空き格子点（伝染病モデルでは未感染個体）を，状態 ⊕ は生物がいる占有格子点（伝染病モデルでは感染個体）を表している（図2-3）．

状態遷移のルールは以下のとおりである（図2-4）．

(1) 状態 ⓪ は，隣り合った左右の格子点の状態に依存して，状態 ⊕ に変化

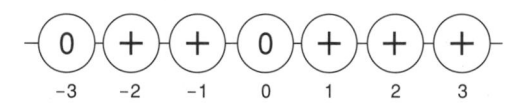

図2-3 1次元格子空間と各格子点の状態 ⓪ は空き格子点を，⊕ は占有格子点を，下の数字は1次元空間座標を表す．このような格子点が右にも左にも無限に続いている．

[*4] 決定論的なセルオートマトンは，本来，セルの更新ルールが同期しているものを指すが，ここで考えているモデルでは同期しない．
[*5] 英語では interacting particle systems と呼ばれ，有限系を考える場合もあるが，相互作用粒子系とは言わない．当初は infinite particle systems と呼ばれるモデルであったという歴史的経緯もある．

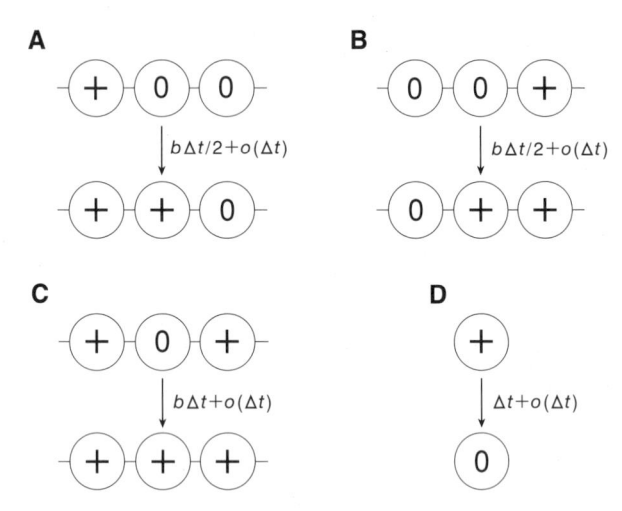

```
      A                              B
  (+)-(0)-(0)                   (0)-(0)-(+)
       │                             │
       │ bΔt/2+o(Δt)                 │ bΔt/2+o(Δt)
       ▼                             ▼
  (+)-(+)-(0)                   (0)-(+)-(+)


      C                              D
  (+)-(0)-(+)                       (+)
       │                             │
       │ bΔt+o(Δt)                   │ Δt+o(Δt)
       ▼                             ▼
  (+)-(+)-(+)                       (0)
```

図2-4　1次元格子空間上の格子ロジスティックモデル (コンタクトプロセス) の状態変化のルール　(A)〜(C)：⓪から⊕への変化を表す．(D)：⊕から⓪への変化を表す．

する．もしも，左右の格子点ともに状態⊕であれば，状態⊕に変化する確率は $b\Delta t + o(\Delta t)$ である．もしも，左右の格子点のいずれか1つが状態⊕であれば，状態⊕に変化する確率は $(b/2)\Delta t + o(\Delta t)$ である．もしも，左右の格子点のいずれも状態⊕でなければ（すなわちどちらも状態⓪であれば），状態⊕に変化する確率は $o(\Delta t)$ である．

以上のことをまとめると，状態⓪が状態⊕に変化する確率は，「(左右に占める状態が⊕である数)/2 × $b\Delta t + o(\Delta t)$」，または「左右に占める状態が⊕の割合 × $b\Delta t + o(\Delta t)$」とか「左右の格子点をランダムに選んだときにそれが状態⊕である確率 × $b\Delta t + o(\Delta t)$」と言える．パラメータ b は，格子ロジスティックモデルでは出生率を表し，コンタクトプロセスでは感染率を表す．

(2) 状態⊕は，(隣り合った左右の格子点の状態に依存せずに) 確率 $\Delta t + o(\Delta t)$ で，状態⓪に変化する．すなわち，格子ロジスティックモデルでは死亡を表し，コンタクトプロセスでは回復を表す．

このルールに従って実行したシミュレーションの例を図2-5に示す．

状態遷移のルールにおいて，$\Delta t \to 0$ の極限を考えると，格子点の状態が⓪

2-3 格子空間上のロジスティックモデル

図 2-5 格子ロジスティックモデル (コンタクトプロセス) の時間変化の様子　$b=4$. 格子サイズは 101. 初期条件は，真ん中の格子点だけを状態 ⊕ (黒で表示) とし，残りの格子点は状態 ⓪ (白で表示) とした．周期境界条件を用いて $t=50$ までシミュレーションを実行した．ただし，結果は単位時間 (モンテカルロステップ) の 10 倍ごとに表示している．横軸は空間座標を，縦軸は時間座標を表し，上から下へ向かって時間が進んでいく．

である確率 ρ_0 の時間変化は次の微分方程式によって表すことができる (前節も参照のこと)．

$$\frac{d\rho_+}{dt} = b\rho_{0+} - \rho_+ \tag{2.14}$$

ここで，ρ_{0+} は隣り合った格子点のペアが ⓪-⊕ という状態である確率を表している．ただし，左右対称の方向性に偏りのない時間変化のルールを考えている (あるいは，並行移動不変性をもつ) ので，$\rho_{+0} = \rho_{0+}$ であることを用いた．すなわち，第 1 項は隣の ⊕ からの影響によって ⓪ が ⊕ へ変化することを，第 2 項は ⊕ から ⓪ への変化を表す．また，格子点の状態が ⊕ である確率 ρ_+ は $1-\rho_0$ に等しいので，ρ_0 を調べれば十分である．式 (2.14) は，形式的には生成作用素によって求めることが望ましい (今野 2008)．

式 (2.14) は 2 つの変数 ρ_+ および ρ_{0+} を含んでいるので，これだけでは解くことはできない．すなわち，次の ρ_{0+} に対する微分方程式も必要である．

$$\frac{d\rho_{0+}}{dt} = \rho_{++} + \frac{b}{2}\rho_{00+} - \frac{b}{2}\rho_{0+} - \frac{b}{2}\rho_{+0+} - \rho_{0+} \tag{2.15}$$

第 1 項と第 5 項は，⊕ から ⓪ への変化による ⓪-⊕ の増加と減少である．それ以外の項は，⓪ から ⊕ への変化を表す．第 2 項では，左と真ん中の ⓪ のペアに注目したときに，真ん中の ⓪ が右の ⊕ からの影響で ⊕ に変化する

ことによって，⓪-⊕というペアができる．第3項と第4項では，左や真ん中の⓪が右や左の⊕からの影響を受けて⊕に変化することによって⓪-⊕というペアが解消することを示している．今考えているのは連続時間モデルであるので，(微小時間の間には)たかだか1つの格子点だけが変化して，2つ以上の格子点が同時に変化することはないことに注意しよう（定義をもう一度見てみよう）．

しかし，式(2.15)は，さらに別の変数を含むことになり，結局，このモデルは有限個の微分方程式を使って表現することはできない．ただし，ρ_{00+}やρ_{+0+}は3つの格子点が連続して隣り合ったものを表す確率を表していて，それぞれ，⓪-⓪-⊕と⊕-⓪-⊕の，3つの格子点が並んだ状態の確率である．そこで，ここでは**ペア近似**（pair approximation）と呼ばれる手法を用いて，このモデルを調べることにしよう．

ペア近似は，式(2.15)で

$$\rho_{00+} = q_{0/0+}\rho_{0+}$$
$$\rho_{+0+} = q_{+/0+}\rho_{0+} \tag{2.16}$$

と書き換えたときに，

$$q_{0/0+} \approx q_{0/0}$$
$$q_{+/0+} \approx q_{+/0} \tag{2.17}$$

とする近似方法である．ここで，$q_{\sigma/\sigma'\sigma''}$は隣のペアが⑥'-⑥''であるときに，その格子点が⑥であるような**条件付き確率**（conditional probability）を表している（ただし，$\sigma, \sigma', \sigma'' \in \{0, +\}$．また⑥と⑥'は隣り合っている）．また，$q_{\sigma/\sigma'}$は隣の格子点が⑥'であるときに，その格子点が⑥であるような条件付き確率を表す．すなわち，式(2.17)は，隣りのそのまた隣りの格子点という，離れた格子点からの影響は小さいだろうと考えて，それを無視している近似方法と言える（図2-6）．

式(2.14)〜(2.17)より次式となる．

$$\begin{cases} \dfrac{d\rho_+}{dt} = b\rho_{0+} - \rho_+ \\ \dfrac{d\rho_{0+}}{dt} = \rho_{++} + \dfrac{b}{2}q_{0/0}\rho_{0+} - \dfrac{b}{2}\rho_{0+} - \dfrac{b}{2}q_{+/0}\rho_{0+} - \rho_{0+} \end{cases} \tag{2.18}$$

式(2.18)に従うダイナミクスを調べるためには，扱いやすい独立な変数を2

2-3 格子空間上のロジスティックモデル

図2-6 ペア近似 ⟨?⟩ の右に ⓪-⊕ というペアがあるときに ⟨?⟩ が ⊕ である確率は，⟨?⟩ の右に ⓪ があるときに ⟨?⟩ が ⊕ である確率にほぼ等しい．⊕ は ⟨?⟩ から 2 つも離れているので，影響はそれほど大きくない．条件付き確率であることを注意するために，「すでに分かっている」という条件である格子点は破線で示した．

つ選んでやればよい．考え方や好みによっていろいろな選び方があるが，ここでは，生物がどのくらいいるのか，また生物どうしはどのくらい固まっているのかという観点から，ρ_+ および $q_{+/+}$ を選ぶことにしよう．まず，$q_{\sigma/\sigma'}$ については，σ' が ⓪ であっても ⊕ であっても

$$\sum_{\sigma \in \{0,+\}} q_{\sigma/\sigma'} = 1 \tag{2.19}$$

が成り立っている．そこで，ρ_{0+} と ρ_{++} については

$$\begin{aligned}\rho_{0+} &= \rho_+ q_{0/+} = \rho_+ (1 - q_{+/+}) \\ \rho_{++} &= \rho_+ q_{+/+}\end{aligned} \tag{2.20}$$

となる．また，

$$q_{\sigma/\sigma'} = \frac{\rho_{\sigma\sigma'}}{\rho_{\sigma'}} \tag{2.21}$$

に注意すれば，$q_{+/0}$ と $q_{0/0}$ については

$$\begin{aligned}q_{+/0} &= \frac{\rho_{+0}}{\rho_0} = \frac{\rho_{0+}}{\rho_0} = \frac{\rho_+ (1 - q_{+/+})}{1 - \rho_+} \\ q_{0/0} &= 1 - q_{+/0} = 1 - \frac{\rho_+ (1 - q_{+/+})}{1 - \rho_+}\end{aligned} \tag{2.22}$$

が成り立つ．さらに関数の積の微分

$$\frac{d\rho_{0+}}{dt} = \frac{d(\rho_+ q_{0/+})}{dt} = \frac{d\rho_+}{dt} q_{0/+} + \rho_+ \frac{dq_{0/+}}{dt} \tag{2.23}$$

に注意すれば

$$\begin{aligned}\frac{dq_{+/+}}{dt} &= -\frac{dq_{0/+}}{dt} = \frac{1}{\rho_+} \left(\frac{d\rho_+}{dt} q_{0/+} - \frac{d\rho_{0+}}{dt} \right) \\ &= \frac{1}{\rho_+} \frac{d\rho_+}{dt} (1 - q_{+/+}) - \frac{1}{\rho_+} \frac{d\rho_{0+}}{dt}\end{aligned} \tag{2.24}$$

となるので，結局，式 (2.18) を変形して，2 つの変数 ρ_+ と $q_{+/+}$ についてのダ

イナミクス

$$\begin{cases} \dfrac{d\rho_+}{dt} = \rho_+ \left[b(1 - q_{+/+}) - 1 \right] \\ \dfrac{dq_{+/+}}{dt} = -q_{+/+} + b\dfrac{(1 - q_{+/+})^2}{1 - \rho_+} \end{cases} \quad (2.25)$$

を得る．式 (2.25) の平衡点 $(\hat{q}_{+/+}, \hat{\rho}_+)$ は

$$\begin{aligned} E_0 &= \left(1 - \dfrac{\sqrt{1+4b}-1}{2b},\ 0\right) \\ E_+ &= \left(1 - \dfrac{1}{b},\ 1 - \dfrac{1}{b-1}\right) \end{aligned} \quad (2.26)$$

となる．E_0 は常に存在するが，E_+ が存在するためには $b>2$ であることが必要である．また，1-3節と付録1Aで学んだ方法によって平衡点の**局所的安定性** (local stability) を調べると，$0<b<2$ のときには E_0 は局所的漸近安定で，$b>2$ のときには E_0 が不安定となり E_+ が局所的漸近安定であることが示される (演習問題2-5)．さらに，$b>2$ のときには，初期値を正の領域にとったときの E_+ の大域的漸近安定性についても示すことができる (図2-7) [また，$0<b<2$ のときには E_0 は非負の領域で大域的漸近安定である．スミス&ウォルトマン (2004) や Sato (2007) を参照のこと]．

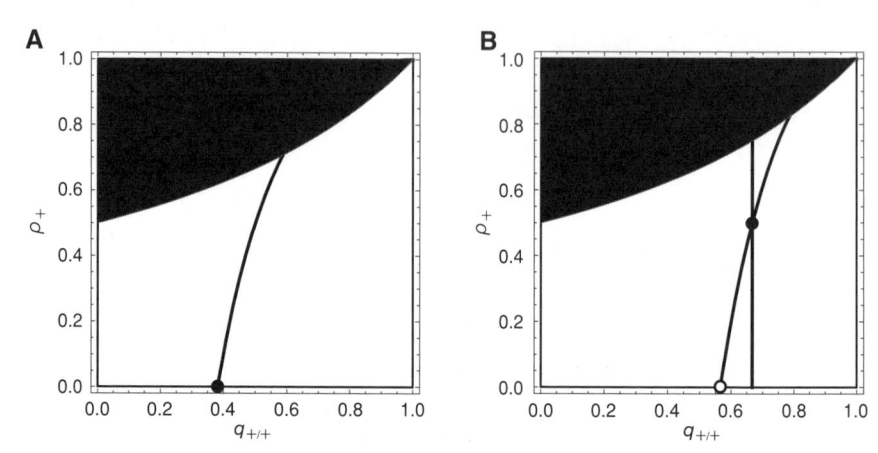

図 2-7 ペア近似による相図　　横軸は $q_{+/+}$ を，縦軸は ρ_+ を表す．左上の黒い部分は，確率変数としてとることができない領域 $\rho_+ \geqq 1/(2-q_{+/+})$ を示す．黒丸は安定な平衡点を，白丸は不安定な平衡点を表す．黒丸を通っている曲線は $\rho_+ = 1 - [b(1-q_{+/+})^2]/q_{+/+}$ を，(B) だけにある垂直方向の直線は $q_{+/+} = 1 - 1/b$ を表す．(A) $b=1$ の場合．(B) $b=3$ の場合．

2-3 格子空間上のロジスティックモデル

ここでは，コンタクトプロセスのダイナミクスを近似する方法として，格子モデルの近似方法としてよく用いられるペア近似を紹介したが，もっと粗い近似方法としては，局所的な相互作用を大域的な相互作用に置き換えた（あるいは空間的な相関は無視した），**平均場近似** (mean-field approximation) と呼ばれるものがある．今考えているコンタクトプロセスの場合には，式(2.14)において，$\rho_{0+} = \rho_0 \rho_+$ と置き換えたものに相当する．

$$\frac{d\rho_+}{dt} = b\rho_0 \rho_+ - \rho_+ = \rho_+ \left[b(1-\rho_+) - 1 \right] \tag{2.27}$$

相互作用が隣り合った格子点の間でしか起こらない場合には，両者の間に強い相関があるので，例えば，一方が ⊕ の場合には隣も ⊕ になりやすいが，式(2.27)の場合にはそうではなくて，隣の状態とは互いに独立であることを表している．式(2.27)は内的自然増加率 $b-1$，環境収容力 $1-1/b$ のロジスティックモデルであるから，1-2節で学んだように

$$\rho_+(t) = \frac{\rho_+(0)\left[1-(1/b)\right]}{\rho_+(0) + \left[1-(1/b)-\rho_+(0)\right]e^{-(b-1)t}} \tag{2.28}$$

が解となる．すなわち，

$$\hat{\rho}_+ = 1 - \frac{1}{b} \tag{2.29}$$

は，正の領域を初期値としたときの大域的漸近安定な平衡点である．式(2.26)の第2式と比較すると，同じ b の値に対して，ペア近似のほうが小さな値をとることが分かるが，これは空間構造の影響が働いて，⓪の格子点は隣の ⊕ からしか影響を受けないので，集団全体としては ⊕ が増えにくくなっていることを示している（図2-8）．

原理的には，上記の近似方法を，隣り合った2点（ペア）から，隣り合った3点とか隣り合った4点のように，もっと多数の格子点を含む固まりのダイナミクスを考えることによって，さらに精度良く近似することもできる．Matsuda et al. (1992) では，3点の場合について（これを3点切断近似と呼ぶ）計算を行っている．また，1次元格子空間の場合には，隣り合った格子点の数が2であったが，一般的に，d 次元格子空間では隣り合った格子点の数 z を $2d$ として，1より大きな空間次元で考えることもできる．

Matsuda et al. (1992) は，このようなモデルに，移動分散のプロセスを加え

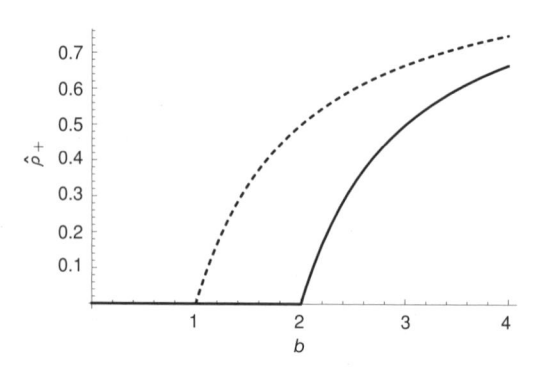

図 2-8 格子ロジスティックモデル (コンタクトプロセス) の平衡状態 破線：平均場近似，実線：ペア近似．横軸は出生率または感染率を表すパラメータ b を，縦軸は生物個体または感染個体の割合の平衡状態 $\hat{\rho}_+$ を表す．

たり，さらに社会的相互作用として周りに生物がいることによって死亡率が影響を受けるという仮定をおいた．これは，利他行動が進化するための条件について，生物集団のもつ空間構造にその原因を探る斬新的な試みであった．

ところで，Harris (1974) による数学としてのコンタクトプロセスの定義は，伝染病モデルとして考えられたものであった．この論文をきっかけにして，その後，多くの数学者がこのモデルに関する仕事を進めることになる (Durrett 1988, 1995; Konno 1994; Liggett 1985, 1999)．そのなかの大きな問題の 1 つとして，伝染病が存続するかどうかを決める感染率に関する臨界値を求めることがあげられるが，残念ながら現時点でも厳密な値は知られていない．この問題を解決するためのさまざまな近似方法が提案されているが，現時点での最も良い推定値として，上限値 1.942 および下限値 1.5517 が知られている (今野 2008)．最後に，コンタクトプロセスが分かりやすく紹介されている文献として，西尾・樋口 (2006) をあげておく．

2-4 コンタクトプロセスに関連するモデル

コンタクトプロセスと並んでよく研究されてきた基本的な格子モデルは，**投票者モデル** (voter model) である．コンタクトプロセスと同様に，各格子

点のとりうる状態は ⓪ または ⊕ のいずれかである．状態遷移のルールは，
(1) ⓪ は隣の ⊕ の個数に比例して ⊕ に変化する．
(2) ⊕ は隣の ⓪ の個数に比例して ⓪ に変化する．

十分に時間が経過した後には，空間が1次元および2次元の場合にはどちらか一方だけの状態になり，3以上の次元だと両者が共存することが知られている (志賀 2000)．これは，4-3節と付録3で紹介されている対称ランダム・ウォークのもつ性質に基づいて得られる結果である．つまり，空間次元が1または2の場合には，出発点にいつかは戻ってくる確率が1であるのに対して，3次元以上の空間の場合には戻ってこない確率が正である．前者を**再帰的** (recurrent)，後者を**非再帰的** (transient) と言う．

コンタクトプロセスは，もともと**伝染病モデル** (epidemic model) だと述べたが，もう少し複雑な状態遷移のルールをもつ伝染病モデルが調べられている．未感染個体 (または感受性個体) S，感染個体 I，免疫個体 R という伝染病モデルにおける基本的な3状態の記号を用いれば，コンタクトプロセスは，最も単純な SIS モデルである．すなわち，S → I → S という状態遷移が起こる．Sato et al. (1994) は，この SIS モデルを少し複雑にして，生物がいない状態 (空き地) を経ることによって I から S に戻ることができるようなモデルを考えた．そのようなプロセスをさらに発展させたモデルを用いて，毒性の進化を論じたものもある (Boots et al. 2004; Boots & Sasaki 1999; Haraguchi & Sasaki 2000; Kamo et al. 2007; 佐々木 2008)．また，イネのような穀物を栽培する場合に，病気の蔓延を防ぐためには，抵抗性品種を空間的にどのように配置するのがよいのかという問題にも適用されている (Suzuki & Sasaki 2011)．一方，Masuda & Konno (2006) や増田・今野 (2008) は，3状態の伝染病モデルについて，**複雑ネットワーク** (complex network) 上での感染閾値や均一でない感染率の効果を調べて，格子モデルとの比較を論じている．

また，Harada & Iwasa (1994, 1996) は，コンタクトプロセスを植物生態学のモデルとして導入し，格子モデルで用いる $q_{+/+}$ という指数は生態学の重要な概念である**平均こみ合い度** (mean crowding) と解釈することができることや，ペア近似を用いて平均的な**クラスターサイズ** (cluster size) を測る方法を示した．Kubo et al. (1996) は，森林生態学のモデルとして，格子空間上の**ギャッ

プダイナミクス (gap dynamics) を考えることによって，実際の観測データとの比較を行っている．このモデルでは，平均場近似はモデルのダイナミクスを定性的に正しく捉えることができないが，ペア近似はそのようなダイナミクスをうまく説明することができる．さらに，1 章でも紹介されたロトカ・ボルテラの捕食者−被食者モデルや競争モデルについては，格子モデルによって，集団のもつ空間構造の影響が調べられている (Durrett 1999, 2009; Neuhauser 2001; 泰中 2009)．

2-5 格子空間上のゲーム理論

ゲーム理論も格子空間上で盛んに研究されているテーマの 1 つである．Nakamaru et al. (1997) は，**反復囚人のジレンマゲーム** (iterated prisoner's dilemma) を格子空間上で行った．5-3 節で紹介されているように，反復囚人のジレンマゲームでは，「**しっぺ返し** (Tit-for-Tat)」が進化的に安定な戦略である (ここでの条件は「集団的に安定である」とも言われる)，すなわち，「しっぺ返し」だけがいる集団中に「**非協力** (defect)」が侵入できない条件は

$$w > \frac{T-R}{T-P} \tag{2.30}$$

である．一方，「非協力」は常に進化的に安定な戦略である．すなわち，「非協力」だけがいる集団中に「しっぺ返し」は侵入することができない．ここでは，「しっぺ返し」戦略をもつ個体の割合を変数と考えて，両者の平均利得を考えてみよう．「しっぺ返し」の割合を ρ_T，「非協力」の割合を ρ_D とすると $\rho_T + \rho_D = 1$ である．今，対戦によらない利得を F_0 とする．まず，「しっぺ返し」の平均利得 F_T は

$$F_T = F_0 + V(T|T)\rho_T + V(T|D)\rho_D = F_0 + \frac{R}{1-w}\rho_T + \left(S + \frac{wP}{1-w}\right)\rho_D \tag{2.31}$$

である．式 (2.31) の右辺第 2 項は，「しっぺ返し」が「しっぺ返し」と確率 ρ_T で対戦するときの利得 $V(T|T)$ を表しているので，

$$V(T|T) = \frac{R}{1-w} \tag{2.32}$$

が現れる (5-3 節の式 (5.47))．右辺第 3 項は，「しっぺ返し」が「非協力」と

2-5 格子空間上のゲーム理論

確率 ρ_D で対戦するときの利得 $V(T|D)$ であり,それは

$$V(T|D) = S + Pw + Pw^2 + \cdots = S + \frac{wP}{1-w} \tag{2.33}$$

である.

一方,「非協力」の平均利得 F_D は

$$F_D = F_0 + V(D|T)\rho_T + V(D|D)\rho_D = F_0 + \left(T + \frac{wP}{1-w}\right)\rho_T + \frac{P}{1-w}\rho_D \tag{2.34}$$

と書ける.式 (2.34) の右辺第 2 項は,「非協力」が「しっぺ返し」と確率 ρ_T で対戦するときの利得 $V(D|T)$ を表しているので,

$$V(D|T) = T + \frac{wP}{1-w} \tag{2.35}$$

が現れる (5-3 節の式 (5.48)).右辺第 3 項は,「非協力」が「非協力」と確率 ρ_D で対戦するときの利得 $V(D|D)$ であり,それは

$$V(D|D) = P + Pw + Pw^2 + \cdots = \frac{P}{1-w} \tag{2.36}$$

である.したがって,式 (2.31) と式 (2.34) から,「しっぺ返し」の平均利得が「非協力」よりも大きい,すなわち,$F_T > F_D$ となるための条件は

$$\rho_T > \frac{(1-w)(P-S)}{(S+T-sP)w + R - S - T + P} \tag{2.37}$$

である.以降では,囚人のジレンマの条件 $S<P<R<T$ を満足するように,これらの値を $S=0, P=1, R=3, T=5$ と固定する.このとき,式 (2.37) は

$$\rho_T > \frac{1-w}{3w-1} \tag{2.38}$$

である (図 2-9).

それでは,格子空間上でこのような反復囚人のジレンマゲームを行うとどのような結果が得られるだろうか.ここでは,任意の空間次元で適用できるように,隣接する格子点の数 z を使って考えよう.各格子点は「しっぺ返し」を表す T か,「非協力」の D のいずれかの状態である.各格子点は周りの格子点の状態に応じた利得を得るが,その利得が大きいほど死亡率が小さいと仮定する.そして,その個体が死亡した場合には,その格子点に,周りの格子点からランダムに選ばれた個体が自分と同じ状態の子どもを産みつけると仮定する.周りに n 個体の「しっぺ返し」がいる場合,「しっぺ返し」の利得は

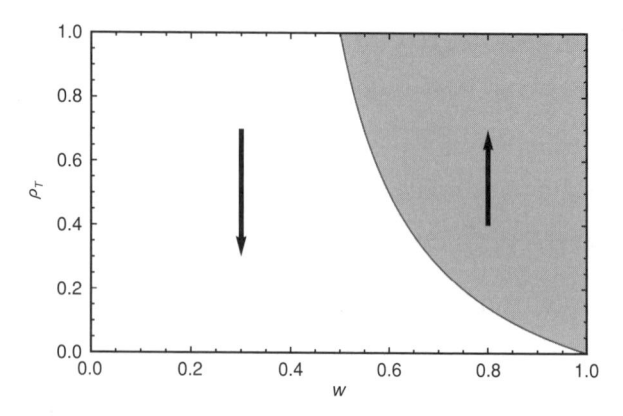

図2-9 「しっぺ返し」の変化の様子　横軸は再び同じ対戦相手と出会う確率 w を,縦軸は「しっぺ返し」の割合 ρ_T を表す. w が小さいと「非協力」が,また,w が大きい場合には初期条件に応じてどちらが増えるかが決まる.「非協力」の集団中には「しっぺ返し」は侵入できないことが確認できる ($\rho_T=0$ のときには矢印は上向きではない).

$$B_{T,n} = nV(T\mid T) + (z-n)V(T\mid D) \qquad (n=0, 1, \cdots, z) \qquad (2.39)$$

である.一方,周りに n 個体の「しっぺ返し」がいる場合,「非協力」の利得は

$$B_{D,n} = nV(D\mid T) + (z-n)V(D\mid D) \qquad (n=0, 1, \cdots, z) \qquad (2.40)$$

となる.この利得に応じた死亡率は,次のように指数関数を用いて定義する.「しっぺ返し」と「非協力」の死亡率は,それぞれ

$$M_{T,n} = \exp[-(1-w)B_{T,n}] \qquad (n=0, 1, \cdots, z) \qquad (2.41)$$
$$M_{D,n} = \exp[-(1-w)B_{D,n}] \qquad (n=0, 1, \cdots, z) \qquad (2.42)$$

とする.ここで,利得 B の前に $1-w$ という係数が掛かっている.これは反復して対戦する回数の期待値の逆数であるので,B に掛ければ対戦1回あたりの利得の平均に相当する値になる[*6].式(2.41)と式(2.42)を用いると,「しっぺ返し」の割合 ρ_T のダイナミクスは

$$\frac{d\rho_T}{dt} = -\sum_{n=0}^{z-1}\binom{z}{n}M_{T,n}(\{T,\ n\}\text{の割合})\frac{z-n}{z} + \sum_{n=1}^{z}\binom{z}{n}M_{D,n}(\{D,\ n\}\text{の割合})\frac{n}{z} \qquad (2.43)$$

[*6] また,w が大きいときにはこの値が極めて大きくなってしまうので,計算を実行するときの技術的な問題を避けるという意味もある.Nakamaru et al. (1997) では,さらに係数 0.2 を掛けている.

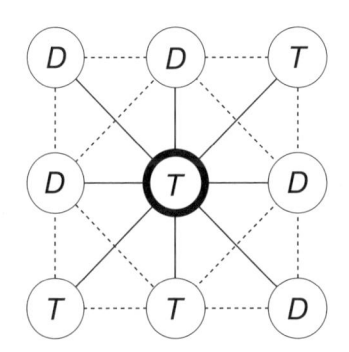

図 2-10 {T, n} で表現される格子点の集まり $z=8$, $n=3$ の場合の一例. 同じ z と n の組み合わせに対しては, 周りの z 個の T と D の配置 (コンフィギュレーション) の仕方が異なっているような全部で $\binom{8}{3}=56$ 個の場合の数があり, 全て同じ確率で出現する. この確率はペア近似によって $\rho_T(q_{T/T})^3(q_{D/T})^5$ と近似される. なお, 中央の格子点と相互作用する格子点との間にだけ実線を引いていることに注意せよ.

として与えられる. ここで, $\{T, n\}$ は, $z+1$ 個の格子点の集まりを意味する. それは, 中心の T 格子点が, n 個の T 格子点と $z-n$ 個の D 格子点で囲まれたものである. これはペア近似によって

$$(\{T, n\} \text{の割合}) \approx \rho_T(q_{T/T})^n(q_{D/T})^{z-n} \tag{2.44}$$

のように近似される (図 2-10).

同様に, $\{D, n\}$ は, 中心の D 格子点が, n 個の T 格子点と $z-n$ 個の D 格子点で囲まれている $z+1$ 個の格子点の集まりのことを意味するので, ペア近似によって次のように表される.

$$(\{D, n\} \text{の割合}) \approx \rho_D(q_{T/D})^n(q_{D/D})^{z-n} \tag{2.45}$$

式 (2.44) と式 (2.45) を用いれば, 式 (2.43) は次式となる.

$$\frac{d\rho_T}{dt} = -\sum_{n=0}^{z-1}\binom{z}{n}M_{T,n}\rho_T(q_{T/T})^n(q_{D/T})^{z-n}\frac{z-n}{z} + \sum_{n=1}^{z}\binom{z}{n}M_{D,n}\rho_D(q_{T/D})^n(q_{D/D})^{z-n}\frac{n}{z} \tag{2.46}$$

$\rho_D = 1-\rho_T$, $q_{D/T} = 1-q_{T/T}$, $q_{T/D} = q_{D/T}\rho_T/\rho_D = (1-q_{T/T})\rho_T/(1-\rho_T)$, $q_{D/D} = 1-q_{T/D} = 1-(1-q_{T/T})\rho_T/(1-\rho_T)$ であることに注意すれば, 式 (2.46) は, $q_{T/T}$ と ρ_T によって記述されるので, 後は $\rho_{TT} = \rho_T q_{T/T}$ の時間変化を考えれば十分である.

$$\frac{d\rho_{TT}}{dt} = -([TT]\text{の減少}) + ([TT]\text{の増加})$$

$$= -2\sum_{n=1}^{z-1}\binom{z-1}{n-1}M_{T,n}(\{TT, n-1\}\text{の割合})\frac{z-n}{z}$$

$$+ \sum_{n=1}^{z}\binom{z-1}{n-1}M_{D,n}\left[(\{DT, n-1\}\text{の割合}) + (\{TD, n-1\}\text{の割合})\right]\frac{n}{z} \quad (2.47)$$

第1項は TT ペアが解消される場合を，第2項は DT ペアあるいは TD ペアから TT が生成される場合を表している．TT ペアが解消される場合には，左の T でも右の T でも起こりうるので係数の2がついている．ここで，$\{TT, n-1\}$ は，TT ペアの左の T の周りの $z-1$ 個の格子点（z 個のうちの1個は右隣りの T である）が，$n-1$ 個の T 格子点と $(z-1)-(n-1)=z-n$ 個の D 格子点であるような，$z+1$ 個の格子点の集まりのことを意味する．これはペア近似によって

$$(\{TT, n-1\}\text{の割合}) \approx \rho_T(q_{T/T})^n(q_{D/T})^{z-n} \quad (2.48)$$

のように近似される（図2-11）．

同様に，$\{DT, n-1\}$（あるいは $\{TD, n-1\}$）は，DT ペア（あるいは TD ペア）の左（あるいは右）の D の周りの $z-1$ 個の格子点が，$n-1$ 個の T 格子点と $z-n$ 個の D 格子点であるような，$z+1$ 個の格子点の集まりのことを意味する．

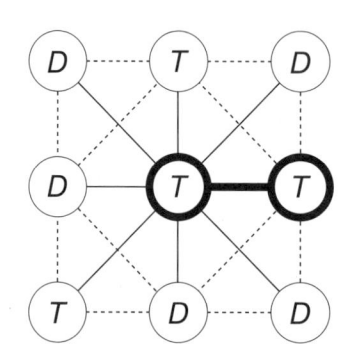

図 2-11 $\{TT, n-1\}$ で表現される格子点の集まり $z=8, n=3$ の場合の一例．同じ z と n の組み合わせに対しては，周りの $z-1$ 個の T と D の配置の仕方が異なっているような，全部で $\binom{7}{3}=35$ 個の場合の数があり，全て同じ確率で出現する．この確率はペア近似によって $\rho_T(q_{T/T})^3(q_{D/T})^5$ と近似される．なお，ペアのなかの左の格子点と相互作用する格子点との間にだけ実線を引いていることに注意せよ．

これはペア近似によって

($\{DT, n-1\}$の割合) = ($\{TD, n-1\}$の割合) $\approx \rho_D (q_{T/D})^n (q_{D/D})^{z-n}$ (2.49)

となる. 式(2.47)の第1項と第2項のなかに組み合わせの数が出てくるのは, $z+1$個からなる集まりのうち, ペアの2個を除いた周りの$z-1$個の格子点のうちのどの$n-1$個がTになってもよいためである. また, 式(2.47)の第1項の$(z-n)/z$は, 周りの格子点にいる個体のなかで, 死亡したTがいた格子点へ子どもを産みつける親として, Dが選ばれる確率である. 同様に, 式(2.47)の第2項のn/zは, 周りの格子点にいる個体のなかで, 死亡したDがいた格子点へ子どもを産みつける親として, Tが選ばれる確率を表している. 式(2.48)と式(2.49)を用いれば, 式(2.47)は

$$\frac{d\rho_{TT}}{dt} = -2\sum_{n=1}^{z-1}\binom{z-1}{n-1} M_{T,n}\rho_T(q_{T/T})^n(q_{D/T})^{z-n}\frac{z-n}{z}$$
$$+2\sum_{n=1}^{z}\binom{z-1}{n-1} M_{D,n}\rho_D(q_{T/D})^n(q_{D/D})^{z-n}\frac{n}{z} \quad (2.50)$$

となる. 前節の式(2.23)と同様にして, 関数の積の微分の関係式から

$$\frac{dq_{T/T}}{dt} = \frac{1}{\rho_T}\frac{d\rho_{TT}}{dt} - \frac{q_{T/T}}{\rho_T}\frac{d\rho_T}{dt} \quad (2.51)$$

を得るので, 前に述べた関係式 $\rho_D = 1-\rho_T$, $q_{D/T}=1-q_{T/T}$, $q_{T/D}=q_{D/T}\rho_T/\rho_D = (1-q_{T/T})\rho_T/(1-\rho_T)$, $q_{D/D}=1-q_{T/D}=1-(1-q_{T/T})\rho_T/(1-\rho_T)$ のもとで, 式(2.46)と式(2.50)から2つの変数ρ_Tと$q_{T/T}$に対する連立微分方程式系が得られる. 空間次元や近傍の形に応じてzの値を与えれば, (複雑ではあるが)原理的には通常の解析方法によって調べることができる (Nakamaru et al. 1997). また, 初期値依存性を調べる場合には, $\rho_T(0)$と$q_{T/T}(0)$の2つの値の組み合わせに注意しなければならないが, ランダムな配置から始めるのであれば, 両者の初期値は同じである (ただし, 解軌道も両者の値に依存している. 図2-12).

このモデルは, 空間次元によってダイナミクスが大きく異なることが報告されている (Nakamaru et al. 1997). $z=2$すなわち1次元格子空間の場合には, 初期条件によらずに, パラメータwの値によって「しっぺ返し」だけになるか「非協力」だけになるかが決まる. 一方, 2以上の次元の場合だと, wが同じ値であっても, 「しっぺ返し」だけになるか「非協力」だけになるかは初期条件によって違ってくる.

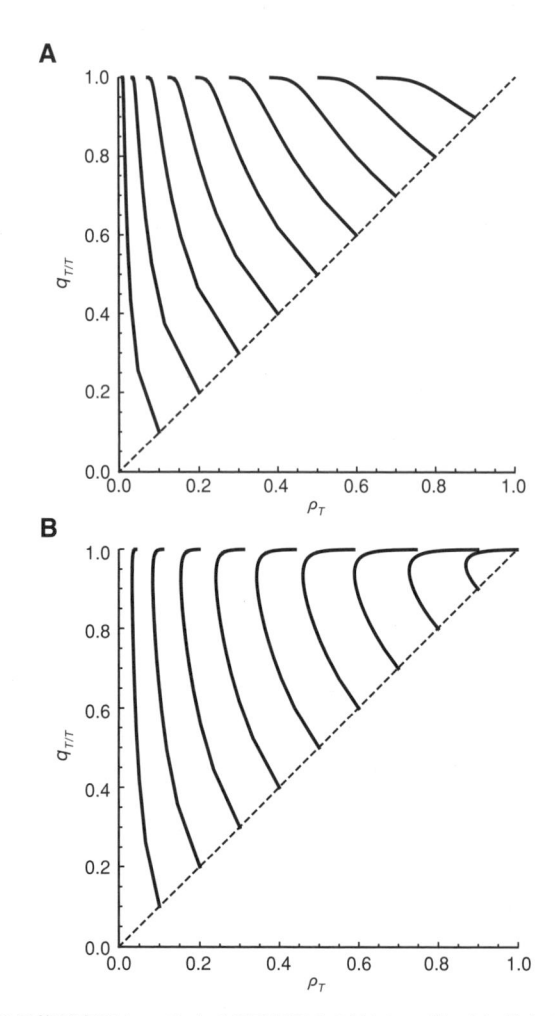

図 2-12　1 次元格子空間 ($z = 2$) 上での反復囚人のジレンマゲームに対するペア近似による解軌道　式 (2.46) および式 (2.50) を用いた．変数 ρ_T は変数 $q_{T/T}$ に依存して時間変化することに注意．「しっぺ返し」T と「非協力」D の初期空間配置はランダム (傾きが 1 の破線)．シミュレーションは時刻 $t = 10{,}000$ まで実行した．(A)「しっぺ返し」どうしが固まっていくが，最終的には「しっぺ返し」は絶滅する．$w = 0.5$．(B)「しっぺ返し」どうしが固まっていき，最終的には「しっぺ返し」が固定する．$w = 0.7$．

なお，式(2.38)で与えられる「しっぺ返し」や「非協力」が安定であるパラメータ領域(図2-9)は，式(2.46)から得られる平均場近似の式

$$\frac{d\rho_T}{dt} = -\sum_{n=0}^{z-1} \binom{z}{n} M_{T,n} \rho_T (\rho_T)^n (\rho_D)^{z-n} \frac{z-n}{z} + \sum_{n=1}^{z} \binom{z}{n} M_{D,n} \rho_D (\rho_T)^n (\rho_D)^{z-n} \frac{n}{z}$$
(2.52)

によるものと異なっている．一見すると，これは，奇妙に感じられるかもしれない．というのも，どちらの式でも同じ反復囚人のジレンマモデルの更新ルールを使っているからである．しかし，前者のモデルでは，死亡して生じた場所をどの個体の子どもが埋めるかというときに，前者のモデルでは死亡過程の後の状態変数の値を用いているのに対して，後者では死亡過程の前の値，すなわち死亡の起こりやすさを決めた状態の値によっているところが違っている．後者の場合では，死亡率を上げている非協力の行動が，非協力にとって有利に働いているのである．

Nowak (2008)の8章「進化グラフ理論」および9章「空間ゲーム」で，格子空間も含めた広い意味でネットワーク上のゲーム理論が紹介されている．また，集団遺伝学で登場する格子モデルは飛び石モデルという名称によって，遺伝的な分化の程度に与える空間構造の効果などを調べるために使われてきた．

2-6 空間点過程

格子モデルでは，生物個体は離散空間上に配置されるという制約を設けているが，連続空間上の任意の点にいると仮定したほうがより現実的かもしれない．そのようなモデルは**空間点過程** (spatial point process) と呼ばれる．個体数の時空間変化のルールを明示的に定めることによって，空間が離散的な場合と同じように，連続空間上のモデルについても数理的に解析できる (Bolker & Pacala 1997; Dieckmann et al. 1997)．しかし，格子モデルがそうであったように，連続空間のモデルでは，例えば，各点に存在する平均個体密度のようなものを正確に求める方法は知られていない．ここでは，最初に提案された**モーメントクロージャ法** (moment closure) による近似式の導出 (Bolker & Pacala 1997) を紹介するが，異なる近似の方法もいくつか提案され

ている (Law et al. 2003; Murrell et al. 2004; 高須 2009).

ここでも，前節と同様に最も単純なモデルを考えるという意味で，ロジスティック型のモデルを考えよう．時刻tで，連続的な1次元空間 **R** 上の場所xにおける微小な領域ωの中に，$N(x, t)$個体がいるとしよう．このとき，単位面積あたりの個体数密度を$n(x, t)$とする．

$$n(x, t) = \frac{N(x, t)}{\omega} \tag{2.53}$$

$N(x, t)$の時間変化は，次のような死亡，出生，移動分散のプロセスに従う．死亡については，密度依存的であるとしよう．すなわち，混み合うことによって1個体あたりの死亡率は高まる．

$$\mu + a d(x, t) \tag{2.54}$$

ここで，μは密度に依存しない自然死亡率，aは密度依存の大きさ，$d(x, t)$はその場所での局所密度を表す．局所密度は，距離$y-x$だけ離れた個体からはその距離に応じた影響を受けると考えて，全ての距離について足し合わせることによって

$$d(x, t) = \int_{y \in \Omega} U(y-x) n(y, t) dy \tag{2.55}$$

と表される．ここで，Uは**競争カーネル** (competition kernel) と呼ばれる．また，出生については密度非依存とし，1個体あたりの出生率fで出生した子どもは，距離$y-x$だけ離れた場所から移動分散するが，距離に応じて全ての距離から寄与があると考える．

$$f \int_{y \in \Omega} D(y-x) N(y, t) dy \tag{2.56}$$

ここで，Dは**散布カーネル** (dispersal kernel) である．

競争カーネルや散布カーネルにはいろいろなものが考えられるが，ここでは

$$U(x) = \frac{\lambda_u}{2} \exp(-\lambda_u |x|) \tag{2.57}$$

や

$$D(x) = \frac{\lambda_d}{2} \exp(-\lambda_d |x|) \tag{2.58}$$

の**ラプラス分布** (Laplace distribution；または二重指数分布) を採用する

2-6 空間点過程 71

(Okubo 1980. 図 2-13).

確率変数 $n(x, t)$ の平均は確率密度関数 $g(n(x, t))$ を用いて

$$\langle n(x, t) \rangle = \int_0^\infty n(x, t) g(n(x, t)) \, dn(x, t) \tag{2.59}$$

のように定義されるが，状態変化のルールは場所には依存していないので，式 (2.59) のような平均の値も場所にはよらない．そこで，x は省略して表記

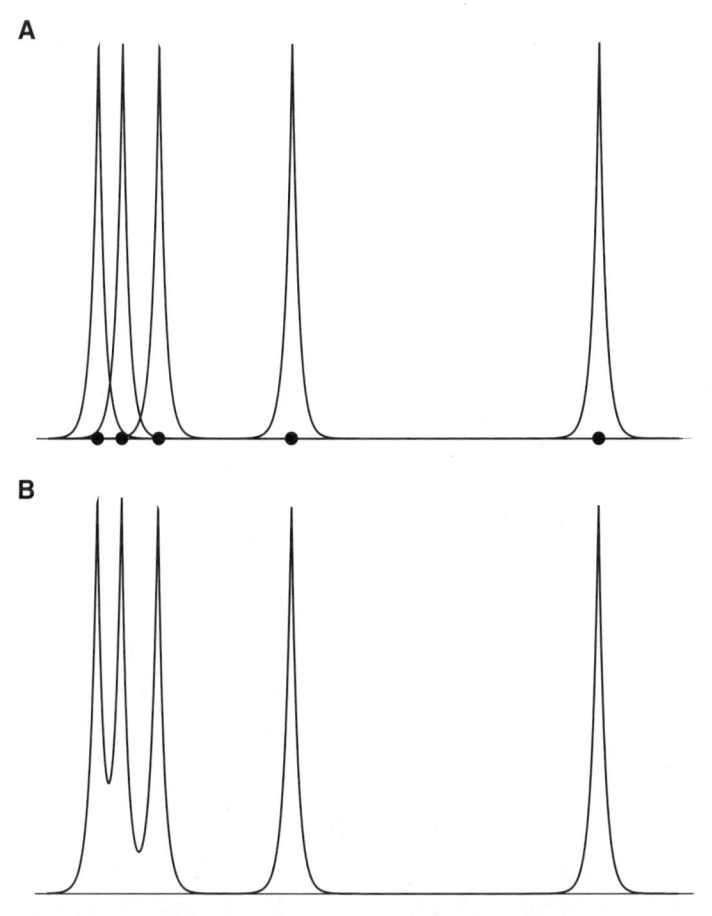

図 2-13　競争カーネルや散布カーネルによって表現される周りの個体からの影響　(A) ● は 1 次元連続空間上で個体のいる場所を，曲線は他の場所への競争や散布の大きさを表す．(B) 全ての個体からの競争や散布の大きさの総和を表す．

しよう．また，式(2.59)のように時刻tを固定して考えるときには，簡略化するために，以降では全ての変数についてtも省略して表記することにする．すなわち，式(2.59)の代わりに

$$\langle n \rangle = \langle n(x) \rangle = \int_0^\infty n(x) g(n(x)) dn(x) \tag{2.60}$$

とする．また，その共分散$c(y, t)$は

$$\begin{aligned} c(y) &= \int_0^\infty \int_0^\infty n(x) n(x+y) g(n(x), n(x+y)) dn(x) dn(x+y) \\ &\quad - \int_0^\infty n(x) g(n(x)) dn(x) \int_0^\infty n(x+y) g(n(x+y)) dn(x+y) \\ &= \langle n(x) n(x+y) \rangle - \langle n(x) \rangle \langle n(y) \rangle = \langle n(0) n(y) \rangle - \langle n \rangle^2 \end{aligned} \tag{2.61}$$

と定義される．これらの時間変化は以下のように書ける（Box 2-A および Box 2-B を参照）．

$$\begin{cases} \dfrac{d\langle n \rangle}{dt} = \langle n \rangle \{f - \mu - a \langle n \rangle\} - a U(0) \langle n \rangle - a \int_{r \in \Omega} U(r) c(r) dr \\ \dfrac{dc(r)}{dt} = 2 \big[-\{\mu + a U(0)\} c(r) + f\{(D*c)(r) + \langle n \rangle D(r)\} \\ \qquad - a \langle n \rangle \{(U*c)(r) + \langle n \rangle U(r) + c(r)\} - a U(r) c(r) \big] \end{cases} \tag{2.62}$$

ただし，第2式中の記号「$*$」は**畳み込み** (convolution) を表していて

$$(a*b)(y) \equiv \int_{x \in \Omega} a(x) b(y-x) dx \tag{2.63}$$

である．式(2.62)で，第1式の第2項と第3項は個体ベースで考えることによって出てきたものなので（Box 2-A を参照のこと），それらを除いたモデルが，内的自然増加率を$f-\mu$，環境収容力を$(f-\mu)/a$とした，ロジスティックモデル（平均場近似）に対応している．また，式(2.62)の平衡点を数値的に求める方法も知られている[7]（Bolker & Pacala 1997）．式(2.62)を数値計算した例を図2-14に示す．これより，平均個体群密度の変化の様子は決定論的なモデルと同様にシグモイド型の曲線を描くことが分かる．一方，確率モデルの特徴的な指標である共分散の変化の様子から，はじめに空間的に一様だったパターンが，存在する場所と存在しない場所の極めて偏った空間配置を経て，ある程度の規則性をもったパターンに落ち着く様子が予想される．

---

[7] フーリエ変換を用いれば畳み込みのところが容易に計算できるようになることを利用する．ただし，式(2.62)の第2式の最後の項を除いた近似計算になっている．

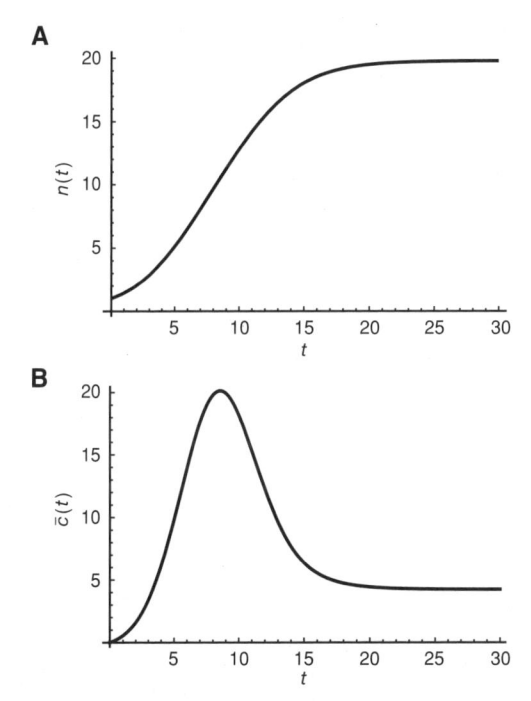

図 2-14 ロジスティック型の点過程　(A) 式 (2.62) による個体群密度 $n(t)$ の時間変化. (B) 式 (2.62) による共分散の平均 $\bar{c}(t) = \int_{-\infty}^{+\infty} c(r, t) dr$ の時間変化. パラメータの値: $f = 0.8$, $\mu + aU(0) = 0.4$, $a = 0.02$, $\lambda_u = \lambda_d = 1.0$, $n(0) = 1$, 全ての r に対して $c(r, 0) = 0$.

ここで紹介したモデルは1次元空間上の1種の個体群動態モデルであったが, 2次元空間モデルや2種間競争モデルへの応用も試みられている (Bolker & Pacala 1997, 1999; Bolker et al. 2000).

2-7　メタ個体群モデル

メタ個体群 (metapopulation) とは, 局所的な個体群の集まりである. それらの間は移動分散でつながれており, 全体のダイナミクスが互いに影響を及ぼしあっている.

メタ個体群モデルは2つに大別される. 1つは, 局所的個体群に対して, そのなかに含まれている個体数は考慮せずに, 生物個体が存在しているか否

か，という単純化をするものである．この節ではこのタイプのメタ個体群モデルを説明するが，**パッチ占有モデル** (patch occupancy model) と呼ばれる．すなわち，生息場所全体をいくつかの小さな部分からなっているものと考えて，そのおのおのの部分を**パッチ** (patch) と呼ぶ．例えば，フィンランド自治領のオーランド諸島には 1,600 個以上のパッチが点在する．そこに生息するグランヴィルヒョウモンモドキ (*Melitaea cinxia*) の生態がヘルシンキ大学の Hanski らによって調べられてきた (Hanski 1999)．そこでは，全てのパッチの状態がいっせいに同期しないことによって，あるパッチが局所的に絶滅してしまったとしても，周りの生息パッチからの移住によって補充されることによって，メタ個体群全体としては長期間にわたって存続することができるという特徴がある．このとき，絶滅しやすい傾向にあるパッチを**シンク** (sink)，それを補給する傾向のあるパッチを**ソース** (source) と呼び，メタ個体群動態をソース・シンクダイナミクスの観点から論じることもある．

　もう1つは，局所的個体群のなかに含まれている個体数まで考慮するものである．このモデルのほうが現実的であるが，問題が複雑になって数理的解析は難しくなってしまう．特に，局所的個体群を格子上で規則的に配置させてその間を移動分散によって結び付けたものを**結合写像格子** (coupled map lattice) と呼ぶ．また，全ての局所的個体群を結び付けてどこにでも移動できるようにしたものは**大域結合写像** (globally coupled map) と呼ばれる．主に 1990 年代には，両者のモデル研究が盛んに行われた (金子・津田 1996)．生態学のモデルとしては Hassell et al. (1991, 1994) が有名である．また，嶋田ら (2005) の 15 章「メタ個体群とその動態」は，メタ個体群モデルについてとても分かりやすくまとめている．一読をお薦めする．

　ここでは，古典的なパッチ占有モデルとして知られる**レビンスモデル** (Levins model；Levins 1969, 1970) から始めよう．無限に多くのパッチから構成されるメタ個体群を考える．おのおののパッチ内での個体数は気にしないことにして，パッチ内には生物がいるのか (占有パッチ) いないのか (空きパッチ) だけを考える．占有パッチは個体数の減少による絶滅のために，空きパッチに変化すると考える．パッチ間では，占有パッチから空きパッチへの移動分散が起こることによって，全てのパッチの状態は同期せずに，メタ

2-7 メタ個体群モデル

個体群全体での長期間にわたる存続が可能になる (図2-15).

Levins (1969, 1970) は，このような過程を以下のような微分方程式で表現した．

$$\frac{dp}{dt} = cp(1-p) - ep \tag{2.64}$$

ここで，変数 $p = p(t)$ は占有パッチの割合を表す．したがって，$1-p$ は空きパッチの割合である．また，正のパラメータ c および e は，それぞれ各パッチの新生率および絶滅率である．第1項は，新たに占有パッチができるときには，ランダムに選ばれた占有パッチから空きパッチへの移動分散が一定の遷移率で起こることを表している．第2項は，占有パッチが個体数の減少によって一定の遷移率で絶滅することを意味している．式(2.64)は

$$\frac{dp}{dt} = (c-e)p\left(1 - \frac{cp}{c-e}\right) \tag{2.65}$$

と変形することによって，内的自然増加率 $c-e$ および環境収容力 $1-e/c$ のロジスティックモデルであることが分かる．したがって，1-2節で学んだように，その解は

$$p(t) = \frac{p(0)(1-\delta)}{p(0) + [(1-\delta) - p(0)] e^{-c(1-\delta)t}} \tag{2.66}$$

であり，初期値 $p(0) > 0$ に対する平衡状態は

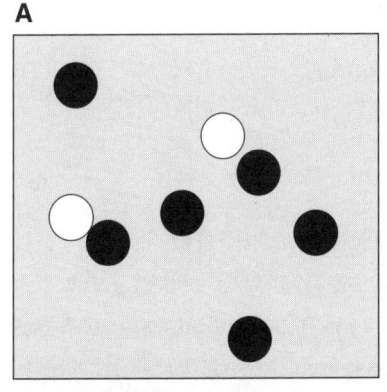

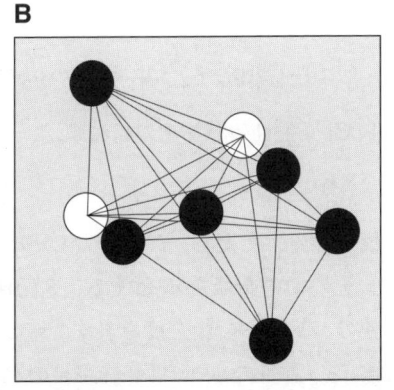

図2-15　メタ個体群モデル (占有パッチモデル)　●は生物がいる占有パッチを，○は生物がいない空きパッチを表す．(A) パッチの空間分布．(B) 全てのパッチ間で同じ強さの相互作用がある．

$$p^* = \begin{cases} 1-\delta & (\delta < 1 のとき) \\ 0 & (\delta \geq 1 のとき) \end{cases} \tag{2.67}$$

となることが言える.ただし,$\delta = e/c$ とおいた.これは新生率に対する相対的な絶滅率の大きさを表している.つまり,新生率が絶滅率よりも大きい場合にはメタ個体群は存続することができるが,絶滅率が新生率を上回るとメタ個体群全体が絶滅してしまうことになる.

この Levins のメタ個体群モデルは,数理モデルとしては空間的な構造は入っていないものと考えられるが,アイディアとしてはパッチ構造という空間を暗に想定している.したがって,このようなモデルを**非明示的な空間モデル**(spatially implicit model)と呼ぶことがある.

それでは,このモデルに**明示的な空間構造**(explicit spatial structure)を入れるとどのような違いが出てくるだろうか.Hanski & Ovaskainen (2000) は,現実的な空間構造をもつレビンスモデルを考えた.今,メタ個体群が n 個のパッチから構成されているとき

$$\frac{dp_i}{dt} = C_i(\mathbf{p})(1-p_i) - E_i(\mathbf{p})p_i \quad (i=1, 2, \cdots, n) \tag{2.68}$$

が彼らのモデルである[*8](図2-16).ただし,$\mathbf{p} = (p_1, p_2, \cdots, p_n)^T$ は n 個のパッチの占有確率を表すベクトルである.ベクトルの右上に付いている T は転置を意味する.式 (2.68) は,形式的には式 (2.64) に対応させて空間構造を入れたものである.ここで,i 番目のパッチの新生率は

$$C_i(\mathbf{p}) = cS_i(\mathbf{p}) = c\sum_{j=1}^{n} s_{ij} p_j = c\sum_{j \neq i} \exp(-a d_{ij}) A_j p_j \tag{2.69}$$

として,i 番目のパッチの絶滅率は

$$E_i(\mathbf{p}) = \frac{e}{A_j} \tag{2.70}$$

と仮定する.ただし,i 番目のパッチの面積を A_i,i 番目のパッチと j 番目のパッチの間の距離を d_{ij} とする.$S_i(\mathbf{p})$ は i 番目のパッチが状態 $\mathbf{p}$ であるときの他のパッチへの結合度を表す.s_{ij} は,(j 番目のパッチが占有パッチであるときに)j 番目のパッチから i 番目のパッチへのパッチ新生に対する貢献度で

[*8] ここで扱うモデルはパッチ数が有限個の n であり,決定論的である.すなわち,n は十分に大きいので決定論的モデルで近似できるものと仮定している.マルコフ連鎖モデルとしての解析は Gyllenberg & Silvestrov (1994) を参照のこと.

2-7 メタ個体群モデル

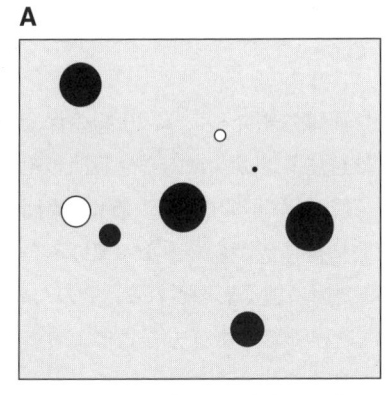

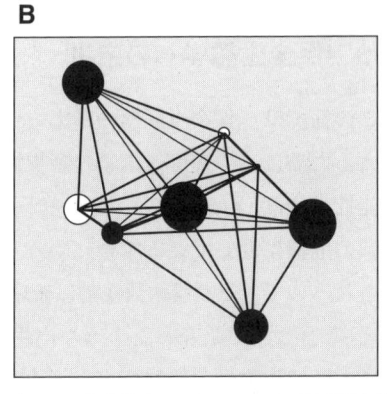

図 2-16 現実的な空間構造をもつレビンスモデル　古典的なレビンスモデルとは異なり，各パッチはいろいろな大きさの面積をもち，パッチ間の距離もさまざまである．(A) パッチの空間分布．(B) 距離に応じた相互作用の強さを線の太さで表したもの．占有パッチから空きパッチへ与える影響の大きさは，線の太さだけではなく，面積の大きさにも依存して決まる．

ある．a は分散の程度（a が大きいほど分散距離が小さい）を，c は種特異的な新生率を表すパラメータである．絶滅平衡点 $\mathbf{p} = \mathbf{0} = (0, 0, \cdots, 0)^T$ は式 (2.68) の自明な解である．この平衡点が局所的漸近安定であるための必要十分条件は，**景観行列**（landscape matrix）

$$M = \begin{bmatrix} 0 & e^{-a\,d_{12}} A_1 A_2 & \cdots & e^{-a\,d_{1n}} A_1 A_n \\ e^{-a\,d_{21}} A_2 A_1 & 0 & \cdots & e^{-a\,d_{2n}} A_2 A_n \\ \vdots & \vdots & \ddots & \vdots \\ e^{-a\,d_{n1}} A_n A_1 & e^{-a\,d_{n2}} A_n A_2 & \cdots & 0 \end{bmatrix} \quad (2.71)$$

の**優越固有値**（dominant eigenvalue）[*9] λ_M について，$\lambda_M < \delta$ という条件を満たすことである（演習問題 2-6）．すなわち，逆向きの不等号

$$\lambda_M > \delta \quad (2.72)$$

が成り立てば，絶滅平衡点は不安定になって，個体群が存続するための条件になる．この λ_M のことを**メタ個体群収容力**（metapopulation capacity）と呼ぶ．なお，ここで紹介したモデルは，同じ著者たちによってさらに発展している（Hanski & Ovaskainen 2003; Ovaskainen & Hanski 2001, 2003. 佐藤 2009 も参照のこと）．

[*9] 実部が最大の固有値のこと．支配的固有値とか最大固有値とも呼ばれる．

2-8 保全生態学への応用

　この節では，保全生態学の確率モデルを簡単に紹介しよう．生物の保全を考えるためには，種や遺伝子の多様性を維持するメカニズムや，集団の絶滅可能性の程度（絶滅リスク）を明らかにすることが重要である．特に，集団が絶滅の危機に瀕している場合には，一般的に個体数が少なくなっていると考えられるので，その個体数変動は確率的な要因に強く影響される．そのため，例えば，2-2節で紹介したような出生死亡過程や確率微分方程式によるモデルによって生物種の絶滅確率や平均存続時間を推定するための枠組みが，その基本となる．また，Brook et al. (2002) では，絶滅の恐れがある20種の生物に対する絶滅確率や平均存続時間が，より現実的な仮定を導入したモデルによって推定されている．例えば，ブラジル固有種のサルでIUCNのレッドリストでは絶滅希少種に指定されているゴールデンライオンタマリン[*10]は，生息個体数を250個体とすると，100年後の絶滅確率は0.008で，存続時間の中央値は2000年余りである．そこでは，ステージ構造あるいは年齢構造をもつ集団に対して，人口学的確率性や環境確率性はもとより，カタストロフや近交弱勢の効果も入れたモデルを組み込んでいる．このように，生態学的および遺伝学的に現実的な要素を考慮した数理モデルによって，集団の存続や絶滅についての定量的情報を与えるものは**個体群存続可能性分析**（PVA : population viability analyses）と呼ばれ，レッドリスト上で絶滅危惧種をカテゴリーに分類するときの指標にもなっている．

　この章の最後の話題として，**生息地破壊**（habitat loss）がメタ個体群の存続に与える影響を考えよう．ここに紹介する研究は生息地破壊のある格子モデルであり，ペア近似とメタ個体群収容力による2つの手法からのアプローチが比較して論じられたものである（Ovaskainen et al. 2002）．

　このモデルは Lande (1987, 1988) がベースとなっている．Lande (1987, 1988) は，メタ個体群モデルを用いて，キタヨコジマフクロウ（*Strix occidentalis caurina*）が存続するためにはどの程度の割合の生息適地を確保するべきかという条件を提示した．Lande (1987, 1988) のモデルをレビンス型のモデル

[*10] 日本国内では唯一，浜松市動物園で飼育されている．

2-8 保全生態学への応用

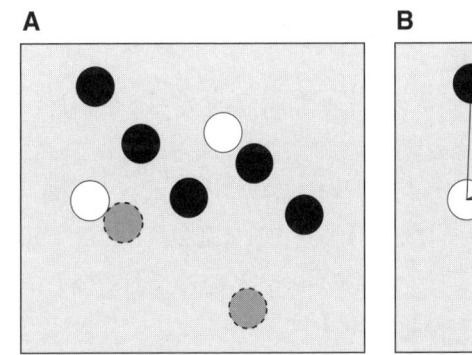

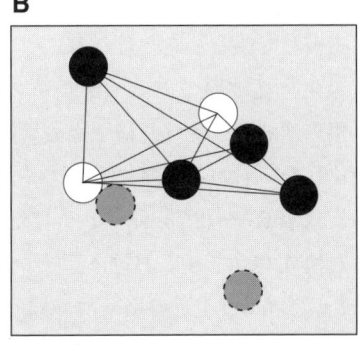

図2-17 生息地破壊のあるメタ個体群 生息地破壊を受けている ◯ のパッチには生物が棲むことはできない．(A) パッチの空間分布．(B) 生息地破壊を受けているパッチとは相互作用しない．

として表現した式

$$\frac{dp}{dt} = cp(h-p) - ep \tag{2.73}$$

は，生息地破壊のあるメタ個体群モデルの雛形である (May 1991; Nee & May 1992; Tilman et al. 1994)．式(2.73)の変数およびパラメータの表す意味は，式(2.64)と全く同様に，p は占有パッチの割合，c はパッチの新生率，そして e はパッチの絶滅率を表している．新たに出てくるパラメータ h は，生息適地の割合である（ここでは時間変化しないものと考える）．したがって，生息地破壊は $1-h$ の割合で起こっていて，そこには生物が生息することはできない（図2-17）．このとき，式(2.73)のモデルの平衡状態は，式(2.67)と同様にして，

$$p^* = \begin{cases} h - \delta & (\delta < h \text{ のとき}) \\ 0 & (\delta \geq h \text{ のとき}) \end{cases} \tag{2.74}$$

となる．第1式は，生物が存続するためには，生息地破壊が起こっていない場所の割合が，もともとの空きパッチの割合以上に確保されていなければならない，ということを意味しているが，このことを**レビンスルール** (Levins rule) と呼ぶ (Hanski et al. 1996)．式(2.67)と式(2.72)，(2.74)から，メタ個体群が存続するための条件として，それぞれ，

$$\begin{cases} 1 > \delta \\ \lambda_M > \delta \\ h > \delta \end{cases} \tag{2.75}$$

が得られたが,レビンスルールの言葉を借りれば,左辺の値が生息適地の割合に相当していると考えられる.

この生息地破壊のあるモデルを2次元空間上の格子モデルで考えてみよう.生息地破壊を受けた格子点の場所は初期条件として与えられていて,時間変化しないものとする.まず,メタ個体群収容力のアプローチで調べてみよう.式(2.68)～(2.70)でパッチに対応する格子点は全て同じ面積であるから,面積A_iは全て1とおける.また,座標(x_i, y_i)をもつi番目の格子点と座標(x_j, y_j)をもつj番目の格子点の間の距離d_{ij}は

$$d_{ij} = |x_j - x_i| + |y_j - y_i| \tag{2.76}$$

と定義する.また,本質的には同じことであるが,指数関数の底をeの代わりに2とする.さらに,$\mathbf{1}$を全ての格子点が占有されている状態として,$S_i(\mathbf{1}) = 1$という条件を満足するように,$S_i(\mathbf{p})$には

$$C(a) = 2^{-2(1+a)}(2^a - 1)^2 \tag{2.77}$$

という係数を掛けておく.

以上より,式(2.68)～(2.70)に対応させて,ここでは次のようなモデルを考える.

$$\frac{dp_i}{dt} = C_i(\mathbf{p})(1 - p_i) - E_i(\mathbf{p})p_i \tag{2.78}$$

ただし,

$$C_i(\mathbf{p}) = cS_i(\mathbf{p}) = cC(a)\sum_{j \neq i} 2^{-a d_{ij}} p_j \tag{2.79}$$

$$E_i(\mathbf{p}) = e \tag{2.80}$$

とする.今,生息適地かどうかは考えなければ,式(2.71)に対応するこのモデルの景観行列は

$$M = C(a)\begin{bmatrix} 0 & 2^{a(1-d_{12})} & \cdots & 2^{a(1-d_{1n})} & \cdots \\ 2^{a(1-d_{21})} & 0 & \cdots & 2^{a(1-d_{2n})} & \cdots \\ \vdots & \vdots & \ddots & \vdots & \cdots \\ 2^{a(1-d_{n1})} & 2^{a(1-d_{n2})} & \cdots & 0 & \cdots \\ \vdots & \vdots & \cdots & \vdots & \ddots \end{bmatrix} \tag{2.81}$$

である.この景観行列Mの行和の期待値$E(R)$および分散$Var(R) = E(R^2) - E(R)^2$を用いれば,行列Mの優越固有値は

2-8 保全生態学への応用

$$\lambda_M \approx E(R) + \frac{Var(R)}{E(R)} = \frac{E(R^2)}{E(R)} \tag{2.82}$$

と近似できることが知られている (Ovaskainen & Hanski 2001). そこで, 近似的な λ_M の値を求めるためには $E(R)$ および $E(R^2)$ を評価してやればよい. ただし, 式 (2.81) のなかにはおのおののパッチ (格子点) が生息適地であるかどうかという情報は含まれていないので, それも考慮に入れなければならない. そのために, 場所 k の格子点が生息適地であるという条件のもとで場所 i の格子点が生息適地であるという条件付き確率

$$P(H_i \mid H_k) = h + \rho 2^{\beta(1-d_{ki})} \tag{2.83}$$

を定義する. 式 (2.83) は, 場所 i の格子点から距離が 1 だけ離れている場所 k の格子点が生息適地であるとき, 場所 i の格子点が生息適地である確率は $h+\rho$ であるが, 距離が離れるに従ってその確率は単調に減少し, 十分に離れたときには h に近づくことを表している. すなわち, ρ という量は生息適地どうしの相関の強さを表している指標である. ここで $1/\beta$ は相関の及ぶ程度を表すパラメータであり, $1/\beta$ が大きいほど遠くまで相関が及ぶ. また,

$$P(H_i \cap H_j \mid H_k) = P(H_i \mid H_k) P(H_j \mid H_k) P(H_i \mid H_j)/h \tag{2.84}$$

という近似をする. 式 (2.84) は, H_i と H_j という事象が独立なとき, すなわち, $P(H_i \cap H_j \mid H_k) = P(H_i \mid H_k) P(H_j \mid H_k)$ を基準にして, H_i と H_j の間の独立性の程度を $P(H_i \mid H_j)/h$ によって表していると解釈できる. すなわち, H_i と H_j が独立であれば, この最後の式は 1 である. 式 (2.83) より

$$E(R) = h + \rho \frac{2^{2\beta}(2^a-1)^2}{(2^{a+\beta}-1)^2} \tag{2.85}$$

が得られる (演習問題 2-7).

一方, $E(R^2)$ を計算するために, まず, 考える領域を制限して

$$E^k(R^2) = C(a)^2 \sum_{i,j \in Q_k} 2^{a(1-d_{0i})} 2^{a(1-d_{0j})} P(H_i \cap H_j \mid H_0) \tag{2.86}$$

を定義する. ただし, $Q_k = \{i = (x_i, y_i) \mid x_i, y_i \in \{-k, \cdots, k\}\} \setminus \{(0, 0)\}$ は, $(2k+1)$ 個 × $(2k+1)$ 個の正方形状に並んだ整数の組みの集合 ($\mathbf{Z}^2$ の部分集合) から原点を除いたものである (式 (2.86) で原点 0 からの距離を考えたためであるが, 別の場所で考えてもかまわない). このとき

$$E(R^2) = \lim_{k \to \infty} E^k(R^2) \tag{2.87}$$

であるが，これを評価することは難しい．そこで，数値計算を行うことによっておおよその値を求めることになる．

次に，対応するモデルをペア近似によって調べてみよう．2-3節の格子ロジスティックモデルと異なる点は，各格子点が3つの状態のいずれかをとるという点と，3つ目の新しい状態である生息地破壊は変化しないということである．このことに注意して，⓪を生息地破壊を受けた格子点，①を生息適地であるが空いている格子点，②を占有格子点（生息適地）とすれば，これらの格子点の状態の割合のダイナミクスは，式(2.14)および式(2.15)にならって

$$\frac{d\rho_2}{dt} = c\rho_{12} - e\rho_2$$
$$\frac{d\rho_1}{dt} = e\rho_2 - c\rho_{12} \quad (2.88)$$
$$\frac{d\rho_0}{dt} = 0$$

および

$$\frac{d\rho_{20}}{dt} = \left(1 - \frac{1}{z}\right)c\rho_{210} - e\rho_{20}$$
$$\frac{d\rho_{10}}{dt} = e\rho_{20} - \left(1 - \frac{1}{z}\right)c\rho_{210}$$
$$\frac{d\rho_{00}}{dt} = 0$$
$$\frac{d\rho_{11}}{dt} = 2e\rho_{12} - 2\left(1 - \frac{1}{z}\right)c\rho_{112} \quad (2.89)$$
$$\frac{d\rho_{22}}{dt} = 2 \cdot \frac{1}{z}c\rho_{12} + 2\left(1 - \frac{1}{z}\right)c\rho_{212} - 2e\rho_{22}$$
$$\frac{d\rho_{12}}{dt} = e\rho_{22} + \left(1 - \frac{1}{z}\right)c\rho_{112} - \frac{1}{z}c\rho_{12} - \left(1 - \frac{1}{z}\right)c\rho_{212} - e\rho_{12}$$

のように書ける．ただし，zは2-5節で出てきたように隣り合った格子点の個数を意味する．

ここで$\rho_2 + \rho_1 + \rho_0 = 1$が成り立つので，式(2.88)は3つの式のうちの1つは他の2つから導ける．同様に，$\rho_2 + \rho_1 + \rho_0 = (\rho_{22} + \rho_{12} + \rho_{20}) + (\rho_{12} + \rho_{11} + \rho_{10}) + (\rho_{20} + \rho_{10} + \rho_{00}) = 2(\rho_{20} + \rho_{10} + \rho_{12}) + (\rho_{22} + \rho_{11} + \rho_{00}) = 1$が成り立つので，式(2.89)は6つの式のうちの1つは他の5つから導ける．また，$\rho_2 = \rho_{22} + \rho_{12} + \rho_{20}$，$\rho_1 = \rho_{12} + \rho_{11} + \rho_{10}$，$\rho_0 = \rho_{20} + \rho_{10} + \rho_{00}$だから，式(2.89)から式(2.88)を導き出すことができる．

2-8 保全生態学への応用

別の言い方をすれば,式(2.89)で選んだ5つの式のうちの2つは,式(2.88)で選んだ2つの式と(うまく選んでやれば)入れ替えることができる[*11].

ところで,式(2.88)および式(2.89)は,これまでのレビンズモデルもそうであったのだが,変数変換を行うことによって,パラメータの個数を減らすことができる.ここでは

$$\tau = et \tag{2.90}$$

$$\delta = \frac{e}{c} \tag{2.91}$$

とすることによって,式(2.88)および式(2.89)は

$$\begin{aligned}
\frac{d\rho_2}{d\tau} &= \frac{1}{\delta}\rho_{12} - \rho_2 \\
\frac{d\rho_1}{d\tau} &= \rho_2 - \frac{1}{\delta}\rho_{12} \\
\frac{d\rho_0}{d\tau} &= 0
\end{aligned} \tag{2.92}$$

および

$$\begin{aligned}
\frac{d\rho_{20}}{d\tau} &= \left(1 - \frac{1}{z}\right)\frac{1}{\delta}\rho_{210} - \rho_{20} \\
\frac{d\rho_{10}}{d\tau} &= \rho_{20} - \left(1 - \frac{1}{z}\right)\frac{1}{\delta}\rho_{210} \\
\frac{d\rho_{00}}{d\tau} &= 0 \\
\frac{d\rho_{11}}{d\tau} &= 2\rho_{12} - 2\left(1 - \frac{1}{z}\right)\frac{1}{\delta}\rho_{112} \\
\frac{d\rho_{22}}{d\tau} &= 2\cdot\frac{1}{z}\frac{1}{\delta}\rho_{12} + 2\left(1 - \frac{1}{z}\right)\frac{1}{\delta}\rho_{212} - 2\rho_{22} \\
\frac{d\rho_{12}}{d\tau} &= \rho_{22} + \left(1 - \frac{1}{z}\right)\frac{1}{\delta}\rho_{112} - \frac{1}{z}\frac{1}{\delta}\rho_{12} - \left(1 - \frac{1}{z}\right)\frac{1}{\delta}\rho_{212} - \rho_{12}
\end{aligned} \tag{2.93}$$

のようになる.

式(2.92)および式(2.93)のなかからうまく式を選んで,ペア近似によって平衡状態を求めると,$z=4$のとき,生息適地に対する占有パッチの割合は

[*11] ここでは,3状態のモデルに対する一般的な方法について述べた.今のモデルの場合には「0」という状態は変化しないために,式(2.88)は本質的には1変数である.すなわち$\rho_1 = 1 - \rho_0 - \rho_2 = h - \rho_2$となるので,$\rho_2$を考えれば十分である.同様にして,式(2.89)も本質的には3変数として考えることができる(演習問題2-8も参照のこと).

$$\frac{\rho_2{}^*}{h} = \frac{1}{6-2\delta}\{15 - 12(1-h)(1-q_{0/0})/h - 8\delta$$
$$-3\sqrt{16(1-h)(1-q_{0/0})\delta/h + [3-4(1-h)(1-q_{0/0})/h]^2}\} \quad (2.94)$$

となる（演習問題 2-8）．また，メタ個体群収容力によるアプローチのなかで，生息適地どうしの相関 ρ を式(2.83)のなかに導入したが，ここでは

$$\rho = q_{(1\text{または}2)/(1\text{または}2)} - h = \frac{\rho_{11} + 2\rho_{12} + \rho_{22}}{h} - h \quad (2.95)$$

のように考えよう（Bascompte 2001）．すなわち，生息適地どうしの空間的相関関係の強さを表す量を，生息適地の隣がまた生息適地である場合と無相関の場合との差として定義する．これは，式(2.83)で $d_{ki}=1$ のとき，すなわち，隣り合った格子点の間では，式(2.95)と等しい．このモデルでは，初期条件として与えることになる，生息地破壊を受けた格子点の割合 $\rho_0 = 1-h$ と，そのような生息に適さない格子点どうしが隣り合う確率 $q_{0/0}$ が，ダイナミクスを決定する重要な因子であるが，式(2.95)を変形すれば，$q_{0/0}$ と ρ の間には

$$q_{0/0} = 1 - h + \rho \frac{h}{1-h} \quad (2.96)$$

という関係が成り立っていることに注意しよう．図 2-18 に，h を固定して ρ を変えた場合の生息地破壊の空間パターンの例を示す．また，図 2.19 に式(2.94) の，生息適地の割合 $1-h$ と空間的相関 ρ への依存性を示した．この図

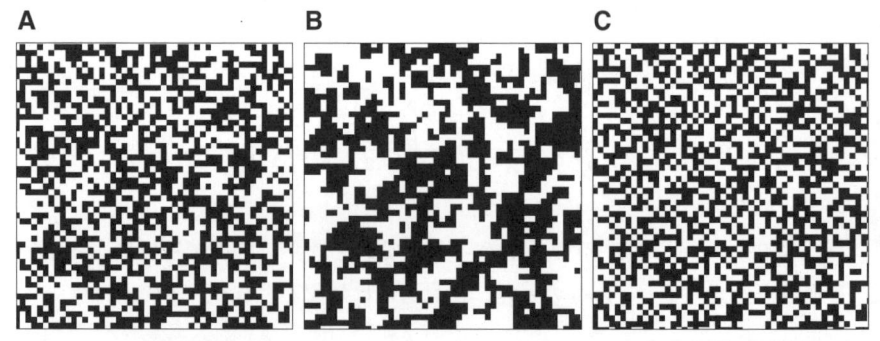

図 2-18　生息地破壊の空間パターン　格子サイズは 50×50．黒い格子点は生息適地の場所を，白い格子点は生息地破壊を受けた場所を表す．生息適地どうしの相関に関する式(2.95)を用いた．(A) ランダムなパターン．$\rho = 0$．(B) 正の相関をもつパターン．$\rho = 0.2$．(C) 負の相関をもつパターン．$\rho = -0.1$．また，全てのパターンで生息適地の割合は半分．$h = 0.5$．

2-8 保全生態学への応用

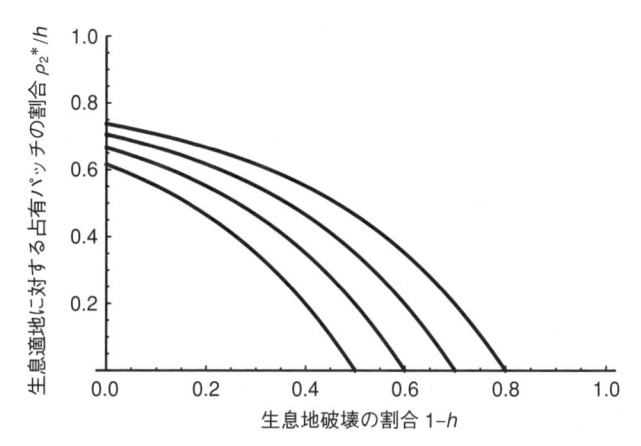

図2-19 生息適地のなかの占有パッチの割合 式 (2.94) による．横軸は生息適地の割合 $1-h$ を表す．右上の曲線ほど生息適地どうしの空間的相関 ρ が大きい．すなわち，左下から $\rho = -0.1, 0, 0.1, 0.2$ に対応する．$\delta = 0.3$．

から，生息適地どうしの相関が大きくなるに従って，つまり，生息適地が固まっていると，占有パッチの割合が大きくなることが分かる．このことは，すぐ近くにしか子どもを産まない生物の場合には，生息適地の場所と割合が変化しないのであれば，大きな生息適地を確保する必要があるということを意味している．保全生態学でよく議論される SLOSS (= single large or several small；1つの大きな保護区かいくつかの小さな保護区か) と呼ばれる保護区設定の問題とも関係している．

ペア近似では，式 (2.94) の右辺を 0 とおいて h について解くと

$$h = \frac{4}{3}\delta - \rho \tag{2.97}$$

となるので，この右辺よりも大きい割合の生息適地が確保されていれば，メタ個体群は存続できることになる．一方，メタ個体群収容力を用いた表現では，式 (2.82) で近似された λ_M を用いて式 (2.72) から，メタ個体群が存続するための閾値が

$$\lambda_M = \delta \tag{2.98}$$

という条件によって与えられるので，左辺で与えられる λ_M よりも大きな値を与えるような生息適地を含んだ景観がメタ個体群存続には必要となる．ま

た，生息適地の中での占有パッチの割合については，ペア近似では式(2.94)によって与えられているが，メタ個体群収容力を用いた表現でも

$$1-\frac{\delta}{\lambda_M} \tag{2.99}$$

を対応させる（占有パッチの割合そのものではない）ことができる．この表現は，式(2.73)のモデルの平衡状態を与える式(2.74)の第1式をhで割った

$$1-\frac{\delta}{h} \tag{2.100}$$

に相当している．

　この節で紹介した生息地破壊の格子モデルは，離散時間モデルとしてHiebeler(2000)による先行研究がある．また，生息地破壊がメタ個体群の絶滅に与える影響に関する定性的な研究として，Neuhauser(1998)があげられる．また，ここでは，格子点の内部（サイト）に相当する生息地の破壊を考えてきたが，格子点どうしをつないでいる部分（ボンド）が破壊される（生息地の間での行き来ができない）場合も考えられる．このようなモデルは，Tao et al.(1999)によって初めて調べられた．

Box 2-A　式(2.62)の第1式の導出

　Bolker & Pacala(1997)に従って，連続的な時間および空間を，微小な時間Δtおよび微小な空間ωに分割して考えた後に，$\Delta t \to 0$かつ$\omega \to 0$の極限をとることによって式(2.62)の第1式を導き出そう．このとき，空間を表す変数に付けた添字は，空間を分割していることを表すことにする．例えばy_iは，連続変数yをωごとに分割したときのi番目の場所ωiを表している．

　まず，時刻tで場所xにいる個体数$N(x, t)$について，Δt後の同じ場所での微小な個体数の変化$\Delta N(x, t)$を考えよう．ただし，時刻はtで固定するので，以降は，全ての変数について時刻tを省略して表記することにする．このとき，式(2.54)〜(2.56)より

$$\Delta N(x) = \left[f \sum_i D(y_i - x) N(y_i) \omega \right] \Delta t - \left[N(x) \left\{ \mu + a \sum_i U(y_i - x) N(y_i) \right\} \right] \Delta t \tag{2.101}$$

となる．ただし，式(2.55)および式(2.56)の積分を離散化するときに，散布カーネルや競争カーネルを表す密度関数DやUにωを掛けていることに注意しよ

Box 2-A (続き)

う．式(2.101)の$\Delta N(x)$は確率変数である．その平均$\langle \Delta N(x) \rangle$は

$$\frac{\langle \Delta N(x) \rangle}{\Delta t} = f \sum_i D(y_i - x) \langle N(y_i) \rangle \omega - \left\langle N(x) \left\{ \mu + a \sum_i U(y_i - x) N(y_i) \right\} \right\rangle \quad (2.102)$$

となる．ところで，Δtやωは微小な値であるが，これはΔtという短い時間では個体数の変化はたかだか1個体であり（すなわち，1個体増えるか，1個体減るか，変化しないかのいずれか），ωという小さな空間にはたかだか1個体しかいない（すなわち，1個体いるか，いないかのいずれか）ということを意味する[*12]．今，状態変化のルールは場所ごとには異なっていないので，平均も空間的には一様である．したがって，$\langle N(x) \rangle$や$\langle \Delta N(x) \rangle$は任意の場所$x$で同じであるから，$x$を省略して$\langle N \rangle$，$\langle \Delta N \rangle$のように書ける．また，$\langle N(x)N(y_i) \rangle$は2点の場所$x$および$y_i$には依存せずに，2点間の距離$|x - y_i|$だけによって決まる．したがって，式(2.102)は$x=0$とおいて，

$$\frac{\langle \Delta N \rangle}{\Delta t} = f \sum_i D(y_i) \langle N \rangle \omega - \left\langle N(0) \left\{ \mu + a \sum_i U(y_i) N(y_i) \right\} \right\rangle$$

$$= (f - \mu) \langle N \rangle - a \sum_i U(y_i) \langle N(0) N(y_i) \rangle \quad (2.103)$$

となる．ただし，最後の等式で

$$\sum_i D(y_i) \omega = \int_{y \in \Omega} D(y) dy = 1 \quad (2.104)$$

であることを用いた．

式(2.103)の最後の項に出てくる積の平均$\langle N(0) N(y_i) \rangle$について考えよう．

$$\text{Cov}[N(0), N(y_i)] = \langle \{N(0) - \langle N(0) \rangle\} \{N(y_i) - \langle N(y_i) \rangle\} \rangle$$

$$= \langle N(0) N(y_i) \rangle - \langle N(0) \rangle \langle N(y_i) \rangle$$

$$= \langle N(0) N(y_i) \rangle - \langle N \rangle^2 \quad (2.105)$$

であるから，

$$\langle N(0) N(y_i) \rangle = \langle N \rangle^2 + \text{Cov}[N(0), N(y_i)] \quad (2.106)$$

が成り立つ．特に，$y_i = 0$のとき

$$\langle N^2 \rangle = \langle N \rangle^2 + \text{Var}[N] \quad (2.107)$$

である．ただし，式(2.107)でも$\langle N(0)^2 \rangle$や$\text{Var}[N(0)]$は場所によらないので(0)を省略した．式(2.106)と式(2.107)に注意すれば，式(2.103)は

[*12] 本文中の式(2.53)では，個体数$N(x)$をこの微小な空間ωで割ることによって個体数密度を定義した．ところが，もしも個体数がたかだか1個体しかいることができないような微小な空間を定義することができれば，$\omega \to 0$の極限操作をする必要はなくなってしまう．例えば，2-2節で扱った出生死亡過程の定義では，微小時間内で2個体以上の変化がある確率を考えたように，ωのなかにも2個体以上がいる確率を定義しておいて，$\omega \to 0$の極限では消滅するようにしておく必要があるだろう．

Box 2-A（続き）

$$\frac{\langle \Delta N \rangle}{\Delta t} = \left(f - \mu - a \frac{\langle N \rangle}{\omega} \right) \langle N \rangle - a U(0) \, \text{Var}\,[N]$$
$$\qquad - a \sum_{i \neq 0} U(y_i) \, \text{Cov}\,[N(0),\, N(y_i)] \qquad (2.108)$$

となる．今，$N(0)$ は 0 または 1 の値をとる確率変数であるから，$N(0)^2$ に等しい．したがって，式 (2.107) は

$$\langle N \rangle = \langle N \rangle^2 + \text{Var}\,[N] \qquad (2.109)$$

となる．両辺を ω で割って，$\omega \to 0$ の極限を考えると

$$\langle n \rangle = \lim_{\omega \to 0} \left[\langle n \rangle^2 \omega + \frac{\text{Var}\,[N]}{\omega} \right] = \lim_{\omega \to 0} \frac{\text{Var}\,[N]}{\omega} \qquad (2.110)$$

となる．

以上のことを用いて，式 (2.108) の両辺を ω で割って，$\omega \to 0$ および $\Delta t \to 0$ の極限をとると

$$\frac{d\langle n \rangle}{dt} = (f - \mu - a \langle n \rangle) \langle n \rangle - a U(0) \langle n \rangle - a \int U(y) \, \text{Cov}\,[n(0),\, n(y)] \, dy \qquad (2.111)$$

となる．Bolker & Pacala (1997) にならって，

$$c(x - y) \equiv \text{Cov}\,[n(x),\, n(y)] \qquad (2.112)$$

という記号を用いれば，

$$\frac{d\langle n \rangle}{dt} = (f - \mu - a \langle n \rangle) \langle n \rangle - a U(0) \langle n \rangle - a \int U(r) c(r) \, dr \qquad (2.113)$$

を得る．

Box 2-B　式 (2.62) の第 2 式の導出

Box 2-A と同様のやり方で，式 (2.62) の第 2 式を導こう．すなわち $c(r)$ の時間変化を考える．そこで Δt の間の微小変化を考えるために，式 (2.105) を利用する．ただし，ここでは $r > 0$ の場合を考えるので，以降では $x \neq y$ であることに注意してほしい．式 (2.105) より

$$\Delta \text{Cov}\,[N(x),\, N(y)] = \Delta \left[\langle N(x) N(y) \rangle - \langle N \rangle^2 \right]$$
$$= \langle \{\Delta N(x)\} N(y) \rangle + \langle N(x) \{\Delta N(y)\} \rangle - 2 \langle N \rangle \langle \Delta N \rangle$$
$$\qquad (2.114)$$

である．第 1 項と第 2 項は x と y を入れ替えても同じであることから

$$\frac{\Delta \text{Cov}\,[N(x),\, N(y)]}{2} = \langle N(x) \{\Delta N(y)\} \rangle - \langle N \rangle \langle \Delta N \rangle \qquad (2.115)$$

Box 2-B（続き）

となる．まず式(2.101)でxの代わりにyとし，yの代わりにzとすれば

$$\Delta N(y) = \left[f \sum_i D(z_i - y) N(z_i) \omega \right] \Delta t - \left[N(y)\left\{\mu + a \sum_i U(z_i - y) N(z_i)\right\}\right] \Delta t \tag{2.116}$$

となるから，式(2.115)の右辺第1項については，式(2.116)の両辺に$N(x)$を掛けて平均をとれば

$$\frac{\langle N(x) \Delta N(y) \rangle}{\Delta t} = -\mu \langle N(x) N(y) \rangle + f \sum_i D(z_i - y) \langle N(x) N(z_i) \rangle \omega$$
$$- a \sum_i U(z_i - y) \langle N(x) N(y) N(z_i) \rangle \tag{2.117}$$

である．最後の項に出てくる$\langle N(x) N(y) N(z_i) \rangle$については，$z_i$に関する和があるために，$x$や$y$が$z_i$と同じ場合と異なる場合を区別する必要がある（ただし，式(2.114)の前に述べたように，場所xと場所yは異なっている）．

まず，全ての場所が異なっている場合には，3次モーメントM_3'を使って，

$$\langle N(x) N(y) N(z_i) \rangle$$
$$= \langle N \rangle \{\text{Cov}[N(x), N(y)] + \text{Cov}[N(y), N(z_i)]$$
$$+ \text{Cov}[N(z_i), N(x)]\} + \langle N \rangle^3 + M_3'(x, y, z_i) \tag{2.118}$$

となる．ただし

$$M_3'(x, y, z_i)$$
$$= \langle \{N(x) - \langle N(x) \rangle\} \{N(y) - \langle N(y) \rangle\} \{N(z_i) - \langle N(z_i) \rangle\} \rangle$$
$$= \langle N(x) N(y) N(z_i) \rangle - \langle N \rangle \text{Cov}[N(x), N(y)]$$
$$- \langle N \rangle \text{Cov}[N(y), N(z_i)] - \langle N \rangle \text{Cov}[N(z_i), N(x)] - \langle N \rangle^3 \tag{2.119}$$

である．次に，xとz_iが同じ場所のときには

$$\langle N(x) N(y) N(z_i) \rangle$$
$$= \langle N(x)^2 N(y) \rangle = \langle N(x) N(y) \rangle = \text{Cov}[N(x), N(y)] + \langle N \rangle^2 \tag{2.120}$$

となり，yとz_iが同じ場所のときにも

$$\langle N(x) N(y) N(z_i) \rangle$$
$$= \langle N(x) N(y)^2 \rangle = \langle N(x) N(y) \rangle = \text{Cov}[N(x), N(y)] + \langle N \rangle^2 \tag{2.121}$$

となって，式(2.120)と式(2.121)は同じ結果を与える．式(2.118), (2.120), (2.121)から，式(2.117)は

$$\frac{\langle N(x) \Delta N(y) \rangle}{\Delta t}$$
$$= -\mu \{\text{Cov}[N(x), N(y)] + \langle N \rangle^2\}$$
$$+ f \left[\sum_{z_i \neq x} D(z_i - y) \{\text{Cov}[N(x), N(z_i)] + \langle N \rangle^2\} \omega + D(x - y) \langle N \rangle \omega \right]$$

Box 2-B (続き)

$$
\begin{aligned}
&- a \sum_{\substack{z_i \ne x \\ z_i \ne y}} U(z_i - y) \langle N \rangle \operatorname{Cov}[N(x), N(y)] \\
&- a \sum_{\substack{z_i \ne x \\ z_i \ne y}} U(z_i - y) \langle N \rangle \operatorname{Cov}[N(y), N(z_i)] \\
&- a \sum_{\substack{z_i \ne x \\ z_i \ne y}} U(z_i - y) \langle N \rangle \operatorname{Cov}[N(z_i), N(x)] \\
&- a \sum_{\substack{z_i \ne x \\ z_i \ne y}} U(z_i - y) \langle N \rangle^3 - a \sum_{\substack{z_i \ne x \\ z_i \ne y}} U(z_i - y) M_3'(x, y, z_i) \\
&- a U(x - y)\{\operatorname{Cov}[N(x), N(y)] + \langle N \rangle^2\} \\
&- a U(0)\{\operatorname{Cov}[N(x), N(y)] + \langle N \rangle^2\}
\end{aligned}
\tag{2.122}
$$

となるので，両辺をω^2で割って$\omega \to 0$としてから整理すれば

$$
\begin{aligned}
\frac{\langle n(x) \Delta n(y) \rangle}{\Delta t} &= -\mu c(x-y) + f\left\{ \int D(z-y) c(x-z) dz + D(x-y) \langle n \rangle \right\} \\
&\quad - a \langle n \rangle \left\{ \int U(z-y) c(x-z) dz + U(x-y) \langle n \rangle + c(x-y) \right\} \\
&\quad + \left[(f - \mu - a \langle n \rangle) \langle n \rangle^2 - a \langle n \rangle \left\{ \int U(z-y) c(y-z) dz + U(0) \langle n \rangle \right\} \right] \\
&\quad - a U(0) c(x-y) - a U(x-y) c(x-y)
\end{aligned}
\tag{2.123}
$$

となる．ただし，式(2.123)ではM_3'/ω^3を小さいものと仮定して消去した．このことによって，1次と2次のモーメントからなる閉じた2次元システムが構成できる．これがモーメントクロージャ法と呼ばれる近似方法である．

次に，式(2.115)の右辺第2項については，$\omega^2 \Delta t$で割ってから$\Delta t \to 0$の極限をとった後で式(2.113)を利用すれば

$$
\langle n \rangle \frac{d \langle n \rangle}{dt} = (f - \mu - a \langle n \rangle) \langle n \rangle^2 - a U(0) \langle n \rangle^2 - a \langle n \rangle \int U(r) c(r) dr
\tag{2.124}
$$

となる．式(2.123)の右辺3行目は式(2.124)に等しい．したがって，$x=0$および$y=r$とおき，$c(r) = c(-r)$に注意すれば，式(2.123)と式(2.124)より，式(2.115)は

$$
\begin{aligned}
\frac{1}{2} \frac{dc(r)}{dt} &= -\mu c(r) + f\left\{ \int D(z-r) c(z) dz + D(r) \langle n \rangle \right\} \\
&\quad - a \langle n \rangle \left\{ \int U(z-r) c(z) dz + U(r) \langle n \rangle + c(r) \right\} \\
&\quad - a U(0) c(r) - a U(r) c(r)
\end{aligned}
\tag{2.125}
$$

となる．さらに，畳み込みの記号を用いれば

$$
\frac{1}{2} \frac{dc(r)}{dt} = -\mu c(r) + f\{(D * c)(r) + D(r) \langle n \rangle\}
$$

> Box 2-B（続き）
> $$-a\langle n\rangle\{(U*c)(r)+U(r)\langle n\rangle+c(r)\}$$
> $$-aU(0)c(r)-aU(r)c(r) \qquad (2.126)$$
> となる．

演習問題

問題2-1　以下の順序に従って，式(2.1)を示せ．
(1) Δt 後の p_0 の値を，現在の時刻 t での値を使って表せ．すなわち，$p_0(t+\Delta t)$ を $p_0(t)$ を用いて表せ．
(2) $p_k(t+\Delta t)$ $(k=1, 2, \cdots)$ を $p_j(t)$ $(j=0, 1, \cdots, k)$ を用いて表せ．
(3) 微分の定義
$$\frac{dp_k(t)}{dt}=\lim_{\Delta t\to 0}\frac{p_k(t+\Delta t)-p_k(t)}{\Delta t} \qquad (2.127)$$
に注意して，(1)および(2)で得られた式を変形することによって式(2.1)を導け．

問題2-2　$\lambda_n=\lambda$ の場合には，式(2.1)の解が式(2.3)によって与えられることを，以下の順序に従って示せ．
(1) 式(2.3)の第1式，すなわち $p_k(t)=0$ $(k=0, 1, \cdots, i-1)$ を示せ．
(2) $p_i(t)$ を求めよ．
(3) $p_{i+1}(t)$ を求めよ．さらに，$p_k(t)$ $(k=i, i+1, i+2, \cdots)$ が式(2.3)の第2式で与えられることを示せ．

問題2-3　$\lambda_n=n\lambda$ の場合には，式(2.4)から式(2.6)が成り立つことを，以下の順序に従って示せ．
(1) $i=0$ のとき，$p_k(t)$ は式(2.5)を満たすことを示せ．
(2) $i\geq 1$ のとき，式(2.4)の第1式，すなわち $p_k(t)=0$ $(k=0, 1, \cdots, i-1)$ を示せ．
(3) $i\geq 1$ のとき，$p_i(t)$ を求めよ．
(4) $i\geq 1$ のとき，$p_{i+1}(t)$ を求めよ．さらに，$p_k(t)$ $(k=i, i+1, i+2, \cdots)$ が式(2.4)の第2式で与えられることを示せ．
(5) 平均の定義に従って，式(2.6)が成り立つことを示せ．

問題2-4　出生死亡過程について，式(2.7)の解が式(2.9)によって与えられることを，以下の順序に従って示せ．
(1) 問題2-1と同様の方法で，式(2.7)を示せ．
(2) 平均の定義に従って，式(2.8)を示せ．
(3) 式(2.8)の解が式(2.9)であることを示せ．

問題 2-5 格子ロジスティックモデルに対するペア近似について,以下のことを示せ.
(1) 式 (2.25) の平衡点は,式 (2.26) で与えられることを示せ.
(2) 式 (2.26) で与えられる平衡点の局所的安定性を調べよ.

問題 2-6 式 (2.71) で与えられる景観行列 M に対応するメタ個体群収容力 λ_M について,絶滅平衡点が局所的漸近安定であるための条件は $\lambda_M < \delta$ であることを,以下の順序に従って示せ.
(1) **次世代行列** (next generation matrix) は景観行列 M の定数倍であることを示せ.ただし,H をベクトル
$$H = ((C_1(\mathbf{p})(1-p_1), C_2(\mathbf{p})(1-p_2), \cdots, C_n(\mathbf{p})(1-p_n))^T \qquad (2.128)$$
に対する絶滅平衡点におけるヤコビ行列とし,D をベクトル
$$D = (E_1(\mathbf{p})p_1, E_2(\mathbf{p})p_2, \cdots, E_n(\mathbf{p})p_n)^T \qquad (2.129)$$
に対する絶滅平衡点におけるヤコビ行列としたとき,$D^{-1}H$ を次世代行列と呼ぶ.
(2) 次世代行列のスペクトル半径 (固有値の絶対値のなかで最大のもの) が 1 より小さいことが絶滅平衡点が局所的漸近安定であることの必要十分条件である (Diekmann et al. 1990; van den Driessche & Watmough 2002; Allen 2011). また,フロベニウスの定理 (Frobenius theorem) (Allen 2011) から,景観行列 M は,他の全ての固有値の絶対値よりも大きいか等しいような正の固有値をもつことが言える.これらを用いて $\lambda_M < \delta$ を示せ.

問題 2-7 生息地破壊の格子モデルについて,メタ個体群収容力の方法から,行和の平均が式 (2.85) で与えられることを示せ.

問題 2-8 生息地破壊の格子モデルについて,ペア近似の方法から,平衡状態における生息適地に対する占有パッチの割合が式 (2.94) で与えられることを示せ.

3章
生化学反応論

(関村利朗)

　遺伝子発現をはじめ細胞や細胞組織内で起こっている分子論的過程の多くは，一般的に言えば，生化学反応と呼ばれる化学反応である．したがって，重要な生命現象を分子レベルでより深く理解するためには生化学反応論の理解は避けて通ることができないと言える．第3章では，これらの生化学反応を理論的に記述し，数理的に解析するための基礎的考え方と方法論を解説する．そのため，まず，あらゆる化学反応論の基礎となる質量作用の法則などの基礎的諸概念を紹介し，いくつかの応用例を通じてその数理解析法を紹介する．また，生物現象に関係する重要な応用例として，活性化−抑制反応，酵素反応，そしてベルーゾフ・ザボチンスキー (BZ) 反応の3つを取り上げて解説する．

3-1 反応速度論の基礎

3-1-1　質量作用の法則と簡単な応用
(a) 反応速度と反応次数

　化学反応の速度はさまざまな要因によって支配されている．例えば，反応する化合物の濃度，温度，触媒の有無，溶液の酸性度 (pH)，阻害剤の有無などである．温度が一定の条件で，**反応速度**は，単位時間に生成物質ができる割合として定義され，反応する分子どうしが衝突する場合はその衝突頻度に比例する．また，その比例係数を (反応) 速度定数と呼ぶ．一方，**反応次数**

は反応に関与する分子数，すなわち同時に衝突して生成物質になる分子の数に相当する．すなわち，衝突が起きない1分子反応の次数は1次であり，2分子反応の次数は2次である．

(b) 質量作用の法則

反応する分子どうしが衝突する頻度は，一般に，反応物質(分子)の濃度の積に比例すると考えられる．したがって，上述の定義から反応速度は反応物質の濃度の積に比例することになる．これを**質量作用の法則**(law of mass action)と言い，化学反応速度論の基礎的原理である．

(c) 反応速度式

上記の反応速度はある時点での瞬間速度を表す．一方，反応の時間経過を表す式を**反応速度式**と呼ぶ．この式は，一般に反応速度の式から積分などの手法を使って導かれるものである．以下に基礎的な反応例をいくつか示し，上記の事項の利用法を解説すると同時にその応用について述べる．

(d) 1分子反応

ある反応物質Aが生成物質Pに変わる反応を考える．すなわち，反応次数が1次の**1分子反応**である．

$$A \longrightarrow P \tag{3.1}$$

今，A，Pの濃度を$[A]=a$，$[P]=p$と小文字で表すと，この反応速度vは質量作用の法則を使って，

$$v = \frac{dp}{dt} = ka \tag{3.2}$$

と書ける．ここで，k(=定数)は反応速度定数である．

一方，式(3.1)を反応物質Aについてみれば，

$$\frac{da}{dt} = -ka \tag{3.3}$$

と書ける．変数を分離し両辺の積分を行えば

$$a = a_0 \exp(-kt) \tag{3.4}$$

の指数関数解を得る．ただし，a_0はaの最初$t=0$の濃度($a_0 = a(0)$)を表す．式(3.4)の両辺の自然対数をとれば，次の式が得られる．

$$\log a = \log a_0 - kt \tag{3.5}$$

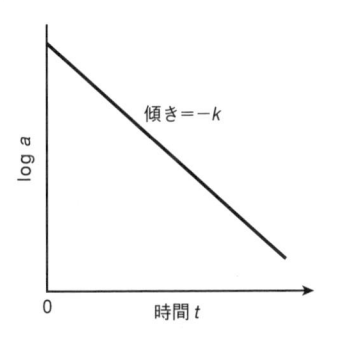

図 3-1 1分子反応式 (3.5) のプロット　　時間 t に対して $\log a$ をプロットし，直線の傾き $-k$ を求めて反応速度定数 k を決定する．

ここで，$\log a\,(=\log_e a)$ は自然対数を表す．式 (3.5) は変数 $\log a$ が時間 t に関して1次関数 (直線) であることを示している．したがって，時間 t に対して変数 $\log a$ をプロットすれば，傾き $-k$，縦軸との交点 $\log a_0$ の直線が得られることになる．

(e) 2分子反応

(1) 1種類の反応物質Aの2個が反応し，生成物質Pができる反応を考える．

$$2A \longrightarrow P \tag{3.6}$$

この反応速度 v は

$$v = \frac{dp}{dt} = ka^2 \tag{3.7}$$

である．ここで，k は反応速度定数である．

一方，速度式については，まず反応を反応物質Aについてみる．Aの反応速度は

$$\frac{da}{dt} = -ka^2 \tag{3.8}$$

である．式 (3.8) で変数を分離して両辺の積分を行えば，

$$\frac{1}{a} = \frac{1}{a_0} + kt \tag{3.9}$$

と表される速度式が得られる．ただし，a_0 は a の初期濃度 ($a_0 = a(0)$) である．速度式 (3.9) は変数 $1/a$ が時間 t の1次関数であることを示しており，この反

応式(3.6)において時間 t に対して $1/a$ をプロットすれば，傾き k，縦軸との交点が $1/a_0$ の直線となることを意味している．

(2) 2種類の反応物質A, Bが反応し，生成物質Pに変わる反応を考える．

$$A + B \longrightarrow P \tag{3.10}$$

この反応速度 v は，

$$v = \frac{dp}{dt} = kab \tag{3.11}$$

と書ける．ここで，k は反応速度定数，また，反応物質Bの濃度を $[B]=b$ とした．この場合，反応速度定数を実験的に求めるには，片方の反応物質をもう一方よりずっと高くする．例えば $b \gg a$ の条件では，Bは反応中，実際上一定値をとると考えてよい．一方，低濃度の反応物質Aの反応速度は a だけに依存することになり，

$$\frac{da}{dt} = -Ka \tag{3.12}$$

ここで，見かけの反応速度係数 $K=kb$（＝ほぼ一定）は，前述の1分子反応式(3.1)と同様な手順で求めることができる．このような反応は擬1次反応と呼ばれている．K を b で割れば，反応速度係数 k が求められる．

3-1-2 自己触媒反応

化合物が自身の生成に含まれるタイプの反応を**自己触媒反応**と言う．簡単な例としては，次のようなものがある．

$$A + X \rightleftharpoons 2X \tag{3.13}$$

これは化合物Xが反応物質Aと反応し，2個の生成物質Xになると同時に，できた2個の生成物質Xが反応して元のAとXになる逆向きの反応も起こる場合である．X, Aの濃度をそれぞれ $[X]=x$, $[A]=a$ と小文字で表せば，Xを生成するこの反応速度 v は，質量作用の法則を使って，

$$v = \frac{dx}{dt} = k_1 ax - k_{-1} x^2 \tag{3.14}$$

となる．ここで，k_1, k_{-1} は，それぞれ反応式(3.13)の右向き，左向きの反応速度定数を表す．a が変化しないようにコントロールされているか，その値が高くて減少を無視できる場合を考えよう．このとき，反応の定常状態（$dx/$

$dt=0$) は，$x=0$ と非ゼロの定常状態 $x=x^*$ であり，$x^*=k_1a/k_{-1}$ となる．反応式(3.13)の一般解は，初期値 $x(0)=x_0$ として，

$$x(t)=x_0\frac{x^*\exp(rt)}{x^*+x_0\{\exp(rt)-1\}} \tag{3.15}$$

で与えられる．ただし，$r=k_1a$ である．$x_0=0$ のとき $x(t)=0$ であり，最初にXが存在しなければ反応が始まらないことを示している．x_0 が0より少し大きい値のときは，$x(t)$ は単調増加して x^* に収束する．逆反応があるのでXが無限に増加することはない．式(3.14)は数学的には，1-2節「ロジスティック成長」で取り扱った方程式と全く同じものである．この反応の時間的振る舞いの計算例については，図1-12を参照のこと．

3-1-3 振動解をもつ自己触媒反応

式(3.13)の右向きの反応に，さらに別の自己触媒反応が付け加わった次の反応系を考える．

$$\begin{aligned}A + X &\longrightarrow 2X\\X + Y &\longrightarrow 2Y\\Y &\longrightarrow B\end{aligned} \tag{3.16}$$

上記の3つの反応の反応速度定数を，それぞれ k_1, k_2, k_3 とすれば，生成物X, Yの反応速度 v_1, v_2 は，質量作用の法則を使えば，それぞれ次のようになる．

$$\begin{aligned}v_1&=\frac{dx}{dt}=k_1ax-k_2xy\\v_2&=\frac{dy}{dt}=k_2xy-k_3y\end{aligned} \tag{3.17}$$

ここで，化合物A, X, Yの濃度を，それぞれ $[A]=a$, $[X]=x$, $[Y]=y$ とした．

再び a を一定として，濃度変数 x, y と時間 t の代わりに，無次元化した次の変数

$$\bar{x}=\frac{k_2}{k_3}x,\quad \bar{y}=\frac{k_2}{k_3a}y,\quad \bar{t}=k_1at,\quad \bar{k}=\frac{k_3}{k_1a}$$

を導入すれば，式(3.17)は次のような簡単化された方程式になる．

$$\begin{aligned}\frac{d\bar{x}}{d\bar{t}}&=\bar{x}(1-\bar{y})\\\frac{d\bar{y}}{d\bar{t}}&=\bar{k}\,\bar{y}(\bar{x}-1)\end{aligned} \tag{3.18}$$

式(3.18)の辺々を，それぞれ割り算すると次の変数分離型の微分方程式を得る．

$$\frac{d\bar{y}}{d\bar{x}} = \bar{k}\frac{\bar{y}(\bar{x}-1)}{\bar{x}(1-\bar{y})} \tag{3.19}$$

式(3.18)あるいは式(3.19)は，数学的には1-3節「ロトカ・ボルテラモデル（2種系）」で取り扱った方程式と同じである．式(3.19)を積分して，次の振動解を得る．

$$\bar{k}\bar{x} + \bar{y} - \log(\bar{x}^k \bar{y}) = H \tag{3.20}$$

ただし，H は積分定数である．式(3.16)の反応は，2段階の自己触媒反応を経て，AからBが生成する反応であるが，自己触媒反応は生成物がさらに反応速度を高めるという正のフィードバックを含んでいるので，途中の生成物濃度の振動が起きるのである．ロトカ・ボルテラ型方程式(3.18)の解の振る舞いについては，図1-12を参照のこと．

3-2 活性化-抑制反応

実際の生化学反応においては，一般に，自己触媒反応とその抑制機構がセットで働いていることが知られている．前者を担う化合物を**活性化因子**(activator)，後者の担い手を**抑制因子**(inhibitor)と呼んでいる．近距離で局所的に作用する活性化因子は自身を自己触媒的に生成すると同時に，その相手である抑制因子をも生成する．一方，遠距離にまで作用する抑制因子は活性化因子の生成過剰を抑制・制御する役割を果たす．この章では，2種類の化合物，すなわち，活性化因子と抑制因子の働きを議論するため，2変数の反応方程式系を取り扱う．

3-2-1 活性化-抑制系

一般に，2変数の反応方程式は次の形をとる．

$$\frac{du}{dt} = F(u, v) \tag{3.21}$$

$$\frac{dv}{dt} = G(u, v) \tag{3.22}$$

ここで $u=u(t)$, $v=v(t)$ は，それぞれ時刻 t での2種類の化合物の濃度を表す．

du/dt, dv/dt は，それぞれの化合物の反応速度である．また，$F(u, v)$, $G(u, v)$ は反応項であり，$F(u, v)$, $G(u, v)$ は (u, v) のとりうる値の領域で微分可能な関数であると仮定する．式 (3.21), (3.22) において，偏微分 $\partial G/\partial u > 0$ が成立しているとき u は v を増やすので，一般的に u は v の活性化因子と言い，一方，$\partial F/\partial v < 0$ が成立しているとき v は u を減らすので，v は u の抑制因子と言う．逆に，$\partial F/\partial v > 0$ と $\partial G/\partial u < 0$ が成立しているとき，u と v の立場は逆になる．

定常解の近傍で上記の議論を行うためには，式 (3.21), (3.22) の左辺をゼロとおいた次の連立方程式

$$F(u_0, v_0) = 0, \quad G(u_0, v_0) = 0 \tag{3.23}$$

を満たす定常解を (u_0, v_0) とする．定常解において $\partial F/\partial v$ と $\partial G/\partial u$ の符号が異なるとき，すなわち $(\partial F/\partial v)(\partial G/\partial u) < 0$ が成立するときに，方程式系 (3.21), (3.22) は一般に**活性化-抑制系** (activator-inhibitor system) と呼ばれる．活性化-抑制系を表現するモデル反応方程式系は数多く提出されているが，以下に3つの具体例をあげる．

3-2-2 活性化因子・抑制因子モデル

この項では具体的なモデル方程式系を使って，定常解の近傍での解の振る舞いの分類を行う（詳細な議論は付録2を参照のこと）．

(a) フィードバック抑制系

次のような2変数の反応方程式系を考える．

$$\frac{du}{dt} = F(u, v) = \frac{a}{b+v} - cu \tag{3.24}$$

$$\frac{dv}{dt} = G(u, v) = du - ev \tag{3.25}$$

ここで，a, b, c, d, e は適当な正の定数である．この系の意味は次のとおりである．u は v を式 (3.25) の右辺第1項 du を通じて活性化する．u, v は，それぞれ $-cu$ と $-ev$ を通じて一定の割合で崩壊する．v は u の生成を $a/(b+v)$ を通じて抑制する．このような系を一般にフィードバック抑制系 (feedback inhibition) と呼んでいる．

まず，方程式系(3.24), (3.25)が，3-2-1項で述べた意味で，活性化-抑制系であるかどうかを確かめる．すなわち

$$\frac{\partial F}{\partial v} = \frac{a}{(b+v)^2} < 0$$

$$\frac{\partial G}{\partial u} = d > 0 \Rightarrow \frac{\partial F}{\partial v}\frac{\partial G}{\partial u} < 0$$

が成立する．したがって，この方程式系は活性化-抑制系である．

次に，定常解の近傍での解の振る舞いを調べてみる．定常解 (u_0, v_0) は $F(u_0, v_0) = 0$, $G(u_0, v_0) = 0$ の解 $v_0 = du_0/e$, $u_0^2 + ebu_0/d - ae/(cd) = 0$ を満たす正定数である．また，簡単のため，

$$F_u = \frac{\partial F(u_0, v_0)}{\partial u}, \quad F_v = \frac{\partial F(u_0, v_0)}{\partial v}$$

$$G_u = \frac{\partial G(u_0, v_0)}{\partial u}, \quad G_v = \frac{\partial G(u_0, v_0)}{\partial v}$$

とおく (ここで，偏微分は定常解 (u_0, v_0) で行うことを意味する)．非線形の方程式の解の安定性を，定常解の近くにおいて，1次式で近似をした線形方程式によって調べることができる．この線形微分方程式が安定ならば，もとの微分方程式は「線形安定」と呼ぶ．線形安定とは，定常解の近くの解 (u, v) は，時間経過とともに単調に定常解 (u_0, v_0) に収束していくことを意味する．方程式系(3.24), (3.25)に関して偏微分を具体的に行うと，

$$F_u = -c, \quad F_v = -\frac{cu_0}{v_0+b}, \quad G_u = d, \quad G_v = -e$$

となり，定常解 (u_0, v_0) が線形安定であるための条件[付録2Bの式(2B.5)の2つの条件]，

$$F_u + G_v = -(c+e) < 0$$

$$F_u G_v - F_v G_u = ce + \frac{cdu_0}{v_0+b} > 0$$

を満たす．この2条件は固有方程式[あるいは特性方程式；付録2Aの式(2A.8)]の固有値 λ の実数部が負，すなわち，Re$(\lambda) < 0$ が満たされることを保証する．このように，フィードバック抑制系(3.24), (3.25)の定常解は線形安定であることが分かる．

(b) ギーラー・マインハルト (GM) モデル

Gierer & Meinhardt (1972) によって初めて提出された下記の反応系は，活性化因子・抑制因子モデル (activator-inhibitor model) と呼ばれる．

$$\frac{du}{dt} = F(u, v) = a\frac{u^2}{v} - bu \tag{3.26}$$

$$\frac{dv}{dt} = G(u, v) = au^2 - cv \tag{3.27}$$

ここで，$u=u(t)$，$v=v(t)$ は，それぞれ時刻 t での活性化因子，抑制因子の濃度を表し，a, b, c は正の反応定数である．彼らはこのモデルをヒドラの再生現象や細胞分化パターン形成の問題に応用し，成功した．このモデルは，例えばヒドラどうし間の組織の移植実験，小さく切った組織から生体への再生実験など数多くの実験結果を矛盾なく再現することができる．

このモデルでは，やはり

$$\frac{\partial F}{\partial v} = -\frac{cu^2}{v^2} < 0$$

$$\frac{\partial G}{\partial u} = 2cu > 0 \Rightarrow \frac{\partial F}{\partial v}\frac{\partial G}{\partial u} < 0$$

が成り立っており，活性化-抑制系の条件を確かに満たしていることが分かる．

次に，定常解近傍での解の振る舞いを調べる．定常解 $(u_0, v_0) = (c/b, ac/b^2)$ であり，また，前項フィードバック抑制系の場合と同様に定常解 (u_0, v_0) での偏微分を，それぞれ F_u, F_v, G_u, G_v とする．

(1) $a=b=c=1$ の場合

$(u_0, v_0) = (1, 1)$，$F_u = 1$，$F_v = -1$，$G_u = 2$，$G_v = -1$，

判別式 $= (F_u - G_v)^2 + 4F_v G_u = 2^2 + 4(-1)2 = -4 < 0$，

$F_u + G_v = 0$，$F_u G_v - F_v G_v = 1 > 0$

となり，定常解が**渦心点**である条件 [付録 2B の式 (2B.4)] を満たしている．この場合，2 つの固有値はともに純虚数になり，解 (u, v) の軌道は，定常解 (u_0, v_0) の周りを囲む閉軌道上を回ることを意味する．

(2) $a=b=1, c=2$ の場合

$(u_0, v_0) = (2, 2)$，$F_u = 1$，$F_v = -1$，$G_u = 4$，$G_v = -2$，

判別式 $= (F_u - G_v)^2 + 4F_v G_u = 3^2 + 4(-4) = -7 < 0$，

$F_u + G_v = -1$，$F_u G_v - F_v G_v = 2 > 0$

となり，定常解が**渦状点**の条件［付録2Bの式(2B.3)］を満たしている．この場合，2つの固有値は互いに共役な複素数である．$F_u + G_v < 0$ なので，実数部が負であり定常解は安定である．解 (u, v) の軌道は，定常解 (u_0, v_0) の周りを渦状に回りながら次第に定常解 (u_0, v_0) に収束する．

このように，ギーラー・マインハルトのモデルは，解の振る舞いがパラメータの値に依存している．

(c) 改良型GMモデル

最初に提出されたギーラー・マインハルトのモデル方程式系(3.26)，(3.27)が一定の成功を収めて以後，活性化因子の濃度 u の飽和効果を含めた次のような改良型モデルが提案されている．

$$\frac{du}{dt} = F(u, v) = a - bu + \frac{u^2}{v(1+Ku^2)} \tag{3.28}$$

$$\frac{dv}{dt} = G(u, v) = u^2 - v \tag{3.29}$$

ここで，a, b, K は正の反応係数である．この改良型GMモデルにおいても，

$$\frac{\partial F}{\partial v} = -\frac{u^2}{v^2(1+Ku^2)} < 0$$

$$\frac{\partial G}{\partial u} = 2u > 0 \Rightarrow \frac{\partial F}{\partial v}\frac{\partial G}{\partial u} < 0$$

が成り立っており，活性化-抑制系の条件を満たしている．このモデルについては4-2節でもっと詳しく議論する．そのほか，トーマスのモデル(Thomas model)など，それぞれの生物現象に応じて考案されたいくつかのモデルが知られている［詳細は Murray (2002) を参照のこと］．

3-3 酵素反応と酵素反応の阻害

酵素とは，生体内で起こる化学反応に対して触媒として機能する分子であり，作用を受ける化学物質は基質と呼ばれる．酵素の特性は，特定の基質の化学反応速度を著しく高めること，すなわち，反応の活性を促進することである．一方，いろいろな物質が酵素と基質の結合に影響を与え，酵素の活性を減少させる場合も知られている．この作用を阻害と言い，阻害作用を行う

物質を阻害剤と言う.

このように,酵素が関係する化学反応(酵素反応)は生化学反応のなかで欠くことのできないものであり,古くから多くの研究が行われ,またその解析法も開発されてきた.なかでも,酵素反応速度論は特に重要で,その理論を用いた反応速度や反応条件などの反応速度論的データの解析は,酵素の構造や触媒機構の解明はもとより酵素の生物学的機能の解明にも大いに役立っている.

以下では,反応速度論の有用な応用例として,酵素反応速度論の基礎であるミカエリス・メンテンの理論と,データ解析法の柱であるラインウイーバー・バークのプロット(または,二重逆数プロットとも言う),そして阻害がある場合の酵素反応論について述べる.

3-3-1 ミカエリス・メンテンの酵素反応理論

(a) 基本酵素反応

ある酵素Eが基質Sに作用し,酵素-基質複合体ESを作り,それが反応生成物質Pと酵素Eに分解する.

$$E + S \rightleftarrows ES \longrightarrow P + E \tag{3.30}$$

この**基本酵素反応系**では,基質濃度がいくら高くなっても酵素が全て複合体ESに変われば,それ以上に反応速度が上がらないので第2段階の反応が律速となる.なお,簡単のため第2段階は前(右)向きだけの不可逆とした.

(b) ミカエリス・メンテン理論

反応式(3.30)で,各反応プロセスにはそれぞれ決まった(反応)速度定数がある.k_1, k_{-1}を,それぞれES生成反応(第1段階)の前(右)向きと逆(左)向きの速度定数,k_2をESがPとEに分解する反応(第2段階)の速度定数とする.また,酵素E,基質S,複合体ES,生成物質Pの濃度を,それぞれ

$$[E]=e, \quad [S]=s, \quad [ES]=c, \quad [P]=p \tag{3.31}$$

と小文字で表す.反応式(3.30)の反応速度vは

$$v = \frac{dp}{dt} = k_2 c \tag{3.32}$$

である.反応式(3.30)におけるE, S, ESの生成率は質量作用の法則を使い,

それぞれ

$$\frac{de}{dt} = -k_1 es + (k_{-1}+k_2)c$$
$$\frac{ds}{dt} = -k_1 es + k_{-1} c \qquad (3.33)$$
$$\frac{dc}{dt} = -k_1 es - (k_{-1}+k_2)c$$

となる．式(3.33)の第1，第3番目の式の両辺をそれぞれ加えると，

$$\frac{de}{dt} + \frac{dc}{dt} = \frac{d(e+c)}{dt} = 0$$

すなわち

$$e + c = e_0 \quad (\text{一定値}) \qquad (3.34)$$

となる．$e = e_0 - c$，また，式(3.32)よりpはcの関数なので，反応式(3.30)の反応速度式(3.32)と式(3.33)における独立な変数はsとcの2つとなり，結局，次の2式に帰着される．

$$\frac{ds}{dt} = -k_1 e_0 s + (k_1 s + k_{-1})c$$
$$\frac{dc}{dt} = k_1 e_0 s - (k_1 s + k_{-1} + k_2)c \qquad (3.35)$$

一般的に，酵素Eに比べて基質Sが過剰，すなわち$s \gg e$の場合，複合体ESの濃度は反応の初期を除いてほぼ一定に保たれていることが実験的に知られている．言い換えると，ESは時間的に準定常状態にあり，cはほぼ一定値を保つと仮定してよい（これを**定常状態仮説**と言う）．

$$\frac{dc}{dt} \approx 0 \qquad (3.36)$$

この仮説により，dc/dtをゼロとおけば，式(3.35)の第2番目の式より，

$$k_1 e_0 s - (k_1 s + k_{-1} + k_2)c = 0 \quad \Rightarrow \quad c = \frac{e_0 s}{K_m + s} \qquad (3.37)$$

ここで，K_mは**ミカエリス定数**（Michaelis constant）と呼ばれ，$K_m = (k_{-1}+k_2)/k_1$で与えられる．後述のように，実際にはK_mの数値は実験的に決定することになる．

式(3.37)により，独立変数はsだけになり全ての量が基質Sの濃度に依存する形で記述されることになる．基質Sの濃度sの時間経過は式(3.35)の第1番目の式により，

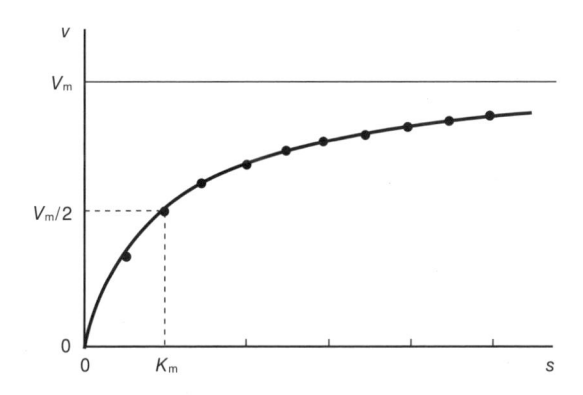

図 3-2 ミカエリス・メンテンの式 (3.39)　反応速度 v と基質濃度 s の関係を表す.

$$\frac{ds}{dt} = -k_1 e_0 s + (k_1 s + k_{-1})c = -\frac{V_m s}{K_m + s} \tag{3.38}$$

ここで，$V_m = k_2 e_0$ であり，**最大反応速度**と呼ぶ.

一方，式 (3.32) で与えられる基本酵素反応式 (3.30) の反応速度 v は

$$v = \frac{dp}{dt} = k_2 c = \frac{V_m s}{K_m + s} \tag{3.39}$$

で与えられる．式 (3.39) が**ミカエリス・メンテンの式**（Michaelis-Menten equation）と呼ばれ，ミカエリス・メンテン理論（Michaelis-Menten theory）の本質をなすものである．基本酵素反応式 (3.30) の特性はこの式に集約されており，実験データに基づいた V_m と K_m の数値決定により，酵素反応の主な特性が明らかとなる．

(c) 最大反応速度 V_m とミカエリス定数 K_m の意味

最大反応速度 $V_m (= k_2 e_0)$ は，式 (3.32) において $c = e_0$ [式 (3.34) より $e = 0$ となる]のときの反応速度のことである．これは酵素が基質で飽和したとき，すなわち酵素が全部複合体 ES になったときの反応速度を意味する．一方，式 (3.39) において基質濃度 s が K_m に等しいとき ($s = K_m$)，$v = V_m/2$ となるので，ミカエリス定数 K_m は反応速度が最大反応速度 V_m の半分のときの基質濃度となる．K_m は酵素-基質の組み合わせに依存して固有の値をとる．

K_m についてもう少し詳しく述べておこう．式 (3.37) で定義したように，

$K_\mathrm{m} = (k_{-1}+k_2)/k_1$ と表現される．

$$K_\mathrm{m} = \frac{k_{-1}}{k_1} + \frac{k_2}{k_1} = K_s + \frac{k_2}{k_1} \tag{3.40}$$

ここで，$K_s = k_{-1}/k_1$ は複合体 ES の解離定数と呼ばれ，K_s が小さいほど酵素-基質間の親和性が大きい．$k_2/k_1 < K_s$ の場合，$k_2 < k_{-1}$ なので反応式(3.30)において，ES → E+S への逆行反応は ES → P 反応より早い．したがって，この場合ミカエリス定数 K_m は酵素-基質間の親和性を示すことになる（すなわち，K_m が小さいほど酵素-基質間の親和性が大きい）．

(d) ラインウイーバー・バークのプロットによるデータの解析

ミカエリス・メンテンの式［式(3.39)］に出てくる2つのパラメータ V_m（最大反応速度）と K_m（ミカエリス定数）を求める便利な方法は，式(3.39)の逆数をとる**ラインウイーバー・バークのプロット**（Lineweaver-Burk plot）（あるいは**二重逆数プロット**）と呼ばれる方法である．

$$\frac{1}{v} = \left(\frac{K_\mathrm{m}}{V_\mathrm{m}}\right)\frac{1}{s} + \left(\frac{1}{V_\mathrm{m}}\right) \tag{3.41}$$

この式は，$1/v$ が $1/s$ の1次関数，すなわち $1/v$ と $1/s$ が直線関係にあることを示している．今，$1/v$ 軸を縦軸，$1/s$ 軸を横軸とすれば，その直線の傾きは $K_\mathrm{m}/V_\mathrm{m}$ に対応し，直線と $1/v$ 軸（縦軸）との交点は $1/V_\mathrm{m}$，また，その直線を延長したとき $1/s$ 軸（横軸）との交点が $-1/K_\mathrm{m}$ を与えることを意味する．酵素反応速度論データから，これら3つの値（$K_\mathrm{m}/V_\mathrm{m}$，$1/V_\mathrm{m}$，$-1/K_\mathrm{m}$）のうち2つを求めることができれば，2つのパラメータ V_m と K_m を決定できる．これ

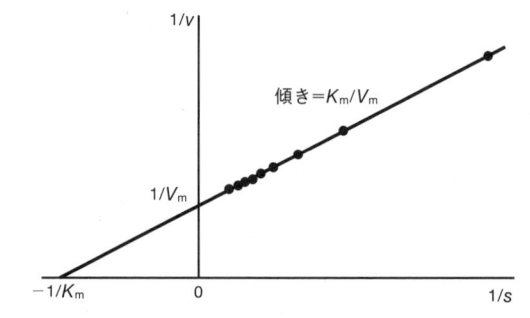

図3-3　ラインウイーバー・バークのプロットと，V_m，K_m の決定

らパラメータの決定は，巻末の付録 (1B 最小2乗法によるデータ解析) とプログラム集 (C.2 最小2乗法の計算プログラム) を使って行うのが便利である．

3-3-2 阻害がある場合の酵素反応論

酵素の触媒作用はさまざまな分子，方法により阻害される．例えば，基質と結合して酵素の触媒作用を受けにくくする分子や，酵素-基質複合体と結合して反応の進行を制限する分子なども知られている．この項では，ミカエリス・メンテン理論の枠組みに入る3種類の阻害作用がある場合を論ずる．

(a) 競合阻害のある場合

競合阻害は，酵素の特定部位に酵素作用を全く受け付けない別の分子が結合してしまう場合である．この分子の結合により，その酵素の触媒作用は止まってしまう．したがってこの分子は酵素の阻害剤であり，このような阻害の仕方を競合（あるいは拮抗）阻害と言っている．

以下で競合阻害のある酵素反応式を導こう．この場合は 3-3-1 項 (a) 基本酵素反応系で述べた式

$$E + S \rightleftarrows ES \longrightarrow P + E \tag{3.30}$$

のほかに，

$$E + I \rightleftarrows EI \tag{3.42}$$

が加わることになる．ここで，Iは（競合）阻害分子を表し，EIは酵素と阻害分子の複合体を表す．また，複合体 EI と阻害分子 I の濃度を，

$$[EI] = h, \quad [I] = i \tag{3.43}$$

とすれば，今の場合，式 (3.34) の代わりに

$$e + c + h = e_0 \quad (\text{一定値}) \tag{3.44}$$

が成立する．

式 (3.42) の平衡条件を仮定して，次式を得る．

$$\frac{dh}{dt} = k_3 ei - k_{-3} h = 0 \tag{3.45}$$

ここで，k_3, k_{-3} は，それぞれ EI 生成反応式 (3.42) の前（右）向きと逆（左）向きの速度定数である．式 (3.45) より，

$$K_i = \frac{ei}{h} \tag{3.46}$$

を得る.ただし,$K_i = k_{-3}/k_3$ は反応式(3.42)の平衡定数であり,酵素と阻害剤の親和性の程度を表現する.複合体 ES に対する定常状態仮説[式(3.36):$dc/dt \approx 0$]を仮定すれば,式(3.33)より

$$k_1 es = (k_{-1} + k_2)c \tag{3.47}$$

を得る.式(3.44)と式(3.46),(3.47)の3式より e, h を消去して次式を得る.

$$c = \frac{e_0 s}{K_m\{1 + (i/K_i)\} + s} \tag{3.48}$$

ここで,$K_m = (k_{-1} + k_2)/k_1$ である.

結局,式(3.30)と式(3.42)の両式で表現される競合阻害のある酵素反応系の反応速度 v は,基質濃度 s と阻害分子濃度 i の分数関数として,

$$v = \frac{dp}{dt} = k_2 c = \frac{V_m s}{aK_m + s} \tag{3.49}$$

によって与えられる.ミカエリス・メンテンの式[式(3.39)]に付け加わるパラメータ a は,

$$a = 1 + \frac{i}{K_i} \tag{3.50}$$

と定義される.ここで,K_m はミカエリス定数,$V_m = k_2 e_0$ は最大反応速度である.また,$K_i(=k_{-3}/k_3)$ は反応式(3.42)の平衡定数である.a は阻害剤の濃度 i と酵素に対する親和性の関数であり,1より大きい.a は濃度 i が大きいほど,また K_i が小さい(阻害剤と酵素の親和性が強い)ほど大きい値をとる.式(3.49)から分かるように,最大反応速度 V_m は阻害剤がある場合とない場合とで変わらないが,a の値が大きくなればなるほど基質濃度 s に対する反応速度 v の上昇率が下がり,反応の効率が下がることが分かる.その結果,競合阻害がある場合は無い場合に比べて K_m の値が増大することになる.

(b) 二重逆数プロットを使って K_i を決定する

式(3.49)の両辺の逆数をとれば,

$$\frac{1}{v} = \left(\frac{aK_m}{V_m}\right)\frac{1}{s} + \left(\frac{1}{V_m}\right) \tag{3.51}$$

を得る.これは式(3.41)と同様に,$1/v$ と $1/s$ が直線関係にあることを示して

いる．$1/v$軸を縦軸とし$1/s$軸を横軸とすれば，その直線の傾きはaK_m/V_mに対応し，直線と$1/v$軸（縦軸）との交点は$1/V_m$，また，その直線を延長したとき$1/s$軸（横軸）との交点が$-1/(aK_m)$を与える．ミカエリス定数K_mの値の知れた酵素について阻害剤濃度を変えてaの値を決めれば，式(3.50)によりK_iを決定することができる．異なる拮抗阻害剤のK_i値を比較することにより，酵素の触媒機構についての情報を得ることもできる．

(c) 反競合阻害のある場合

反競合阻害とは，基本酵素反応系において阻害物質Iが酵素-基質複合体ESに結合し，その後の反応を阻害する場合を言う．したがって，反競合阻害のある酵素反応式は，3-3-1項 (a) 基本酵素反応系で述べた式

$$\text{E} + \text{S} \rightleftarrows \text{ES} \longrightarrow \text{P} + \text{E} \tag{3.30}$$

のほかに，

$$\text{ES} + \text{I} \rightleftarrows \text{ESI} \tag{3.52}$$

が加わることになる．ここで，Iは（反競合）阻害分子を表し，ESIは酵素-基質複合体と阻害分子の複合体を表す．複合体ESIと阻害分子Iの濃度を，それぞれ，

$$[\text{ESI}] = h', \quad [\text{I}] = i \tag{3.53}$$

とすれば，今の場合，式(3.34)，(3.44)の代わりに

$$e + c + h' = e_0 \quad (\text{一定値}) \tag{3.54}$$

を得る．さらに，式(3.52)の平衡条件を仮定して次式を得る．

$$K_i' = \frac{ci}{h'} \tag{3.55}$$

ただし，$K_i' = k_{-4}/k_4$は反応式(3.52)の平衡定数である．ここでk_4，k_{-4}は，それぞれESI生成反応式(3.52)の前(右)向きと逆(左)向きの速度定数である．複合体ESに対する定常状態仮説［式(3.36)：$dc/dt \approx 0$］を仮定すれば，

$$k_1 es = (k_{-1} + k_2) c \tag{3.47}$$

を得る．式(3.54)，(3.55)と式(3.47)の3式よりe，h'を消去して，次の反応式を得る．

$$v = \frac{dp}{dt} = k_2 c = \frac{V_m s}{K_m + a's} \tag{3.56}$$

ミカエリス・メンテンの式［式(3.39)］に付け加わるパラメータa'は，この場合

$$a' = 1 + \frac{i}{K_i'} \tag{3.57}$$

となる．反競合阻害が作用する場合の効果は，最大反応速度 V_m とミカエリス定数 K_m が減少することである．

(d) 混合阻害のある場合

混合阻害とは，基本酵素反応系において阻害物質 I が酵素 E と酵素-基質複合体 ES の両者に結合し，その後の反応を阻害する場合を言う．つまり，前述の2種類の阻害が同時に作用する場合である．したがって，反応系は基本酵素反応系式 (3.30) に，競合阻害反応式 (3.42) と反競合阻害反応式 (3.52) が加わった次のものになる．

$$\mathrm{E + S \rightleftarrows ES \longrightarrow P + E} \tag{3.30}$$

$$\mathrm{E + I \rightleftarrows EI} \tag{3.42}$$

$$\mathrm{ES + I \rightleftarrows ESI} \tag{3.52}$$

ここで，I は阻害分子を表し，EI は酵素と阻害分子の複合体を表し，ESI は酵素-基質複合体 ES と阻害分子の複合体を表す．この場合の反応式は，これまでと同様な方法で求めることができ，

$$v = \frac{dp}{dt} = k_2 c = \frac{V_\mathrm{m} s}{a K_\mathrm{m} + a' s} \tag{3.58}$$

となる．ただし，パラメータ a と a' は，前述の式 (3.50) と式 (3.57) で与えられる．

$$a = 1 + \frac{i}{K_i} \tag{3.50}$$

$$a' = 1 + \frac{i}{K_i'} \tag{3.57}$$

ここで，K_i, K_i' は反応式 (3.42) と反応式 (3.52) の平衡定数である．混合阻害の効果は，最大反応速度 V_m が減少し，ミカエリス定数 K_m が増大または減少することである．

3-4 ベルーゾフ・ザボチンスキー (BZ) 反応

3-4-1 BZ 反応の発見

1950年代はじめ，ロシアの生化学者 Boris P. Belousov は細胞内で起きる有機物の酸化の研究を進めていた．好気性生物の細胞内では，酸素が酸化剤で

図 3-4 ベルーゾフ・ザボチンスキー (BZ) 反応

あり，反応は酵素で触媒され，電子伝達系（好気呼吸の代謝系の最終段階で電子伝達を伴う反応系のこと）の多くは鉄イオン（Fe^{2+}/Fe^{3+}）の変換によってまかなわれている．彼の試験管内の実験代謝系は，有機物としてクエン酸 (citric acid) を使い，酸化剤として臭素酸イオン（BrO_3^-）を，また，触媒としてセリウム (Ce) イオンを使っていた．当時，どのような化学者でも反応は単調に平衡状態へと進んでいき，もし反応の進行を目にできるとすれば無色の溶液（セリウムの還元状態，Ce^{3+}）から薄黄色の溶液（酸化状態，Ce^{4+}）への単調な変化が観察されるものと予想した．ところが，実際に彼の試験管の中で起こったことは，無色と薄黄色が交互に十数回も振動を繰り返したのである．これにはさすがの Belousov も驚いたに違いない．

　Belousov はこの振動現象を詳しく研究したが，その結果は論文として出版されることはなかった．その後 1961 年，彼の未発表の論文原稿は当時大学院生であった Anatol Zhabotinsky の手元にくることになった．Zhabotinsky は Belousov の発見が間違いのないものであることを確信し，その反応機構をさらに研究し，ついに論文出版にまでこぎつけることに成功したのである (Zhabotinsky 1964)．この注目すべき化学反応，すなわち，ベルーゾフ・ザボチンスキー (BZ) 反応 (Belousov-Zhabotinsky reaction) についてのニュースは，1968 年チェコのプラハで行われた「生物学および生化学における振動現象」に関する国際会議での発表を契機として，英語圏の研究者の間にた

ちまちにして広がり，その直後から理論モデル解析を含めて多くの研究者がこの問題に関わることとなった．

とりわけ，Field, Körös & Noyes (1972) は，BZ 反応機構の理論的解析に関する記念碑的な論文を発表した．現在そのモデルは彼ら3名の頭文字をとって FKN モデルと呼ばれている．その後，彼らは BZ 反応に対する簡単化された3変数のモデルを提出した (Field & Noyes 1974)．一方，Tyson (1979, 1994) は変数をさらに1つ減らして，BZ 反応の本質を表現する2変数の反応方程式を導いた．次の項では，FKN モデルを簡単化した3変数のモデルと，Tyson の試みについて紹介する．

3-4-2 簡単化された FKN モデル

BZ 反応の本質は鍵となる次の5つの反応に帰着することが Field & Noyes (1974) によって示された．今，$A=BrO_3^-$, $B=MA+BrMA$, $P=HOBr$, $Q=CO_2$, $X=HBrO_2$, $Y=Br^-$, $Z=Me^{(n+1)+}$ とする．ここで，MA はマロン酸 ($CH_2(COOH)_2$) を意味し，$Me^{(n+1)+}$ は $+(n+1)$ 価の金属イオン（例えば，Fe^{4+}, Ce^{4+} など）を表す．このとき，鍵となる反応式は次の式で表される．

$$A + Y \longrightarrow X + P \tag{3.59}$$

$$X + Y \longrightarrow 2P \tag{3.60}$$

$$A + X \longrightarrow 2X + 2Z \tag{3.61}$$

$$2X \longrightarrow X + P \tag{3.62}$$

$$B + Z \longrightarrow hY + Q \quad (h \approx 0.5) \tag{3.63}$$

式 (3.59)～(3.63) を質量作用の法則 (3-1-1 項) を使って反応速度式に書き換えれば，X, Y, Z の3変数からなる次の連立常微分方程式となる．ここで，パラメータ h の値により，振動解 ($h \approx 0.5$) の他に2つの安定定常解が得られる（図 3-5 参照）．今，5つの反応物質の濃度を，それぞれ $[A]=a$, $[B]=b$, $[P]=p$, $[X]=x$, $[Y]=y$, $[Z]=z$ と小文字で表すと，反応速度式は

$$\frac{dx}{dt} = k_1 ay - k_2 xy + k_3 ax - k_4 x^2 \tag{3.64}$$

$$\frac{dy}{dt} = -k_1 ay - k_2 xy + h k_5 bz \tag{3.65}$$

$$\frac{dz}{dt} = 2k_3 ax - k_5 bz \tag{3.66}$$

3-4 ベルーゾフ・ザボチンスキー (BZ) 反応

ここで, $k_1 = 2\text{ M}^{-1}\text{s}^{-1}$, $k_2 = 3 \times 10^6\text{ M}^{-1}\text{s}^{-1}$, $k_3 = 40\text{ M}^{-1}\text{s}^{-1}$, $k_4 = 3000\text{ M}^{-1}\text{s}^{-1}$, $k_5 = 0.6\text{ M}^{-1}\text{s}^{-1}$ は, それぞれ実験的に決められた反応式 (3.59)〜(3.63) の反応速度係数を表す. さらに, 反応物質 A, B は数回の振動のあいだ消費されずにほぼ一定であると仮定する. ここでは, A, B の濃度として典型的な濃度を考え, $a = [\text{A}] = [\text{BrO}_3^-] = 0.06\text{ M}$, $b = [\text{B}] = [\text{MA+BrMA}] = 0.03\text{ M}$ として次の変数変換を行う.

$$\bar{x} = \frac{2k_4}{k_3 a}x, \quad \bar{y} = \frac{k_2}{k_3 a}y, \quad \bar{z} = \frac{k_4 k_5 b}{(k_3 a)^2}z, \quad \bar{t} = k_5 b t,$$

$$\varepsilon = \frac{k_5 b}{k_3 a} = 0.008, \quad \varepsilon' = \frac{2k_4}{k_2}\frac{k_5 b}{k_3 a} = 0.00002, \quad q = \frac{2k_1 k_4}{k_2 k_3} = 0.0001, \quad f = 2h \approx 1$$

以上により, 改めて 3 変数 $\bar{x}, \bar{y}, \bar{z}$ の方程式を書くと, 式 (3.64)〜(3.66) は

$$\varepsilon \frac{d\bar{x}}{d\bar{t}} = q\bar{y} - \bar{x}\bar{y} + \bar{x}(1-\bar{x}) \tag{3.67}$$

$$\varepsilon' \frac{d\bar{y}}{d\bar{t}} = -q\bar{y} - \bar{x}\bar{y} + f\bar{z} \tag{3.68}$$

$$\frac{d\bar{z}}{d\bar{t}} = \bar{x} - \bar{z} \tag{3.69}$$

となり, 簡単化された 3 変数の FKN モデル方程式系 (3.67)〜(3.69) が得られる.

その後, Tyson (1979) は式 (3.68) の ε' の数値が他のパラメータの数値に比べて非常に小さいことに注目し, 式 (3.68) の両辺 0 と仮定して得られる式 $\bar{y} = f\bar{z}/(\bar{x}+q)$ で置き換えた 2 変数の連立常微分方程式系を提案した. 今, 変数 $\bar{x}, \bar{y}$,

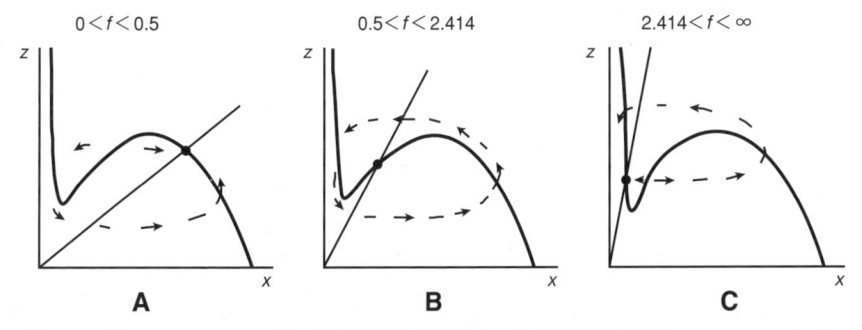

図 3-5 式 (3.70), (3.71) の解の位相空間における 3 つの典型的な振る舞い (Tyson 1994 を一部改変)

$\bar{z}$, $\bar{t}$ を，それぞれ改めて x, y, z, t と置き換えると，その方程式系は，

$$\frac{dx}{dt} = x(1-x) - fz\frac{(x-q)}{(x+q)} \tag{3.70}$$

$$\frac{dz}{dt} = x - z \tag{3.71}$$

となる．式 (3.70), (3.71) の解の振る舞いは，定常解の周りの解の安定性を調べることにより知ることができる．すなわち，

$$\frac{dx}{dt} = 0, \quad fz = \frac{x(1-x)(x+q)}{(x-q)} \tag{3.72}$$

$$\frac{dz}{dt} = 0, \quad z = x \tag{3.73}$$

Tyson は，上に与えたパラメータ ε, ε', q, f がある適当な範囲の値をとるとき，式 (3.70), (3.71) が変数 x, z の振動解を与えることを示した．また，同時にそれ以外のさまざまなパラメータの値に対しても詳しい解析を行っている．

演習問題

問題 3-1
(1) 1 分子反応式 (3.1) の速度式 (3.4) あるいは式 (3.5) を導け．
(2) 2 分子反応式 (3.6): 2A ⟶ P の速度式 (3.9) を導け．

問題 3-2 ある化学反応の反応速度 dp/dt はその生成物質の濃度 p の逆数に比例すると言う．比例係数を k として，p と時間 t との関係式を求めよ．ただし，最初 $t=0$ における生成物質濃度を p_0 とせよ．

問題 3-3 自己触媒反応式 (3.13) の速度式 (3.14) の一般解は，初期値 $x(0) = x_0$ として，
$$x(t) = x_0 \frac{x^* \exp(rt)}{x^* + x_0 \{\exp(rt) - 1\}}$$
で与えられることを証明せよ．ただし，$x^* = k_1 a/k_{-1}$, $r = k_1 a$ である．

問題 3-4 式 (3.19) で与えられるロトカ・ボルテラ型方程式
$$\frac{dy}{dx} = k\frac{y(x-1)}{x(1-y)} \quad \text{の解析解は} \quad kx + y - \log(x^k y) = H$$
で与えられることを示せ．ただし，H は積分定数である．

問題 3-5 式 (3.20) において $k=1$ とおいた式，すなわち対数方程式
$$x + y - \log(xy) = H$$
を $H = 2.4$, 3.0 の 2 つの場合で，(x, y) 2 次元空間に解軌道を描け．

問題 3-6 振動解をもつ自己触媒反応系 [式 (3.18) で $\bar{x} \to u$, $\bar{y} \to v$, $\bar{k} \to a$ と置き換えた方程式系],

$$\frac{du}{dt} = F(u, v) = u(1-v)$$

$$\frac{dv}{dt} = G(u, v) = av(u-1)$$

について, 定常解 $(u_0, v_0) = (1, 1)$ は渦心点であることを示せ. ただし, a は正の定数である.

問題 3-7 改良型 GM モデル [式 (3.28) と式 (3.29)]

$$\frac{du}{dt} = F(u, v) = a - bu + \frac{u^2}{v(1+Ku^2)} \tag{3.28}$$

$$\frac{dv}{dt} = G(u, v) = u^2 - v \tag{3.29}$$

を考える. ここで a, b, K は正の反応係数である. この方程式系について, 定常解の近傍での解の振る舞いを調べよ.

問題 3-8 基本酵素反応式 (3.30) について, 反応式 (3.32), (3.33) をもとに, 定常状態仮説 [式 (3.36) : $dc/dt \approx 0$] を使ってミカエリス・メンテンの式 (3.39)

$$v = \frac{V_m s}{K_m + s} \tag{3.39}$$

を導け. ただし, V_m, K_m は, それぞれ最大反応速度, ミカエリス定数を表す.

問題 3-9 ミカエリス・メンテンの式 (3.39) において, K_m は反応速度が最大反応速度 V_m の 2 分の 1 になるときの基質濃度であることを示せ.

問題 3-10 ミカエリス・メンテン理論に従う基本酵素反応で, 基質濃度 s と反応速度 v に関する次の数値データから, ミカエリス定数 K_m と最大反応速度 V_m の値を, 最小 2 乗法を利用して求めよ.

s (mM)	v (μM/s)
1	2.5
2	4.0
5	6.3
10	7.6
20	9.0

問題 3-11 ウミホタルから抽出するルシフェラーゼと言う, 生物の発光に関する興味深い酵素がある. O_2 とルシフェリン (これもウミホタルから抽出する) が存在すると, 酵素の作用で発光が起こる. 下の表は光として放出されるエネルギーとルシフェリン量 (相対値) の関係を調べた結果である. この反応における最大反応速度 V_m, ミカエリス定数 K_m の値を求めよ.

ルシフェリン濃度	発光量 (mV/min)
0.8	3.62
1.2	4.72
1.6	6.59
2.0	7.42
4.0	12.5
8.0	18.3

問題 3-12 式 (3.30), (3.42) で記述される反応系

$$E + S \rightleftarrows ES \rightarrow P + E \tag{3.30}$$

$$E + I \rightleftarrows EI \tag{3.42}$$

の反応速度は式 (3.49),

$$v = \frac{V_\mathrm{m} s}{a K_\mathrm{m} + s}$$

で与えられることを示せ. ただし, $a = 1 + i/K_i$, V_m, K_m は, それぞれ最大反応速度, ミカエリス定数であり, $K_i (= k_{-3}/k_3)$ は反応式 (3.42) の平衡定数である. また, i は阻害分子濃度を表す.

問題 3-13 式 (3.30), (3.42), (3.52) で記述される反応系

$$E + S \rightleftarrows ES \rightarrow P + E \tag{3.30}$$

$$E + I \rightleftarrows EI \tag{3.42}$$

$$ES + S \rightleftarrows ESI \tag{3.52}$$

の反応速度 v は式 (3.58),

$$v = \frac{dp}{dt} = k_2 c = \frac{V_\mathrm{m} s}{a K_\mathrm{m} + a' s} \tag{3.58}$$

で与えられることを示せ. ただし, パラメータ a と a' は, それぞれ式 (3.50) と式 (3.57) で与えられ, $a = 1 + i/K_i$, $a' = 1 + i/K_i'$ である. また, K_i, K_i' は, それぞれ式 (3.42) と式 (3.52) で与えられる反応の平衡定数である.

問題 3-14 3 変数の FKN モデル方程式系 (3.64), (3.65), (3.66)

$$\frac{dx}{dt} = k_1 a y - k_2 x y + k_3 a x - k_4 x^2 \tag{3.64}$$

$$\frac{dy}{dt} = -k_1 a y - k_2 x y + \mathrm{h} k_5 b z \tag{3.65}$$

$$\frac{dz}{dt} = 2 k_3 a x - k_5 b z \tag{3.66}$$

に次の変数変換を行い,

$$\bar{x} = \frac{2 k_4}{k_3 a} x, \quad \bar{y} = \frac{k_2}{k_3 a} y, \quad \bar{z} = \frac{k_4 k_5 b}{(k_3 a)^2} z, \quad \bar{t} = k_5 b t$$

$$\varepsilon = \frac{k_5 b}{k_3 a}, \quad \varepsilon' = \frac{2 k_4}{k_3} \frac{k_5 b}{k_3 a}, \quad q = \frac{2 k_1 k_4}{k_2 k_3}, \quad f = 2\mathrm{h} \approx 1$$

と置き換えて，改めて3変数 $\bar{x}$, $\bar{y}$, $\bar{z}$ の方程式

$$\varepsilon \frac{d\bar{x}}{d\bar{t}} = q\bar{y} - \bar{x}\bar{y} + \bar{x}(1-\bar{x}) \tag{3.67}$$

$$\varepsilon' \frac{d\bar{y}}{d\bar{t}} = -q\bar{y} - \bar{x}\bar{y} + f\bar{z} \tag{3.68}$$

$$\frac{d\bar{z}}{d\bar{t}} = \bar{x} - \bar{z} \tag{3.69}$$

を導け．

問題3-15 3変数のFKNモデル方程式系(3.67)～(3.69)は，Tyson(1979)によって次の2変数の常微分方程式へと導かれた．この無次元化された2変数FKNモデル方程式系(3.70), (3.71)

$$\frac{dx}{dt} = x(1-x) - fz\frac{(x-q)}{(x+q)} \tag{3.70}$$

$$\frac{dz}{dt} = x - z \tag{3.71}$$

について，定常解の周りの線形解析（付録2Aを参照）を行い，パラメータの値が $f=1$, $q=0.0001$ であるとき，変数 x, z が振動解を与えることを確かめよ．

4章
生物の形態とパターン形成

(関村利朗)

　生物の形態やパターン(多細胞系における細胞分化パターン,空間的秩序パターンなど)の多様性生成と進化の問題は,発生学と進化学を結び付けるいわゆるエボ・デボ(Evo-Devo: evolutionary developmental biology)革命が起こって以来,現代の遺伝子・分子レベルでの実験対象になっている.第4章では,まず,生物の形やパターンが数学とどのように結び付いているかを示す.次に,細胞分化パターン形成のモデルとして,遺伝子の働きとも深く関係する位置情報説,拡散誘導不安定性理論を解説する.また,数少ないパターン形成の理論の1つとして細胞選別による細胞移動のモデルについても紹介する.さらに,生態系としての個体群に見られる空間的秩序パターン形成の諸問題,すなわち,生物種の侵入・拡散の過程,微生物集合体のパターン,縞枯れ現象などの理論とその数理解析法についても解説する.

4-1 生物の形態の数量化

　生物の形態やパターンと数が深く関係している例が多く知られている.これはいったい何を意味するのだろうか.4-1節ではそのいくつかの例を紹介し,その意味を考えてみよう.

4-1-1 生物の形態やパターンと数

(a) 数列・分数

(1) 植物の葉序　　葉序 (phyllotaxis) とは，草などの植物において茎の周りの葉の規則的な付き方を言う．植物の葉序パターン (phyllotactic pattern) に関する数列の1つとして，フィボナッチ数列があげられる．葉序パターンは，**らせん葉序パターン** (spiral pattern)，**二列互生葉序パターン** (distichous pattern)，**輪生葉序パターン** (whorled pattern) の3種に大きく分類される．らせん葉序は葉が節に1枚ずつ付き，茎の周りにらせん状に配列したものである．二列互生葉序は葉が節に1枚ずつ付き，隣り合う葉が180度反対に配置したもので，ジグザグパターンとも言い，らせん葉序の特別な場合である．輪生葉序は各節に2枚以上の葉が付いたものを言い，一節あたりの葉数に応じて2輪生，3輪生葉序などと言う．なかでも野外で一番よく見られるもの (80％以上) がらせん葉序であり，これがフィボナッチ数列と関係している．

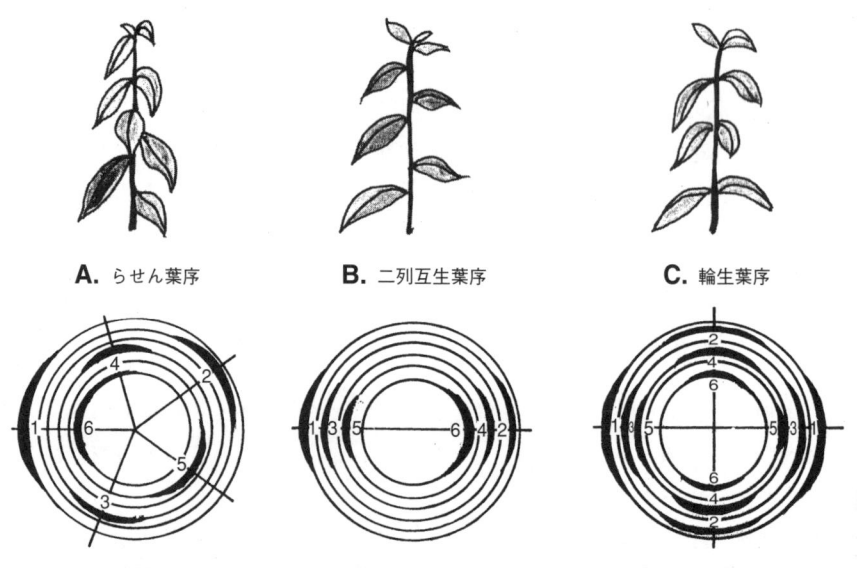

図4-1　3種類の葉序　　(A) らせん葉序 (図は2/5葉序の場合)，(B) 二列互生葉序 (基本的に1/2らせん葉序と同じ)，(C) 輪生葉序 (図は十字対生葉序 (decussate pattern) の場合)．下図は茎の断面を模式的に表し，葉の配置と数字で生える順番を示している．

1, 1, 2, 3, 5, 8, 13, 21, 34, …と表される無限数列を**フィボナッチ数列**(Fibonacci sequence) と呼んでいる．この数列はF_iをi番目のフィボナッチ数とするとき，次の漸化式，

$$F_{i+1}=F_i+F_{i-1} \quad ただし，F_1=F_2=1 \tag{4.1}$$

で生成される．すなわち，この数列は初項と第2項を1としたとき，次の数がその前2つの数の和である漸化式により生成される．

(2) らせん葉序を表すフィボナッチ分数　1/2, 1/3, 2/5, 3/8, 5/13, 8/21, …と表される分数を**フィボナッチ分数**と呼んでいる．これはフィボナッチ数列の1つおきの数からできる分数で，F_{i-1}/F_{i+1}と表される．らせん葉序でこの分数が表す意味は，ある任意の葉から始めてらせん状に次々と葉をたどるとき，同じ葉序位置にくるまでにF_{i+1}枚の葉が必要で，それまでにF_{i-1}回，茎の周りを回転することを意味する．1/2葉序は2枚の葉で茎の周りを1回転するらせん葉序を意味し，2/5葉序は5枚の葉で茎の周りを2回転するらせん葉序を意味する．例えば，庭先で見かけるラン科の植物ホトトギスは1/2葉序，セイタカアワダチソウは2/5葉序である．

(3) 開度，黄金分割比　らせん葉序を示す植物で，連続する2つの葉芽の間の中心角(真上から見た角度)を**開度 d**(divergence angle) と言う．フィボナッチ分数(F_{i-1}/F_{i+1})を使って，開度 **d** は一般に

$$\mathbf{d} = \frac{F_{i-1}}{F_{i+1}} \times 360 \text{(度)}$$

と表される．また，$i \to \infty$の極限値として

$$\lim \frac{F_{i-1}}{F_{i+1}} \times 360 = 137.5 \text{(度)} \tag{4.2}$$

が知られている．なお，フィボナッチ数列の連続する2数の比の極限値($i \to \infty$)は

$$\text{ph} = \lim \frac{F_i}{F_{i-1}} = 0.618 \cdots \tag{4.3}$$

となり，この値は**黄金分割比**と呼ばれる．この比は見た目にも美しいので，本など印刷物の縦横比として使われている．

(b) 対数らせんの不思議

対数らせん(logarithmic spiral)は，等角らせん(equiangular spiral)とも呼

図4-2 対数らせんで表現される自然界の造形　(A) ヒマワリの花と種の配置パターン，(B) アンモナイトの化石 (外形は貝の成長様式を反映しており，対数らせんとなっている).

ばれる．この曲線は極座標 (r, θ) を使って，

$$r = ke^{\theta \cot \phi} \quad \text{あるいは} \quad \log r = \log k + \theta \cot \phi \tag{4.4}$$

と表される．ここで，k と ϕ は定数である．対数らせんの特徴は，座標原点から曲線上の1点に至る直線と，その点での接線のなす角 ϕ が，曲線上のどの点においても変わらず一定ということである (演習問題4-4)．この曲線はオウムガイなどの巻貝の成長曲線，ヒマワリの種の配列を表す曲線，また空から獲物を狙って舞い降りてくる鳥の飛翔曲線などの生物現象だけでなく，銀河の渦巻きを表す曲線など非生物現象にも広く関係している．

対数らせん式(4.4)が示すもう1つの性質を述べておく．今，角度 θ が時間 t の関数であるとすれば，式(4.4)より

$$\frac{dr}{rdt} = \frac{d\theta}{dt} \cot \phi \tag{4.5}$$

が成り立つ．式(4.5)の左辺は相対成長率 (relative growth rate) と呼ばれ，右辺 $d\theta/dt$ は角速度 (angular velocity) である．若い植物組織では相対成長率が一定であることが知られており，もし組織の成長が対数らせん曲線に従うとすれば成長に伴う角速度が一定であることを意味する．

(c) 指数：長さ，面積，体積が教えてくれること

辺の長さの比が $1 : l$ の2つの立方体の表面積比または断面積比は $1 : l^2$ で

あり，体積比は $1 : l^3$ である．この関係は立方体に限らず，一般に幾何学的に相似な形態についても言えることである．このことが動物の大きさや能力に与える影響について，以下の2例を通して考えてみよう．

(1) 体の大きさ　動物の体重を支えるための骨の能力に関するものである．圧縮や伸張に耐える骨の能力はその断面積に比例すると言われている．つまり，骨の強さは l^2 に比例する．例えば，体長が2倍の動物は $2^2 = 4$ 倍の重さに耐えられる骨をもつ必要がある．一方，体重は体積に比例するので l^3 に比例して重くなる．つまり，体長が2倍の動物は $2^3 = 8$ 倍の体重となり，4倍の骨の強さで，8倍の体重を支えなければならない．この事実は，相似形の形をした動物の大きさには骨の強さで体重を支えきるための限界があることを示している．実際，陸上に棲む哺乳動物について見れば，大きい動物と小さい動物の体つきは相似形ではない．

(2) 哺乳動物の潜水能力（時間）　例えば，クジラとヒトを比較してみる．潜水能力は2つの要因から計ることができる．第1は，動物の肺に入る空気（実際は酸素）の量に比例する．肺の大きさは肺の体積のことであり，l^3 に比例する．第2は，酸素が肺に吸収される量である．これは肺の表面積に比例すると考えてよい．すなわち，酸素が肺に吸収される量は l^2 に比例する．1回の潜水時間 T は，おおまかに言えば，上記の肺中の酸素量と吸収量の比に比例すると考えられる．

$$T \sim \frac{肺の体積}{肺の表面積} \sim \frac{l^3}{l^2} \sim l \tag{4.6}$$

すなわち，潜水時間 T は身長 l に比例する．世界で最も大きい哺乳動物であるクジラの1回の潜水時間は約30分であり，最も鍛えられたダイバーの潜水時間は約2分と言われている．クジラとヒトの潜水時間の比は約15倍となるが，これはクジラとヒトの体長の比とほぼ一致している．

4-1-2　成長と形

生物の成長に伴う形の変化において成り立つ数理的関係を調べる．生物の成長というとき，変態と **相対成長** (relative growth) を区別する必要がある．変態は，例えば，チョウの幼虫が脱皮して蛹に変わるときのように一種の

「体制の変革」のことを指す．一方，相対成長は，例えば，ヒトの全身に対する頭の大きさの比率が変わるように「徐々に起こる変化」のことを指す．この相対成長には，全体と部分の成長の関係，ある部分と他の部分の成長の関係，体重と身長のように次元の異なる2つの量の間の関係などが含まれる．ここで取り扱うのは，後者の相対成長である．

(a) アロメトリー式

成長する生物個体において，器官と全体，あるいは異なる器官間の成長速度が異なることをアロメトリー（allometry）と言う．今，成長する個体の2つの器官の大きさをx, yとすると，両者の間には経験的に

$$y = bx^a \tag{4.7}$$

が成り立つことが知られている．式(4.7)をアロメトリー式と言う．ここで，b, aは測定対象によって決まる定数である．bは$x=1$でのyの値で，初期成長定数と呼ばれる．式(4.7)の両辺の対数をとって整理すれば，

$$a = \frac{\log y - \log b}{\log x} \tag{4.8}$$

となることから，aは両自然対数$\log x$, $\log y$を軸とする直線の傾きを与え，相対成長係数と呼ばれる．アロメトリー式は2つの器官の異なる成長速度を仮定して導くことができる（Box 4-1を参照のこと）．アロメトリー式を使って，成長様式が大きく次の3つに分類される．

① **等成長**（isometry） $a=1$の場合．両対数グラフの直線の傾きが45°になる．

② **優成長**（positive allometry） $a>1$の場合．両対数グラフの直線の傾きが45°より大きくなり，yの成長速度がxの成長速度より大きい場合に対応する．

③ **劣成長**（negative allometry） $a<1$の場合．両対数グラフの直線の傾きが45°より小さくなり，yの成長速度がxの成長速度より小さい場合に対応する．

例　身長と体重の関係　もし，立方体の形をした生物が相似形を保ちながら密度一定で成長すると仮定すれば，その正方形の1辺の長さがxのとき，体重yは次のアロメトリー式に従う．

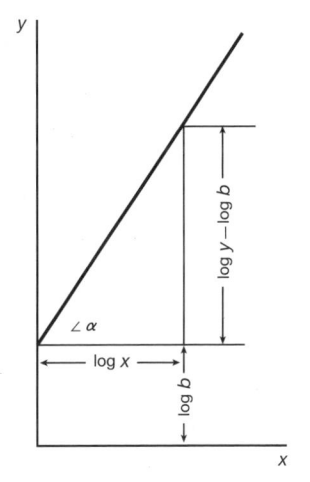

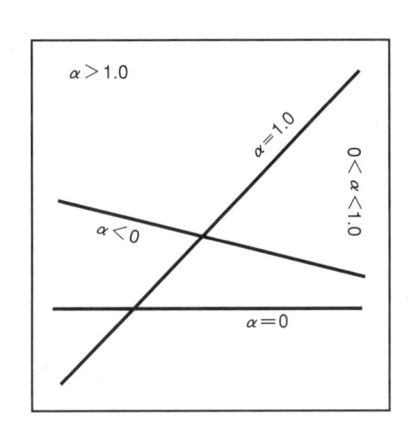

図4-3 アロメトリー式の図示とその両対数直線のα依存性

$$y = Kx^3 \tag{4.9}$$

ここで，Kは定数である．このとき，相対成長係数$a=3$である．しかし，実際の測定結果はさまざまな要因のためこの値からずれる．ある魚の稚魚から成魚までの体長と体重の関係を測定したデータに最もよく一致するように選んだ式は

$$y = 0.02031 x^{3.1521} \tag{4.10}$$

であった．このときは，$K=0.02031$，$a=3.1521$となっている．

アロメトリー式を使った解析はさまざまな問題に及んでおり，一見簡単に見えるアロメトリー式が多くの事実を再現するということは大変驚くべきことである．

(b) 成長曲線

生物個体の大きさ（体長，体積，体重など）の成長を表す曲線（成長曲線）としてよく知られているものとして，1分子反応曲線，ロジスティック曲線，ゴンペルツ曲線などがある．以下に，それらの曲線と応用例を紹介する．

(1) 1分子反応曲線 生物の大きさをW，時間をtとして，その変化率（成長速度）dW/dtが次の式で与えられると仮定する．

$$\frac{dW}{dt} = \lambda(K-W) \tag{4.11}$$

ここで，λは大きさの成長速度係数であり，Kは大きさWの最大値である．式(4.11)は，ある時点の成長速度はこれから成長すべき余地$(K-W)$の大きさに比例することを表している．この方程式は式(3.2)と同じなので，その解は1分子反応曲線と呼ばれ，次の式で与えられる．

$$W = K(1 - e^{a-\lambda t}) \tag{4.12}$$

ここで，$a = \log\{1-(W_0/K)\}$，またW_0は大きさWの初期値を表す（演習問題4-5）．$(W_0/K) \approx 0$が成立するとき$a \approx \log 1 = 0$なので，式(4.12)は次のようになる．

$$W = K(1 - e^{-\lambda t}) \tag{4.13}$$

(2) ロジスティック曲線 これは，指数成長を行う一種の個体数変動や1分子化学反応で，最大許容量や最大生成量など制限のある量の時間的変化を表現する次の微分方程式を用いる場合である．

$$\frac{dW}{dt} = cW(K-W) \quad \text{ただし } c = \frac{\lambda}{K} \tag{4.14}$$

ここで，Wは個体の大きさ，λは大きさの成長速度係数，Kは大きさWの最大値である．微分方程式(4.14)の解は，1-2節でも求めたように，

$$W = \frac{K}{1 + ke^{-\lambda t}} \quad \text{ただし } k = e^a \tag{4.15}$$

である．ここで，$a = \log\{1-(W_0/K)\}$，またW_0は大きさWの初期値を表す．式(4.15)の曲線はロジスティック曲線と呼ばれる（演習問題4-6）．

(3) ゴンペルツ曲線 ゴンペルツ曲線は

$$W = K\left(\frac{W_0}{K}\right)^{e^{-\lambda t}} = Ke^{-be^{-\lambda t}} \tag{4.16}$$

で表現される．ここで，Kは大きさWの最大値であり，W_0は大きさWの初期値を表す．λは大きさの成長速度係数である．また，$(W_0/K) = e^{-b}$とおいた．

以下に応用例として，グッピーのメスの体長変化データと上記の3種類の成長曲線との比較例を紹介する．これらの曲線には，それぞれ一長一短があることが知られており，データの種類と曲線の特徴をよく吟味して解析に利用することが望まれる．

4-1 生物の形態の数量化

表 4-1 グッピー (メス) の出生から 48 週間の平均体長 (Yamagishi 1976 より引用)

出生後の週数	0	4	8	12	16	20	24	28	32	36	40	44	48
平均体長 L (mm)	6.87	12.36	16.01	19.20	22.61	24.71	27.69	29.85	33.88	37.00	39.00	40.79	41.32

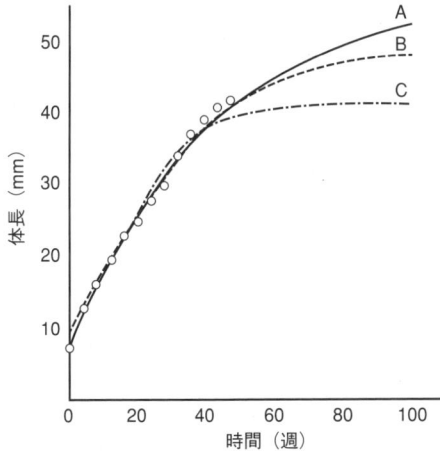

A：1分子反応曲線
$$L = 57.41(1 - e^{-0.1275 - 0.0238t})$$

B：ゴンペルツ曲線
$$L = 49.15\, e^{-1.6656 e^{-0.04695 t}}$$

C：ロジスティック曲線
$$L = 41.49 / (1 + e^{1.2063 - 0.0823 t})$$

図 4-4 グッピー (メス) 平均体長の実測値 (○：表 4-1 をプロット) と 3 つの成長曲線の比較
(山岸 1977 より許可を得て引用)

4-1-3 形態進化

生物は動物，植物にかかわらず実にさまざまな形態をしている．これら生物の形態はどのようにして形成され，また，その多様性はいかに生成されたのだろうか．この問題は，古くから認識されていたものであるが，現代生物科学においても最も深遠な問題の 1 つである．この項では，形態進化についての理論モデルを 2, 3 例紹介する．これらのモデルはいずれも，現在でも形態進化の研究に大きな影響力を与えている．

(a) 理論モデル

(1) 形態進化の変換理論 (D'arcy Thompson shape transformation)

D'arcy Thompson は著書『成長とかたち (On Growth and Form, 1917)』において，生物の形態進化を格子状の空間座標系内の座標変換の問題として捉

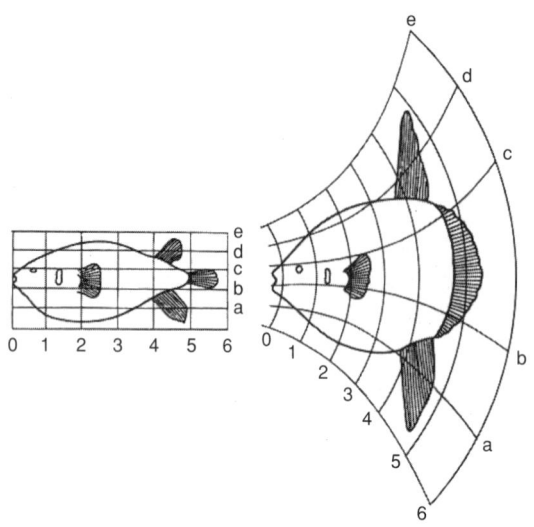

図 4-5　Thompson (1917) の格子座標変換の一例　ハリセンボン (左) からマンボウ (右) へ変換が正方格子の変形により実現できることを示している.

えようとした．この考え方は，彼の生物コレクション［スコットランドのダンディー大学 (University of Dundee) にあるトムソン博物館所蔵］の中のさまざまな動物の骨格の形態を注意深く比較検討した結果得られたものである．そのなかの一例として，「正方格子上に描かれた魚のハリセンボン画像が，その尾の部分の格子を画像とともに引き伸ばせばマンボウの形態になる」というものがある（図 4-5 参照）．この理論の背景には，生物の形態進化を原因不明の歴史的事象として捉えるのではなく，格子座標変換という明確な進化の道筋を示そうとする意図がある．

(2) 巻貝の形態形成モデル (pattern formation in snails)　ほとんどの巻貝は，分類学的には主に次の 3 種類の系統，すなわち，腹足類 (ニナ，タニシ，バイ，サザエなど)，頭足類 (オウムガイなど)，二枚貝類 (ハマグリ，アサリなど) に属する．巻貝の殻の形態は，開いた殻口に新たな殻物質が付け加わることにより形成される．Raup (1966) はこれら多様な巻貝の殻の形態を，巻き軸の周りの対数らせん曲線 (4-1-3 項を参照) と，以下に述べる 3 つのパラメータ (W, D, T) を使い，コンピュータ・シミュレーションによってコンピュータの

4-1 生物の形態の数量化

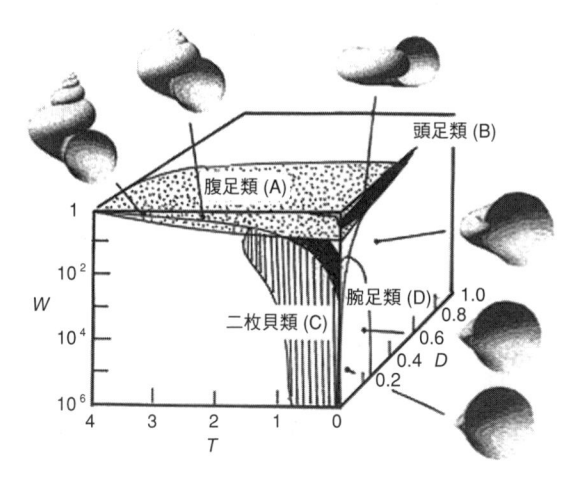

図4-6 3つのパラメータ (W, D, T) 空間における多様な巻貝の形の生成　個々の巻貝の形は空間内の1点として表されている．巻殻をもつ主要な4グループ [腹足類 (A領域)，頭足類 (B領域)，二枚貝類 (C領域)，腕足類 (D領域)] が比較的限られた領域内に現れる．(Raup 1966を一部改変)

中に作り上げることに成功した．Wは軸の周りの1回転あたりの外形の増大率，Dは殻口の軸からの離れ率，Tは殻口の軸方向への1回転あたりの変位率である．Raupのこの発見は巻貝の形態変化が同じ成長の仕組みにより導かれることを意味しており，その後の巻貝形成の分子論的研究をはじめさまざまな分野での研究発展の契機となった．

(3) 樹形進化の理論モデル　Niklas (1986) は，樹木の基本構造が次の3つのパラメータによって作られると仮定した．

① **branching angle**　木の枝が二股に分かれる場合の枝分かれの角度．

② **probability of branching**　ある枝に注目したとき，決まった比率の長さをもつその次の枝分かれが起こる確率．

③ **rotation angle**　連続する2つの枝分かれの間のねじれ，あるいは回転角度．

彼は3つのパラメータ値を変化させ，コンピュータを使ってほとんど全ての樹形を理論的に作り出した．そして，現在自然界に存在する樹形は，3つのパラメータ空間におけるある限られた曲面上に分布する点に対応することを

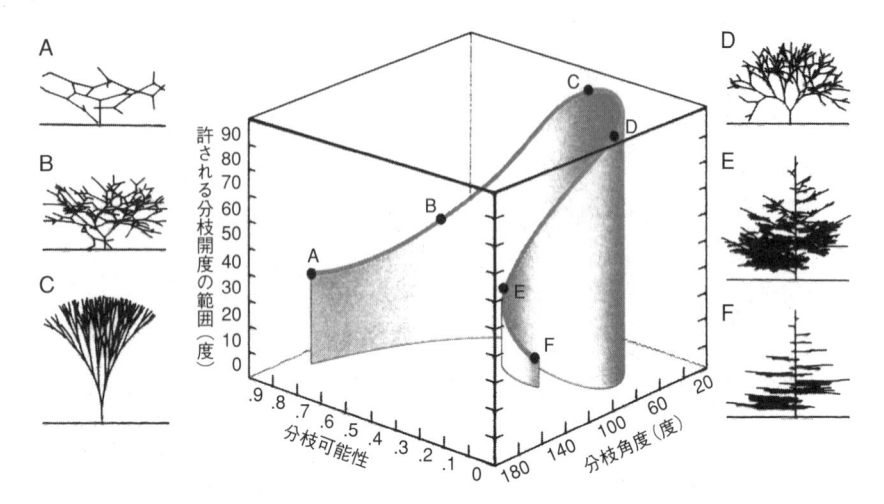

図4-7 樹木の可能な分枝パターン　図の立方体は3つのパラメータ(分枝角度，分枝開度，分枝確率あるいは可能性)によって作られる空間を表す．個々の樹形は空間内の1点として表される．立方体内のグレーで示した曲面は樹形の進化の軌跡をたどる道筋を表している．(Niklas 1986より許可を得て一部改変)

発見し，それを基に樹形の進化(多様性生成の仕組み)を論じた．

　ニクラスの理論モデルは，前述のラウプの理論モデルと同様に，少数(3個)のパラメータによって樹形の基本構造が生成されると主張している．これは現代生物科学の視点から見ても大変注目すべきことである．樹形は，外部環境(光，温度，土壌中の養分などの生育環境)への適応的観点からの議論もあり，また，ホメオティック遺伝子の視点からの議論も現実味があるからである．

(b) 生物の形態やパターンを決定する要因：構成的形態学

　生物の形態やパターンを決定する要因についてはいくつかの議論があるが，ここでは古生物学者 Seilacher (1970) によって提唱された構成的形態学 (constructional morphology) を紹介する．それによると，生物の形態進化は次の5つの要因を総合的に考慮することが必要である．

① **歴史的・系統発生的要因**　遺伝子，発生上の制約，など進化の過程で可能な適応を制限する効果．

② **機能的要因(適応的要因)**　特定の生物機能の自然選択による適応的解決．

③ **構造的要因**（non-adaptive factor）　生物の系統・種類に関係なく，ある構造物を作るとできてしまう構造（物理・化学的必然性，生物を作る原材料が限られていること，など）．

④ **チャンス（偶然的）要因**　生物の形態は，それを構成する材料物質から作られる形態のうち最良あるいは最適なものとは必ずしも言えない．現在の形態が偶然的に採用されている場合もある．

⑤ **生態的要因**（ecophynotypic effect）　生物の生活する環境に応じて形態が変わる．例えば，草本植物のシュートの形態が生育密度（population density）に影響を受ける．

(c) 生物の形態形成機構（まとめ）

　生物の形態形成要因は**内的要因**と**外的要因**の2つに大別される．内的要因は，発生遺伝学などで研究されている，シグナル分子などさまざまな分子の働きも含めた遺伝子的要因に加えて，身体を構成する原材料などの物理・化学的な制約といった要因のことである．一方，外的要因は，その生物の外にあって，直接あるいは間接的に生物の生存に影響を与えるものである．植物であれば，光，土壌中の栄養，空気中の二酸化炭素などの環境的要因，また，動物であれば，同種あるいは異種の害敵などの生態学的要因，生存率に影響を与える要因などである．この内的要因，外的要因は対象生物によってさまざまであり，一括して述べることは難しいが，個別の問題に限れば比較的少数であると思われる．要するに，生物の形態形成を正しく理解するにはいくつかの内的，外的要因を同時に検討する必要がある．それらの総合的・統合的評価を見事に合格した生物が生存可能ということになる．しかし，それだけでは十分ではない．予期せぬ環境の異変などに対して適応できなければならない．遺伝子に刻まれた歴史的制約，また，与えられた環境のなかで生きていくという生態的制約などを受けたうえでの物理・化学的な形態・パターンとして生物の形態を捉える必要がある．生物も物理化学の原理から逃れることはできないが，解明の鍵となる上記の諸要因からなる複雑な組み合わせ構造が生物を特徴づけていると言えよう．

> **Box 4-1　アロメトリー式(4.7)の導出**
>
> 　動物1個体中において異なる2つの器官X, Yを考え，それらの大きさを，それぞれ x, y とする．一定時間 dt に生じる器官Xの大きさの増加 dx が，そのときの器官の大きさ x と動物体の吸収する栄養分 a の増加 da の積に比例すると仮定する．一方，器官Yについても同様に，時間 dt に生じる器官Yの大きさの増加 dy が，器官の大きさ y とその時間に動物体の吸収する栄養分 a の増加 da の積に比例すると考える．ただし，それぞれの比例係数 p, q は異なると仮定する．これは，器官X, Yの栄養分吸収能と吸収した栄養分の各器官の大きさへの変換効率が，一般的には異なるからである．以上の仮定を式に表せば，次のようになる．
>
> $$dx = pxda, \qquad dy = qyda$$
>
> 両式から da を消去すれば，
>
> $$\frac{dy}{dx} = \frac{q}{p}\frac{y}{x}$$
>
> ここで，$q/p = a$ とおいて，変数分離型の微分方程式を解けば，
>
> $$\log y = a \log x + \log b$$
>
> $\log b$ は積分定数である．対数をはずすと
>
> $$y = bx^a \tag{4.7}$$
>
> が得られ，アロメトリー式(4.7)が得られる．

4-2　多細胞生物の細胞分化パターン形成

4-2-1　細胞分化パターンとは何か

　細胞から幼胚へ　　全ての動物は1つの受精卵から幼胚へと発生し，さらに成体へと形づくられる．この個体発生の過程では，次の4つの細胞活性を知ることが大変重要であると考えられている．

① **細胞複製**　細胞分裂とそれに伴う遺伝子の複製を含むパターン形成が起きる．

② **細胞分化**　もともと1個の細胞であった受精卵が，細胞分裂によって数を増やしていくとき，いつまでも元と同じ種類の細胞のままではない．

いずれ，いろいろな異なる種類の細胞へと変化していく．この細胞特性の変化を細胞分化と言っている．例えば，受精卵が神経細胞，皮膚の細胞，筋肉細胞などへと変化するのである．

③ **細胞信号の授受**　多細胞体制としての生物体の中では，一般に，各細胞は他と独立に振る舞うことはない．細胞相互の間でシグナルをやりとりしながら協調的な行動をするのである．実際，ショウジョウバエなど多くの生物でシグナル分子が複数知られており，組織形成で重要な役割を果たしている．神経細胞間のシグナル伝達機構がよく研究されているのは周知のことである．

④ **細胞移動**　受精卵はただ分裂して数が増え，同じ場所にとどまっているだけではない．細胞はその固有の場所に移動し，生体組織，器官などを形づくるのである．細胞が特定の化学物質に反応して動く走化性や，細胞間接着分子などによる細胞選別移動などの例が知られている．

分化した細胞の固有の空間的配置パターンは，上記のように複雑な仕組みが絡み合って出来上がっており，その完全な理解は容易ではない．しかし，細胞特性の変化，すなわち細胞分化の機構については一般的で有力な理論として**位置情報説**(positional information theory)と**拡散誘導不安定性理論**(diffusion-driven instability theory)が知られているので，以下にそれらを詳しく見ていく．

4-2-2　細胞分化の位置情報説

Wolpert (1969) によって提出されたこの説の基本的考え方は「細胞は細胞集合体の中で空間的にどの位置を占めるかに応じて位置情報を得る．その情報を基に細胞分化を行う」というものである．はじめ1個の受精卵が細胞分裂を繰り返し多細胞体になっていく．集合体の中で各細胞は外側，内側，上部，下部など異なる空間的位置を占めるようになるが，その位置(情報)の差がその後の細胞の特性の差に反映されるというのである．位置情報の担い手はモルフォゲン (morphogen)[*1]と呼ばれる分子で，それが細胞集合体中に濃

[*1] 多細胞生物の形態や分化パターン形成に関わる位置情報を担う分子を一般にモルフォゲンと言う．現在，その候補とみなされる分子がショウジョウバエをはじめ多くの動植物の体内で濃度勾配を作って存在していることが知られている．

度勾配をもって分布していると考えられている.その後,この理論を分かりやすく説明するために,「フランス国旗問題」(後述)が提出された.また,より数学的な理論モデルが Gierer & Meinhardt (1972) によって提出され,細胞分化パターン形成の理論的研究が始まった.一方,1980年代後半以来現在に至るまで,生物の形態やパターン形成を司るホメオボックス遺伝子とその発現を調節するシグナル分子が多くの動植物で発見され,それらについての研究は活発に行われている.

(a) ホメオボックス遺伝子,シグナル分子の発見と位置情報説

ショウジョウバエの幼虫の体節パターン形成の研究で細胞間のシグナル伝達に関与し,ホメオボックス遺伝子群の発現を調節するシグナル分子が発見された.ビコイドと呼ばれるホメオボックス遺伝子がコードしているタンパク質やシグナル分子の一部はそれぞれ固有の濃度勾配を示すことが知られ,上記の位置情報説で述べたモルフォゲンとして注目を浴びている.昆虫のほかにニワトリなどの脊椎動物の肢形成に関するホメオボックス遺伝子群も発見され,その発現を調節するシグナル分子もやはりある種の濃度勾配をもっていることが示唆されている.また,動物のみならず植物においても事情は似ている.アブラナ科の植物シロイヌナズナ(*Arabidopsis thaliana*)でも1989年に花器官のホメオティック遺伝子が発見されている.このほかキンギョソウ,ペチュニアなどでも花形成に関する突然変異体を用いた分子遺伝学的研究が進んでいる.

(b) フランス国旗問題

フランス国旗は青,白,赤の三色からなるが,これを真っ白な無地の布からどのようなルールによって三色の国旗に仕上げるか,というのがフランス国旗問題である.通常は簡単のため,直線状に並んだ細胞列を考え,これらを青,白,赤の三色に仕分けるのにどのようなルールがあればよいか,という問題を考える.今,この細胞列に沿って細胞内のモルフォゲンの濃度 N に左から右への勾配があると仮定しよう.濃度に関する2つの閾値(その値を境として不連続に細胞特性が変わる)N_1, N_2 を考え,$N>N_1$ の条件を満たす細胞は青色に,$N_1>N>N_2$ の細胞は白色に,$N_2>N$ の細胞は赤色になるとして全ての細胞に色付けをするのである.このルールがあれば,細胞列を左から右の順に青,白,赤の三色に色付けられたパターン(フランス国旗と同

4-2 多細胞生物の細胞分化パターン形成　　　　　　　　　　　　　　　　　　135

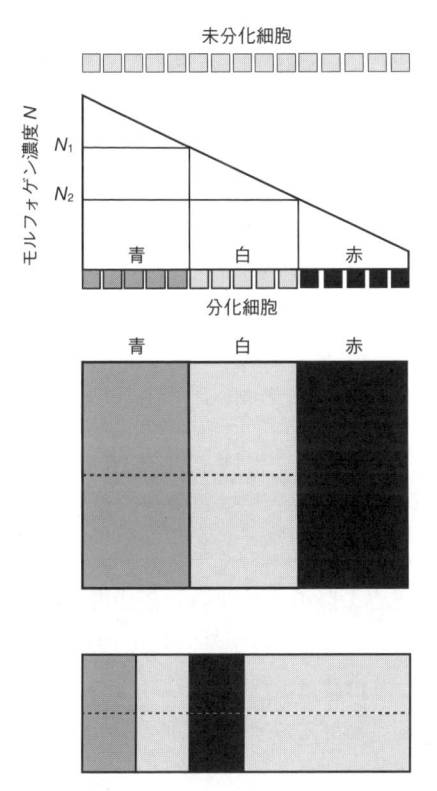

図4-8　フランス国旗問題　　三色旗の色を決める仕組みとミニ三色旗の作成.

じ)を作ることができる．このルールの重要な点は，両端の細胞のモルフォゲン濃度が一定ならば，細胞集合体の長さを半分にしても左から右に青，白，赤のミニ三色旗ができることである．これは刺胞動物ヒドラの体を切断したときに頭部が再生し，ミニヒドラが再生される実験を見事に再現しているというのである．この場合，ヒドラの体軸に沿ってモルフォゲンの濃度勾配があると考え，その濃度に細胞特性を変化させる閾値が存在すると仮定すればよいのである．

　この位置情報理論はヒドラの移植実験，ゴキブリ・イモリの肢切断による再生実験，また最近ではショウジョウバエの体節形成など，多くの実験を通じて確かめられている．

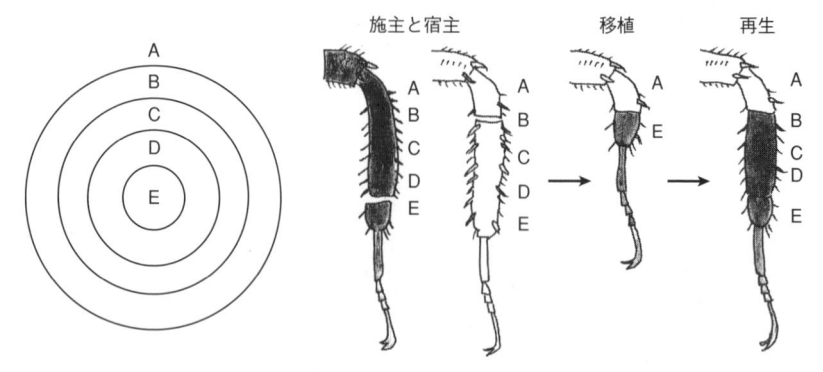

図4-9 ゴキブリの肢の移植実験例　左図の同心円は中心軸に沿って，肢の最も基部の位置Aから最先端の位置Eへの位置価の順位を示したものである．移植実験は，Eの位置で切断された移植肢をAの位置で切断した宿主の肢に移植した結果，その接合部で組織の成長が起こり，失われた中間部分B, C, Dの再生が起こることを示している．(Bryant et al. 1977 より許可を得て一部改変)

(c) ゴキブリ・イモリの肢の再生実験と極座標モデル

　ゴキブリ，イモリという著しい再生能力を示す動物の肢の移植実験を考える．昆虫であるゴキブリの肢は上皮組織から分泌される角質のクチクラで覆われている．一方，両生類であるイモリの肢は胚の中胚葉性の細胞に由来する骨で出来ている．これらは全く違う2種類の生物であるが，その移植実験結果は非常によく似ており，位置情報理論の1つである極座標モデル (French et al. 1976) によって見事に説明がつくのである．

　極座標モデル　これらの実験結果は，再生の場における細胞相互作用に関する以下の簡単な基本原理に従う．肢は円錐と考えることができる．円錐の頂点は肢の先端部，あるいは再生場の先端部を表し，円錐の底面は肢の基部，あるいは再生場の基部を表す．円錐上の細胞は2つの位置座標で指定され，それに伴う位置情報をもつ．第1の座標成分は円周上の位置で，時計方向に1から12までの番号を付けられている．第2の成分は，基部から先端部へ至るもので，AからEまでの文字で記された同心円で表される．再生する細胞は以下の2つの規則に支配される．第1の規則は，最短挿入の規則と呼ばれる．通常は隣り合うことのない位置情報をもった細胞が互いに向き合うことになれば，そこに生じる不一致は，その間の座標をもつ細胞が挿入され埋め尽くされるまで，接

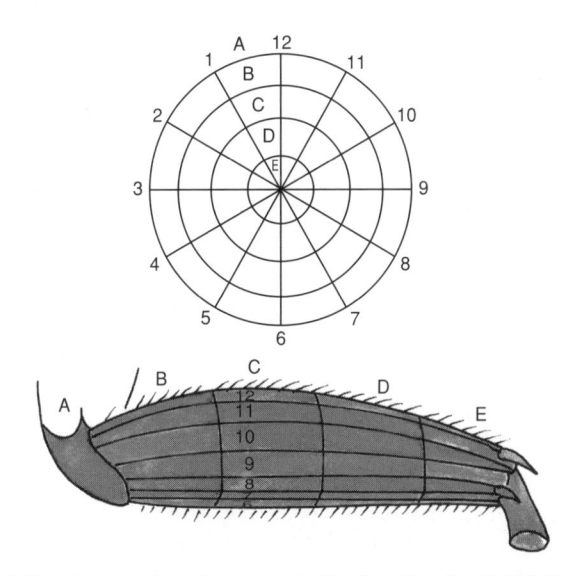

図4-10　極座標モデル　下図に示されているゴキブリの肢全体の位置決定のルールが，上記の放射線と同心円で表記された円板で示されている．基部から先端部への位置を，同心円A, B, C, D, Eで表し，背腹と前後の位置を，それぞれの同心円を1から12に分割して，肢全体の位置を指定する方法を極座標モデルと呼んでいる．この極座標モデルは，移植・再生現象を見事に説明できることから，肢全体に固有の位置情報が存在することを示している．(Bryant et al. 1977より許可を得て一部改変)

合部の組織の成長が促されるというものである．この規則で挿入される座標は，2つの中間座標群のうち，常に短いほうである．例えば，移植によって5と8が接したとき，2つの中間には6と7が挿入され，9, 10, 11, 12, 1, 2, 3, 4は挿入されない．第2の規則は，先端部再生に必要な円周完成の規則と呼ばれている．肢に沿った基部から先端のどの位置座標をもつ細胞も，その座標より先端の全ての位置座標に対応する細胞を生みだすことができる．しかし，このようなことは切断もしくは挿入によって，円周上で完全に連続した位置座標をもつ細胞が露出したときにのみ起こる．

4-2-3　反応拡散方程式と拡散誘導不安定性理論

　近年，生物のパターン形成に対する理論的研究が非常な発展を見せている．その1つの発端はTuring (1952) による2変数の反応拡散方程式における**拡散**

誘導不安定性(diffusion-driven instability)の発見である．この理論は，モルフォゲンと呼ばれる分子の生体内での生成と拡散が，モルフォゲンの安定な均一分布パターンを不安定化させ，別の不均一分布パターンに導く可能性を数学的に証明したものである．チューリング理論は，ウォルパートの位置情報説と異なり，細胞集合体中に不均一濃度分布の形成の原理的仕組みを明らかにした点で特に注目される．チューリング理論はその後 Murray(1981) らによって，動物の表皮パターン形成の解決など多くの成果が得られている．以下で，チューリング理論の骨子である拡散誘導不安定性についての一般論を述べる．

(a) 拡散誘導不安定性理論：線形解析と空間パターンの生成

2変数の反応拡散方程式は，一般に，化学物質濃度の時間変化＝反応項＋拡散項で，次の形をとる．

$$u_t = F(u, v) + D_1 \nabla^2 u \tag{4.17}$$

$$v_t = G(u, v) + D_2 \nabla^2 v \tag{4.18}$$

ここで，$u = u(\vec{x}, t)$, $v = v(\vec{x}, t)$ は，それぞれ位置 x, 時刻 t での化合物の濃度を表し，その時間微分を $u_t = \partial u/\partial t$, $v_t = \partial v/\partial t$ で表す．D_1, D_2 は拡散係数であり，$F(u, v)$, $G(u, v)$ は化学反応を記述する u, v の多項式あるいは有理関数である．なお，∇^2 は2階の空間微分作用素を表す．

拡散誘導不安定性の主張は，「式(4.17), (4.18)の拡散項なし($D_1 = D_2 = 0$)で，もし u, v が安定な均一定常分布をとるとき，もし $D_1 \neq D_2$ ならば，ある適当な条件下で，拡散誘導不安定性により別の空間不均一分布パターンが生成され得る．」というものである．

内容を変えることなく議論を簡便にする意味で，式(4.17), (4.18)の代わりに無次元化した次の方程式を使う (Murray 2003)．

$$u_t = \gamma f(u, v) + \nabla^2 u \tag{4.19}$$

$$v_t = \gamma g(u, v) + d \nabla^2 v \tag{4.20}$$

まず，上式で拡散項のない方程式，

$$u_t = \gamma f(u, v), \quad v_t = \gamma g(u, v) \tag{4.21}$$

の正値定常解 (u_0, v_0) の線形安定条件を求める．すなわち

$$f(u_0, v_0) = 0, \quad g(u_0, v_0) = 0 \tag{4.22}$$

4-2 多細胞生物の細胞分化パターン形成

を満たす正値定常解を (u_0, v_0) とする．(u_0, v_0) に微小摂動 $(w, z) = (u - u_0, v - v_0)$ が加わったときの線形安定性は，式(4.21)で (u_0, v_0) における次の線形化方程式を見ればよい．

$$w_t = \gamma\{f_u(u_0, v_0)w + f_v(u_0, v_0)z\}$$
$$z_t = \gamma\{g_u(u_0, v_0)w + g_v(u_0, v_0)z\} \quad (4.23)$$

ここで，$f_u = \partial f/\partial u$, $f_v = \partial f/\partial v$, $g_u = \partial g/\partial u$, $g_v = \partial g/\partial v$ である．今，式(4.23)の解として次の形のものを仮定する．

$$w = \phi_1 \exp(\lambda t), \quad z = \phi_2 \exp(\lambda t) \quad (4.24)$$

これらを式(4.23)に代入し，それが自明解 $(w = z = 0)$ 以外である条件として，次の特性方程式

$$\lambda^2 - \gamma(f_u + g_v)\lambda + \gamma^2(f_u g_v - f_v g_u) = 0 \quad (4.25)$$

を得る．λ に関するこの2次方程式の2つの解は，解の公式により

$$\lambda_1, \lambda_2 = \frac{1}{2}\gamma\left[(f_u + g_v) \pm \{(f_u + g_v)^2 - 4(f_u g_v - f_v g_u)\}^{1/2}\right] \quad (4.26)$$

である．方程式(4.23)の解の線形安定条件，すなわち $\mathrm{Re}(\lambda) < 0$ は，次の2条件が成り立てば満たされる．

$$f_u + g_v < 0, \quad f_u g_v - f_v g_u > 0 \quad (4.27)$$

次に，拡散項を含む方程式系(4.19), (4.20)の定常解 (u_0, v_0) に微小摂動 $(w, z) = (u - u_0, v - v_0)$ が加わったときの線形安定性は，(u_0, v_0) の近傍での次の線形化方程式を見ればよい．

$$w_t = \gamma\{f_u(u_0, v_0)w + f_v(u_0, v_0)z\} + \nabla^2 w \quad (4.28)$$
$$z_t = \gamma\{g_u(u_0, v_0)w + g_v(u_0, v_0)z\} + d\nabla^2 z \quad (4.29)$$

今，この方程式の解として，

$$w = \Phi_k \exp(\lambda t)w_k(\vec{r}), \quad z = \Phi_k \exp(\lambda t)z_k(\vec{r}) \quad (4.30)$$

を仮定する．$w_k(\vec{r})$, $z_k(\vec{r})$ が $\exp(i\vec{k}\cdot\vec{r})$ に比例する波動解であるとし，これらを式(4.28), (4.29)に代入すると，次式が得られる．

$$\lambda w_k(\vec{r}) = \gamma\{f_u(u_0, v_0)w_k(\vec{r}) + f_v(u_0, v_0)z_k(\vec{r})\} - k^2 w_k(\vec{r})$$
$$\lambda z_k(\vec{r}) = \gamma\{g_u(u_0, v_0)w_k(\vec{r}) + g_v(u_0, v_0)z_k(\vec{r})\} - dk^2 z_k(\vec{r})$$

ここで，i は虚数単位，$\vec{k}$ は波数ベクトル，$\vec{r}$ は位置ベクトル，$\vec{k}\cdot\vec{r}$ は $\vec{k}$ と $\vec{r}$ のスカラー積あるいは内積である．また，$k = |\vec{k}|$ である．

$w_k(\vec{r})$, $z_k(\vec{r})$に対して自明でない解を仮定すれば,次の特性方程式が得られる.

$$\lambda^2 + \lambda\{k^2(1+d) - \gamma(f_u+g_v)\} + h(k^2) = 0 \tag{4.31}$$

$$h(k^2) = dk^4 - \gamma k^2(df_u+g_v) + \gamma^2(f_u g_v - f_v g_u) \tag{4.32}$$

ここでは,すでに拡散項のない場合(すなわち,$k=0$の場合)式(4.26)の定常状態,すなわち式(4.22)の解(u_0, v_0)は線形安定であると仮定している.すなわち,条件式(4.27)は成り立っている.したがって,次の問題は,$k \neq 0$の場合(すなわち,式(4.31)が成立する場合)に,(u_0, v_0)が不安定化,すなわち$\mathrm{Re}(\lambda(k^2)) > 0$が成立する条件を見いだすことである.そのため,まず,式(4.27)の最初の式$f_u + g_v < 0$により,次式が成立する.

$$k^2(1+d) - \gamma(f_u+g_v) > 0 \tag{4.33}$$

これにより式(4.31)において$h(k^2) < 0$である場合のみ$\mathrm{Re}(\lambda(k^2)) > 0$は成立し得ることになる.式(4.31)の解は,2次方程式の解の公式により

$$2\lambda = -\{k^2(1+d) - \gamma(f_u+g_v)\} \pm [\{k^2(1+d) - \gamma(f_u+g_v)\}^2 - 4h(k^2)]^{1/2} \tag{4.34}$$

式(4.27)の2番目の条件$f_u g_v - f_v g_u > 0$により,式(4.31)あるいは式(4.32)の$h(k^2)$において,

$$df_u + g_v > 0 \tag{4.35}$$

が成立する場合にのみ,$h(k^2) < 0$,すなわち$\mathrm{Re}(\lambda(k^2)) > 0$は成立し得る.

また,式(4.27)の最初の式$f_u + g_v < 0$により,次のことが導ける.

$$d \neq 1 \tag{4.36}$$

さらに,Turingは生化学反応実験で一般によく知られている事実をもとに,反応項$f(u, v)$, $g(u, v)$に対して次の2つの仮定を要請した.

(1) 変数uは自身を生成し,vの増大はuを減少させる.

(2) 変数vはuの増大により増大し,vの増大により減少する.

この仮定(1), (2)により,$f_u > 0$, $g_v < 0$が成立することになる.以上により,式(4.35)が成立するためには,

$$d > 1 \tag{4.37}$$

が必要である.これは「不安定化が起こるためには,抑制因子vの拡散係数が活性化因子uの拡散係数より大きい必要がある」ことを示している.この意味において,この不安定性を拡散誘導不安定性と呼んでいる.しかし,式

(4.37) は不安定性が起きる条件 $\mathrm{Re}(\lambda(k^2))>0$ が成立するための十分条件ではないことに注意する必要がある．

実際，ある波数 $k(\neq 0)$ に対して $h(k^2)<0$ が成立するためには，さらに $h(k^2)$ の最小値 $h_{\min}$ が負である必要がある．この条件は，

$$h_{\min}=\gamma^2\left[(f_u g_v - f_v g_u) - \frac{(df_u+g_v)^2}{4d}\right] \tag{4.38}$$

より，

$$(df_u+g_v)^2 - 4d(f_u g_v - f_v g_u) > 0 \tag{4.39}$$

となる．

以上，式(4.24)，(4.25)で与えられる2変数の反応拡散方程式で，1つの定常状態 (u_0, v_0) が拡散誘導不安定を起こすための条件をまとめると以下の4つになる．

$$f_u+g_v<0, \qquad f_u g_v - f_v g_u > 0 \tag{4.27}$$

$$df_u+g_v>0 \tag{4.35}$$

$$(df_u+g_v)^2 - 4d(f_u g_v - f_v g_u) > 0 \tag{4.39}$$

ここで，上記の偏微分は安定な定常状態 (u_0, v_0) で行うものとする．不等式系(4.27)，(4.35)，(4.39)は，チューリング空間と呼ばれるパラメータ空間内のある領域を指定し，そのなかで定常状態 (u_0, v_0) がある微小擾乱によって不安定化するのである．具体例として，以下の2つの反応機構の例をあげる．

(b) 拡散誘導不安定性の応用例

例4-1　拡散を含む改良型GMモデル[3-2節の式(3.28), (3.29)参照]

これは反応項 $F(u, v)$, $G(u, v)$ が GiererとMeinhardtによって提出された活性化因子・抑制因子モデル(3-2-2項参照)に，活性化因子の飽和効果を含めたモデルである．

$$u_t = k_1 - k_2 u + k_3 \frac{u^2}{v(k_6+k_7 u^2)} + D_1 \nabla^2 u \tag{4.40}$$

$$v_t = k_4 u^2 - k_5 v + D_5 \nabla^2 v \tag{4.41}$$

ここで，$u=u(\vec{x}, t)$, $v=v(\vec{x}, t)$ は，それぞれ位置 x，時刻 t での活性化因子，抑制化因子の濃度を表し，$k_1, k_2, \cdots, k_7$ は正の反応係数である．無次元化した方程式は次のようになる．

$$u_t = \gamma\left[a - bu + \frac{u^2}{v(1+Ku^2)}\right] + \nabla^2 u \tag{4.42}$$

$$v_t = \gamma(u^2 - v) + D\nabla^2 v \tag{4.43}$$

ここで，a, b, d, K, γ は正数，∇^2 は2階の空間微分作用素である．また，u, v, t は，それぞれ無次元化した活性化因子，抑制因子の濃度，そして時刻である．

不安定性条件の3式(4.27)，(4.35)，(4.39)のもとで，次式で与えられる波数 $k \in (k_+, k_-)$ をもつ状態が不安定化してくる．

$$k_+^2, k_-^2 = \frac{\gamma}{2d}\left[(df_u + g_v) \pm \{(df_u + g_v)^2 - 4d(f_u g_v - f_v g_u)\}^{1/2}\right] \tag{4.44}$$

ここで，波数 k はモードと呼ばれる一組の整数 (m, n) で指定される不連続な値 $\pi(m^2 + n^2)^{1/2}$ をとる必要がある．ただし，一組の整数 (m, n) は波動 $\sin(n\pi x)\cos(m\pi y)$ に対応していることに注意しよう．まず，均一定常状態 (u_0, v_0) は次の連立方程式を解いて得られる．

$$f(u, v) = a - bu + \frac{u^2}{v(1 + Ku^2)} = 0 \tag{4.45}$$

$$g(u, v) = u^2 - v = 0 \tag{4.46}$$

ここで，実際にパラメータ $a = 0.1, b = 1.0, K = 0.5$ を与え，上式をニュートン・ラフソン法（Newton-Raphson method）（例えば，Rabinowitz 1970 参照）で数値的に求めた結果 $(u_0, v_0) = (0.8395, 0.7047)$ と決まった．

次に，この均一定常状態を不安定化し，ある決まった安定モードを立ち上げたい，すなわち，1つのモード (m, n) で記述される波動 $\sin(n\pi x)\cos(m\pi y)$ を立ち上げたい．式(4.27)を満たすパラメータの値に対して，式(4.35)，(4.39)を満たし，かつ，モード (m, n) が立ち上がるためのパラメータ d と γ の値を決める必要がある．d-γ パラメータ空間で注意深く探査した結果，モード $(3, 0)$ がパラメータ値 $(d, \gamma) = (70.85, 619.45)$ の近傍で立ち上がり，モード $(1, 0)$ が $(d, \gamma) = (520.16, 67.00)$ の近傍で立ち上がることが分かった．ここで注意しておきたいことは，パラメータ a, b, K に対して式(4.27)を満たす上記と異なる値を与え，モード $(3, 0)$ を立ち上げるように (d, γ) パラメータの値を決めたとしても，やはり同じパターンが生成される，ということである（関村 2005）．

例4-2　チューリングのモデルと拡散誘導不安定性の発見

Turing (1952) によって提出されたモデルである．簡単のため，空間1次元を考える．拡散項のない式 $(D_1 = D_2 = 0)$ での定常解を (u_0, v_0) とするとき，反応項 $F(u, v), G(u, v)$ を定常解 (u_0, v_0) の周りでテイラー展開し，1次の項までをとり線形化すると次の反応拡散方程式を得る．

$$u_t = Au + Bv + D_1 \frac{\partial^2 u}{\partial x^2} \tag{4.47}$$

$$v_t = Cu + Dv + D_2 \frac{\partial^2 v}{\partial x^2} \tag{4.48}$$

ただし，微小摂動 $(u-u_0, v-v_0) = (u, v)$ と改めて置き換えているので，上式の定常解は $(u_0, v_0) = (0, 0)$ であることに注意しよう．右辺の定数係数 A, B, C そして D は，関数 $F(u, v), G(u, v)$ の解 (u_0, v_0) での偏微分係数である．方程式の解として

$$u(x, t) = \phi_k \exp(\lambda t) u_k(x), \qquad v(x, t) = \phi_k \exp(\lambda t) v_k(x) \tag{4.49}$$

を仮定し，上式に代入して両辺から $\exp(\lambda t)$ を消去すれば，

$$\lambda u_k = A u_k + B v_k - k^2 D_1 u_k \tag{4.50}$$

$$\lambda v_k = C u_k + D v_k - k^2 D_2 v_k \tag{4.51}$$

を得る．ただし，ここで $u_k(x)$ と $v_k(x)$ は波動解 $\exp(ikx)$ に比例するものを仮定した．なお，k は波数である．今，(u_k, v_k) が自明な解でないとすれば，次の特性方程式を得る．

$$\lambda^2 + \lambda\{k^2(D_1+D_2) - (A+D)\} + h(k^2) = 0 \tag{4.52}$$

ここで，

$$h(k^2) = D_1 D_2 k^4 - k^2 (AD_2 + DD_1) + (AD - BC) \tag{4.53}$$

である．Turing の最初の要請である，拡散項のない $(D_1 = D_2 = 0)$ 系の線形安定性条件は次の2つである．

$$A + D < 0, \qquad AD - BC > 0 \tag{4.54}$$

Turing の後半の主張で，拡散項の加わった反応拡散方程式 (4.47), (4.48) が不安定化する条件，すなわち $\mathrm{Re}(\lambda) > 0$ が起こりうる条件を次に考える．式 (4.52) で，λ の1次項の係数は $D_1 + D_2 > 0$ と $A + D < 0$ より，正値である．したがって，$\mathrm{Re}(\lambda) > 0$ のためには $h(k^2) < 0$ である必要がある．式 (4.52) によると，$AD - BC > 0$ により，このことはさらに k^2 の係数に対して次の制約を課すことになる．

$$AD_2 + DD_1 > 0 \tag{4.55}$$

この条件式 (4.55) は，$A + D < 0$ より，$D_1 = D_2$ では起こりえない．すなわち，

$$D_1 \neq D_2 \tag{4.56}$$

が必要条件となる．ここで，反応項 $F(u, v), G(u, v)$ に課せられた2つの仮定 (1), (2) (4-2-3項(a)) によって，係数パラメータの符号として，

$$A > 0, \quad B < 0, \quad C > 0, \quad D < 0$$

が要請される．さらに，$A + D < 0$ により，式 (4.55) が成立するためには，

$$D_2 > D_1 \tag{4.57}$$

が満たされる必要がある．このように，式 (4.57) は式 (4.47), (4.48) が不安定化するための十分条件ではないが，必要条件となる．すなわち，抑制化因子 v の拡散速度が活性化因子 u の拡散速度よりも速いときにのみ不安定性が起こるこ

とを示している．

　一例として，波数 $k=1$ に対して，不安定性の条件を全て満たしているパラメータの値を探してみる．まず，拡散項のない ($D_1=D_2=0$) 系の線形安定性条件［付録2Bの式(2B.5)あるいは式(4.53)］$A+D<0$, $AD-BC>0$ と符号条件 ($A>0$, $B<0$, $C>0$, $D<0$) を満たす値として，例えば $A=1$, $B=-6$, $C=1$, $D=-4$ などが考えられる．実際，この場合

$$A+D=-3<0, \quad AD-BC=2>0$$

となっている．さらに，条件式(4.56)により，$D_1=0.5$, $D_2=10$ としてみる．これは不安定性が起こるための必要条件

$$AD_2+DD_1=8>0, \quad h(1)=-1<0$$

を満たしている．

(c) チューリング理論の実験的基礎

　チューリング理論が公表されたのは1952年であるが，その数理的解析と実際の化学反応や生物のパターン形成に応用され始めたのはそれから30年近くたった後であった．パターン形成の問題が理論的に解決されたといっても，毎日，分子や遺伝子を研究材料として実験をしている生物学者にとって，理論や数理的解析の必要性が感じられないのも当然である．しかし，最近，チューリング理論の実験的検証ともいえる研究が少なからず行われている．それは動物の表皮などに見られる反応拡散波に関する研究である．この種の研究は今後の進展が大いに期待されるが，研究対象が魚類 (タテジマキンチャクダイ，ゼブラフィッシュ，最近では渓流魚アマゴ) やチョウ (オスジロアゲハ，ジャノメチョウ) など一部の生物に限られており (Kondo & Asai 1995; Sekimura et al. 2000; Venkataraman et al. 2011)，他の生物へのさらなる広がりが望まれる．チューリング理論では，パターンの特徴がモルフォゲンの生体内での拡散係数，生化学的合成・分解速度などのパラメータによって決められるが，これらのパラメータと遺伝子の作用との対応関係 (Asai et al. 1999) が一般的に明らかになれば，この理論もいよいよ本物となる．

4-2-4　側方抑制機構

　多細胞生物の細胞集合体中で，細胞分化パターンを形成するもう1つの仕

組みを紹介しよう．今，未分化の細胞からなる集合体を想定する．集合体中で，周りより少し早く細胞分化を行った細胞は，自分の近くの細胞が分化しないように分化抑制信号（分子）を発することが知られている．遠く離れていてこの抑制信号を受けない細胞は独自に細胞分化をし，上記と同様にその周りの細胞分化を抑制する．この一種の早い者勝ちルールによって，細胞集合体中に分化細胞どうしが互いに接することなくランダムに分布した分化パターンが形成される．このように，分化細胞が抑制信号を発して周りの細胞の分化を抑制する仕組みのことを側方抑制機構（lateral inhibition mechanism）と言う．

(a) 植物の場合

植物学では古くから，一般に化学的抑制物質（分子）の拡散が草本植物の葉序パターン形成のメカニズムであると考えられている（Schoute 1913）（葉序パターンについては 4-1-1 項を参照）．茎頂において，ある細胞が何らかの原因で葉原基となったとすると，その細胞は抑制物質を作り，その周りに拡散させ，自分の近くの細胞が新たな葉原基になるのを阻止する．しかし，抑制物質の影響がある程度弱くなった遠い場所では，抑制が効かなくなり，新たな葉原基が作られる．この過程を繰り返すことで葉序パターンが形成される，と考えるのである．この考え方による理論モデルを紹介する．

2次元定常状態モデル 葉序パターン形成に対するヤングの数理モデル（Young 1978）では，抑制物質を支配する方程式は次の形で与えられる．

$$\frac{\partial C}{\partial t}=D\nabla^2 C+Q-kC \tag{4.58}$$

ここで，$C=C(\vec{x}, t)$ は位置 $\vec{x}$，時刻 t での抑制物質濃度，D はその拡散係数，$Q=Q(\vec{x}, t)$ は抑制物質の生成項，k はその崩壊定数，∇ は空間微分作用素を表す．ヤングモデルは円柱状の茎を考えるので，それを展開すると平面状になる．したがって，茎上の葉原基の配置は 2 次元 (x, y) 空間上の位置決定問題であると考えられる．葉原基の位置は，次式で与えられる空間 2 次元方程式の定常状態での抑制物質濃度 C の極小値を与える位置であると仮定する．

$$D\nabla^2 C-kC=0 \tag{4.59}$$

なお，生成項 Q は境界条件として与える．すなわち，側面は周期境界条件

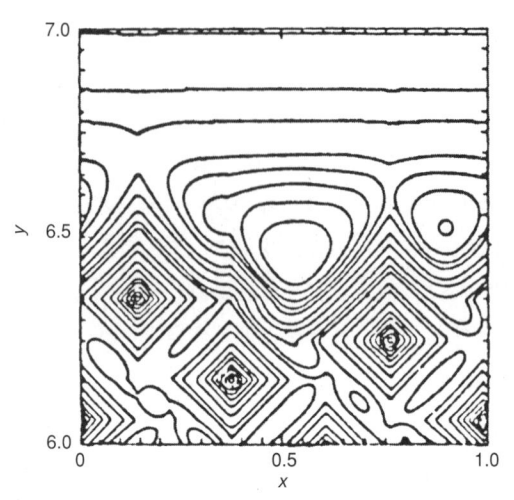

図 4-11 らせん葉序パターン形成モデル [式 (4.58)] によるコンピュータ・シミュレーションの結果 2次元平面内で，$x=0$ と $x=1$（ともに $y=6.0$）に境界条件として最初の葉原基をおき，そこから生成される抑制物質の濃度 C の薄い場所に次の葉原基が生成されると仮定する．図中の線は濃度の等高線を示し，小さい四角で囲まれた部分ほど濃度が低いことを表す．最小濃度の部分，すなわち，葉原基がらせん状に次々と生成される様子が再現されている．(Young 1978 より引用)

をおき，茎上端部が1つの抑制物質生成源とし，そこから物質が下方に拡散する．一方，茎の下端部の適当な位置に何枚かの葉を配置して，そこが別の抑制物質生成源とした．このようにしてらせん葉序パターンが生成されることをコンピュータ・シミュレーションにより示した（図 4-11）．

(b) 動物の場合

動物の例としてチョウ，ガ（チョウ目昆虫；Lepidoptera）を取り上げる．全てのチョウ，ガでは，その終齢幼虫から前蛹期と呼ばれる発生時期の幼虫に，翅の基になる翅原基 (wing disk)[*2] が急速に成長する．その後，チョウ，ガが蛹に変態した直後は，翅原基の表皮細胞は全て同じ未分化細胞である．蛹化後1～3日たって（昆虫の種類と生育温度によって差がある），翅原基の表面に大小2種類の異なる細胞を区別できるようになる．小さいほうの細胞は未

[*2] 昆虫の幼虫における成虫の翅の原基．上皮細胞層の一部が肥大してできる周辺の組織から独立した器官で，幼虫から蛹のときに大きさ・形ともに成長し，親になると翅になる．

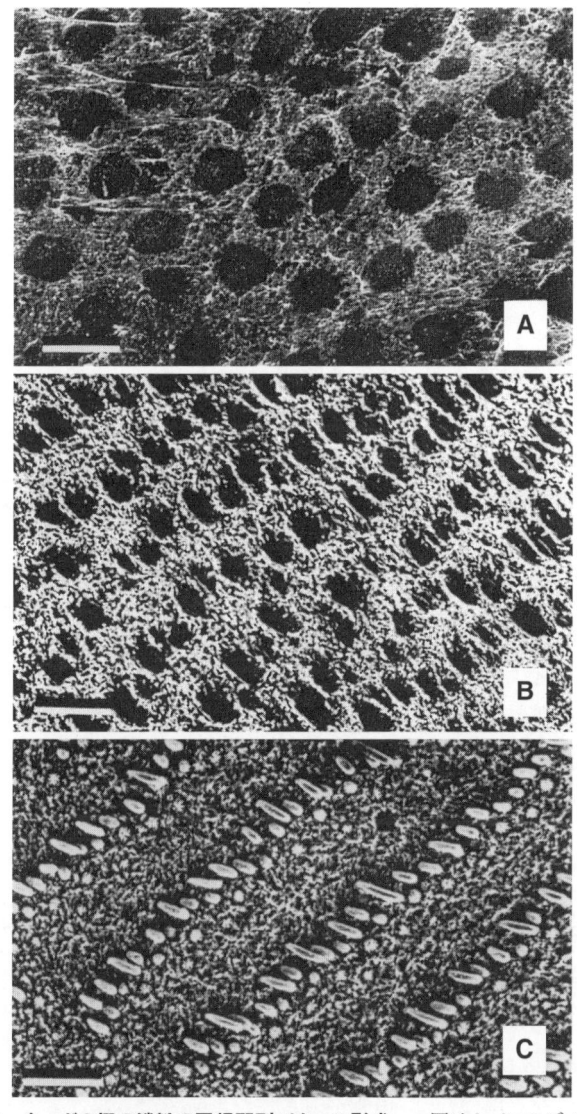

4-2 多細胞生物の細胞分化パターン形成 147

図 4-12 チョウ，ガの翅の鱗粉の平行配列パターン形成 図はタバコスズメガ (*Manduca sexta*) の翅の上皮細胞層における鱗粉前駆細胞 (SPC) の平行配列パターン形成過程を示す．図では左上が翅の付け根で，右下が翅の外縁部に対応する．(A) 幼虫から蛹になった後 2.5 日経った写真．黒色の SPC が互いに接することなくランダムに配置している．(B) 蛹化後 3.5 日経ったもの．黒色の SPC が細長く形を変えながら翅の前後軸方向に平行に並び始めている．(C) 蛹化後 5 日経ったもの．平行列が完成し，鱗粉細胞が伸び始めている．写真中のバーの長さは 50 μm．(Sekimura et al. 1999 より引用)

分化のままの上皮細胞（GEC: generalized epithelial cell），大きいほうの細胞はGECから分化した鱗粉前駆細胞（SPC: scale precursor cell）である．最初，SPCはGECに取り囲まれるように存在し，SPCどうしが直接接触することなく，空間的に一様かつランダムに配置している．このSPCのランダム配置パターンを形成する仕組みは側方抑制機構であると考えられている．その後，数時間以内にSPCは翅の基部-外縁方向に移動を始め，その結果として翅の前後軸方向に平行に並ぶことになる．

4-2-5 細胞移動によるパターン形成

4-2-1項でも述べたように，細胞から幼胚へと個体発生が進み，形態形成が行われる過程では，受精卵はただ分裂して数が増えるだけではない．パターンや形態形成の過程では，さまざまな現象が複雑に関係している．そのなかでも重要なものが，先に述べた4つの細胞活性である．ここでは，その1つである細胞移動に焦点を当てる．細胞はいろいろな要因により固有の場所に移動し，生体組織，器官，個体を形づくるのである．ここでは特に，細胞移動を生じさせる2つの要因，細胞選別（cell sorting）と走化性（chemotaxis）を紹介する．細胞選別とは，細胞間接着分子などに起因する細胞間接着力の差が原因で起こる細胞の特異的な移動のことを言い，走化性とは，細胞が特定の化学物質の濃度勾配に反応して移動することを言う．

（a）離散モデル

これまで議論してきた反応拡散方程式などに関する理論は，分子や細胞など，考えている系の構成要素の性質を直接取り込んで議論するのではなく，それらの平均化された量の時間的・空間的な振る舞いを取り扱っている．また，構成要素間の相互作用について見れば，反応拡散方程式は近隣間だけでなく無限に離れた構成要素との相互作用も考慮している．要素間の相互作用が近隣のみで働く場合とか，現象が限られた場所でのみ起こるような場合は，これまでの平均化された量では表せないことがある．そのような場合は，個々の構成要素を独立に取り扱う離散モデル（discrete model）を使う必要がある．

植物の場合，種子や花粉のさまざまな方法による移動を除いて，基本的に

植物個体自身は移動しないので,個体群の空間パターンを議論する場合には個体の位置を固定した格子モデル (lattice model) と呼ばれる離散モデルがよく使われる.植物個体群の空間パターンについては次の4-3節で詳しく議論することにし,ここでは,移動する構成要素モデル (indivisual-based model) と呼ばれる離散モデルの一種を使い,多細胞系の細胞移動による空間パターン形成を考える.1970年代に細胞移動の重要な要因の1つが細胞表面の細胞間接着分子 (CAMs: cell adhesion molecules) であることが証明されたため,この種のモデルがパターン形成の解析に利用されるようになった.以下では,具体的に多細胞動物の個体発生の過程において,細胞間の接着性の違いに起因する細胞選別過程が作り出す空間パターンについて述べる.

(b) 細胞間の接着性と細胞選別

(1) 細胞間接着分子 生物の形の形成において細胞間の接着性 (adhesiveness) は非常に重要な役割を果すと言われている.接着性の変化が細胞移動を引き起こし,細胞集合体の形あるいは構造に変化をもたらすからである.接着性の変化は発生のプログラムの本質をなすものと言われるゆえんである.接着性の分子的基礎は,CAMsと言われる細胞表面の細胞接着分子である (Edelman & Thiery 1985).これまでCAMsは何種類も発見されている.CAMsは細胞間の(固有な)接着性を生みだし,また,細胞は個体発生の各段階で固有なCAMsを発現させる.CAMsの接着性にはカルシウムイオンCa^{2+}などのイオンが深く関わっていることが分かっている (Takeichi 1977).

(2) Holtfreterらの実験 細胞間接着分子が発見される20年以上前に,Townes & Holthreter (1955) は両生類胚から切り取った何種類かの細胞(外胚葉,内胚葉)を解離し,それらを均一に混ぜ合わせ,再び集合塊を作ったところ,しばらくして自律的に秩序だった集合体を再構成することを見いだした.図4-13Aは,神経胚において,切り取った神経板の一部(神経褶と呼ばれる神経板の膨れ上がった側壁は含まない)(白色)と表皮細胞(黒色)をバラバラにして混ぜ合わせておくと,やがて白色の神経板細胞は中のほうへ,黒色の表皮細胞は神経板細胞を包み込むように表面に浮き出てくる様子を表している.図4-13Bは3種類の実験の断面を表している.なお,図中の記号a, b, c, dは時間的な経過を表す.図B中で一番左側の列(1)は2種類の細胞,す

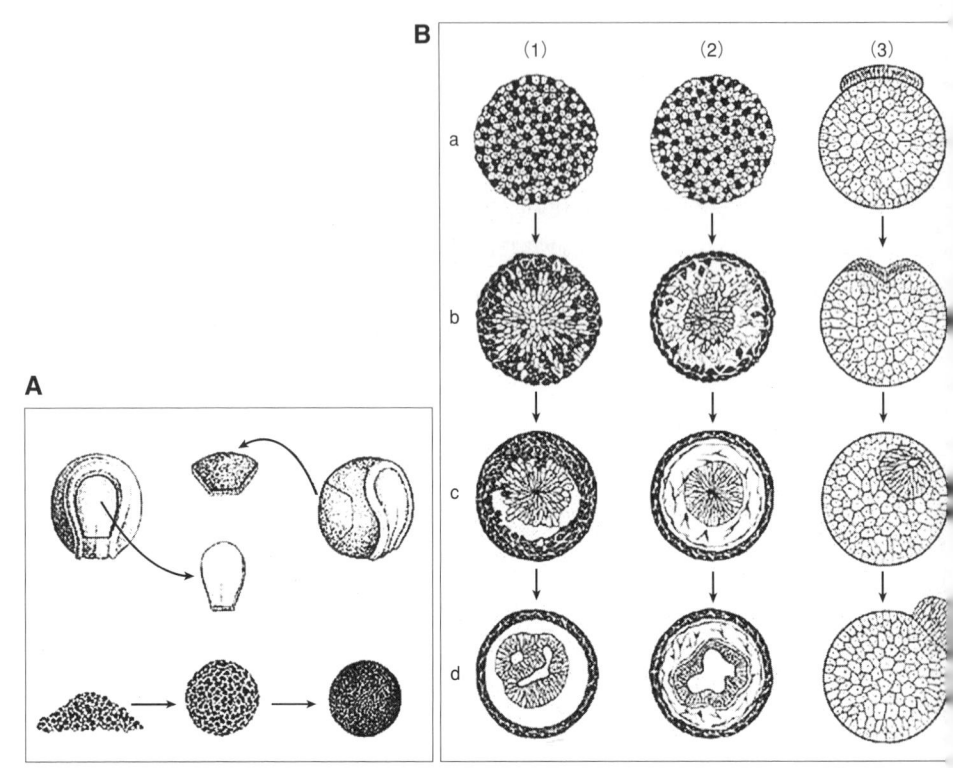

図 4-13 Townes & Holthreter (1955) による両生類胚の異なる部分から取り出した細胞間の細胞選別実験の結果

なわち，上述の神経褶を含まない神経板細胞(白色)と表皮細胞(黒色)の細胞集合塊の内部での細胞移動の様子を表している．図B中央の列(2)は3種類の細胞，すなわち，前の2種類の細胞に加えて第3の神経褶細胞を追加した場合，神経褶細胞が表皮細胞(外側の黒色)と中央部の神経板(リング状)の中間部分を埋めるように移動することを示している．一番右側の列(3)は神経板細胞(上に帽子のように載っている細胞塊)と内胚葉性細胞(球形の塊)を一緒にしたところ，はじめは神経板細胞が内胚葉性細胞塊の中に丸くなって潜り込んだが，最終的には外側に出てくる様子を表している．

(3) Steinbergの選択的細胞間接着仮説と自由エネルギー最小原理

Steinberg (1963) は，上記のHoltfreterらの実験を説明するため，選択的細胞

間接着仮説 (differential adhesion hypothesis) を提唱した．彼は Holtfreter らの実験に加えて自身で鶏胚を使った同様な実験を行い，それら全ての結果を細胞間の接着力についての熱力学的考察に基づいた理論モデルとコンピュータ・シミュレーションにより説明した．この理論モデルは細胞間の接着性の差に基づく細胞選別を通じて細胞移動が起こり，細胞分化の空間パターンが形成される過程を記述する離散モデルの代表的な例である．

以下では簡単のため，2次元空間で考えることにする．まず，空間を大きさの等しい正方形で N 個に区切り，その1つを単位細胞 (unit cell) と呼ぶ．N 個の単位細胞からなる系に，r 種類の細胞があると仮定し，それぞれの細胞数を $N_1, N_2, \cdots, N_r$ とする．この指定は2次元空間内に1つの細胞分布パターンを与えることを意味する．さらに2つの細胞間に接着力 (affinity) パラメータ λ を割り当てる．例えば $\lambda_{aa}, \lambda_{ab}$ は，それぞれaタイプとaタイプの細胞間，aタイプとbタイプの細胞間の接着力を表すという具合である．簡単のため，各接着力は接着面の方向に関係なく細胞の種類だけに依存して決まる，すなわち等方的 (isotropic) であると仮定する．今，ある決まった細胞分布パターンについて，全ての隣接する細胞の辺の数に接着力パラメータを掛け，その総和を E-関数と定義する．Steinberg はこの E-関数により安定な細胞分布パターンが求められると考えたのである．ここで，安定パターンという言葉に2種類の意味があることに注意したい．1つは絶対安定パターン (absolutely stable pattern) であり，もう1つは局所安定パターン (locally stable pattern) である．絶対安定パターンは E-関数の最大値に対応し，コンピュータ・シミュレーションなどでの細胞を移動させるルールに無関係に決まる細胞分布パターンである．実際，E-関数の最大値は，熱力学的に言えば表面自由エネルギーの最小値に対応する．一方，局所安定パターンは E-関数の極大値に対応し，隣接する2つの細胞の入れ替えで出来る他の可能なパターンに比べてより大きい E-関数の値をとる細胞分布パターンのことを言う．

簡単のため，2種類のbタイプとwタイプの細胞が作る絶対安定パターンについて議論する．細胞間の接し方はbb，wwそしてbw（あるいはwb）の3種類であり，それぞれの接着力を $\lambda_{bb}, \lambda_{ww}, \lambda_{bw}$ とし，それぞれの接辺の数を N_{bb}, N_{ww}, N_{bw} とする．また，N_b, N_w を，それぞれbタイプとwタイプの細

数と仮定する．定義により，ある細胞分布パターンに対するE-関数は，

$$E = \lambda_{bb} N_{bb} + \lambda_{ww} N_{ww} + \lambda_{bw} N_{bw} \tag{4.60}$$

で与えられる．今，どのような細胞分布パターンになろうとも，各タイプの細胞の辺数は保存されることに注意すると，次の関係がいつでも成立する（演習問題 4-10）．

$$2N_{bb} + N_{bw} = 4N_b \tag{4.61}$$
$$2N_{ww} + N_{bw} = 4N_w \tag{4.62}$$

式 (4.61), (4.62) を使えば，式 (4.60) は次の 3 種類の形に表現することができる（演習問題 4-11）．

$$E = N_{bb}\mu_1 + C_1 \tag{4.63a}$$
$$= -\frac{N_{bw}}{2}\mu_1 + C_2 \tag{4.63b}$$
$$= N_{ww}\mu_1 + C_3 \tag{4.63c}$$

ここで，

$$\mu_1 = \lambda_{bb} + \lambda_{ww} - 2\lambda_{bw} \tag{4.64}$$
$$C_1 = 2\lambda_{ww}(N_w - N_b) + 4\lambda_{bw}N_w \tag{4.65a}$$
$$C_2 = 2\lambda_{bb}N_b + 2\lambda_{ww}N_w \tag{4.65b}$$
$$C_3 = 2\lambda_{bb}(N_b - N_w) + 4\lambda_{bw}N_w \tag{4.65c}$$

式 (4.63a), (4.63b), (4.63c) で，C_1, C_2, C_3 は全て接着パラメータ λ に依存した定数である．したがって，与えられた 3 つの λ（つまり μ_1）に対して，E-関数を決めるにはただ 1 つの接辺の数 (N_{bb}) を評価するだけでよいことが分かる．以下に生成可能な 3 種類の絶対安定パターンをまとめる．

① **玉ねぎ様パターン** 式 (4.64) より，$\mu_1 > 0$ のとき，絶対安定パターンは，N_{bb}, N_{ww} が最大であり，N_{bw} が最小であるパターンということになる．すなわち，ある 1 種類の細胞が他種類の細胞を取り囲んでいる玉ねぎ様パターン (onion pattern) である．w 細胞が多ければ b 細胞は中に閉じ込められ，逆に b 細胞が多ければ w 細胞が中に閉じ込められる．

② **不確定なパターン** $\mu_1 = 0$ のとき，E は一定値をとり，全ての分布パターンが等しく安定となる，不確定なパターン (no preferred pattern) である．

③ **市松模様** $\mu_1 < 0$ のとき，式 (4.64) より絶対安定パターンは，N_{bb}, N_{ww} が最小であり，N_{bw} が最大であるパターンである．そのようなパターンは 2

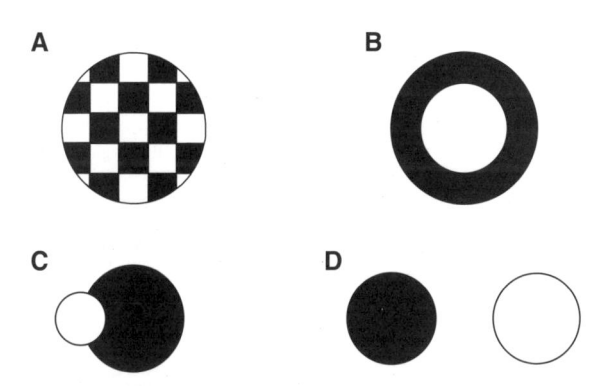

図4-14 スタインバーグ理論による可能な細胞集合パターン (A) 市松模様, (B) 同心円パターン, (C) 部分的包含パターン, (D) 離散球パターン.

種類の細胞が混じり合ったパターンであり,いわゆる市松模様 (checker-board pattern) である.

以上がスタインバーグ理論の基礎であり,コンピュータ・シミュレーションなどを駆使してHoltfreter以来の細胞選別実験の大部分を理論的に解明したのである.

(c) 走化性とパターン形成

細胞が,ある化合物の濃度勾配に反応して,その化合物の発生源に向かって,あるいは逆に,避けて離れるように移動することはよく知られている.前者を正の走化性 (positive chemotaxis),後者を負の走化性 (negative chemotaxis) と言う.以下では,走化性によるパターン形成の代表的な例を取り上げ,その数理モデルを紹介する.

細胞性粘菌のcAMP走化性による集合パターン形成　走化性の仕組みを調べるためのモデル生物として,キイロタマホコリカビ (*Dictyostelium discoideum*) と呼ばれる細胞性粘菌がよく用いられている.キイロタマホコリカビは森の土壌中などに棲んでおり,そのライフサイクルは数日である.親である子実体は2種類の細胞からなり,上部に球状に集合した胞子(細胞)とそれを支える柄(細胞)からなる.時がくれば,胞子は子実体から周りの土壌中にまき散らされ,殻を破ってアメーバ状になり,単独で土壌中のバクテリアなどの微生物を食べて盛んに細胞分裂を繰り返す(増殖期).しかし,餌が無

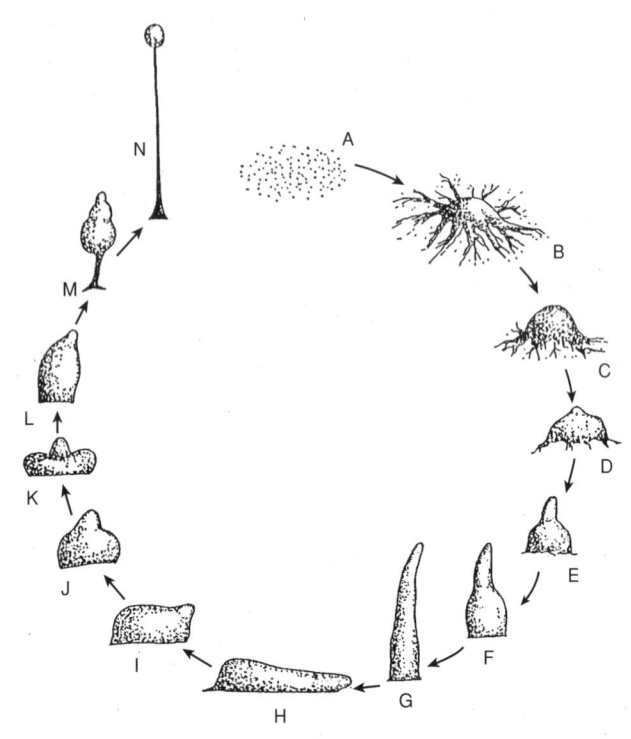

図4-15 細胞性粘菌(キイロタマホコリカビ *Dictyostelium discoideum*)のライフサイクル
A: 増殖期アメーバ,B〜D: 集合期,E〜G: 移動体形成期,H: 移動体,I〜M: 子実体形成期 (K: メキシカン帽子期),N: 子実体.(田坂昌生氏の作図による)

くなると,単独生活をしていたこれらのアメーバたちは生活スタイルを変え,集合を始め,マウンドと呼ばれる丘状の細胞集合体を形成する(集合期).このマウンドの中で,約70〜80％の細胞は将来胞子になる予定胞子細胞に,残りは予定柄細胞へと細胞分化する.その後,集合体の先端部分に予定柄細胞が集まり,後ろに予定胞子細胞を残したまま全体が伸びてナメクジ状の移動体となり,移動を始める(移動体期).乾燥やアンモニア濃度の低下などがきっかけとなり,移動が停止した移動体は上を向き(メキシカン帽子期),先頭の予定柄細胞は柄細胞に変化すると同時に細長い柄へと変身する.一方,移動体の後部にいた予定胞子細胞は柄を上り始め,途中で胞子に変化して柄

4-2 多細胞生物の細胞分化パターン形成

の上部に位置する球状の胞子集合体を形成して,一連のライフサイクルを完了する(子実体期).

上記の集合期での細胞集合の仕組みはよく研究されており,各アメーバ細胞は別の細胞が分泌する化学物質サイクリックAMP(cAMP)に対する正の走化性によって移動していることが分かっている.すなわち,cAMPの連鎖的分泌による走化性移動である.この細胞集合パターン形成機構は,初めてKeller & Segel (1971)によってモデル化された.以下に,その一般化された数理モデルを紹介する.彼らは問題が解析的に解けるようにいくつかの簡単化を行っている.まず,空間1次元で考える.今,$n(x, t)$をアメーバ細胞密度,$c(x, t)$を走化性物質cAMPの濃度として,走化性による流速J_{chem}が巻末の付録3の式(3A.7)で与えられると仮定する.したがって,変数$n(x, t)$, $c(x, t)$を支配する連立偏微分方程式(3A.18), (3A.19)を改めて書くと,

$$\frac{\partial n}{\partial t} = -\frac{\partial \{\chi(c) n (\partial c/\partial x)\}}{\partial x} + \frac{\partial \{D(n)(\partial n/\partial x)\}}{\partial x} \tag{4.66}$$

$$\frac{\partial c}{\partial t} = P(x, t) + \frac{\partial \{D_c(c)(\partial c/\partial x)\}}{\partial x} \tag{4.67}$$

となる.Keller & Segelは式(4.67)の反応生成率$P(x, t) = hn - kc$, ただしh, kはともに正の定数とし,拡散係数$D_c(c) = D_c$(正の定数)とした.一方,式(4.66)で,走化性係数$\chi(c)$と細胞の拡散係数$D(n)$には次のようないくつかの関数形が考えられる.

$$\chi(c) = \chi_0, \quad \chi(c) = \frac{\chi_0}{c}, \quad \chi(c) = \chi_0 \frac{A}{(A+c)^2} \tag{4.68}$$

ここで,定数$\chi_0 > 0$, $A > 0$である.式(4.68)の3式のなかで,最初の第1式は走化性が単純にcAMPの濃度勾配に比例する場合であり,第2式,第3式は濃度cの1次,2次の差はあるものの,走化性が相対的な(すなわち,濃度に依存した)濃度勾配に比例する場合を表現している.また,細胞の拡散係数$D(n)$については

$$D(n) = D_0, \quad D(n) = D_0 + D_1 \frac{N^4}{(N^4 + n^4)} \tag{4.69}$$

などが考えられる.ここで,定数$D_0 > 0$, $D_1 > 0$, $N > 0$である.式(4.69)の2式中,第1式は単純拡散を表し,第2式はある種の密度依存的拡散を表現している.Keller & Segelの原著論文では,一番単純な$\chi(c) = \chi_0$, $D(n) = D_0$を使っ

た次の方程式が使われた．

$$\frac{\partial n}{\partial t} = -\chi_0 \frac{\partial \{n(\partial c/\partial x)\}}{\partial x} + D_0 \frac{\partial^2 n}{\partial x^2} \tag{4.70}$$

$$\frac{\partial c}{\partial t} = hn - kc + D_c \frac{\partial^2 n}{\partial x^2} \tag{4.71}$$

しかし，これら方程式系(4.70),(4.71)は細胞集合の中心点で発散することが知られており，現在では改良型が使われることが多い．改良されたケラーとシーゲルの走化性モデル方程式系は，式(4.68),(4.69)における2番目あるいは3番目の改良された$\chi(c)$,$D(n)$を使い，式(4.66)と$D_c(c)$を一般化して式(4.71)を書き換えた連立微分方程式になる．

$$\frac{\partial n}{\partial t} = -\frac{\partial \{\chi(c) n (\partial c/\partial x)\}}{\partial x} + \frac{\partial \{D(n)(\partial n/\partial x)\}}{\partial x} \tag{4.72}$$

$$\frac{\partial c}{\partial t} = hn - kc + \frac{\partial \{D_c(c)(\partial c/\partial x)\}}{\partial x} \tag{4.73}$$

4-3 生物個体群におけるパターン形成

　広い森林などで多様な植物種が共存するとき，それらがさまざまな生態的構造をもった不均一な空間分布をとることが知られている．また，他の地域あるいは国外から侵入してきた動植物が侵入地で個体数を増やし，在来種を駆逐したり，滅ぼしたり，あるいは在来種と共存しながら周りに広がっていくとき，その最前線は一種の波面が広がるような様相をとることも知られている．一方，医学分野でヒト免疫不全ウイルス(HIV：human immunodeficiency virus)などさまざまな感染症が発生した地域から周りに広がっていく過程なども同様な様相を呈することが知られている．また，バクテリアなどの微生物が集団として思いもよらない複雑な空間分布パターンを作ることも知られている．この節では，上記のように多数の生物個体の集団が作るパターン形成に関する数理モデルを紹介する．

4-3-1　単純拡散過程と生物種の侵入

　動物・植物にかかわらず，ある地域に新たに侵入した生物種が時間ととも

4-3 生物個体群におけるパターン形成　　　　　　　　　　　　　　157

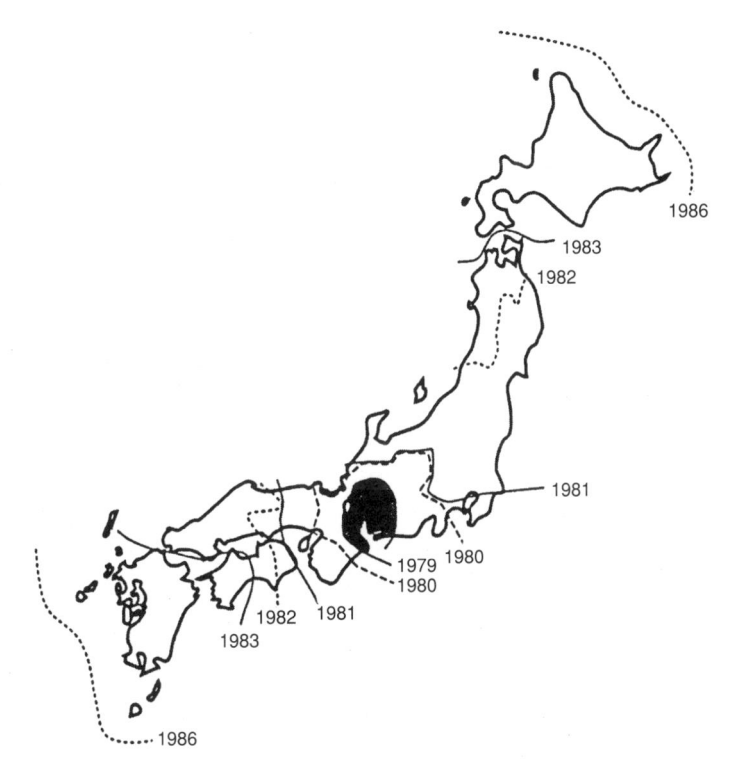

図 4-16　名古屋市で 1979 年に最初に見つかったコクゾウムシの分布拡大　　10 年程度の間に本州，四国，九州，北海道に広がっていったことが分かる．(Shigesada & Kawasaki 1997 より許可を得て引用)

に空間的に広がっていく場合，一種の同心円状の空間パターンを作ることが知られている．例えば，図 4-16 は，1976 年に名古屋市で最初に見つかったコクゾウムシ ($Sitophilus\ zeamais$) がその後 10 年間に日本本土全体に広がっていった様子を表したものである．

このように生物が空間的に生息領域を拡大していく問題の最も単純な数理モデルは単純拡散方程式を使うモデルである．拡散過程は付録 3B の方程式導出に関連して述べたように，前進と後退を繰り返しながら結果として徐々に広がっていく過程である．以下に，その方程式の解法を述べていく．

(a) 1次元単純拡散方程式とその解

$n(x, t)$ を位置 x，時刻 t における個体数密度とすれば，空間1次元での単純拡散方程式は次の形をとる（付録3参照）．

$$\frac{\partial n}{\partial t} = D \frac{\partial^2 n}{\partial x^2} \tag{4.74}$$

ここで，D は拡散係数である．今，初期条件として $x=0$，$t=0$ で単位長さあたり n_0 個の個体数密度を生成するとすれば

$$n(x, 0) = n_0 \delta(x) \tag{4.75}$$

と書ける．ここで，$\delta(x)$ はディラックのデルタ関数である．今，式(4.74)の方程式を変数 x，t についての変数分離解を仮定して解けば次の解析解が得られる（解法の詳細については，付録3B-2を参照）．

$$n(x, t) = \frac{n_0}{2\sqrt{\pi D t}} \exp\left(-\frac{x^2}{4Dt}\right) \tag{4.76}$$

これは時刻 t を固定したとき，ガウス分布（あるいは正規分布とも言う）を表す．

(b) 生物の侵入問題と2次元拡散方程式の解

実際の侵入生物種の地理的生息域の拡大は2次元平面上の問題と考えられるので，次の空間2次元の拡散方程式を解くことが必要になる．そこで，2次元空間内の位置 (x, y)，時刻 t における個体数密度 $n(x, y, t)$ を記述する単純拡散方程式

$$\frac{\partial n}{\partial t} = D \left(\frac{\partial^2 n}{\partial x^2} + \frac{\partial^2 n}{\partial y^2} \right) \tag{4.77}$$

の解法を考える．式(4.77)を解くために，初期条件を式(4.74)と同様に，$x=0$，$y=0$，$t=0$ で単位面積あたり n_0 個の個体数密度を生成するとすれば，

$$n(x, y, 0) = n_0 \delta(x, y) \tag{4.78}$$

とおく．ここで，$\delta(x, y)$ は2次元のディラックのデルタ関数である．式(4.77)の解を変数 x，y，t についての変数分離解を仮定して解けば，

$$n(x, y, t) = \frac{n_0}{4\pi D t} \exp\left(-\frac{x^2+y^2}{4Dt}\right) \tag{4.79}$$

が得られる．解の式(4.79)は式(4.77)を満たすことは容易に確かめることができる．

今，直交座標 (x, y) の代わりに極座標 (r, θ) を導入すれば，原点 $(0, 0)$ から

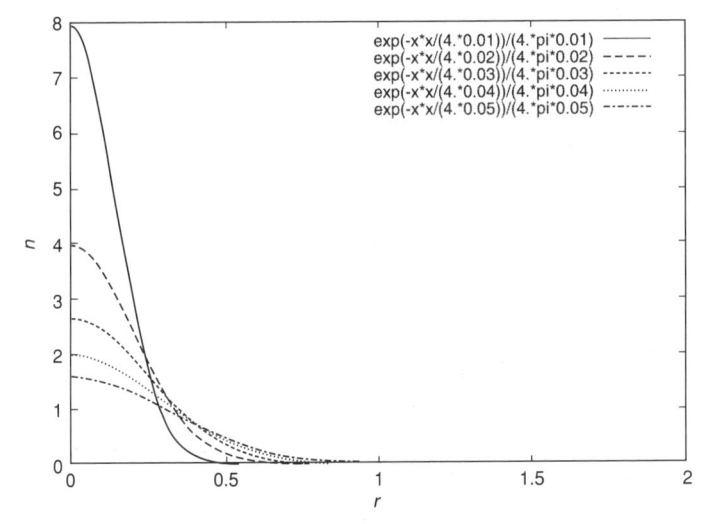

4-3 生物個体群におけるパターン形成

図 4-17 式 (4.74) の個体数密度 $n(r, t)$ の時間的変化　　式 (4.76) で $n_0=1.0$, $D=1.0$ とし，上から時間 $t=0.01, 0.02, 0.03, 0.04, 0.05$ での個体数密度の空間分布を描いた．

の距離 $r=\sqrt{x^2+y^2}$ を使って，式 (4.79) は

$$n(r, t) = \frac{n_0}{4\pi Dt} \exp\left(-\frac{r^2}{4Dt}\right) \tag{4.80}$$

となる．これを使って，個体数分布の平均距離 $\langle r \rangle$，平均2乗距離 $\langle r^2 \rangle$ は，個体数密度分布の角度 θ 依存性がないことを仮定して，以下で与えられる．

$$\langle r \rangle = \frac{1}{n_0} \int r n(r, t) \, 2\pi r dr = \sqrt{\pi Dt} \tag{4.81}$$

$$\langle r^2 \rangle = \frac{1}{n_0} \int r^2 n(r, t) \, 2\pi r dr = 4Dt \tag{4.82}$$

式 (4.82) は，半径 $r=\sqrt{\langle r^2 \rangle}=\sqrt{4Dt}$ の円形中に全生物個体数の 63% が含まれることを意味する．式 (4.80) で与えられる個体数分布 $n(r, t)$ の時刻ごとの解の振る舞いを図 4-17 に示した．

4-3-2 増殖を含む拡散過程
(a) スケラムのモデル
4-3-1 項の単純拡散方程式 (4.64) に個体数に比例する単純増殖（マルサス増

殖) εn を加えた次の方程式を考える．これは Skellam(1951) によってモデル化され解析されたので，スケラムのモデルと呼ばれている．

$$\frac{\partial n}{\partial t} = \varepsilon n + D\left(\frac{\partial^2 n}{\partial x^2} + \frac{\partial^2 n}{\partial y^2}\right) \tag{4.83}$$

ここで，ε はマルサス増殖率である．この方程式の解法については，式(4.83)の両辺に $\exp(-\varepsilon t)$ を掛けると，

$$\exp(-\varepsilon t)\frac{\partial n}{\partial t} = \varepsilon \exp(-\varepsilon t) n + D\exp(-\varepsilon t)\left(\frac{\partial^2 n}{\partial x^2} + \frac{\partial^2 n}{\partial y^2}\right)$$

を得るが，これを次のようにまとめることができる．

$$\frac{\partial N}{\partial t} = D\left(\frac{\partial^2 N}{\partial x^2} + \frac{\partial^2 N}{\partial y^2}\right) \tag{4.84}$$

ただし，$N = n\exp(-\varepsilon t)$ である．式(4.84)は形式的には式(4.77)と全く同じであり，したがって，その解析解は極座標表示で

$$N(r, t) = \frac{n_0}{4\pi Dt}\exp\left(-\frac{r^2}{4Dt}\right) \tag{4.85}$$

となる．ただし，ここで初期条件は，前と同様に

$$N(r, 0) = n_0 \delta(r) \tag{4.86}$$

とおいた．式(4.83)の解 $n(r, t)$ は式(4.85)の $N(r, t)$ に $\exp(\varepsilon t)$ を掛けて，結局，

$$n(r, t) = \frac{n_0}{4\pi Dt}\exp\left(\varepsilon t - \frac{r^2}{4Dt}\right) \tag{4.87}$$

となる．今，$n = n^*$, $r = r^*$ として式(4.74)を r^* について解けば，

$$r^* = 2\sqrt{\varepsilon Dt}\left\{1 + \frac{1}{\varepsilon t}\log\left(\frac{n_0}{4\pi Dt n^*}\right)\right\}^{1/2} \tag{4.88}$$

を得る．この式はある一定の個体数密度 n^* を与える広がり(半径) r^* の時間的変化を与える式となっている．なお，スケラムのモデルの解の振る舞いと生物の侵入との関係については Shigesada & Kawasaki(1997) に詳しく解説されている．

(b) フィッシャーのモデル

Fisher(1937) は，スケラムのモデルの単純増殖 εn の代わりにロジスティック増殖 $\varepsilon n(1 - n/K)$ を仮定した次の方程式を提案した．

$$\frac{\partial n}{\partial t} = \varepsilon n \left(1 - \frac{n}{K}\right) + D \left(\frac{\partial^2 n}{\partial x^2} + \frac{\partial^2 n}{\partial y^2}\right) \tag{4.89}$$

ここで，K は与えられた環境下で維持できる最大個体数を表し，環境収容力（carrying capacity）という生態学的に重要な量である．この方程式はフィッシャー方程式と呼ばれ，その解の振る舞いについては主にコンピュータ・シミュレーションにより調べられている．

4-3-3 相互作用が作り出す生物集団パターン
(a) バクテリアコロニーの集合体パターン

チューリング理論は細胞分化パターンばかりでなく，バクテリアコロニーなど単細胞生物の集合体全体が作るパターン形成の問題を解明するのにも大いに貢献している．1つの基本的な原理が，研究対象を越えて生物界のパターン形成を支配しているのかもしれない．いずれにしても，実験と理論の統合により，パターン形成や形態進化などの研究は今後格段に進むものと思われる．ここでは，具体例として大腸菌の集合体が作るパターンについて議論する．

大腸菌のシグナル走化性と斑点パターン形成

大腸菌のような鞭毛をもったバクテリアは均質な液体培地中ではランダム・ウォーク（random walk）をすることが知られている．それと同時に，栄養分子などの誘引化学物質が空間的に偏って分布しているとき，バクテリアは誘引化学物質のより濃度の高いほうに向かって移動する走化性を示すことも知られている．Budrene & Berg (1991) はある種の大腸菌やサルモネラ菌の集団がシャーレ内の液体培地中で幾何学的な斑点パターンを形成することを見いだした．

斑点パターンを形成する大腸菌は，自ら誘引化学物質（走化性を引き起こす物質：アスパラギン酸）を放出する変異株である．この自己組織的な斑点パターンがアスパラギン酸の生成と，大腸菌の走化性およびランダム拡散運動の結果として理解できるかどうかが問題である．川崎らは下記の数理モデルを作り，大腸菌の斑点パターンの再現を試みた．川崎らのモデル (重定 2000) の概要とそれに基づくコンピュータ・シミュレーションの結果を紹介

する.

　基本方程式系は, $n(x, t)$ を大腸菌数密度, $c(x, t)$ をアスパラギン酸濃度としたとき, 付録3A-3の式(3A.10), (3A.11)である. さらに, これらに大腸菌によって消費される栄養分子濃度 $e(x, t)$ を支配する方程式を加えた, 次の3変数の連立偏微分方程式系を考える.

$$\frac{\partial n}{\partial t} = Q(x, t) - \frac{\partial[\chi(c)n\{(\partial F(c)/\partial x)\}]}{\partial x} + \frac{\partial\{D(n)(\partial n/\partial x)\}}{\partial x} \tag{4.90}$$

$$\frac{\partial c}{\partial t} = P(x, t) + \frac{\partial\{D_c(c)(\partial c/\partial x)\}}{\partial x} \tag{4.91}$$

$$\frac{\partial e}{\partial t} = R(x, t) + \frac{\partial\{D_e(e)(\partial e/\partial x)\}}{\partial x} \tag{4.92}$$

ここで, $Q(x, t)$ は大腸菌の増殖率, $P(x, t)$ は走化性物質(アスパラギン酸)の反応生成率, $R(x, t)$ は栄養分子消費率, $\chi(c)$ は走化性係数, $F(c)$ は走化性物質濃度関数, $D(n)$ は大腸菌の拡散係数, $D_c(c)$ は走化性物質の拡散係数, $D_e(e)$ は栄養分子の拡散係数をそれぞれ表す. 川崎らは, 大腸菌は栄養分子を食べて増殖することから $Q(x, t) = \theta k e n$ (栄養分子の増殖率への還元率 θ, 大腸菌の栄養分子消費率 k はともに正の定数) とした. また, 大腸菌が自ら生成・放出する走化性物質アスパラギン酸の正味の生成率を $P(x, t) = an - \beta c$ (生成係数 a, 崩壊率 β はともに正の定数) とした. さらに, 栄養分子は消費されるのみであることから $R(x, t) = -ken$ とした. 走化性係数 $\chi(c) = \chi_0$ (正定数), 走化性物質濃度関数は付録3A-2の式(3A.9)で与えられる分数関数 $F(c) = c/(c+K)$ (K は正定数) を仮定した.

　最後に, 大腸菌, 走化性物質, 栄養分子の拡散係数は全て定数とし, $D(n) = D$ (定数), $D_c(c) = D_c$ (定数), $D_e(e) = D_e$ (定数) とおいて, 上記の方程式系(4.77)〜(4.79)を書き直して次の3変数からなるモデル方程式系を得た.

$$\frac{\partial n}{\partial t} = \theta k e n - \chi_0 \frac{\partial[n\partial\{c/(c+K)\}/\partial x]}{\partial x} + D\frac{\partial^2 n}{\partial x^2} \tag{4.93}$$

$$\frac{\partial c}{\partial t} = an - \beta c + D_c\frac{\partial^2 c}{\partial x^2} \tag{4.94}$$

$$\frac{\partial e}{\partial t} = -ken + D_e\frac{\partial^2 e}{\partial x^2} \tag{4.95}$$

川崎らはこのモデル方程式系(4.93)〜(4.95)に適当なパラメータ値を与えて,

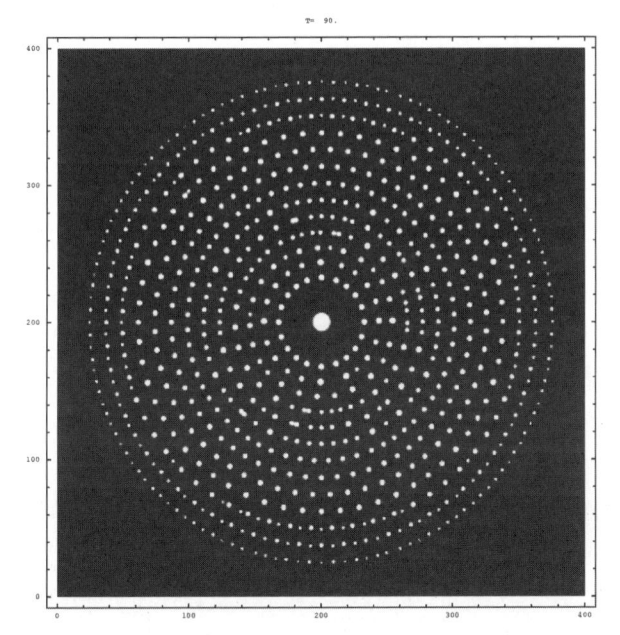

図 4-18 大腸菌の斑点パターンの数理モデル方程式［式 (4.93)〜(4.95)］を使ったコンピュータ・シミュレーションの結果. $D=0.2$, $D_e=D_c=1$, $a=\chi_0=20$, $\beta=10$, $\kappa=K=\theta=1$, e の初期値 $e_0=0.4$.（川崎ら 1995 より許可を得て引用）

コンピュータ・シミュレーションを行い，図 4-18 に示したような斑点パターンを得ている．

(b) 植物群落の作るパターン

植物群落のダイナミクスを明らかにするうえで，植物の個体数だけでなく群落の空間構造の時間変動をも考慮する必要があることが多い．空間構造を理論的に取り扱う方法はいくつかある．前項で行ったような偏微分方程式モデルもその1つである．偏微分方程式で取り扱われる数量は平均化された個体数密度分布であり，個体間の相互作用が長距離に及ぶ場合には適当であろう．しかし，相互作用が近距離だけ作用している現象の解析においては，偏微分方程式では個々の植物体固有の特徴は表舞台から隠されてしまい，現象の本質が見過ごされる難点がある，としばしば指摘される．そのような場合には，個々の植物体，あるいは現象の本質を捉え得る範囲の個体集団（生態

学ではニッチと呼ぶ)を単位要素とする格子モデル，あるいは一般的にオートマトン・モデルと呼ばれる離散モデルが使われる．以下では，長野県北八ヶ岳縞枯山で有名な縞枯れ現象の格子モデルによる理論解析例を紹介する．

(1) 縞枯れ現象　縞枯れ現象はシラビソ，オオシラビソからなる高度2,000～2,500 m の日本の亜高山針葉樹林帯において見られる，一斉立ち枯れ現象である．一方，この現象は針葉樹植物，シラビソ，オオシラビソが時間の変化とともに成長，枯死，更新を繰り返す天然更新の1つの姿でもあるとも考えられる．垂直分布的に見れば，この現象は基本的には単純な林を作りやすい森林限界付近の亜高山帯上部で，相対的に乾燥しやすい山頂付近に出現する可能性がある．また，縞枯れ現象は山頂付近で，ほぼ山の等高線に沿った平行な数本～10数本程度の帯状の立ち枯れ現象で，内部構造はシラビソ，オオシラビソの枯損木，過熟木，成熟木，幼樹が階段状に配列しており，これを遠くから眺めれば枯損木を中心とした部分が白い幾本もの線として映ることになる．また，縞枯れは移動することが知られており，縞枯山で1947年から1975年までの28

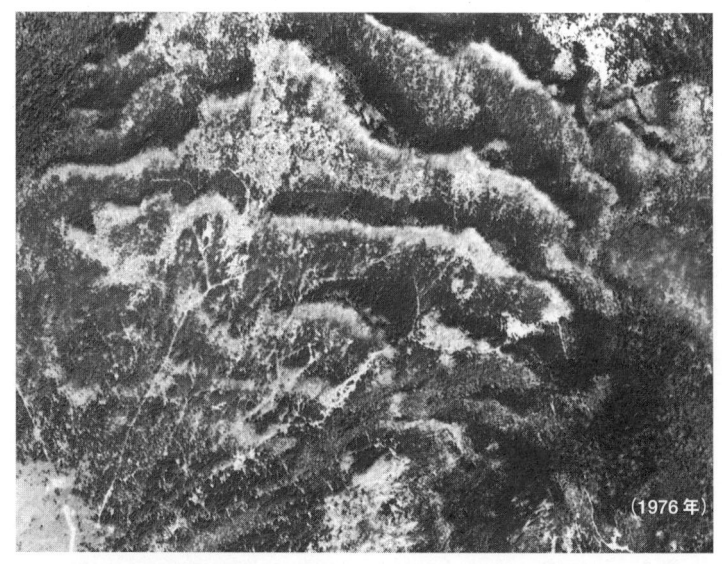

図 4-19 縞枯山の縞枯れ現象　　(国土画像情報 (カラー空中写真) 国土交通省より)

年間で，場所により水平距離で最大160m，最小25m，平均73.1±7.2mと観測された．なお，単純に年平均の移動速度を計算すると，2.61±0.26mとなる．移動速度は山の斜面の傾斜に依存しており，急斜面より緩斜面のほうが早いことが知られている．移動の原因は，縞枯れ現象が山の南斜面に集中して見られることから，寒冷期の北西の季節風ではなく，温暖期の南からの卓越風と関係が深いと考えられており，基本的にはこの南からの風向に従って出現斜面や縞の移動方向が決定される．

このように縞枯れ現象は，一方ではシラビソ，オオシラビソの成長，枯死，更新といった群落の内部要因による天然更新と，他方では乾燥した山頂付近での南風の影響という外部要因がともに協調的に働いた結果ではないか，との考え方に立って理論モデルが構築されている．それを次に紹介する．

(2) 格子モデルとシミュレーションによる結果 空間2次元の格子モデルは，ちょうど碁盤の目のように正方格子点に植物個体が位置し，各個体が周囲の個体と相互作用をしながら成長・枯死，更新する様子を，個体の時間変化のルールに従って記述するものである．このルールは現象の観察や実験を通じて構築するもので，これが理論モデルの骨子となるものである．以下に，その5つのルールを列挙する．

今，各格子点 (i, j) $(i, j = 1, 2, \cdots, L;\ L$ は格子領域の大きさ) にいる植物個体の時刻 t でのサイズ (高さを含む大きさ) を $S_t(i, j)$ と記す．

1. 内部要因についてのルール

① **個体成長に関するルール**

$$\Delta S_t(i, j) = S_{t+1}(i, j) - S_t(i, j)$$
$$= c_0 S_t(i, j) \left[1 - \frac{S_t(i, j)}{c_1} - \frac{1}{N} \sum_{(i', j') \in \Lambda(i,j)} a_{i,j}^{i',j'} W(S_t(i', j'), S_t(i, j)) \right] \quad (4.96)$$

この式は，格子点 (i, j) にある個体が，その周り $\Lambda(i, j)$ にある個体群と共通の資源をめぐって競争しながら成長することを表現している．c_0 は個体が小さいときの潜在的相対成長速度，c_1 は競争がないときの最大サイズ，N は競争している個体数，$a_{i,j}^{i',j'}$ は相互作用の強さ，$W(S_t(i', j'), S_t(i, j))$ は周りとの相互作用によって格子点 (i, j) にある個体の成長が減少する効果を表す．

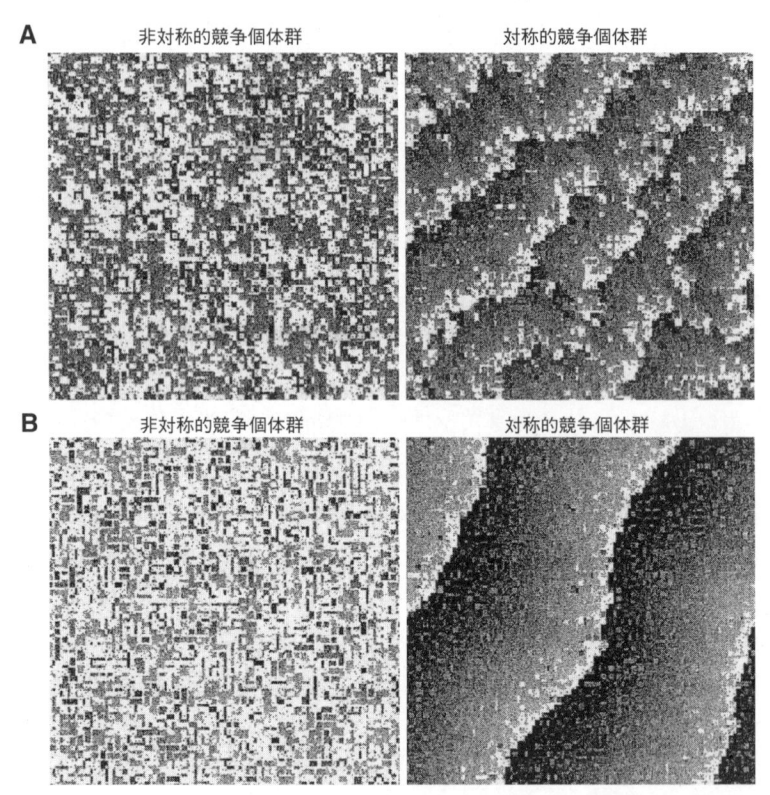

図 4-20 格子モデルとコンピュータ・シミュレーションの結果 定常的な擾乱 (左上から恒常的に風が吹いている) が個体群に与えられたときの個体サイズの空間分布. 左側は非対称的競争をしている個体群, 右側は対称的競争をしている個体群の場合. (A) $d_h = 5$ の場合, (B) $d_h = 15$ の場合. なお, 非対称的競争を行う個体群では多数の小サイズの個体と少数の大サイズの個体がランダムに分布しており, 対称的競争を行う個体群では大サイズの個体と小サイズの個体があるまとまりをもって分布することを意味する. (横沢 2003 より許可を得て引用)

② **自然枯死に関するルール** $S_t(i, j) \geq s_d$ のとき, 与えられた確率 p_d で $S_{t+1}(i, j) = 0$, ここで, s_d はこれ以上のサイズになると枯死する個体が現れる, 1つの臨界サイズを表す.

③ **競争枯死に関するルール** $\Delta S_t(i, j) < 0$ のとき, 確率1で $S_{t+1}(i, j) = 0$.

④ **新規加入に関するルール** $S_t(i, j) = 0$ のとき, 確率 p_b で $S_{t+1}(i, j) = s_0$ を与える.

2. 外部要因についてのルール

⑤ **定常的な（風による）擾乱に関するルール**　前述のように，縞枯れ現象の1つの要因として一定方向からの定常的に吹く風がある．この風の効果を表す式として次のものが考えられる（佐藤 1993）．これは，ある個体とその風上側に隣接する3個体の大きさの平均との差が，ある閾値 d_h より大きければその個体は倒れることを表現する．もし，

$$S_t(i,j) - \frac{S_t(i-1,j-1) + S_t(i,j-1) + S_t(i-1,j)}{3} > d_h$$

ならば，

$$S_{t+1}(i,j) = 0 \tag{4.97}$$

そうでなければ

$$S_{t+1}(i,j) = S_t(i,j) + \Delta S_t(i,j) \tag{4.98}$$

以上の5つのルールである．格子モデルは一般的には解析的に解くことが困難であるため，通常コンピュータ・シミュレーションによって結果を求める．例えば，縦100×横100の格子点をもつ領域を考え，初期の個体サイズ分布を $S_0(i,j) = s_0(1+\theta(i,j))$（$\theta(i,j)$ は $[-0.5, 0.5]$ で発生させた乱数を与える）として，格子点上にその値をランダムに配置する．また，境界の影響を排除するため周期境界条件を仮定する．図 4-20 は上記のモデルによって求めた結果である．

演習問題

問題 4-1　ひとつがい（雄雌一対）のうさぎは毎月ひとつがいのうさぎを産み，そして生まれたばかりのうさぎはふた月目から子どもを産めるようになると仮定すれば，ひとつがいのうさぎは1年間で何匹に増えるか．

問題 4-2　フィボナッチ分数 1/2, 1/3, 2/5 で表される身近ならせん葉序植物をそれぞれ3種類ずつあげよ．

問題 4-3　フィボナッチ分数 1/2, 1/3, 2/5, 3/8, 5/13 で表現されるらせん葉序植物について，それぞれの開度 d を求めよ．

問題 4-4　極座標表示で，曲線上の点 (r, θ) での接線と動径（座標原点とその点を結ぶ直線）のなす角が一定値 ϕ である曲線の方程式は，

$$r = r_0 e^{\theta \cot \phi}$$

となることを証明せよ．ただし，r_0 は $\theta=0$ での動径の長さを表す．

問題 4-5　生物の大きさを W，時間を t として，成長速度 dW/dt が次の微分方程式

$$\frac{dW}{dt} = \lambda(K-W)$$

で与えられるとき，その解は $W = K(1-e^{a-\lambda t})$ となることを証明せよ．ただし，$a = \log\{1-(W_0/K)\}$，また W_0 は W の初期値を表す．

問題 4-6　生物の大きさ W の時間的変化が次の微分方程式，

$$\frac{dW}{dt} = cW(K-W) \qquad ただし \quad c = \frac{\lambda}{K}$$

で与えられるとする．ここで，W は個体の大きさ，λ は大きさの成長速度係数，K は大きさの最大値である．この微分方程式の解は

$$W = \frac{K}{1+ke^{-\lambda t}} \qquad ただし \quad k = e^a$$

で与えられることを示せ．ただし，$a = \log\{1-(W_0/K)\}$，また W_0 は W の初期値を表す．

問題 4-7　改良型 GM モデル方程式系 (4.24)，(4.25)

$$u_t = \gamma f(u, v) + \nabla^2 u = \gamma \left[a - bu + \frac{u^2}{v(1+Ku^2)} \right] + \nabla^2 u$$

$$v_t = \gamma g(u, v) + d\nabla^2 v = \gamma(u^2 - v) + d\nabla^2 v$$

は，定常解 (u_0, v_0) の近傍で線形化した式 (4.30) の解が線形安定である条件 (Re$(\lambda)<0$)，すなわち，

$$f_u + g_v < 0, \qquad f_u g_v - f_v g_u > 0$$

を満たすことを示せ．ただし，反応係数パラメータ $a=0.1$，$b=1.0$，$K=0.5$ とする．

問題 4-8　特性方程式 (4.38) で，(1) $h(k^2)<0$ が成立する条件，(2) 最小値 $h_{\min}$ とそれに対応する波数 $k_{\min}{}^2$ を与える式は，それぞれ次のとおりであることを示せ．

$$(df_u + g_v)^2 - 4d(f_u g_v - f_v g_u) > 0$$

$$h_{\min} = \gamma^2 \left[(f_u g_v + f_v g_u) - \frac{(df_u + g_v)^2}{4d} \right]$$

$$k_{\min}{}^2 = \gamma \frac{df_u + g_v}{2d}$$

問題 4-9　拡散誘導不安定性が起こるための条件：不等式系 (4.34)，(4.42)，(4.46) のもとで，次式で与えられる波数 $k \in (k_+, k_-)$ をもつ状態が不安定化してくることを示せ．

$$k_+{}^2, \; k_-{}^2 = \frac{\gamma}{2d} \left[(df_u + g_v) \pm \{(df_u + g_v)^2 - 4d(f_u g_v - f_v g_u)\}^{1/2} \right]$$

問題 4-10　2 種類の b タイプと w タイプの細胞が作る細胞集合で，各タイプの細

演習問題　　　　　　　　　　　　　　　　　　　　　　　　　　169

胞の辺数が保存されることに注意して
$$2N_{bb}+N_{bw}=4N_b \tag{4.61}$$
$$2N_{ww}+N_{bw}=4N_w \tag{4.62}$$
が成立することを証明せよ．

問題 4-11　　問題 4.10 と同じ条件下で，定義された E-関数は，
$$E=\lambda_{bb}N_{bb}+\lambda_{ww}N_{ww}+\lambda_{bw}N_{bw} \tag{4.60}$$
式 (4.61), (4.62) を用いて次のように変形されることを示せ．
$$E=N_{bb}\mu_1+C_1 \tag{4.63a}$$
$$=-\frac{N_{bw}}{2}\mu_1+C_2 \tag{4.63b}$$
$$=N_{ww}\mu_1+C_3 \tag{4.63c}$$
ここで，
$$\mu_1=\lambda_{bb}+\lambda_{ww}-2\lambda_{bw} \tag{4.64}$$
$$C_1=2\lambda_{ww}(N_w-N_b)+4\lambda_{bw}N_w \tag{4.65a}$$
$$C_2=2\lambda_{bb}N_b+2\lambda_{ww}N_w \tag{4.65b}$$
$$C_3=2\lambda_{bb}(N_b-N_w)+4\lambda_{bw}N_w \tag{4.65c}$$
である．

問題 4-12　　2 次元単純拡散方程式
$$\frac{\partial n}{\partial t}=D\left(\frac{\partial^2 n}{\partial x^2}+\frac{\partial^2 n}{\partial y^2}\right) \tag{4.77}$$
の解法を考える．式 (4.77) を解くために，初期条件を，$x=0, y=0, t=0$ で単位面積あたり n_0 個の個体数密度を生成するとすれば，
$$n(x, y, 0)=n_0\delta(x, y) \tag{4.78}$$
とおく．ここで，$\delta(x, y)$ は 2 次元のディラックのデルタ関数である．式 (4.77) の解は
$$n(x, y, t)=\frac{n_0}{4\pi Dt}\exp\left(-\frac{x^2+y^2}{4Dt}\right) \tag{4.79}$$
となることを示せ．
(ヒント：変数 x, y, t についての変数分離型の解を仮定して解く．)

5章
適応戦略の数理

(山村則男)

　生物の形態や行動には，よくできているなと感心することが多い．これは，環境に適応した形質をもつものが自然淘汰の結果として生き残ってきたからにほかならないが，生物の形質を戦略とみなし，子を残すうえでより有利な戦略が勝利してきたと捉えることができる．つまり，与えられた環境のもとで最適な戦略が進化したと考えるのである．数学的には，1個体が次世代に残す子どもの数を適応度と定義し，適応度を最大化する形質（戦略）を求めるのである．最適問題は工学でよく現れる問題でもあり，そこで使われる手法は適応戦略の数理として広く応用することができる．

5-1　単純な最適問題

5-1-1　進化と最適問題
(a) 魚の卵の大きさ

　適応戦略が数理的にどのように扱えるかを見るために，魚の卵の大きさについて考えてみよう．サケとタラの成体はほぼ同じくらいの大きさであるが，その卵1個の大きさはずいぶん違う．サケの卵（イクラ）は直径数mm程度で魚の卵としては大きいほうである．一方タラの卵（タラコ）は直径1mmにも満たず，注意して見ないと卵1個を判別することが難しいくらいである．なぜこの2種の魚の卵の大きさはこんなにも違うのだろうか．
　サケは渓流で卵からふ化し，ある時期まで川で過ごした後，海に下って大

洋を回遊しながら成長していく．4年後に生まれた川に帰ってきて，川の上流で繁殖を行う．川に戻ってきたとき，成体になったメスは栄養を蓄え，卵を作るために a グラムの栄養を使えるとしよう．メスが1つの卵を x グラムにするという戦略を採用すると，a/x 個の卵を作ることができる．卵がふ化して川を下れるまで生き残れる確率（生残率）は，x の関数であるだろうから，$S(x)$ とおく．海に出てから再び繁殖のために川に戻ってくるまでに生き残れる確率を p とする．これは，最初の卵の大きさには無関係だとする．このとき，1匹のメスが次世代に残せる成体の数は，

$$W(x) = \frac{a}{x} S(x) p = ap \frac{S(x)}{x} \tag{5.1}$$

となるが，この量を一般に適応度と言う．次世代に残せる子の数が多いほど環境に適応していると言えるから適応度という名前が付けられている．自然淘汰の結果，より適応度の高い戦略に変わっていくだろうから，進化の行き着く先は $W(x)$ を最大にする x ということになる．

$S(x)$ のグラフが与えられれば，適応度を最大にする x を図形的方法で求めることができる．x が小さすぎると生残率はほぼ0で，x の増加に従って生残率は上がるが，あまり大きくても生残率の向上は望めないので，図5.1に示したようなS字型曲線になるだろう．この曲線に原点から引いた接線の接点が $W(x)$ を最大にする x の値 x^* となる．$W(x)$ の最大化は $S(x)/x$ の最大化と同じであり，これは $(0, 0)$，$(x, 0)$，$(x, S(x))$ の作る直角三角形の斜辺の傾きである．x を小さい値からだんだんと増加させていけば，斜辺の傾きは増加してい

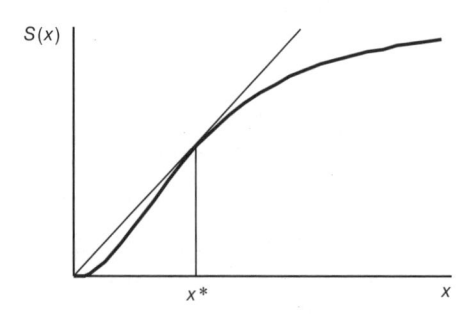

図5-1 生存率関数のグラフから最適卵サイズを求める方法

くが，接線のところで最大となり，それ以上 x が大きくなると斜辺の傾きは減少するからである．

さて，サケの卵とタラの卵のサイズはなぜ異なるかという最初の疑問に立ち返ってみよう．今までの計算から最適サイズを決めるキーになるのは，卵から回遊を始めるまでの卵と幼魚時代の生残率 $S(x)$ の関数型であることが分かる．サケの卵は渓流の川底の石に産みつけられる．このとき卵が小さすぎると石との接触面が小さくてすぐにはがれて押し流されてしまう．また，ふ化した直後も川の流れが速いため，体が十分に大きく遊泳能力も高くなければならない．さらに，川の上流は植物プランクトンが少なくて，ある程度大きい餌を探して食べなければならない．つまり，x がかなり大きくならないと $S(x)$ は大きな値にはならないのである．演習問題5-1の関数型を使えば，変曲点の値がかなり大きいということになる．それに対して，タラでは大洋の中心の表層で抱卵放精が行われることによって受精卵が作られる．受精卵は浮いていて，ふ化しても食べるものは植物プランクトンであるから高度の遊泳能力は必要としない．つまり，比較的小さい x の値で $S(x)$ は大きくなる．演習問題5-1の関数型を使えば，変曲点の値が比較的小さいということになる．図5-2に，サケとタラの卵から幼魚までの生残率を模式的に示した．この図から卵の最適サイズは，サケ (x_1^*) のほうがタラ (x_2^*) よりも大きいということが理解できるであろう．さらに，サケやタラだけに限らず，さまざまな種の魚の卵の大きさがそのサイズである理由を考えるとき，産卵され幼魚が育つ環境条件を考察することが重要であること

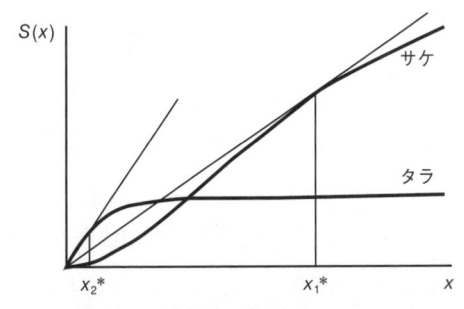

図5-2　サケとタラでは，生残率曲線が異なるので最適卵サイズは異なる

も理解できるであろう．

(b) 適応戦略の数理の方法

この節で，「メスが1つの卵をxグラムにするという戦略を採用する」という言い方を使ったが，サケが実際にこのようなことを考えているというわけではない．サケは長い進化の歴史のなかで，その生活環境に適応した卵サイズが自然淘汰の結果として選択され，現在も維持され続けているということを比喩的に表現しているにすぎない．つまり，戦略とは生物の形質そのものなのである．もちろん，高等動物では戦略を実際，脳で考えて行使する場合もあるだろうが，これはここで言う広い意味での「戦略」のごく一部である．

この節では，「なぜ，サケの卵はタラの卵よりも大きいのか？」という問を発し，適応の観点から1つの答えを得た．一般に生物学で「なぜ？」という問を発したとき，2つのタイプの回答が必要である．他のタイプの回答は，分子生物学や生理学によって答えられるべきものである．サケの卵の場合は，卵を作らなければならない時期がくると何らかの環境情報によってホルモン状態が変わり，卵巣で卵を形成していくという遺伝情報にスイッチが入るはずである．そして，次々と遺伝情報が発現され，サケは種特異的なサイズの卵を作り上げるはずである．このようなメカニズムは「至近要因」と呼ばれ，至近要因を解明することは近代生物学にとって重要な課題である．この節での考察は，生物の形質が進化しそれが現在維持されている歴史的理由を問うもので，「究極要因」の解明である．つまり，生物学の「なぜ？」には，至近要因と究極要因の両面からの回答が必要なのである．

適応戦略の数理がこの章のタイトルであるが，適応戦略を考察するうえで数理が本当に必要であるのかどうか疑問に思われる方がおられるかもしれない．そこで，数理モデルの効用として次の3点をあげておきたい．

(1) 定量的な解析 サケの卵がタラの卵よりなぜ大きいかは，言葉だけの議論でも説明できそうだ．しかし，サケの卵の直径がなぜ4mm程度なのかは数理モデルを使わないと扱えないだろう．生残率を表す関数を何らかの方法で定量的に推測できるならば，その最適サイズが数理的に求められるのである．

(2) 論理の確認 言葉だけの説明では，その論理が本当に正しいのかどう

か疑わしい場合がある．想定される仮定を数理モデルに書いてしまい計算によって結論が出れば，仮定から結論までの論理は全て正しい．間違っているのは計算間違いの場合だけである．数理モデルに書けば，言葉で言う仮定が実際どういう意味なのかも正確に限定できる．論理の確認という意味では，数理モデルは非常に有効な方法である．

(3) 新たな発見 数理モデルを作り解析している途中やその後で，前には気づかなかったことに気づくことがよくある．例えば，式(5.1)において，卵巣の量 a が全体の式のなかで定数倍になっていて，a が異なっても最適値の値は変わらないことに気づいたとする．ここから，普通の個体より運がよく多くの餌を食えて，大きな体サイズになって川に戻ってきたメスの最適戦略を考察することができる．大きな母は，卵1個を大きくすることも卵の数を増やすこともできるが，最適戦略は卵のサイズを一定にして数を増やすことである．このような考察が数式を書いてみて初めてなされたとすると，数理モデルによって新たな発見ができたことになる．

5-1-2 最適採餌理論

前節の例で，適応戦略の数理モデルの使い方が理解できたと思う．適応戦略の考え方が実際に研究の歴史のなかで現れたのはそう古いことではない．生物の数の変動の数理が活発に展開されるようになったのは20世紀初頭のことであるが，適応戦略は1970年代以降のことであり，最初は動物の餌の捕り方に応用された．この理論はその後大きく発展しさまざまな実験によって検証されてきたが，その柱となる理論は「最適餌パッチ時間」と「最適餌メニュー選択」である．

(a) 最適餌パッチ時間

ある動物が朝に寝場所を出発して採餌に出かけ，夕方再び寝場所に帰ってくるとしよう．餌場は連続的でなく，非連続(パッチ状)に分布しているとしよう．1匹のサギが，川辺，たんぼ，池などを順次利用して回るような状況である．1つの餌パッチでは，最初餌の量が豊富であるが，食った分が減る，餌が隠れたり逃げたりするなどの理由で餌獲得効率は次第に減ってくる．そこで，ある時間が経過した後に次の餌パッチに移動したほうがよいことにな

る．このときの最適な餌パッチ滞在時間を求めてみよう．

最も単純な状況を考える．餌パッチ間の距離は一定で，したがって移動時間も一定 (T 分) である．1つの餌パッチで x 分間滞在して餌を捕り続けると $g(x)$ グラムの餌を獲得できる．$g(x)$ は図 5-3 に示すように，x が小さいときは x に比例して増加するが，x が大きくなるとある値に漸近するだろう．全ての餌パッチが同質であるとするとこの餌獲得量も同じである．移動時間と滞在時間を含めた 1 分あたりの餌獲得量は

$$W(x) = \frac{g(x)}{x+T} \tag{5.2}$$

となり，この量を最大にすれば，1日に捕れる餌量が最大となる．$W(x)$ が大きいほど将来，子を多く残せる確率が高まるので，この量は適応度と正に相関する量である．このような量は適応度成分と呼ばれるが，単にこれを適応度と呼ぶ場合も多い．$W(x)$ を最大にする x の値，x^* が最適戦略である．$g(x)$ のグラフが与えられると，図形的方法 (図 5-3) によって x^* を求めることができる．$(-T, 0)$ から $g(x)$ に接線を引いたとき，その接点が x^* となる．その理由は，図 5-1 の説明と同じで，$(-T, 0), (x, 0), (x, g(x))$ の直角三角形の斜辺の傾きが式 (5.2) で表される $W(x)$ であり，その値は，斜辺が $g(x)$ の接線のときに最大になるからである．したがって，

$$\frac{g(x^*)}{x^*+T} = \left.\frac{dg(x)}{dx}\right|_{x=x^*} \tag{5.3}$$

が成立する．

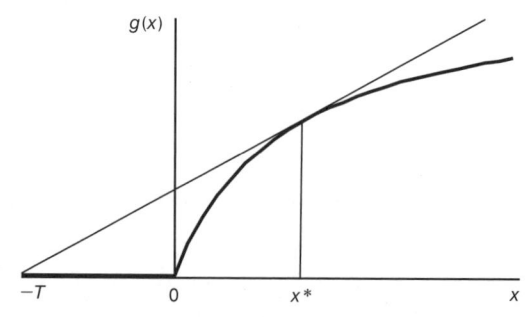

図 5-3　$g(x)$ のグラフから最適パッチ滞在時間を求める方法

5-1 単純な最適問題　　　　　　　　　　　　　　　　　　　　　　　　　　177

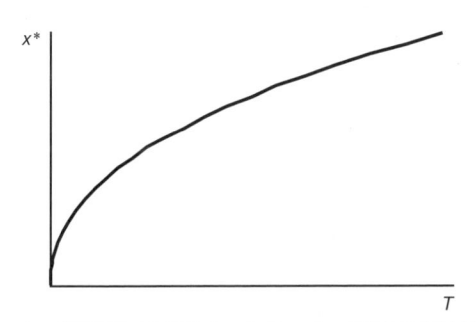

図 5-4　パッチ間移動時間が大きいとき，パッチ滞在時間は長くなる

演習問題 5-3 で与えられた関数 $g(x) = N(1 - e^{-ax})$ は，求められた性質をもつ数式の 1 つの例ではあるが，この式を特定の仮定から導くこともできる．最初に N グラムの餌が存在する餌パッチを考えよう．x 分の時間までに $g(x)$ グラムの餌が食われるのだから，その時点で残っている餌の量は $N - g(x)$ グラムとなる．次の 1 分間で捕れる餌量 ($g(x)$ の微分) が残っている餌量に比例するとすれば，

$$\frac{dg(x)}{dx} = a(N - g(x)) \tag{5.4}$$

が成立する．a は発見効率と呼ばれる定数で，動物の探索能力や場所の見通しのよさを表す．

$g(x) = N(1 - e^{-ax})$ を式 (5.3) に用いると $T = \{(e^{ax^*} - 1)/a\} - x^*$ が得られる．この式を x^* の関数としてグラフを描いて，横軸と縦軸を入れ替えれば，図 5-4 のように，最適パッチ時間が移動時間 T の関数として求められたことになる．この曲線は，上に凸の増加関数となっていて，餌パッチ間の距離が離れていて移動時間が長いような環境では，1 つのパッチに滞在する時間が長くなることを示している．シジュウカラを用いた実験では，移動時間とパッチ滞在時間の関係がこのグラフによく一致することが示されている．

次々と餌パッチを訪れていくのではなく，捕った餌を特定の場所 (通常は探索地域の中心) にそのつど持ち帰る場合 (central place foraging) にも，採餌の効率は式 (5.2) で表現できる．このとき，T は餌パッチまでの往復時間であり，遠いパッチから餌を持ち帰る場合は近くから持ち帰るより，一度に多く

の餌を運ぶべきだということになる．

今まで，餌パッチの質は同じだとしたが，初期餌量や捕れやすさが異なる餌パッチが混在している場合を考えよう．タイプiの餌パッチの頻度をp_i，その餌パッチの質を表す関数を$g_i(x)$とし，そのタイプでのパッチ滞在時間をx_iとする．このとき，餌場全体での平均餌獲得効率は

$$W(\{x_i\}) = \sum_i p_i g_i(x_i) \Big/ \sum_i p_i(x_i+T) \tag{5.5}$$

となる．餌パッチの質が異なるので，式(5.5)を最大化する最適戦略x_i^*はiごとに異なるが，

$$\left.\frac{\partial W(\{x_i\})}{\partial x_i}\right|_{x_i=x_i^*} = 0 \tag{5.6}$$

を満たさなければならない．この式より，

$$\left.\frac{dg_i(x_i)}{dx_i}\right|_{x_i=x_i^*} = \sum_i p_i g_i(x_i^*) \Big/ \sum_i p_i(x_i^*+T) \tag{5.7}$$

となる．左辺は，パッチiを去るときの瞬間餌獲得率であり，右辺は移動時間を含む全体での平均餌獲得効率である．つまり，その餌パッチの餌獲得効率が餌場全体での平均餌獲得効率に等しくなったとき，その餌パッチを去るべきだ（臨界値定理：marginal value theorem）ということである．したがって，質のよい餌パッチにはより長く滞在することになる．

(b) 最適餌メニュー選択

動物は，全体として餌密度が低いときは，見つけたほとんど全ての餌を食べるが，餌密度が高い場合は，好ましい餌のみ食べて，好ましくない餌はほとんど食べない．動物にとっての餌の好ましさ，つまり，価値はどのように決まるのだろうか．また，定量的にどのような条件のとき，動物は餌を選択的に食べるのだろうか．今，2種類のタイプの餌（価値の高い餌1と価値の低い餌2）があるとして，1匹の動物がそれらの餌に単位時間あたり，それぞれλ_1, λ_2回出会うとする．餌を見つけたとき，それを食い終わるまでの時間（処理時間）を，それぞれh_1, h_2とし，各餌1匹あたりに含まれるエネルギーをg_1, g_2とする．このとき，餌を処理している間は次の餌の探索はできないとする．そして，捕食者は，次の2つの戦略のうち，単位時間あたりの獲得エネルギー量が最大になるものを採用するとする．

5-1 単純な最適問題

　　ダボハゼ戦略： 　見つけた餌は全て食う．
　　　グルメ戦略： 　餌2を無視し，好ましい餌1のみを食う．

　ダボハゼ戦略を採用すれば，1と2のどちらかの餌を見つけるまでの平均探索時間は，どちらかの餌に出会う頻度 $\lambda_1+\lambda_2$ の逆数で

$$T_s = \frac{1}{\lambda_1+\lambda_2} \tag{5.8}$$

である．そして，それが1か2である確率はそれぞれ $\lambda_1/(\lambda_1+\lambda_2)$ と $\lambda_2/(\lambda_1+\lambda_2)$ であるから，1回の平均処理時間は

$$T_h = \frac{\lambda_1 h_1}{\lambda_1+\lambda_2} + \frac{\lambda_2 h_2}{\lambda_1+\lambda_2} \tag{5.9}$$

であり，1回の平均獲得エネルギーは

$$G = \frac{\lambda_1 g_1}{\lambda_1+\lambda_2} + \frac{\lambda_2 g_2}{\lambda_1+\lambda_2} \tag{5.10}$$

である．したがって，ダボハゼ戦略の効率，つまり，単位時間あたりの平均エネルギー獲得量は式(5.8), (5.9), (5.10)を用いて，

$$W_D = \frac{G}{T_s+T_h} = \frac{\lambda_1 g_1 + \lambda_2 g_2}{1+\lambda_1 h_1 + \lambda_2 h_2} \tag{5.11}$$

となる．

　グルメ戦略を採用すれば，餌2に出会ってもそれを無視するのだから，効率としては餌2に出会わないのと同じことである．すなわち，式(5.11)で $\lambda_2=0$ とおいた式がその戦略の効率となる．つまり，

$$W_G = \frac{\lambda_1 g_1}{1+\lambda_1 h_1} \tag{5.12}$$

　グルメ戦略がダボハゼ戦略よりも優れているという条件 $W_G > W_D$ に，式(5.11)と式(5.12)を代入して変形すると，

$$\frac{1}{\lambda_1} < \frac{h_1 h_2}{g_2}\left(\frac{g_1}{h_1} - \frac{g_2}{h_2}\right) \tag{5.13}$$

が得られる．右辺が正にならなければこの式は成立しない．正となるための条件は

$$\frac{g_1}{h_1} > \frac{g_2}{h_2} \tag{5.14}$$

である．そこで，(獲得エネルギー)/(処理時間)を餌の価値と定義すれば，

価値の高いほうの餌1のみを食うグルメ戦略は最適になりうる．つまり，式(5.14)の条件のもとで，式(5.13)が成立すればグルメ戦略が最適であり，成立しなければダボハゼ戦略が最適となる．

式(5.14)の両辺の差が大きいほど，式(5.13)の右辺が大きくなるので，その式は満たされやすい．また，λ_1が大きくなるほど，式(5.13)の左辺が小さくなるので，その式は満たされやすい．つまり，餌1と餌2の価値の差が大きいときや，餌1の密度が高いときに，餌1のみを食うグルメ戦略を採用すべきだということが分かる．また，式(5.13)には，λ_2の値は含まれていない．このことは，餌2を食うべきかどうかという規準に関して，餌2自体の密度は関係がない．つまり，価値の高い餌が十分あるときは，価値の低い餌の密度が増えても，それを食べないほうがよいということである．

より一般に，n種類の餌があって，餌に出会う頻度を$\lambda_1, \lambda_2, \cdots, \lambda_n$，処理時間を$h_1, h_2, \cdots, h_n$とし，各餌1匹あたりに含まれるエネルギーを$g_1, g_2, \cdots, g_n$とする．餌の種類の番号は$g_i/h_i$の大きい順についているとすれば，最適戦略は1番目からk番目までを食い，そのほかの餌は無視することである．このとき$k+1$番目の餌を無視するという条件は，$h_1, h_2, \cdots, h_{k+1}$と$g_1, g_2, \cdots, g_{k+1}$および$\lambda_1, \lambda_2, \cdots, \lambda_k$で表現できる．

5-1-3　変動環境のもとでの休眠戦略

生物は変動する環境のもとで棲んでいるので，適応度が世代ごとに確率的に変動することがある．このようなとき，最適戦略を決めるべき適応度はどのように計算されるのだろうか．変動の激しい環境，例えば，河原に生える一年草を考えてみよう．春に種から芽を出して繁殖したとき，洪水のない良い年であれば秋にはたくさんの種子を生産することができる．しかし，洪水があれば地上の植物体は全て流されてしまうとする．このような危険に備えて，一年草では全ての種が芽を出すのではなく，一部は種のまま休眠していて翌年の繁殖に備える．このとき，最適な休眠種子の割合を求めてみよう．

t年目の春にN_t個の種があったとする．休眠率をxとすると，xN_t個が休眠し$(1-x)N_t$個が発芽する．発芽した個体は秋にはR_t個の種を付けるので，翌年の繁殖個体全体からの種子量は$(1-x)N_tR_t$となる．休眠した種子の生存率

を S_t とすると,翌年の休眠生存種指数は xN_tS_t となる.したがって,翌年の種子量は

$$N_{t+1} = (1-x)N_tR_t + xN_tS_t = \{(1-x)R_t + xS_t\}N_t \tag{5.15}$$

となる.

$$W_t = (1-x)R_t + xS_t \tag{5.16}$$

とおけば,これが t 年目の適応度で年によって変動する.式 (5.15) を繰り返し用いると,

$$N_{t+1} = W_t \cdots W_2 W_1 N_1 \tag{5.17}$$

となり,変動する適応度の積が最大になる戦略が最適戦略となる.

簡単な例として年変動は,悪い年には $R_t=0$ で良い年には $R_t=R$(悪い年の頻度は p)とし,休眠生存率は一定で $S_t=S$ とする.このとき,適応度は,

$$W_{\text{bad}} = xS, \qquad W_{\text{good}} = (1-x)R + xS \tag{5.18}$$

となる.悪い年の頻度が p であるから,長い t を考えると,pt 回が悪い年で $(1-p)t$ 回が良い年となる.このとき,式 (5.17) は,

$$N_{t+1} = W_{\text{bad}}^{pt} W_{\text{good}}^{(1-p)t} N_1 = (W_{\text{bad}}^p W_{\text{good}}^{(1-p)})^t N_1 \tag{5.19}$$

となり,W_t の幾何平均

$$\overline{W} = W_{\text{bad}}^p W_{\text{good}}^{(1-p)} \tag{5.20}$$

を最大にする休眠率 x が最適戦略となる.式 (5.18) を式 (5.20) に代入して,その対数を微分すると,

$$\frac{\partial \log \overline{W}}{\partial x} = \frac{p}{x} + \frac{(1-p)(S-R)}{(1-x)R + xS} = \frac{pR - (R-S)x}{x\{(1-x)R + xS\}} \tag{5.21}$$

となるので,最適休眠率は式 (5.21) を 0 とおいて,

$$x^* = \frac{pR}{R-S} \tag{5.22}$$

と求めることができる.特に,R が S に比べて十分大きいときは $x^*=p$ となるので,最適休眠率は悪い年の頻度に一致する.悪い年の頻度が上がると休眠率を高くすべきことは直感的にも理解できるが,このような簡単な関係が導けることは驚きであろう.

W_t がもっと複雑に確率変動する場合にも,その幾何平均が適応度の指標となることが式 (5.17) より分かる.このことは,休眠戦略に限らず世代ごとに変動する環境のもとでの生物の戦略を最適化するときに一般的に成り立つ

ことである．

5-2 包括適応度

5-2-1 利他行動の進化

自然淘汰が個体を単位としてのみ働くならば，自分の子どもをより多く残そうとする「利己的」な形質のみが進化するはずである．つまり，5-1節で説明した，適応度最大化が常に成立するはずである．しかし，現実には人間を含めて多くの動物に，協力的な行動や自己犠牲的とさえ見えるような行動が観察される．ここでは，自分の子の数が減るにもかかわらず他個体の子の数を増やすような行動を「利他行動」と定義する．どのようにして利他行動が進化できるのかは大きな謎であったが，血縁者に対する利他行動については「包括適応度」という考え方を採用することによって解決できた．

進化は，自分が保有しているのと同じ遺伝子が次世代に多く伝わることによって進行する．このとき，自分の子を増やさなくても，親類縁者の子を多く増やすことができれば，遺伝子の継承については自分の子を残すのと同等な効果がある．

Hamiltonは，自分が次世代に残せる子の数である適応度を，血縁者との社会的相互作用がある場合に拡張して，進化の結果最大化される量として，次のような包括適応度（IF：inclusive fitness）の概念を提唱した．

$$IF = W_{A0} - \Delta W_A + \sum_B r_{BA} \Delta W_B \tag{5.23}$$

W_{A0} は個体Aが他個体と何の社会的関係もないときの適応度である．ΔW_A は，Aが他個体に対する社会的行動によって失う適応度であり，ΔW_B はAから社会的行動を受ける個体Bが得る適応度の増加分である．r_{BA} はBのAに対する血縁度係数であり，Aのもつ遺伝子と祖先が共通である遺伝子がBに存在する確率によって定義される．図5-5で示されるように，倍数体生物では，親子間や兄弟間でその値は0.5となる．さらに，叔父と姪間では0.25，いとこ間では0.125というふうに，血縁が遠くなるほどその値は減っていく．

個体Aが自分の子の数をcだけ減らして，ある個体Bの子の数をbだけ増

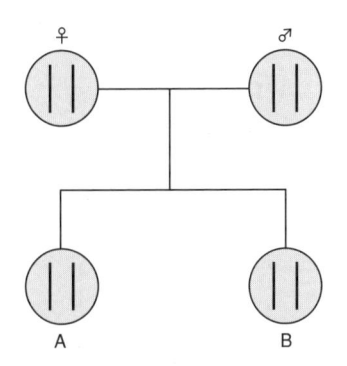

図 5-5　二倍体生物における兄弟姉妹間の血縁度係数　Aがもつある遺伝子に注目すると，その遺伝子が母からきた確率も父からきた確率も同じで0.5である．母からきたとすると，その母の遺伝子が妹に受け渡される確率は0.5であり，父からきた場合もその遺伝子が妹に受け渡される確率は0.5である．したがって，$r_{BA}=0.5 \times 0.5 + 0.5 \times 0.5 = 0.5$となる．

やすような利他行動を行ったとすると，$\Delta W_A = c$，$\Delta W_B = b$であるから，包括適応度IFがW_{A0}よりも大きいという条件は，

$$\frac{b}{c} > \frac{1}{r_{BA}} \tag{5.24}$$

となる．この式が血縁淘汰による利他行動の進化条件で，ハミルトンの規則と呼ばれている．左辺は，利他行動のコストcに比べて利他行動の効果bが大きければ，利他行動が進化しやすいことを表している．右辺のほうは，血縁度係数の高い個体への利他行動は進化しやすいことを表している．血縁度係数が0のときはこの式が成立しないから，利他行動は進化しない．

5-2-2　社会性の進化
(a) 単数倍数性

究極の利他行動は，社会性昆虫などに見られる不妊カーストの存在である．ミツバチのワーカーは，自分の子を産まずに，女王の子を育てる．しかし，ワーカーは他人の子を育てているのではない．ワーカーも女王の子であるから自分の妹や弟を育てているのである．社会性昆虫として知られるハチやアリは，特別な遺伝システムをもっていて，メスは通常の動物と同じ倍数体であるが，オスはその半分の遺伝子しかもたない単数体である（単数倍数性）．

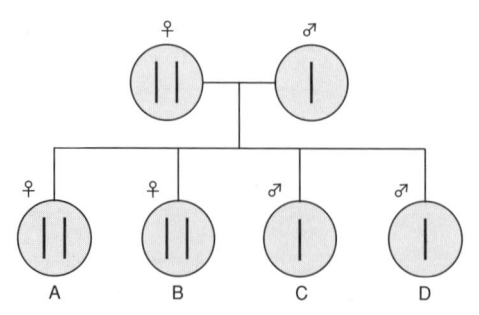

図5-6 単数倍数性の兄弟姉妹間の血縁度係数　Aのもつある遺伝子に注目すると，その遺伝子が母からきた確率も父からきた確率も同じで0.5である．母からきたとするとその遺伝子が妹に受け継がれる確率は0.5であるが，父からきたとすると父は単数体なので妹に受け継がれる確率は1である．したがって，$r_{BA}=0.5 \times 0.5 + 0.5 \times 1 = 0.75$ となる．弟Dの姉Aに対する血縁度係数は，同じような計算によって，$r_{DA}=0.5 \times 0.5 + 0.5 \times 0 = 0.25$ となる．♂の遺伝子は母からだけくるから，$r_{DC}=1 \times 0.5 = 0.5$ および $r_{DC}=1 \times 0.5 = 0.5$ となる．

　昆虫のメスは一般に，交尾によって受精嚢に精子をためておき，産卵のときに受精が行われる．ハチやアリのメスでは，産卵のときに卵を精子によって受精させるかどうかを選択できる．受精卵から発生した個体は倍数体のメスとなり，未受精卵から発生した個体は単数体のオスとなるのである．

　図5-6に単数倍数性の兄弟姉妹間の血縁度係数を示した．倍数性ではそれらは全て0.5であったが，単数倍数性では性の組み合わせによってその値は異なっている．メスのメスに対する血縁度は0.75，オスのメスに対する血縁度は0.25，メスのオスに対する血縁度とオスのオスに対する血縁度は0.5である．姉妹間の血縁度が最も高く，オスのメスに対する血縁度とメスのオスに対する血縁度が同じ値でなく非対称になっているという特徴がある．

　不妊カーストをもつ社会性昆虫の多くは，ハチやアリの単数倍数性のものである．倍数性の社会性昆虫としては，シロアリやアブラムシの一部があげられるが，単数倍数性で多くの社会性の進化が起こったと言われている．単数倍数性の社会性昆虫では，ワーカーは全てメスである．Hamiltonは，単数倍数性における姉妹間の血縁度の高さが，社会性進化に強く影響していると考えた．つまり，メスにとっては，子の血縁度係数0.5よりも妹の血縁度0.75のほうが高いので，自分の子を育てるよりも妹を育てるほうが遺伝的に

有利となるという事情がある．この説の妥当性についてはいまだに論争が続いている．

(b) ワーカーとソルジャー

ハチやアリの不妊カーストは，卵や幼虫の世話や食べ物を集める仕事をするワーカーである．ハチは針をもっているので，敵に攻撃されたときには反撃するが本来の仕事はワーカーである．他方，倍数体のシロアリの不妊カーストはソルジャーとして特徴づけられる．ソルジャーは種によって特異的形態をもつが，強い大顎や化学物質の噴出などによって，巣や採餌隊列を攻撃してくる敵に立ち向かう．アブラムシのなかにも，単為生殖する世代において巣の防衛に特殊化したソルジャーをもつ種がいる．また，寄生バチのなかに1個の受精卵が分裂して複数個体となる多胚生殖をするものがいて，その一部がソルジャーとなる．シロアリやアブラムシのソルジャーには，幼虫の世話や採餌などのワーカーとしての働きはない．表5-1に，社会性昆虫の遺伝システムと不妊カーストをまとめた．原始的なシロアリは，朽ち木の中に巣を作り近親交配を頻繁に行うが，そのような種が社会性進化の起源といわれているので，シロアリの遺伝システムは倍数性近親交配とした．比較のために外交配する倍数性を表に加えた．

ワーカーの進化条件は，式(5.23)の一般型ではなく，次のようにより具体的に書くことができる．

$$br_{SA} > cr_{OA} \tag{5.25}$$

つまり，個体Aがc匹の自分の子を育てることを諦めるとb匹の弟と妹を育てることができるとして，そうすることが遺伝的に有利となる条件である．ただし，r_{SA}は弟妹のAに対する平均血縁度で，r_{OA}は子のAに対する平均血

表5-1 社会性昆虫の遺伝システム，不妊カースト，進化臨界値

遺伝システム	生物種	不妊カースト	進化臨界値 ワーカー	進化臨界値 ソルジャー
無性生殖　単為生殖	アブラムシ	ソルジャーのみ	1	1
多胚生殖	寄生バチの一種			
単数倍数性	ハチ・アリ	主にワーカー	0.67〜1	1.33〜2
近親交配倍数性	シロアリ	主にソルジャー	<1	>1
外交配倍数性	ほとんどの動物	カーストなし	1	2

縁度である．この式を変形すると，

$$\frac{b}{c} > \frac{r_{OA}}{r_{SA}} \tag{5.26}$$

となり，右辺の値が小さいほどワーカーは進化しやすいことになるので，ワーカー進化臨界値と呼ぶ．無性生殖では，家族間の血縁度は全て1であるので，臨界値も1である．単数倍数体では，r_{SA} がメスの場合0.75でオスの場合0.25であるが，ハチ・アリでは性比がメスにずれることが知られている．このため平均の r_{SA} は0.5と0.75の間となる．r_{OA} は0.5なので，臨界値は0.67と1の間となる．近親交配の倍数体では，家族間の血縁度はいずれも1に近いが，たまに起こる外交配のため親子間の血縁度が兄弟間の血縁度よりもやや小さくなるので，臨界値は1より小さい1に近い値である．外交配の倍数体では，親子間と兄弟間の血縁度はともに0.5なので，臨界値は1である．これらの臨界値の値からワーカーが進化しやすい遺伝システムは，単数倍数性，近親交配倍数性，無性生殖と外交配倍数性の順であることが分かる．

ソルジャーの進化条件は，具体的に次のように書くことができる．

$$n\bar{r} > 1 \tag{5.27}$$

ソルジャーは，敵の攻撃を撃退できることも失敗して死ぬこともあるが，自分が死ぬまでに平均 n 個体を助けることができるとする．巣内個体の自分に対する平均血縁度を $\bar{r}$ とすると，式(5.27)が成立するときソルジャーになることが遺伝的に有利になる．この式を変形すれば，

$$n > \frac{1}{\bar{r}} \tag{5.28}$$

となり，右辺が小さいほどソルジャーが進化しやすいので，右辺の値をソルジャー進化臨界値と呼ぶ．無性生殖では臨界値は1である．単数倍数性では，巣内には自分の兄弟姉妹と親がいるが，兄弟姉妹の血縁度はワーカーの進化条件で計算したように0.5と0.75の間であり，さらに，それを親の0.5と平均した値 $\bar{r}$ も0.5と0.75の間になるから，臨界値は1.33と2の間となる．近親交配倍数性では，臨界値は1より大きい1に近い値となる．外交配倍数性では，臨界値は親子兄弟間の血縁度の逆数なので，2となる．

表5-1の全体を通してみると，不妊カーストの実際の現れ方が，遺伝システムから予測されるものによく一致している．ワーカーが進化しやすいのは

その臨界値が低い順に，単数倍数性，近親交配倍数性，無性生殖と外交配倍数性であるのに対して，ソルジャーが進化しやすいのは，その臨界値が低い順に，無性生殖，近親交配倍数性，単数倍数性，外交配倍数性となっているからである．特に無性生殖では，ソルジャーの進化が最も起こりやすいのに対して，ワーカーの進化臨界値は普通の外交配倍数体と同じなので，遺伝システムからはワーカーが進化する理由はない．この節の内容は，山村 (1994) にも解説されている．

5-3 ゲームモデル

これまで，適応度や包括適応度を最大化する適応戦略について説明してきたが，動物の社会関係では，自分の適応度が自分の戦略のみでなく，相互作用する他個体の戦略にも依存する場合が多い．人間のやるゲーム（例えば，囲碁や将棋）でも，相手の戦略を十分考慮したうえで自分の戦略を立てなければならない．

5-3-1 タカ・ハトゲーム

今，Vの価値のある食物をはさんで，2匹の個体が出会ったとする．集団中には，闘争を好む個体（タカ派）と，闘争を好まない個体（ハト派）の2つのタイプがいる．タカ派とタカ派が出会うと必ず激しい闘争が起こり，勝ったほうがVの利益を得，負けたほうは傷を負ってCだけの損をこうむる．勝負は時の運で，1/2の確率で勝ったり負けたりする．ハト派とハト派の場合は，闘争せずに食物を$V/2$ずつに分ける．タカ派とハト派が出会うと，ハト派は逃げ出してタカ派がVの利益を得る．これらの対戦における平均利得は，表5-2のように行列の形で表現できる．こうして一生の間にこれらの対戦によって得た純利益に比例する数の子を余分に残せるとする．このとき，タカ派，ハト派それぞれの適応度は，集団中にタカ派とハト派がどのくらいの割合でいるかに依存することは明らかであろう．タカ派の子はタカ派，ハト派の子はハト派になるとすると，世代を経るにつれて，集団中のタカ派とハト派の割合はどのように変化していくだろうか．経時的にその変化を記述しな

表5-2 タカ・ハトゲームの利得行列

自分＼相手	タカ	ハト
タカ	$\frac{V}{2}-\frac{C}{2}$	V
ハト	0	$\frac{V}{2}$

くても，もはや変化しない最終状態はより簡単に求めることができる．

タカ派的行動およびハト派的行動は，この集団の各個体がとり得る2つの戦略である．そこで**進化的に安定な戦略**(evolutionarily stable strategy 以下ESSと表す)というものが，次のように定義される．ESSとは，「もし集団中のほとんど全ての個体がその戦略を採用しているとき，その戦略と異なるどのような戦略を用いる少数個体も，自然淘汰の効果によって集団中に広がることができない」となる戦略のことである．自然淘汰の効果は，言い換えると，個体の適応度の差である．そこで，ある戦略Aが，ESSとなる条件は，ほとんどの個体が戦略Aを採用しているときの戦略Bを採用する個体の適応度を$W(B,A)$とおいて，

$$W(B,A) < W(A,A) \tag{5.29}$$

と表すことができる．

タカ派がESSとなる条件は，少数のハト派が集団中に広がらないということだから，ハト派の適応度がタカ派の適応度より小さいということである．この場合，集団のほとんどの個体がタカ派であるから，ハト派もタカ派も，1個体にとってのほとんどの対戦相手はタカ派である．各個体の一生の間にそれぞれn回の対戦があるとする．対戦によらない適応度の部分をW_0とすれば，表5-2を用いて，ハト派(D)とタカ派(H)の適応度は，それぞれ

$$W(D,H) = W_0 + n \times 0 \tag{5.30}$$

$$W(H,H) = W_0 + n \times \left(\frac{V}{2} - \frac{C}{2}\right) \tag{5.31}$$

となる．したがって，タカ派がESSとなる条件は，式(5.29)を使って，

$$C < V \tag{5.32}$$

5-3 ゲームモデル

となる．

同様にハト派がESSとなる条件は，ハト派が多数を占めている集団の中でのタカ派とハト派の適応度を比較すればよい．表5-2より

$$W(H, D) = W_0 + n \times V \tag{5.33}$$
$$W(D, D) = W_0 + n \times \frac{V}{2} \tag{5.34}$$

である．このときは，式(5.29)は成立しないので，ハト派がESSになることはないことが分かる．

式(5.32)が成立しないとき，つまり

$$C > V \tag{5.35}$$

のときは，タカ派戦略もハト派戦略もESSではない．そこで，ハト派とタカ派がある割合で混じっている状態が安定になるということが考えられる．タカ派戦略者の集団中での頻度をpとすると，n回の対戦のうち，それぞれの個体は，np回タカ派と対戦し，$n(1-p)$回ハト派と対戦することになる．したがって，表5-2を用いて，タカ派とハト派の適応度は，それぞれ

$$W(H, H+D) = W_0 + np\left(\frac{V}{2} - \frac{C}{2}\right) + n(1-p)V \tag{5.36}$$
$$W(D, H+D) = W_0 + np \times 0 + n(1-p)\frac{V}{2} \tag{5.37}$$

となる．このpが不変となるためには，その状態でタカ派とハト派の適応度が等しくならなければならない．すなわち，式(5.36)と式(5.37)を等しいとおけば，

$$p = \frac{V}{C} \tag{5.38}$$

と，タカ派戦略者の平衡頻度が求まる．この値は，式(5.35)の条件から確かに0と1の間にあることが分かる．

任意の初期頻度から出発して，タカ派の頻度の世代ごとの変化は，式(5.36)，(5.37)を用いて，

$$p' = \frac{W(H, H+D)p}{W(H, H+D)p + W(D, H+D)(1-p)} \tag{5.39}$$

と表すことができる．この式より次世代のタカ派の頻度を次々と計算していくことができる．そして，$C<V$のときはハト派が消失していき，$C>V$のと

きは，タカ派の頻度がV/Cに近づいていくことも示すことができる．一般に，もっと複雑な問題になると，進化のプロセスをダイナミックに追うことが困難な場合が多い．そのようなときでも，式(5.29)を使ってESSのみを求める方法は比較的簡単に遂行できて，有用な結果を導けることがしばしばある．

　これまでは，1個体が，タカ派とハト派のいずれか一方のみの戦略しかとれない（純粋戦略）と考えたが，確率fでタカ派的に振る舞い，確率$1-f$でハト派的に振る舞う混合戦略を用いることのできる個体の存在を考えることもできる．つまり，純粋ハト戦略，純粋タカ戦略も含めて，$\{f|0 \leq f \leq 1\}$をとり得る戦略セットと考えるのである．このときも，$C<V$ならばタカ派戦略がESSとなり，$C>V$ならば確率$f=V/C$でタカ派として振る舞う混合戦略がESSとなる．

　タカ・ハトゲームの結論から言えることは，もし目の前にある利益に比べて戦って負けたときの損失が小さいならば（$C<V$），タカ派的な闘争を好む性質が進化するだろうし，利益に比べて負けたときの損失が大きければ（$C>V$），タカ派とハト派の2型平衡が達成されるか，もしくは，部分的にタカ派であったりハト派であったりする混合戦略が進化するということである．実際，強い牙や爪をもつ肉食動物（Cが大きいと考えられる）は，食物をめぐって仲間どうしであまり激しく争いはしない．ここで注意しておくが，進化の安定状態であるESSは，集団としての最適状態とは明らかに異なるものである．集団全体としての適応度（子どもの総数）は，全ての個体がハト派戦略をとるときに最大になる．

5-3-2　性比理論

　多くの動物で，メスとオスの数は等しい．一夫多妻制の動物社会（例えばゾウアザラシのハーレム）においても，妻をもてない多数のあぶれオスがいて，全体としての雌雄の比は1：1である．精子を生産するオスは，1個体で多数の精子をもっているから，「種にとっての利益」を考えると，オスの数はメスの数よりずっと少なくてよいはずである．しかし，以下に述べるように，自然淘汰が個体に働くとすれば，ゲーム論的効果によって性比は1：1に進化するのである．例えば，ある動物の性比がメスに偏っているとしよう．とい

うことは，この動物の親たちは平均的にオスよりメスを多く産んでいることになる．そこに，オスを多く産む（あるいはオスのみを産む）変異個体が現れたとしよう．性比がメスに傾いているので，オス1個体が交配できるメスの平均数は1以上である．したがって，オス1匹あたりの子の数のほうがメス1匹あたりの子の数より多くなる．つまり，各個体にとって，孫の数で比較するとオスを多く産む個体が有利となるのである．性比が遺伝形質であるとすると，こういうわけで集団中にオスがだんだんと増えてくる．しかし，オスを多く産む形質が有利となるのは，性比が1:1となるまでである．逆に，オスが多い集団では，メスを多く産む個体が有利となり，性比の進化はやはり1:1へと向かう．

(a) 局所配偶競争

以上の議論が成立するためには，多数のオスとメスでランダム交配をするという仮定が必要である．もし，少数の親から生まれた子どもの間で交配が起こるとすれば，兄弟どうしが限られた数のメスをめぐって競争しなければならない（local mate competition）．そのような状況では，進化的に安定な性比はメスに傾く．1匹の寄主に多数の卵を産み込む多寄生バチで，性比が異常にメスに偏っている例が多く知られている．以下に，n個体の母親が，1つの寄主にm個ずつの卵を産むとして，孫の数を最大にするようなESS性比を求めてみよう．

$n-1$個体がx^*（オス率）の戦略を採用しているとして，1個体のみがx^*とは異なる戦略xを採用しているとしよう．この変異個体の適応度（孫の数で測る）は次のようになる．

$$W(x, x^*) = m(1-x) \times m + mx \times R \times m \tag{5.40}$$

$$R = \frac{(n-1) \times m(1-x^*) + m(1-x)}{(n-1) \times mx^* + mx} \tag{5.41}$$

式(5.40)の第1項は，{娘の数，$m(1-x)$}×{その娘の産む卵の数，m}であり，第2項は，{息子の数，mx}×{オス1匹あたりのメス獲得数，R}×{獲得したメス1匹が産む卵の数，m}である．Rは，その寄主から羽化する全メス数を全オス数で割ったものであるから式(5.41)のようになる．x^*がESSであるとすると，式(5.29)より，$W(x, x^*) < W(x^*, x^*)$となる．つまり$W(x, x^*)$はxの関数として

見たときに，$x=x^*$で最大値をとることになる．式 (5.40), (5.41) より，$W(x, x^*)$ は滑らかな連続関数であるから，その関数が最大となるとき，つまり，$x=x^*$で

$$\left.\frac{\partial W(x, x^*)}{\partial x}\right|_{x=x^*} = 0 \tag{5.42}$$

となる．この式をx^*について解けば，

$$x^* = \frac{n-1}{2n} \tag{5.43}$$

と進化的に安定な性比が求められる．

以上より，兄弟どうしが限られた数のメスをめぐって競争する場合に，進化的に安定な性比はメスに傾くが，交配集団の親の数が多ければランダム交配とみなせるので，性比は 1 : 1 となることが分かる．

(b) 社会性昆虫の性比

ハチ・アリの性比は，メスバイアスになっていることが多い．これは，ワーカーが性比を決めているからであると考えられている．式 (5.41) においてnを無限大として，さらに血縁度係数を導入して，式 (5.40) を包括適応度として一般化すると

$$W(x, x^*) = r_{FA}(1-x)m^2 + r_{MA}x\frac{1-x^*}{x^*}m^2 \tag{5.44}$$

となる．母親，つまり，女王が性比を決定する場合は，娘と息子に対する血縁度は両方とも 0.5 なので，$r_{FA} = r_{MA} = 0.5$ である．この場合，式 (5.42) を計算すると$x^* = 0.5$となり，1 : 1 の性比が得られる．

ワーカーが性比を決定する場合には，単数倍数性において妹および弟の姉に対する血縁度は 0.75 と 0.25 なので，$r_{FA} = 0.75$，$r_{MA} = 0.25$ として式 (5.42) を計算すると$x^* = 0.25$となり，オス：メス ＝ 1 : 3 のメスバイアスの性比が得られる．ワーカーは弟よりも妹との血縁度が高いのでメスバイアスの性比を好むと解釈できる．性比に関して，女王とワーカーの間に利害の不一致（コンフリクト）が生じるが，卵や幼虫の世話をするのはワーカーであり，性比を決めるのに優位な立場にあるのでコンフリクトに勝ち，メスバイアスになるとされている．これが，5-2-2 項で単数倍数性において性比がメスバイアスとなるとした理由である．

5-3-3 協力行動の進化

5-2節で血縁者に対する利他行動は進化しやすいことを示した．非血縁者間では，一方的な利他行動は進化できないが，互いに利他行動をしあうこと（相補的利他行動）や，協力することによって両者が利益を得る場合に，そのような行動は進化しうる．しかし，利他行動をしてもらうだけでお返しをしないような非協力者を排除できなければならない．自己の利益を追求する個体集団の中でどのように協力行動が進化できるかの問題は，囚人のジレンマゲームを使って分析されてきた．

囚人のジレンマゲームは表5-3の利得行列で表現できる．自分も相手も協力（C）にでれば互いに高い得点（R）を得ることができる．しかし，相手がCのとき，自分が非協力（D）であれば，自分はさらに高い得点（T）を得ることができ相手の得点（S）は非常に低いものとなる．自分がCで相手がDのときは逆の得点となる．また，両方ともDならば，両者の得点（P）は両者がCのときよりも低くなる．つまり，

$$T > R > P > S \tag{5.45}$$

である．さらに，互いに，CとDを繰り返して裏切りあいになったときの平均得点が，協力の得点よりも低いことが仮定されるので，

$$\frac{T+S}{2} < R \tag{5.46}$$

である．このとき，相手がCであれば，自分はCよりDであるほうが得であるし，相手がDであっても，自分はCよりもDであるほうが得である．つまり，相手がどちらでも自分はDが得で，相手にとっても同じことが言える．そのような合理的な判断に従えば，このゲームの結果は互いに非協力（D, D）となるが，そのとき，互いに協力（C, C）のときよりも低い得点になってしまう．これがジレンマと言われるゆえんである．

しかし，1回きりの対戦ではなく繰り返し対戦の機会がある場合には事情は異なってくる．つまり，前回の相手の行動を覚えていて次回の自分の行動に反映させることができるとする．どのような戦略が高い得点を上げることができるかを競うため，さまざまな戦略を公募してプログラム間の総当たり

表5-3 囚人のジレンマゲームの利得行列　　得点
を(自分の利得,相手の利得)で表した.得点に対
しては,式(5.45),式(5.46)が仮定される.

自分＼相手	協力 (C)	非協力 (D)
協　力 (C)	(R, R)	(S, T)
非協力 (D)	(T, S)	(P, P)

による平均得点の競争が行われたが,優勝したのはしっぺ返し(Tit-for-Tat)と呼ばれる単純な戦略だった.これは,最初にCを出し,次からは前回の相手の出した手を出すというものである.最初は礼儀正しく(C),相手が協力的(C)なら協力(C)を続け,相手が裏切れば(D)次回に直ちに裏切り返す(D).しかし,相手が悔い改め協力に戻れば,次からはすぐに協力に戻すことになる.

対戦相手の集合が決まらなければ戦略の利得が決まらないのだから,このような状況では絶対的な最適戦略を決めることはできない.しかし,Tit-for-Tatの優秀さをある程度解析的に示すことはできる.対戦した相手に再び出会って対戦する確率を w とする.このとき Tit-for-Tat が集団全体に広がったとすると,常に非協力(All-D)が侵入できない条件,つまり,Tit-for-Tat が All-D に対して進化的に安定になる条件を求めることができる.Tit-for-Tat の対戦相手はほとんどが Tit-for-Tat なので,その対戦による平均利得は,

$$W(TFT, TFT) = R + wR + w^2 R + \cdots = \frac{R}{1-w} \tag{5.47}$$

である.All-D の対戦相手もほとんどが Tit-for-Tat であるから,対戦による平均利得は,

$$W(D, TFT) = T + wP + w^2 P + \cdots = T + w\frac{P}{1-w} \tag{5.48}$$

となる.式(5.47)が式(5.48)より大きいという条件は,

$$w > \frac{T-R}{T-P} \tag{5.49}$$

である.式(5.45)より右辺の値は0と1の間にあるが,この値より再対戦の

確率wが高ければ，All-Dは侵入できない．しかし，All-Dの集団の中にはTit-for-Tatは侵入できないので，2つの戦略のなかでTit-for-Tatが増加するためにはある程度の初期頻度が必要である．

　Tit-for-Tatは優秀な戦略ではあるが，偶然起こる間違いに弱い．Tit-for-Tatどうしの対戦で一方が誤ってDを出すと，次回は相手がDを出すので，両方ともDCを繰り返すことになり，互いの裏切りが永久に続くことになり協力は維持されない．条件反射で有名な生理学者Pavlovの名前をつけたパブロフ戦略 (Pavlov strategy) は，自分の得点が高い (TかR) ときはその手を出し続け，低い (PかS) と手を変えるというものである．パブロフどうしの対戦では，誤りが起こってもその2回後には修正されて両者はCに戻るので，誤りが起きるような状況では協力を維持する安定な戦略である．

　このように利己の利益を追求する個体の集団の中でいかに協力行動が進化できるかが，囚人のジレンマゲームの枠組みによって研究されてきた．最近では，非協力個体に対するコストをかけた懲罰の導入や，協力行動が第三者に評価される評判の導入も行われ，懲罰や評判がいかに協力行動を進化させ維持させるかが調べられている．また，格子空間上のゲーム理論については2-5節に解説がある．

5-4　動的最適問題

　生物の環境は，時々刻々変化していく．また，個体の条件(空腹度，体重，年齢など)も変化していく．ここでは，動的に変化していく状況のなかで扱える最適化手法について述べる．

5-4-1　ダイナミック・プログラミング

　温帯域で厳しい冬を過ごす鳥にとって，春まで生き残ることはたいへんなことである．食べ物を捕れないと飢え死にするし，捕食者の多い危険な場所へいくと食われてしまう恐れもある．そこで，越冬のT日間の生存率を最大にするために，各日ごとにどのような場を選択すればよいかを考えてみよう．ここでは，確率的なプロセスが取り扱われる．

表 5-4 動的最適問題における場所ごとの
パラメータの値

i	a_i	b_i	c_i	y_i
1	0	0	1	−
2	0.1	0.5	1	2
3	0.5	1	1	3

簡単のために，(1) 食べ物はないが安全な場所，(2) 食べ物が捕れる確率は低いが捕食者が少ない場所，(3) 食べ物を捕れる確率が高いが捕食者も多い場所，のうち1つを毎日選択するとする．各場所 i の特徴を，捕食によって死亡する確率 a_i，食べ物が捕れる確率 b_i，代謝による体重減少 c_i，および採餌による体重増加 y_i で表す．その例を表 5-4 に与えた．

食べ物を食べても食べなくても，代謝による日あたりの体重の減少量は c で，体重が x_l にまで減少すると餓死するとする．また，いくら食べても x_u 以上に体重は増えない．そして，t 日目に体重 x であった個体が，以後，最適な行動を選んだときの最終日 T における生存確率を $W(x, t, T)$ とする．このとき次の式が成立する．

$$W(x, t, T) = \max_i (1 - a_i)\{b_i W(x', t+1, T) + (1 - b_i) W(x'', t+1, T)\} \quad (5.50)$$

$$x' = chop(x - c_i + y_i) \quad (5.51)$$

$$x'' = chop(x - c_i) \quad (5.52)$$

このとき，$chop(x)$ は x が x_l と x_u の間にあるときは x で，x_l 以下のときは x_l，x_u 以上のときは x_u をとる関数である．式(5.50)は，時点 t に期待される最終日最適生存確率が，時点 $t+1$ における最終日最適生存確率と関係づけられることを表している．個体が場所 i を選べば $1 - a_i$ の確率で捕食から生き残り，その場合，b_i の確率で食べ物を捕るので体重は x' となり，$1 - b_i$ の確率で食べ物が捕れないので体重が x'' となる．式(5.50)の各項は，$t+1$ 以後に最適な選択をしたときの最終日生存確率であり，これらのうち最大の値となる i を選択することによって時刻 t における最適生存率が得られる．

最終日において，$x > x_l$ ならば個体は生存しており，$x \leq x_l$ ならば個体は死亡しているから，$W(x, t, T)$ は

$$W(x, T, T) = 1 \ (x > x_l \text{ のとき}), \quad W(x, T, T) = 0 \ (x \leq x_l \text{ のとき}) \quad (5.53)$$

表5-5 表5-4のパラメータの値，および $c=1$, $x_l=3$, $x_u=6$, $T=5$ としたときの $W(x, t, T)$ と（最適な場所選択）

t	x=4	x=5	x=6
5	1(1)	1(1)	1(1)
4	0.5(3)	1(1)	1(1)
3	0.5(3)	0.675(2)	1(1)
2	0.5(3)	0.675(2)	0.754(2)
1	0.377(3)	0.564(2)	0.675(1)

という終端条件を満たす．ここから出発して，式(5.50)を逆向きに解いていけば，$W(x, T-1, T)$, $W(x, T-2, T)$, … を順次求めることができる．この $W(x, t, T)$ を求める手続きにおいて，自動的に t 日目に体重 x である個体が選択すべき場所を決めることができる．

非常に簡単な例として，表5-4の場合に，$c=1$, $x_l=3$, $x_u=6$, $T=5$ として，$W(x, t, T)$ と最適な場所選択を計算した結果が表5-5である．例えば $W(4,4,5)$ は次のように計算できる．式(5.50)の右辺を i ごとに計算する．

場所1を選択すれば，$t=5$ で $x=3$ になるから $W(4,4,5)=0$
場所2を選択すれば，$W(4,4,5)=0.9\times(0.5\times W(5,5,5)+0.5\times W(3,5,5))=0.45$
場所3を選択すれば，$W(4,4,5)=0.5\times 1\times W(6,5,5)=0.5$

場所3が最大値を与えるから，$W(4,4,5)=0.5$ で，最適場所選択は(3)となる．$W(5,4,5)$, $W(6,4,5)$ も同様に求めることができる．さらに，これらを使って $W(x,3,5)$ が計算できる．このようにして，$W(x,1,5)$ まで順次計算できる．

表の結果を見ると，体重の大きいものは安全な場所を選び，体重の少ないものは危険でも餌が捕れる確率が高い場所を選ぶことが分かる．また，最終日が近づいてくると安全な場所を選択する傾向が強くなることも読み取れる．

計算すべき日数が長い場合，選択すべき場所が多い場合は，式(5.50)〜(5.53)をプログラミングしてコンピュータで数値計算をすればよい．各場所における1日あたりの死亡率や食べ物を捕れる確率を一定としたが，これらが日ごとに変化する場合も $W(x, t, T)$ の計算は問題なく遂行できる．上記の場所選択のモデルでは最大化する量を生存率としたが，適応度が最終時点での

体重に依存するという場合も考えることができる.また,昆虫の採餌場所と産卵場所の選択では,適応度(総産卵数)が最終状態で決まるのではなく,各時点で産む卵の和となる.このような場合にも式(5.50)と同様な式を作ることができ,最適戦略を解くことができる.詳しくは,Mangel & Clark "Dynamic Modeling in Behavioral Ecology" (1988) を見るとよい.

5-4-2 ポントリャーギンの最大原理

生物は生まれてから死ぬまでの生活史スケジュールを生息地の環境に適応させている.つまり,最適な生活史スケジュールを選択して適応度を最大化しているのだ.時間スケジュールを最適化する数学的手法として,ポントリャーギンの最大原理(Pontryagin's maximum principle)が有効である.以下に,一年草の成長から種子生産へのスィッチを例として,この手法を解説しよう.

(a) 切替え時点の最適化

時点0で1個の種から芽を出し,最終時点Tで多くの種子を付けて枯れる一年草を考えよう.芽出しした時点での植物体の重量をC_0グラムとし,この植物はその後,光合成によって成長して葉・茎・根などの成長器官の重量を増していくとする.ある時点で成長をやめ,光合成で得た分を種子の生産に切り替えるとする.切替えの時点が早すぎれば植物のサイズが小さいままで種子生産に入るので効率が悪いだろう.また,遅すぎれば種子生産の時間が少なくなってしまう.このため,最適な切替えタイミングが存在するはずである.成長器官の増加速度が,簡単のため成長器官の量に比例するとすれば,

$$\frac{dC}{dt} = gC \tag{5.54}$$

となる(1-1節,指数成長を参照).左辺の比例係数gを成長速度と呼ぶ.時点τで成長を停止するとすれば,その時点での成長器官量は$C(\tau) = C_0 e^{g\tau}$であり,残りの期間にこの成長器官量に比例して種子を生産できるとすれば,最終時点Tでの種子生産量は,τの関数として,

$$R(T, \tau) = gC_0 e^{g\tau}(T - \tau) \tag{5.55}$$

と書ける.この量は一年草にとって次世代に残せる子の数,つまり,適応度に比例する量であるから,この量を最大化するτ^*が最適戦略となる.式(5.55)

5-4 動的最適問題

を τ で微分することによって，$T > (1/g)$ のとき

$$\tau^* = T - \frac{1}{g} \tag{5.56}$$

と求めることができる.

式(5.56)は，成長速度 g が大きいような植物種，または，成長速度が大きいような環境においては，成長から種子生産への切替えが遅くなることを示している．また，成長可能期間 T が短いほど，切替えが早くなることも分かる．

(b) スケジュールの最適化

上記(a)では，最初は成長のみで，ある時点で種子生産に切り替えることを前提にして最適戦略を求めた．ここでは，各時点で植物が光合成で生産した物質を任意の割合で成長と種子生産に振り分けることができるとしよう．種子生産への配分率 $u(t)$ は，$0 \leq t \leq T$ で0と1の間の値をとる関数である．成長器官量 C と種子量 R は次の方程式

$$\frac{dC}{dt} = (1 - u(t))gC \tag{5.57}$$

$$\frac{dR}{dt} = u(t)gC \tag{5.58}$$

を満たすが，最終時点 T での種子生産量 $R(T)$ を最大にする最適な関数 $u^*(t)$ を見つけることが問題である．このような問題はポントリャーギンの最大原理を使って解くことができる．

まず，式(5.57), (5.58)の変数に対する補助変数を λ_C, λ_R とおき，ハミルトニアンと呼ばれる次のような関数を書き下す．

$$H(C, R, \lambda_C, \lambda_R, u) = \lambda_C \frac{dC}{dt} + \lambda_R \frac{dR}{dt} \tag{5.59}$$

2つの補助変数は t の連続関数で，その時間変化が

$$\frac{d\lambda_C}{dt} = -\frac{\partial H}{\partial C}, \quad \frac{d\lambda_R}{dt} = -\frac{\partial H}{\partial R} \tag{5.60}$$

で与えられる．補助変数は限界価値とも呼ばれ，時点 t で仮に対応する変数を単位量増やしたときに最大化すべき量がどのくらい増えるかを表している．補助変数は，

$$\lambda_C(T) = 0, \quad \lambda_R(T) = 1 \tag{5.61}$$

の終端条件を満たす. なぜなら, 時点Tでは, Cを増やしてもRはもはや増えないし, Rを1増やせば最大化すべき量Rは1だけ増えるからである. 式(5.60)と式(5.61)を満たす補助変数が見つかったとき, 最適な$u(t)$は, 各時点でハミルトニアンを最大にしているというのがポントリャーギンの最大原理である. つまり, 最適解に対する必要条件を記述しているのである.

具体的に, 式(5.57), (5.58)を式(5.59)に代入すれば,

$$H(C, R, \lambda_C, \lambda_R, u) = \lambda_C(1-u(t))gC + \lambda_R u(t)gC \tag{5.62}$$

となるが, $u^*(t)$はハミルトニアンを最大化するものなので,

$\lambda_C > \lambda_R$のとき, $u^*(t) = 0$ (5.63)

$\lambda_C < \lambda_R$のとき, $u^*(t) = 1$ (5.64)

となる. さらに, 式(5.62)を式(5.60)に代入すれば,

$$\frac{d\lambda_C}{dt} = -g(\lambda_C(1-u(t)) + \lambda_R u(t)) \tag{5.65}$$

$$\frac{d\lambda_R}{dt} = 0 \tag{5.66}$$

が得られる.

式(5.61)と式(5.66)より, λ_Rは定数でその値は1であることが分かる. 次に, 式(5.65)を$t=T$から逆向きに解いていこう(図5-7). $t=T$では$\lambda_C=0$, $\lambda_R=1$であるから, 式(5.64)より$u^*(t)=1$であるので, 式(5.65)は,

$$\frac{d\lambda_C}{dt} = -g \tag{5.67}$$

となる. 式(5.67)よりλ_Cは$(T, 0)$から出発する傾きが$-g$の直線であり, 式(5.64)は$\lambda_C < \lambda_R$である限り成立するので, λ_Cは直線のまま$(T-1/g, 1)$に達する. λ_Cが1を超えると$\lambda_C > \lambda_R$となるので, 式(5.63)より$u^*(t)=0$となり, 式(5.65)は

$$\frac{d\lambda_C}{dt} = -g\lambda_C \tag{5.68}$$

となる. このときの傾きは負なのでλ_Cはさらに増加する. さらに, tが0に到達するまで$\lambda_C > \lambda_R$の関係は変わらないので, $u^*(t)=0$のままでありλ_Cは増加を続ける.

以上の結果, $R(T)$を最大化する最適なスケジュールは, 最初は成長器官のみに生産物を配分し, $t=T-1/g$の時点で種子生産に切り替え, 最後まで

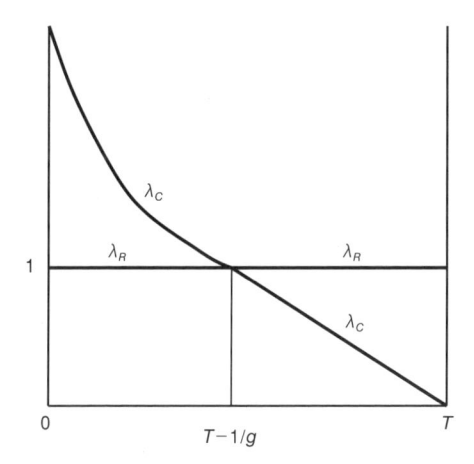

図5-7 補助変数の計算方法と，最適スケジュールを求める方法

種子生産のみを続けることであることが分かった．このように0と1のみを切り替えるような最適解はバンバン制御 (bang-bang control) と呼ばれるが，式のなかに $u(t)$ の非線形項が入るような問題では，$u^*(t)$ が0と1の間の値をとる特異解も出てくることがある．ポントリャーギンの最大原理は，最適解が満たす必要条件を与えるものなので，常に解析的に解を導出できるとは限らない．しかし，数値計算で必要条件を満たす解を探索することはできるので，最適な生活史スケジュールを求める問題には有効な数理的手法となる．

植物の生産の，地上部（茎や葉）と地下部（根）への配分スケジュールや，成長器官と防御物質への配分スケジュールの問題も，このポントリャーギンの最大原理によって解かれている．この節の内容は，山村 (1994) にも解説されている．

演習問題

問題 5-1 生存率関数を $S(x) = bx^2/(x^2 + c^2)$ とすれば，$S(x)$ はS字型曲線となることを，微分を計算することによって示せ．また，$S(x)$ の変曲点は $\hat{x} = c/\sqrt{3}$ であることを示せ．

問題 5-2 上の $S(x)$ を使った場合，式(5.1)の $W(x)$ を最大にする x の最適値 x^* を，

関数の増減表を作ることによって求めよ．また，$x^* = \sqrt{3}\hat{x}$ であることを示せ．

問題 5-3　式 (5.2) のなかの餌獲得量を $g(x) = N(1 - e^{-ax})$ とすれば，このグラフは原点から単調増加して N に漸近する曲線となることを示せ．

問題 5-4　式 (5.4) の微分方程式の解は，$g(x) = N(1 - e^{-ax})$ となることを示せ．

問題 5-5　式 (5.6) より式 (5.7) を導け．

問題 5-6　$W_G > W_D$ より式 (5.13) を導け．

問題 5-7　血縁度係数が，叔父と姪間では 0.25，いとこ間では 0.125 であることを示せ．

問題 5-8　式 (5.36) と式 (5.37) の p を変数とするグラフを書くことによって，式 (5.39) のダイナミクスを調べ，どのような平衡点に到達するかを調べよ．

問題 5-9　タカ・ハトゲームで混合戦略を許すとき，$C < V$ ならばタカ派戦略がESSとなり，$C > V$ ならば確率 $f = V/C$ でタカ派として振る舞う混合戦略がESSとなることを示せ．

問題 5-10　タカ・ハトゲームで，集団全体としての適応度（子どもの総数）は，全ての個体がハト派戦略をとるときに最大になることを示せ．

問題 5-11　局所配偶競争における性比の式 (5.43) を導け．また，この式は n の増加関数で，n が大きいとき 0.5 に近づくことを示せ．

問題 5-12　式 (5.44) より，ワーカー決定性比が 1：3 になることを示せ．

問題 5-13　All-D の集団の中には，少数の Tit-for-Tat は侵入できないことを示せ．

問題 5-14　Tit-for-Tat が増加するために必要な初期頻度を計算せよ．

問題 5-15　パブロフどうしの対戦で，誤りが直ちに修正されることを示せ．

問題 5-16　表 5-5 のなかの数値を実際に計算してみよ．

問題 5-17　表 5-4 において，場所 2 や場所 3 を選択したときは，場所 1 にいるときよりも代謝量が大きいことが考えられるので，$c_1 = 1$, $c_2 = 2$, $c_3 = 2$ と変更して，表 5-5 に相当する $W(x, t, T)$ と最適な場所選択を計算せよ．

問題 5-18　最適切替え時点の式 (5.56) を導け．

問題 5-19　$T < 1/g$ のときの最適切替え時点 τ^* を求めよ．

6章
遺伝の数理

(山村則男)

　子は親によく似ている．親の形質が子に遺伝するからであるが，その物質的基盤は塩基が重合したDNAであることはよく知られている．DNAの情報(塩基配列)がアミノ酸の配列としてタンパク質に翻訳されて生命活動の基盤となるが，タンパク質単位のDNA情報が遺伝子である．この章では，集団中での遺伝子の変化を記述する集団遺伝学のモデルについて解説する．

6-1　集団遺伝学の基本的概念

6-1-1　遺伝と進化

　通常の生物では，DNAを含む染色体は2個が対になっており二倍体と呼ばれる．したがって各個体は，1つの機能を発現するタンパク質の遺伝子を2個もっていることになる．生物の種が決まれば，DNAの塩基配列はおおかた同じであるが，個体によってところどころに違いがある．この違いは，遺伝子の複製のときのエラー(突然変異)によって生じる．各個体は，染色体のある位置(遺伝子座)に2個の遺伝子をもつが，複数の変異遺伝子が存在するとき，その1つ1つを対立遺伝子と呼ぶ．遺伝子の詳しい物質的実態およびその情報の解析法は第8章に解説されている．

　有性生殖する二倍体生物では，生殖のときに二倍体の細胞が減数分裂して単数体の生殖細胞(配偶子)を作り，両親の生殖細胞が合体して再び二倍体の

受精卵(接合子)となる．子の遺伝子座の2個の遺伝子は一方が母由来であり，他方は父由来となる．今ある遺伝子座に2つの対立遺伝子(A_1とA_2)があるとしよう．集団の個体数をNとすると，集団全体ではその遺伝子座に$2N$個の遺伝子がある．このうちのA_1の数の割合がA_1の遺伝子頻度であり，pと表すと，次世代ではこの頻度が変化する可能性があり，その遺伝子頻度の変化が進化である（地質学的歴史のなかでの生物の形態変化，染色体の構造の変化などの大進化と区別して小進化と呼ぶこともある）．この遺伝子座に関して，各個体はA_1A_1かA_1A_2かA_2A_2のいずれかとなる．これらを遺伝子型と呼ぶ．1つの遺伝子座に同じ対立遺伝子をもつ遺伝子型（A_1A_1とA_2A_2）の個体をホモ接合体，異なる対立遺伝子をもつ遺伝子型（A_1A_2）の個体をヘテロ接合体と言う．

この章では，遺伝子頻度および遺伝子型頻度の変化を記述する数学的方法である集団遺伝学の遺伝子座モデルについて解説する．さらに後半では，遺伝形質の平均値の変化を記述する量的遺伝学（集団遺伝学の1分野）についても解説する．

(a) ハーディ・ワインベルグの法則

ランダム交配する二倍体生物の集団において，A_1A_1, A_1A_2, A_2A_2の遺伝子型の頻度をそれぞれx_{11}, x_{12}, x_{22} ($x_{11}+x_{12}+x_{22}=1$) とする．これらの個体が次世代に供給する遺伝子のうち対立遺伝子A_1の頻度は，

$$p = x_{11} + \frac{1}{2}x_{12} \tag{6.1}$$

であり，対立遺伝子A_2の頻度は，

$$q = x_{22} + \frac{1}{2}x_{12} \tag{6.2}$$

であり，当然$p+q=1$である．親がランダム交配をするとき，次世代の遺伝子型は親が作る遺伝子プールからランダムに2個の遺伝子を選び出すことで決まると考えることができるので，次世代の遺伝子型頻度は，

$$x_{11} : x_{12} : x_{22} = p^2 : 2pq : q^2 \tag{6.3}$$

となる．その次の世代への遺伝子プールにおけるA_1とA_2の頻度は，式(6.3)を式(6.1)と式(6.2)に用いて得られるが，その値はpとqで変わらない．つまり，交配がランダムであり，他に遺伝子型頻度を変える要因がなければ（後で

表6-1 親の遺伝子型の組み合わせからのハーディ・ワインベルグの比の導出

親の遺伝子型	(頻度)	子の遺伝子型頻度		
		A_1A_1	A_1A_2	A_2A_2
$A_1A_1 \times A_1A_1$	(x_{11}^2)	1	0	0
$A_1A_2 \times A_1A_2$	(x_{12}^2)	1/4	1/2	1/4
$A_2A_2 \times A_2A_2$	(x_{22}^2)	0	0	1
$A_1A_1 \times A_1A_2$	$(2x_{11}x_{12})$	1/2	1/2	0
$A_1A_1 \times A_2A_2$	$(2x_{11}x_{22})$	0	1	0
$A_1A_2 \times A_2A_2$	$(2x_{12}x_{22})$	0	1/2	1/2

詳述する)，1世代目の遺伝子型頻度がいかなるものであっても，遺伝子頻度は変化せず，2世代以降の遺伝子型頻度は常に式(6.3)(ハーディ・ワインベルグの比)となる．これがハーディ・ワインベルグの法則 (Hardy-Weinberg principle) といわれるもので，逆にハーディ・ワインベルグの比が成立していなければ，交配がランダムでないか，他に遺伝子型頻度を変える要因が存在すると言える．

式(6.3)は，遺伝子プールの考えを使わないで，配偶者の遺伝子型から直接計算することもできる．遺伝子型が3種あるので，配偶のタイプは，$A_1A_1 \times A_1A_1$，$A_1A_2 \times A_1A_2$，$A_2A_2 \times A_2A_2$，$A_1A_1 \times A_1A_2$，$A_1A_1 \times A_2A_2$，$A_1A_2 \times A_2A_2$の6種類である．ランダムに交配するとすれば，それらの交配の頻度は$x_{11}^2 : x_{12}^2 : x_{22}^2 : 2x_{11}x_{12} : 2x_{11}x_{22} : 2x_{12}x_{22}$である．それぞれの交配タイプから子の遺伝子型は一定の比で現れる．表6-1にこの比を示した．

この表から，子の世代の遺伝子型頻度の計算ができる．例えば，子の世代のA_1A_1の頻度は$x_{11}^2 + \frac{1}{4}x_{12}^2 + \frac{1}{2}2x_{11}x_{12} = \left(x_{11} + \frac{1}{2}x_{12}\right)^2$となり，式(6.1)より$p^2$に等しい．同じようにして，子の世代の$A_1A_2$と$A_2A_2$の頻度を求めることができ，式(6.3)を得ることができる．表6-1のような計算は，交配がランダムでないときや，遺伝子型ごとに適応度の差があるときにも有効である．

一般に，対立遺伝子がn個あり，それらの遺伝子頻度をp_iとしたとき，ホモ接合体の割合

$$G = \sum_{i=1}^{n} p_i^2 \tag{6.4}$$

をホモ接合度，

$$H = 1 - G = 1 - \sum_{i=1}^{n} p_i^2 \tag{6.5}$$

をヘテロ接合度と呼ぶ. 後者は, 集団の遺伝的多様性の指標として用いられる.

(b) 同類交配

交配がランダムではなく, 同じ遺伝子型どうしがより多く交配するとき交配システムは同類交配であると言われる. ランダムな交配以上に同じ遺伝子型が交配する確率を F とおくと, 子の遺伝子型頻度は,

$$p^2(1-F) + pF : 2pq(1-F) : q^2(1-F) + qF \tag{6.6}$$

となる. つまり, 同類交配があると遺伝子型頻度は式 (6.3) のハーディ・ワインベルグの比からずれる. 近親交配が起きるときには, 当然, 同類交配が起きる. このとき, F の値を近郊係数と言う. 遺伝子型の異なるものどうしがより交配しやすい異類交配の場合は, F の値を負にすることで表現できる. 同類交配は同所的種分化において重要な働きをすることが知られている.

6-1-2 遺伝子頻度の変化

(a) 突然変異

遺伝子は, 配偶子を作るときの複製のエラーによって異なる遺伝子に変わることがある. これを突然変異と言い, 遺伝子プールの中のある対立遺伝子が別の対立遺伝子にある確率で変化するというふうに定式化できる. A_1 から A_2 への突然変異率を u とすると, A_1 の遺伝子頻度の変化は,

$$p' = (1-u)p \tag{6.7}$$

となる. 両方向の突然変異がある場合は, A_1 から A_2 への突然変異率を u_+ とし, A_2 から A_1 への突然変異率を u_- とすれば, 遺伝子頻度の変化は

$$p' = (1-u_+)p + u_- q \tag{6.8}$$

となる. したがって, 突然変異による1世代あたりの遺伝子頻度の変化は,

$$\Delta_u p = p' - p = u_+ p + u_- q \tag{6.9}$$

となる.

(b) 自然選択

異なる遺伝子型をもつ個体は異なる形質をもつので, ある環境条件のもとで生存率や繁殖力に差が生じる. その結果, 次世代に残せる遺伝子の数に差

6-1 集団遺伝学の基本的概念

が生じ，世代間で遺伝子頻度の変化が起きる．これが，ダーウィンの自然選択による進化論の数学的表現である．自然選択による遺伝子頻度の変化は以下のように計算できる．前世代の親の集団が作った遺伝子プール（A_1 の遺伝子頻度が p）から，A_1A_1, A_1A_2, A_2A_2 の遺伝子型の子がハーディ・ワインベルグの比 $p^2 : 2pq : q^2$ で作られる．

おのおのの遺伝子型の親になるまでの生存率を $w_{11} : w_{12} : w_{22}$ とすれば，親の遺伝子型頻度は，

$$\frac{w_{11}p^2}{\overline{w}} : \frac{2w_{12}pq}{\overline{w}} : \frac{w_{22}q^2}{\overline{w}} \tag{6.10}$$

となる．ただし，

$$\overline{w} = w_{11}p^2 + 2w_{12}pq + w_{22}q^2 \tag{6.11}$$

は集団の平均生存率であり，式 (6.10) の各項の和が 1 になるようにしてある．これらの親から作られる遺伝子プールにおける A_1 の遺伝子頻度は式 (6.1) を用いて，

$$p' = \frac{w_{11}p^2 + w_{12}pq}{\overline{w}} \tag{6.12}$$

となる．さらに，

$$p' - p = \frac{pq\{(w_{11} - w_{12})p + (w_{12} - w_{22})q\}}{\overline{w}} \tag{6.13}$$

と変形できる．

ここでは，生存率を w_{ij} としたが，遺伝子型によって繁殖力（産める子の数）が異なる場合は，生存率と繁殖率を掛けたもの（適応度）を w_{ij} とすれば，式 (6.12) と同じ計算が成立する．遺伝子型 A_1A_1 の適応度を 1 として相対的に表したものが相対適応度で，$1 : (w_{12}/w_{11}) : (w_{22}/w_{11})$ となるが，一般に $w_{11} > w_{22}$ と仮定してよいので，A_1A_1, A_1A_2, A_2A_2 の相対適応度を

$$1 : 1 - hs : 1 - s \tag{6.14}$$

と書くことができる．ここで $s\,(0 \leq s \leq 1)$ は，遺伝子型 A_2A_2 の A_1A_1 に対する相対的な適応度の低さを表す量で選択係数と呼ばれる．h はヘテロ接合効果と呼ばれる量でヘテロ接合の遺伝子型の適応度がホモ接合のそれに比べてどのような値をとるかを表している．この値は正にも負にも 0 にもなりうる．w_{ij} の代わりに相対適応度を用いても，式 (6.13) が成立することは容易に分か

るだろう.

　ヘテロ接合効果 h は,遺伝子 A_1 の遺伝子 A_2 に対する優性度を表しているとも言える. $h=0$ のときは, A_1A_2 は A_1A_1 と同じ適応度をもつので, A_1 は A_2 に対して優性(逆に A_2 は A_1 に対して劣性)と呼ばれる. $h=1$ のときは, A_1 が劣性で A_2 が優性となる. $0<h<1$ の場合は不完全優性と呼ばれるが,特に $h=0.5$ のときは, A_1A_2 の適応度が A_1A_1 と A_2A_2 の適応度の平均となっているので相加的と呼ばれる. $h<0$ のときは, A_1A_2 の適応度が A_1A_1 および A_2A_2 のいずれの適応度よりも大きいので超優性と呼ばれる. $h>1$ のときは, A_1A_2 の適応度が A_1A_1 および A_2A_2 のいずれの適応度よりも小さいので負の超優性と呼ばれる. 負の超優性は種分化のモデルに用いられることがある. 遺伝子型 A_1A_1 と遺伝子型 A_2A_2 の交配で生ずる遺伝子型 A_1A_2 の適応度が低下する場合, A_1A_1 型と A_1A_2 型への種分化が起こりやすいからである.

　相対適応度を使って式(6.12)を書き直すと,自然選択による遺伝子頻度の変化は,

$$\Delta p_s = p' - p = \frac{pqs\{ph+q(1-h)\}}{1-2pqs-q^2s} \tag{6.15}$$

となる. 分母は式(6.11)より正の量であるから,分子の符号が遺伝子 A_1 の増減を決める. A_1 が A_2 に対して優性もしくは不完全優性のとき($0 \leq h \leq 1$),式(6.15)の分子の符号は正だから p は常に増加し,最終的に1に漸近する. すなわち一方的に遺伝子 A_1 が増加を続ける. ただし, p が0や1に近いときは分子の値が0に近いので非常にゆっくりと変化することが分かる. もし,遺伝子の集団の中に少数の遺伝子が導入されたときには,最初はゆっくりと増加し,その頻度が増えるに従って増加速度が増し,ほぼ集団の全体を占めるようになるとその増加速度は再び遅くなるのである.

　超優性($h<0$)の場合,式(6.15)の分子を0とおくと, $q=1-p$ を用いて,遺伝子頻度の平衡値を

$$p^* = \frac{1-h}{1-2h} \tag{6.16}$$

と求めることができる. この値は0.5と1の間にあり, $p<p^*$ のとき Δp_s は正となるので遺伝子頻度は増加する. 逆に, $p>p^*$ のとき Δp_s は負となるので遺伝子頻度は減少する. すなわち $0<p<1$ のどの初期値から出発しても,最

終的にはA_1の遺伝子頻度は安定平衡点p^*に近づき，遺伝子頻度の多型が保たれることになる．

負の超優性($h>1$)の場合，式(6.16)のp^*は0と0.5の間にある．このときは，$p<p^*$のときΔp_sは負となるので遺伝子頻度は減少するが，$p>p^*$のときΔp_sは正となるので遺伝子頻度は増加する．すなわち，p^*は不安定平衡点であり，A_1の遺伝子頻度が小さいときは消滅に向かい，A_1の遺伝子頻度が大きいときにはA_2が消滅に向かう．

式(6.13)は，次のように書くことができる．

$$\Delta p_s = \frac{pq}{2\overline{w}} \frac{d\overline{w}}{dp} \tag{6.17}$$

この式は，Δp_sと$d\overline{w}/dp$の符号が一致しているので，集団の平均適応度$\overline{w}$が増加する方向に遺伝子頻度が変化することを表している．つまり進化は集団の適応度が最大化する方向に向かう．これが，フィッシャーの自然選択の基本原理と呼ばれているものである．ただし，この原理は一遺伝子座で適応度が遺伝子頻度に依存しないような簡単な場合のみに成立する．

6-1-3　遺伝的多様性維持のメカニズム

有性生殖する集団においては，全ての個体が同じ遺伝形質をもっているわけではなく，集団全体として遺伝的多様性を維持している．1つの遺伝子座に注目すれば，そこに2つ以上の対立遺伝子が共存することがあるからである．集団中に遺伝的多様性が維持されることは，自然の環境変動を乗り越えて集団が絶滅せずに生き残っていくために重要であると考えられている．この対立遺伝子の共存のメカニズムは何であろうか．これには，自然選択によるものと中立説による説明がある．この項では，自然選択による共存のメカニズムについて説明する．

(a) 超優性

前項で示したように，ヘテロ接合体の適応度がホモ接合体の適応度よりも高い場合には2つの対立遺伝子は共存する．この超優性で，最も有名な例は鎌形赤血球症遺伝子である．この遺伝子をヘテロでもつ(A_1A_2)と，通常遺伝子をホモでもつ場合(A_1A_1)と比べてマラリアに対する抵抗性が増すが，ホモ

でもつ(A_2A_2)と極度の貧血を起こし死に至る．このとき，遺伝子頻度の変化は，式(6.15)で$s=1$とおいて得られる．最近では，免疫に関与するMHC (major histocompatibility complex：主要組織適合遺伝子複合体)遺伝子で超優性型の自然選択が働いていると言われている．多様な遺伝子をもつほうが，病原生物のさまざまな株に対抗できるからである．

(b) 突然変異と自然選択のバランス

分子レベルで起きる突然変異の多くは，変異した遺伝子が有害である場合が多い．A_1に小さい確率で起きる突然変異によってA_2が生じるが，自然選択によって短時間にA_2が減少していく場合，突然変異と自然選択のバランスによって，A_2が小頻度で保たれるだろう．A_1が不完全優性か劣性のとき($0 < h \leq 1$)，pが1に近くqが0に近いという近似を行うと，式(6.15)は$\Delta p_s = qhs$となり，式(6.7)は$\Delta p_u = -u$となる．バランスの式$\Delta p_u + \Delta p_s = 0$より$A_2$の平衡頻度を求めると，

$$q^* = \frac{u}{hs} \tag{6.18}$$

となる．

(c) 頻度依存選択

少数の遺伝子型のほうが多数を占める遺伝子型よりも適応度が大きい場合，少数になった遺伝子型が増加して2つの対立遺伝子が共存すると考えられる．例えば，A_1が優性($w_{11} = w_{12} = 1$)で，A_2A_2の適応度がその頻度(q^2)の減少関数($w_{22} = 1 - s(q^2 - q_0^2)$)のとき，式(6.13)を使って$q^* = q_0$となる．分子レベルでの明確な頻度依存選択は見つかっていないが，行動レベルの現象を集団遺伝学モデルで表現するときに，このような頻度依存選択のモデルがよく使われる．頻度依存選択は，5章の適応戦略の数理におけるゲームモデルに対応している．

6-1-4 遺伝的浮動と中立説

(a) 遺伝的浮動

前項で，自然選択が働けば遺伝子頻度が変化することを述べたが，自然選択が働かなくても(全ての遺伝子型の適応度が等しいとき)，遺伝子頻度は変

6-1 集団遺伝学の基本的概念

化しうる．有限の個体数 N の集団の中で，全ての個体が子を残すわけではなく，子を残せたとしてもその数にはランダムな差が出るからである．このようなランダムな遺伝子頻度の変化（遺伝的浮動）を表現するために，集団遺伝学では，次のようなライト・フィッシャーモデル（Wright-Fisher model）と呼ばれる確率モデルを採用している．

N 個体がもつ $2N$ 個の遺伝子からランダムに2個の遺伝子を選び，次世代の個体の遺伝子型とする．そのようなランダムな選択を N 回行い次世代の集団とする．このプロセスは，$2N$ 個の遺伝子から $2N$ 個の遺伝子を，繰り返しを許してランダムに選ぶプロセスと同じである．このプロセスを世代交代のたびに繰り返し行う．

対立遺伝子が A_1 と A_2 の2個である場合，A_1 の遺伝子頻度は世代を経過するに従ってランダムに変動する．数学的には，次世代に $p'=m/2N$ となる確率は，1回の事象が確率 p で起きる現象が $2N$ 回のうち m 回起きることと同等なので，その確率は2項分布で表される．図6-1は，$N=20$ で A_1 の初期頻度が $p=0.4$ のときに，遺伝子頻度の変化を100世代までシミュレーションし

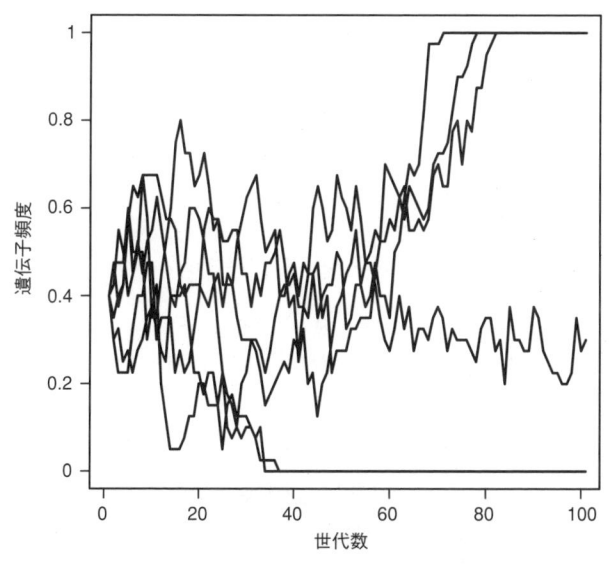

図 6-1 中立説による遺伝子浮動

たものである．遺伝子頻度は上下に変動するが，6回のシミュレーションのうち2回は途中で$p=0$に達し，3回は$p=1$に達し，それ以後は変化しなかったが，1回は100世代目で$p=0.3$であった．最後の場合も，世代数をさらに増やしていけば$p=0$か$p=1$のいずれかに到達するはずである．全ての遺伝子が単一の対立遺伝子になったとき，それ以降に遺伝子頻度の変化がないのは当然のことで，このとき，その対立遺伝子が固定したと言う．

ライト・フィッシャーモデルの特徴は，はじめたくさんの対立遺伝子が共存していても，いずれはどれか1つの対立遺伝子が集団に固定することである．遺伝的浮動による遺伝子の多様性の減少のプロセスは，ヘテロ接合度の減少のプロセスとして表現できる．式(6.5)のヘテロ接合度は，「$2N$個の遺伝子から繰り返しを許してランダムに2個の遺伝子を選ぶとき，それらが異なる対立遺伝子である確率」と解釈することができる．したがって，t世代目のヘテロ接合度は$t-1$世代目のヘテロ接合度を使って，

$$H_t = \left(1 - \frac{1}{2N}\right) H_{t-1} \tag{6.19}$$

と書ける．$1-1/2N$は，ランダムに選んだ2つの遺伝子が同じ遺伝子でない確率であり，それらの遺伝子は$t-1$世代の遺伝子からランダムに選ばれたものであり，H_{t-1}はそれらが異なる対立遺伝子である確率であるからである．式(6.19)はヘテロ接合度が1世代あたり$1/2N$の割合ずつ減少していくが，集団の個体数が小さいほどその減少率が大きいことを示している．1世代目で$2N$個の遺伝子が全て異なる対立遺伝子であるとき，$H_1=1-1/2N$であるので，

$$H_t = \left(1 - \frac{1}{2N}\right)^t \tag{6.20}$$

となる．この値はtが増すにつれて急速に減少して0に近づいていく．H_tが0に近いということは，任意に選んだ2つの遺伝子が1世代目での同じ遺伝子であった確率が1に近いということなので，このとき，どれかの遺伝子が集団全体を占めている（固定している）確率が1に近いことになる．

まとめると，自然選択がなくても，個体あたりの子の数のランダムな変異によって遺伝子頻度は確率的に変動する．この遺伝的浮動は，集団サイズが小さいほど大きく，より短時間で1つの遺伝子が集団中に固定する．どの遺

伝子が集団全体を占めるかは同等であるから，特定の1個の遺伝子が固定する確率は$1/2N$である．遺伝子の多様性の減少は，ヘテロ接合度の減少として表現できるが，ライト・フィッシャーモデルでの減少率は$1-1/2N$である．実際の集団では交配がランダムでなかったり，オスとメスが存在してそれらの数が違ったりするので，ヘテロ接合度の減少率は異なったものになる．しかし，その減少率が$1-1/2N_e$となるようにN_eを定義して，これを有効集団サイズと呼ぶ．

(b) 中立説

6-1-3項で示したように，遺伝子に見られる多様性は，自然選択説では，主に超優性か突然変異-自然選択バランスにより説明されてきた．木村資生は，自然選択がなくても突然変異と遺伝的浮動によって多様性は説明できるという分子進化の中立説を主張した．特に，分子レベルでの多様性は中立説で説明できる部分が大きいとされている．

突然変異が集団中に存在しない対立遺伝子を生じるとすれば，それによってヘテロ接合度は増加する．任意に選んだ2つの遺伝子が異なる遺伝子であれば，そのいずれに突然変異が起きても異なる遺伝子であることに変わりはない．2つの遺伝子が同じ対立遺伝子の場合には，突然変異によって異なる遺伝子となる．突然変異率uが小さいとすると，いずれかの遺伝子に突然変異が起きる確率は$2u$なので，突然変異によるヘテロ接合度の1世代あたりの増加量は，

$$\Delta H_u = 2u(1-H) \tag{6.21}$$

となる．この増加が，遺伝的浮動によるヘテロ接合度の減少量$(1/2N_e)H$と平衡状態では一致するはずであるから，

$$H = \frac{4N_e u}{4N_e u + 1} \tag{6.22}$$

と中立説による平均ヘテロ接合度の式を求めることができる．

中立説では，集団に生じた1個の突然変異が遺伝的浮動によって集団全体に固定することによって進化が起きる．このような遺伝子の置き換わりの率が進化速度である．突然変異率uが小さいとすると，$2N$個の遺伝子のうち1つに突然変異が起きる確率は$2Nu$であり，その遺伝子の固定確率が$1/2N$

であるから，進化速度は，

$$2Nu \times \frac{1}{2N} = u \tag{6.23}$$

となる．つまり，中立説においては，進化速度は突然変異率に比例する．突然変異率が一定であるから分子進化速度は一定であることを基礎にして，遺伝子のDNA変異の種間比較から分子系統樹が描かれる．

6-2 遺伝子座モデル

前節では，生物に多く見られる遺伝システムである二倍体を基礎にして，集団遺伝学の基本的概念を説明した．ここでは，他の遺伝システムにおける一遺伝子座モデルを紹介し，さらに二遺伝子座モデルについても説明する．

6-2-1 単数体モデル

このモデルは，単為生殖などにより，親1個体から生じる子の遺伝子型が全て親のものと同一の場合に使われる．対立遺伝子がA_1とA_2の2個のとき，遺伝子型も同じA_1とA_2の2種類である．したがって遺伝子頻度と遺伝子型頻度は同一で，A_1の頻度pで表現できる．A_1とA_2の適応度をw_1とw_2で表すと，自然選択による遺伝子頻度の変化は，

$$p' - p = p(1-p) \frac{w_1 - w_2}{w_1 p + w_2 (1-p)} \tag{6.24}$$

となる．$w_1 > w_2$のときpは増加し，$w_1 < w_2$のときpは減少する．つまり，適応度の高い遺伝子型の頻度が増すという単純な結果となる．適応度が頻度依存となる場合など，複雑さを避けるために単数体モデルを用いることも多い．

6-2-2 単数倍数体(性染色体)モデル

ハチやアリの遺伝システムは特異で，メスは二倍体でオスは単数体である．受精卵からはメスが発生し，未受精卵からはオスが発生する．XY性決定(XXがメスでXYがオス)の二倍体でもY染色体の上にはほとんど遺伝子がないので，X染色体上の遺伝子については，単数倍数体と同じ遺伝システムとなる．

対立遺伝子が2個のとき，メスの遺伝子型はA_1A_1かA_1A_2かA_2A_2の3種類であるが，オスの遺伝子型はA_1かA_2の2種類である．ある世代でのメスにおけるA_1の遺伝子頻度をp_fとし，オスにおけるA_1の遺伝子頻度をp_mとおく．次世代のメスの遺伝子型の頻度$(x_{11}:x_{12}:x_{22})$は，メスの遺伝子プールからランダムに1個選び，オスの遺伝子プールからランダムに1個選ぶことにより計算することができる．つまり，

$$x_{11}:x_{12}:x_{22}=p_f p_m : p_f(1-p_m)+(1-p_f)p_m : (1-p_f)(1-p_m) \tag{6.25}$$

となる．この世代の遺伝子頻度は，

$$p_f' = p_f p_m + \frac{p_f(1-p_m)+(1-p_f)p_m}{2} = \frac{p_f+p_m}{2} \tag{6.26}$$

となる．オスにおける遺伝子頻度は，前世代のメスにおける遺伝子頻度を受け継ぐので，

$$p_m' = p_f \tag{6.27}$$

となる．式(6.26)と式(6.27)より，

$$p_f' - p_m' = -\frac{1}{2}(p_f - p_m) \tag{6.28}$$

となるので，メスとオスの遺伝子頻度の差は世代を経るに従って小さくなっていくことが分かる．また，

$$\frac{2}{3}p_f' + \frac{1}{3}p_m' = \frac{2}{3}p_f + \frac{1}{3}p_m \tag{6.29}$$

なので，$(2/3)p_f+(1/3)p_m$は世代によらず一定の値となる．世代数が十分大きくなり，$p_f=p_m=p$とみなせるならば，式(6.29)より，最終的に到達するpは$p=(2/3)p_f+(1/3)p_m$を満たすことが分かる．このとき，式(6.25)より，メスの遺伝子型頻度は，式(6.3)のハーディ・ワインベルグの比となることも分かる．

6-2-3 二遺伝子座モデル

二倍体生物の二遺伝子座のそれぞれに，対立遺伝子が2つずつ（一方にA_1とA_2，他方にB_1とB_2）あるとしよう．ある世代が放出する配偶子の遺伝タイプは，A_1B_1とA_1B_2とA_2B_1とA_2B_2の4種類であり，これらが遺伝子プールを構成する．次世代の個体の遺伝子型は，これらの配偶子タイプから繰り

返しを許して2個ランダムに選ぶことによって構成できる．したがって遺伝子型は10種類ある．二遺伝子座モデルの特徴は，2つの遺伝子座には一般に相関があることである．2つの遺伝子座が同一の染色体上にあるとすれば，これらの間に組換えが起きるとしても，いったん結び付いた遺伝子の組み合わせは，世代を経て維持されるからである．

今，遺伝子プールにおけるA_1B_1とA_1B_2とA_2B_1とA_2B_2の配偶子頻度を$x_1:x_2:x_3:x_4$ $(x_1+x_2+x_3+x_4=1)$とする．A_1の遺伝子頻度を$p_1(=x_1+x_2)$，B_1の遺伝子頻度を$p_2(=x_1+x_3)$として，各タイプ間の組換え率をrとすると，組換えプロセスの後の配偶子頻度は以下のようになる．

$$x_1' = (1-r)x_1 + rp_1p_2 \tag{6.30}$$

$$x_2' = (1-r)x_2 + rp_1(1-p_2) \tag{6.31}$$

$$x_3' = (1-r)x_3 + r(1-p_1)p_2 \tag{6.32}$$

$$x_4' = (1-r)x_4 + r(1-p_1)(1-p_2) \tag{6.33}$$

例えば，式(6.30)は，A_1B_1に組換えが起きないときと，A_1を含む配偶子とB_1を含む配偶子の間に組換えが起きたときに，A_1B_1が生じることを意味している．突然変異や自然選択や遺伝的浮動などの組換え以外の変動要因がなければ，これらの式は世代間の配偶子頻度の変化を表す式となる．まず，これらからA_1の遺伝子頻度p_1とB_1の遺伝子頻度p_2は変化しないことが分かる．

$D = x_1 - p_1p_2$とおくと，$-D = x_2 - p_1(1-p_2)$，$-D = x_3 - (1-p_1)p_2$および$D = x_4 - (1-p_1)(1-p_2)$となり，Dは実際の配偶子頻度の遺伝子のランダムな組み合わせによる配偶子頻度からのずれを表しているので，これを連鎖非平衡と呼んでいる．さらに，

$$D = x_1x_4 - x_2x_3 \tag{6.34}$$

となり，A_1とB_1およびA_2とB_2の結合の強さを表す指標となっていることが分かる．式(6.30)から式(6.33)は，Dを使って以下のように書き換えることができる．

$$x_1' - x_1 = x_4' - x_4 = -rD \tag{6.35}$$

$$x_2' - x_2 = x_3' - x_3 = rD \tag{6.36}$$

さらに

$$D' = (1-r)D \tag{6.37}$$

が導けるので，D の絶対値は毎世代 $1-r$ 倍になるので減少していき 0 に近づくことが分かる．つまり，各配偶子頻度は遺伝子のランダムな組み合わせによる頻度（連鎖平衡）に近づくことになる．式 (6.37) より，この速さは組換え率 r が大きいほど大きいことが分かる．自然選択が働くときは，特定の遺伝子の組み合わせが有利になることがあるので，D が 0 に近づくとは限らない．

6-2-4 個体ベースモデル

前項までは，集団の遺伝構造の変化を扱うのに，特定の遺伝子型が集団中に占める頻度，つまり遺伝子頻度を変数として変化の方程式を記述した．しかし，遺伝子座や対立遺伝子の数が増えると，頻度の変化を記述する式が複雑となり，その解析が不便で困難となる．このようなとき，有限数の個体をコンピュータの中に設定して，各個体の遺伝子型を全て記載し，その変化を遺伝メカニズムに従って計算していく方法がとられる．遺伝のモデルに限らず，有限数の個体の属性を全て記述するモデルは個体ベースモデル (IBM: individual based model) と呼ばれ，コンピュータの容量と計算速度の急速な増加に伴って，しばしば用いられるようになった．ここでは，種分化の問題 (Higashi et al. 1999) を例として個体ベースモデルを解説する．

(a) 同所的種分化

現在，地球上に生息している種の数は，記載されているもので約 140 万種あるが，実際にはその 10 倍または 100 倍とも言われている．これらの途方もない数の生物は，全て単一の共通起源から生まれとされているから，生命の歴史のなかで種分化というプロセスを数限りなく繰り返してきたことになる．種分化は，多くの場合，1 つの集団が 2 つの分集団に地理的に隔離され，長い時間を経過するなかで互いに遺伝形質が異なったものに変化した結果，再び出会ったときには交配できなくなるというプロセス（異所的種分化）によって説明されてきた．しかし，最近になって，地理的隔離がなくても種分化が起きているらしいという事例が多く報告されるようになった．そのような同所的種分化の可能性について理論的に検討されてきたが，その多くは，種の最適な形質が 2 つあり，この 2 つの適応度の山に向かって種が分断されるという分断淘汰によるものである．ここでは，分断自然淘汰がなくても，メスの

好みによる派手なオスの進化(性淘汰)によって容易に同所的種分化が起きることを示した個体ベースモデルを紹介する(Higashi et al. 1999).

(b) 性淘汰による同所的種分化のモデル

オスN匹とメスN匹からなる$2N$匹の集団を考える.一夫多妻交配システム(各メスは1繁殖期に1オスを選び1回繁殖するが,オスは複数のメスと交配できる)をもつ,二倍体の生物種を考える.オスの性的特徴をxで表すが,これは,m個の遺伝子座(各遺伝子座は,値が$-1, 0, 1$の3つの対立遺伝子をもつ)によって表現される.したがって,$-2m \leq x \leq 2m$となり,両端が最も派手な2つの形質となる(例えば,両端が赤と青で,中央の0が灰色).メスの好みは,n個の遺伝子座(各遺伝子座は,値が$-1, 0, 1$の3つの対立遺伝子をもつ)によって表現されるy($-2n \leq y \leq 2n$)で表す.これらの$m+n$個の遺伝子座はオスにもメスにも存在するが,m個の遺伝子座はオスのみでその形質が発現し,n個の遺伝子座はメスのみで発現するとする.メスにおける小さなyはオスにおける小さなxへの好みを表し,大きなyは大きなxへの好みを表すとして,形質yをもつメスが形質xをもつオスを交配相手として選ぶ確率を$\mathrm{Exp}(axy)$に比例すると仮定する.aはメスによるオスの区別の効率を表している.各メスの産む子の数は一定で,その性比は$1:1$とし,おのおのの子は両親から,ランダムに組換えられたゲノムを1対ずつ受け取る.

派手なオスは,天敵にも目立ちやすく捕食される確率が高いことを考慮して,繁殖期に達するまでのオスの生存確率を$\mathrm{Exp}(-x^2/2w_m^2)$に比例するとする.$w_m$は,生存率が高い$x$の範囲を表すので,天敵による捕食圧の逆数を表現している.メスがオスを選ぶコストは,最初に存在しない場合を扱い,次に存在する場合を扱う.多くの子のなかから次世代の繁殖個体として,生存率の値を重みづけた確率で,オスN匹とメスN匹を選ぶ.

(c) 計算の結果

以上の仮定のもとで,aが小さくw_mが大きい値に対して,$2N$匹の個体の遺伝形質の時間的変化を数値計算し,その集団での分布を見ると,オスの派手さもメスの好みも($x=0, y=0$を中心とする)1山の分布に近づき安定する(図6-2).その安定状態で,aの値を大きくしてさらに数値計算を繰り返すと,1山が分離して2つの山になり,安定することがある.このとき,オスの形

6-2 遺伝子座モデル

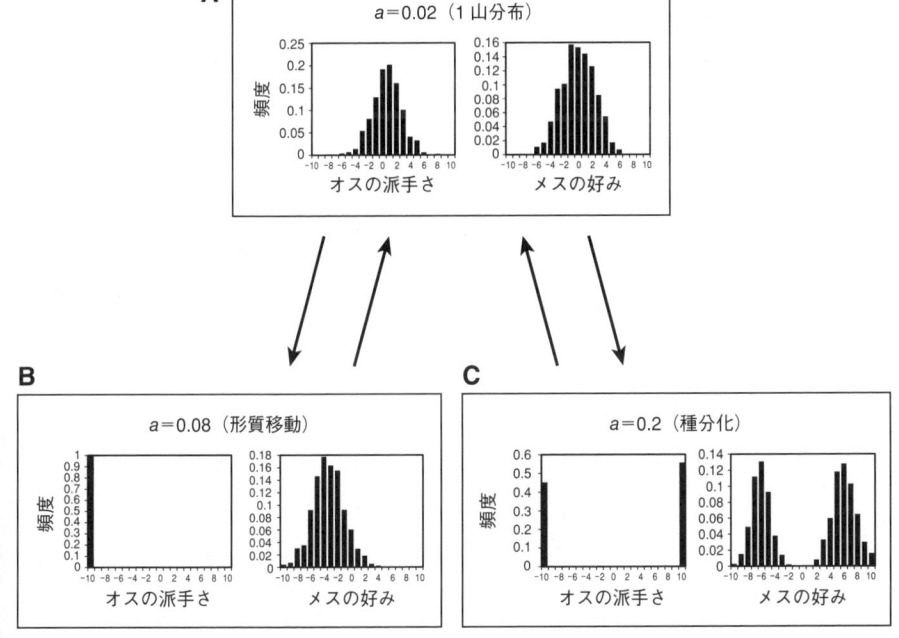

図6-2 量的形質の頻度分布　1山の分布 (A) から出発して、aを小さな値から急激に大きな値に変えると種分化が起こる (C)．変化が小さいと分布の中心はずれるが、種分化は起こらない (B)．(Higashi et al. 1999 を改変)

質の遺伝子座とメスの形質の遺伝子座の遺伝相関は、急激に増加し1に近づく．また、符号の異なるxとyをもつオスとメスの交配の頻度は、急激に減少していく．このことは、1つの交配集団が、2つの交配集団に急激に分かれていくこと、すなわち、種分化が起こることを示している．集団の分断は、2方向ランナウェイ過程によって駆動されている．つまり、派手なオスは、同じ符号の形質をもつメスに好まれるという理由で増え、選り好みが強いメスが派手なオスの遺伝子にヒッチハイキングすることによって増えるのである．

　同じ1山の初期分布から出発して、変化なし、形質移動（分布の中心が移動）、種分化の3通りの結果が、パラメータの値に依存して起こりうる（図6-3）．他のパラメータを一定にしておくと、メスのオス区別効率aがある閾値を超えたとき、種分化が起きる．その閾値より小さいときは、aが増えるに従って、

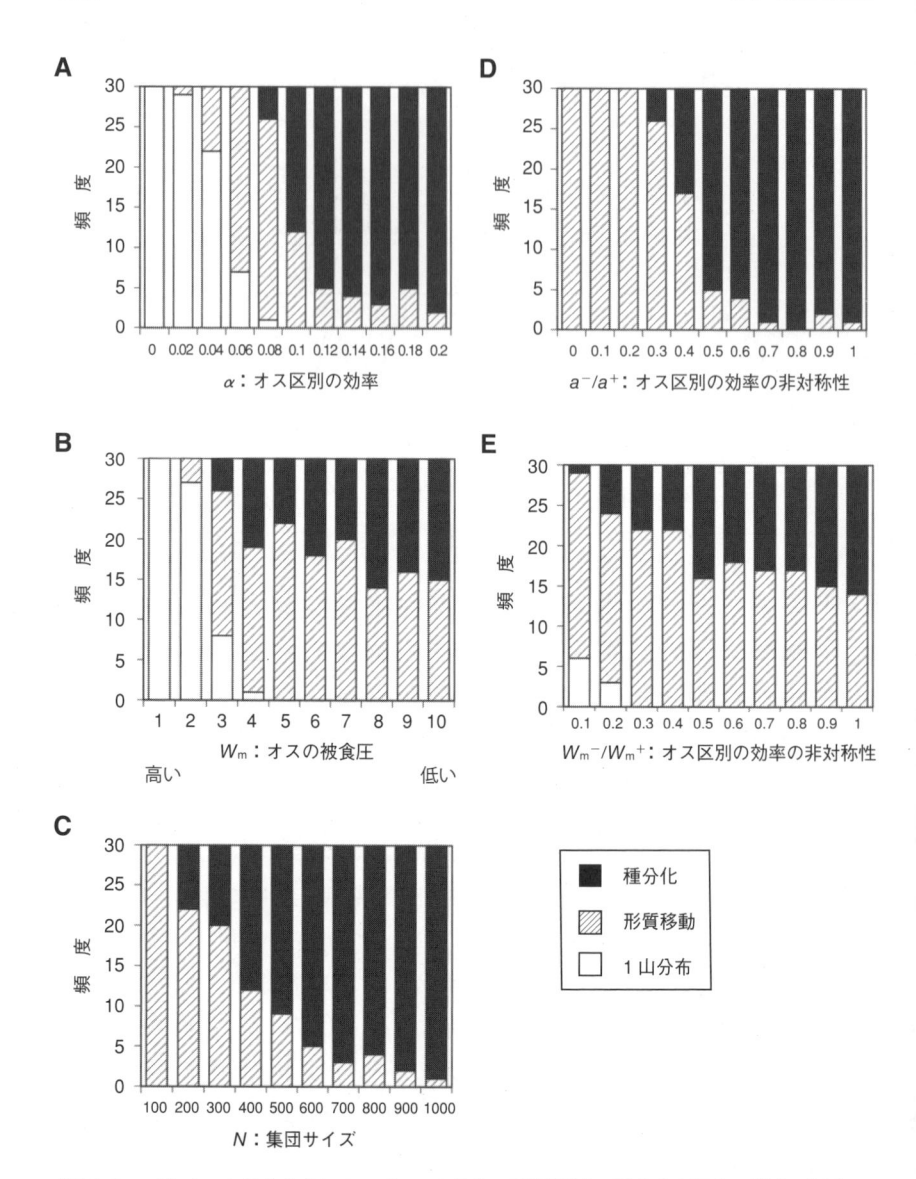

図6-3　パラメータの大きさによって，1山分布，形質移動，種分化が起きる頻度が異なる
(Higashi et al. 1999を改変)

- A: α：オス区別の効率
- B: W_m：オスの被食圧（高い／低い）
- C: N：集団サイズ
- D: a^-/a^+：オス区別の効率の非対称性
- E: W_m^-/W_m^+：オス区別の効率の非対称性

凡例：■ 種分化／▨ 形質移動／□ 1山分布

形質移動の頻度が変化なしの頻度に比べて増えていくが，閾値を超えると，形質移動は種分化に置き換わっていく（図6-3A）．オスの派手さのコストが大きい（w_m が小さい）とき，種分化は起きないが，コストが小さくなるにつれ種分化の頻度が増える（図6-3B）．

これらのモデル動態のパラメータ依存性は，以下の進化メカニズムを示唆している．メスのオス区別効率が低く，派手なオスの被食圧が高いときには，オスの地味な形質とメスの弱い好みが維持される．しかし，これらの条件が打破されると，形質移動もしくは種分化が起きるのである．数値計算によると，パラメータの変化に応じて形質移動がいったん起こると，さらに同じ方向にパラメータが変化しても種分化は起きない（図6-2）．つまり，種分化が起きるためには，キーパラメータの急激な変化が必要なのである．

集団の個体数 N が大きいと，遺伝子浮動の効果を弱め形質移動の頻度を下げるので，種分化の確率が増す（図6-3C）．また，形質を決めている遺伝子座の数は結果に影響しないことも分かった．種分化は，モデルに仮定された対称性に特に依存しているわけではない．オス区別効率 a や，被食圧の逆数 w_m の値が，その正負の領域で非対称であっても，形質移動の頻度が増すが，種分化も十分高い頻度で起きる（図6-3D, E）．

性淘汰による派手なオスの形質の1方向進化を説明する理論においては，メスの好みにコストがなければ，いったん進化した派手な形質も最終的にはもとの地味な形質に戻ってしまうことが知られている（6-3-2項参照）．このメスのコストの効果を種分化のモデルに導入するために，メスの生存率を $\mathrm{Exp}(-y^2/2w_f^2)$ とした．ここで w_f は，高い生存率をもつ y の範囲を表している．このときも，コストがない場合に比べて種分化の速度がやや遅くなるものの，2山の分布を形成し安定する．正負の符号の異なるオスとメスの交配の頻度は，コストがない場合に比べて高いものの，派手な形質が失われて1山の分布に戻ることはない．

ここでは進化の問題に応用された個体ベースモデルを紹介したが，このモデルは個体がある程度複雑な属性をもつ場合に有効で，個体群モデルや人間の行動選択の問題などに広く応用されている．

6-3 量的遺伝モデル

前節では,多数の遺伝子座をもつ個体の集団を扱うのに個体ベースモデルが有効であることを示したが,そのモデルでは解析は完全にコンピュータによる数値計算に依存している.次に,多数の遺伝子座を想定しながら数学的解析がある程度可能な量的遺伝モデルについて解説する.

6-3-1 量的形質の遺伝と進化

生物の遺伝形質には,血液型やアルコール脱水素酵素の型など,単独あるいは数個の遺伝子で決まる離散的形質のほかに,体サイズや卵数など多数の遺伝子が関与していて連続的形質とみなせるものも多い.前者の場合は,遺伝子座モデルを使うのが便利であるが,後者の場合には,量的遺伝モデルが使われる.

(a) ランデの量的遺伝モデル

量的遺伝モデルはもともと統計モデルとして発展したが,Lande (1979) によって数理モデルとして定式化された.複数の遺伝形質 $x = (x_1, \cdots, x_n)^T$ の集団平均値を $\bar{x} = (\bar{x}_1, \cdots, \bar{x}_n)^T$,集団の平均適応度を $\bar{w}$ とすれば,

$$\frac{d\bar{x}}{dt} = G \nabla \log \bar{w} \tag{6.38}$$

となり,G は相加的遺伝分散-共分散行列で,∇ は x_i の偏微分で生成されるベクトル演算子である.式 (6.38) は集団の平均適応度が増加する方向に遺伝形質の平均値が変化すること,および,注目する形質の変化が遺伝子相関によって他の形質の変化の影響を受けることを表している.これは,変数 $\bar{x}$ についての連立常微分方程式であり,第1章の生物個体数変動論で紹介された解析法が使える.

5-3-2項で説明したように,ゲーム的状況においては,個体の適応度が頻度依存になっている ($w = w(x, \bar{x})$) ので,形質値による微分は,変異型の形質値 x で微分した後,変異型形質値 x を野生型形質値 $\bar{x}$ で置き換える必要がある.2変数の場合は,

$$\begin{pmatrix} d\bar{x}/dt \\ d\bar{y}/dt \end{pmatrix} = \begin{pmatrix} V_x & D \\ D & V_y \end{pmatrix} \begin{pmatrix} \partial(\log w)/\partial x \\ \partial(\log w)/\partial y \end{pmatrix} \bigg|_{\substack{x=\bar{x}\\y=\bar{y}}} \tag{6.39}$$

となる．V_x, V_yがx, yの相加遺伝分散であり，Dが2形質の遺伝共分散である．1変数の場合は，

$$\frac{d\bar{x}}{dt} = V \frac{\partial (\log w)}{\partial x}\bigg|_{x=\bar{x}} \tag{6.40}$$

となる．

(b) 量的遺伝モデルの導出

式(6.38)は，多数の遺伝子座の効果が微小かつ相加的であり，遺伝子座内の遺伝子の効果が相加的であるという仮定のもとに，遺伝子座モデルから導くことができる．最も簡単な場合として，頻度依存がない二倍体の一遺伝子座二対立遺伝子(A_1, A_2)モデルでは，A_1の頻度pの変化が式(6.13)のように与えられた．これを変形すると

$$\Delta p = \frac{1}{2} pq \frac{\partial}{\partial p} \log \bar{w} \tag{6.41}$$

$$\bar{w} = p^2 w_{11} + 2pq w_{12} + q^2 w_{22} \tag{6.42}$$

となる．式(6.41)は集団の平均適応度が増加する方向に遺伝子頻度が変化することを表している．今，遺伝形質が遺伝子A_1の個数で決まる量的遺伝形質を考える．A_1A_1, A_1A_2, A_2A_2の形質値を，それぞれx_{11}, x_{12}, x_{22}とすると，$x_{11}=2$, $x_{12}=1$, $x_{22}=0$となり，その平均値は，

$$\bar{x} = p^2 x_{11} + 2pq x_{12} + q^2 x_{22} = 2p \tag{6.43}$$

となる．形質値の分散は

$$V = \overline{(x-\bar{x})^2} = \overline{x^2} - \bar{x}^2 = p^2 x_{11}^2 + 2pq x_{12}^2 + q^2 x_{22}^2 - \bar{x}^2 = 2pq \tag{6.44}$$

であるから，式(6.41)は，

$$\Delta \bar{x} = V \frac{\partial}{\partial \bar{x}} \log \bar{w} \tag{6.45}$$

と書き換えることができる．この式の左辺を時間微分で置き換えると，頻度異存がないので，式(6.40)に一致する．

6-3-2 性淘汰

メスの好みによる派手なオスの進化(性淘汰)による種分化のモデルを6-2-4項で紹介したが，性淘汰のプロセス自体を量的遺伝モデルによって解析できる(Iwasa et al. 1991)．ここでの問題は，クジャクの尾羽のように生存に何

の役にも立たないと考えられるオスの派手な形質が，どのように進化し，なぜ維持されているのかということに答えることである．オスの派手な形質の値をx，それに対するメスの好みの強さをyとする．それぞれの集団平均値を$\bar{x}, \bar{y}$とする．式(6.39)を，オスとメスで適応度pが異なる場合に応用すると，

$$\begin{pmatrix} d\bar{x}/dt \\ d\bar{y}/dt \end{pmatrix} = \frac{1}{2} \begin{pmatrix} V_x & D \\ D & V_y \end{pmatrix} \begin{pmatrix} \partial(\log w_m)/\partial x \\ \partial(\log w_f)/\partial y \end{pmatrix} \bigg|_{\substack{x=\bar{x} \\ y=\bar{y}}} \tag{6.46}$$

となる．w_mとw_fは，それぞれオスとメスの変異個体の適応度である．オスの形質を表現する遺伝子は，オスのみに発現されるので，平均して2世代に1回，淘汰を受ける．メスの形質を発現する遺伝子も同様であるので，右辺の最初に1/2が付く．

派手なオスは生存率が低いが，メスにより多く選ばれることを仮定すると，

$$w_m(x, \bar{x}) = e^{a\bar{y}(x-\bar{x})} e^{-cx^2} \tag{6.47}$$

$$w_f(y, \bar{y}) = 1 \tag{6.48}$$

とおくことができる．式(6.48)は，メスの好みにはコストがかからないことを仮定している．これらを式(6.46)に代入して計算すると，

$$\frac{d\bar{x}}{dt} = \frac{1}{2} V_x (a\bar{y} - 2c\bar{x}) \tag{6.49}$$

$$\frac{d\bar{y}}{dt} = \frac{1}{2} D (a\bar{y} - 2c\bar{x}) \tag{6.50}$$

となる．平衡点は，

$$\bar{y} = \frac{2c}{a} \bar{x} \tag{6.51}$$

であり，$(\bar{x}, \bar{y})$平面上では，原点を通る傾きが$2c/a$の直線となる．一方，解の軌道は，

$$\frac{d}{dt}\left(\frac{\bar{x}}{V_x} - \frac{\bar{y}}{D}\right) = 0 \tag{6.52}$$

を満たすので，

$$\bar{y} = \frac{D}{V_x} \bar{x} + Cost. \tag{6.53}$$

であり，$(\bar{x}, \bar{y})$平面上では，傾きがD/V_xの直線群となる．図6-4に，$2c/a > D/V_x$の場合(A)とその逆$2c/a < D/V_x$の場合(B)について，平衡点と解軌道

6-3 量的遺伝モデル

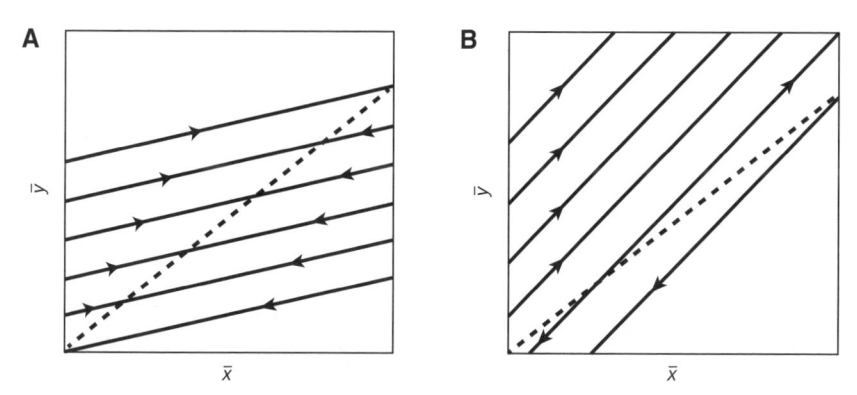

図 6-4 性淘汰のモデルの動態　平衡点は 1 次元の直線となる (点線). 解軌道も直線となるが, (A) x と y の遺伝共分散が小さいときは平衡点に到達し, (B) 遺伝共分散が大きいときには, x と y は無限に増加していく.

を示した. 式 (6.49) および式 (6.50) によって, 解が進む方向を見れば, (A) の場合は平衡点に向かって進み, (B) の場合は平衡点から離れていくことが分かる.

$\bar{x}=0$, $\bar{y}>0$ から出発すると, メスの好みによって $\bar{x}$ が増加するが, y が大きい値をもつメスは x の大きなオスを選ぶ傾向があるので, x が大きい遺伝子をもっている確率が高い. そのような遺伝相関によって, $\bar{x}$ の増加に引きずられて $\bar{y}$ も増加する. 遺伝共分散 D が小さくて (A) の条件が満たされる場合には, 解軌道は平衡点の直線にぶつかりそこで止まる. 逆に遺伝共分散が大きくて (B) の条件が満たされる場合には, 解は平衡点に行き着くことはなく, $\bar{x}$ と $\bar{y}$ が無限に増加していく. これが, 直接的な利益がなくとも, メスの好みとオスの派手さが, 正のフィードバックによりどんどん増していくというフィッシャーのランナウェイである.

Iwasa ら (1991) は, 式 (6.49), (6.50) の量的遺伝モデルを修正して, より強く派手なオスを選ぼうとするメスにはコストがかかるとしたとき, いったんは派手なオスが進化するが, やがてはメスのコストのため好みの強さが減り, それに伴ってオスの派手さも消失することを示した. さらに, オスの形質に派手さが減少する突然変異を導入したとき, および, オスの派手な形質が第 3 の量的形質である生存率に相関している (丈夫なオスのみが派手な形質をも

てる)としたとき,オスの派手さが維持できることを示した.このように,連立微分方程式の形をもつ,量的遺伝モデルは解析が容易なためさまざまな進化現象に応用されている.このモデルは,1種内の進化のみでなく複数種が相互に影響を及ぼし合いながら進化していく共進化にも応用できる(Yamauchi & Yamamura 2005).

6-3-3 適応動態アプローチ

野生型に少数の変異型が侵入してくる場合に,量的遺伝形質がどのように変化していくかを調べる方法として,1990年代から,適応動態(adative dynamics)というアプローチが盛んに用いられるようになった(Dieckmann & Law 1996).これは,6-2-4項で紹介した個体ベースモデルと量的遺伝モデルの特異点の解析を含んでいる.

(a) 侵入適応度

5-3節のゲームモデルでは,野生型 x に少数の変異型 y がもつ適応度を $W(y, x)$ と表したが,野生型の変異型に対する相対適応度

$$w(y, x) = \frac{W(y, x)}{W(x, y)} \tag{6.54}$$

を侵入適応度と呼ぶ.この値が1より大きければ変異型は野生型集団に侵入することができて,やがて野生型集団に置き換わると考えられる.この値が1より小さければ,変異型は野生型に侵入できない.侵入適応度が微分可能な連続関数で表されるとき,x にごく近い y の値に対して,

$$\left.\frac{\partial w(y, x)}{\partial y}\right|_{y=x} > 0 \tag{6.55}$$

ならば,x より大きい y が侵入可能で,

$$\left.\frac{\partial w(y, x)}{\partial y}\right|_{y=x} < 0 \tag{6.56}$$

のとき,x より小さい y が侵入可能である.

$$\left.\frac{\partial w(y, x)}{\partial y}\right|_{y=x} = 0 \tag{6.57}$$

を満たす $x=x^*$ は特異点と呼ばれ,この点で何が起こるかを調べるには,2回微分を調べる必要がある.5-3-1のタカ・ハトゲームの項で,進化的安定

戦略について説明したが，変異型の侵入を許さない戦略のことであった．この特異点 x^* が進化的安定性（evolutionary stability）をもつ条件は，x^* の近くで常に $w(y, x^*) < w(x^*, x^*)$ となること，すなわち，$w(y, x^*)$ が y の関数として，$y=x^*$ で，上に凸となっていることである．つまり，

$$C_{ES} = \frac{\partial^2 w(y, x)}{\partial y^2}\bigg|_{y=x=x^*} < 0 \tag{6.58}$$

となる．

特異点の近くから出発した形質が変異型の侵入を繰り返して，特異点に近づいていく場合，特異点は収束安定性（convergence stability）をもつという．式 (6.55) および式 (6.56) を用いれば，この条件は，

$$\begin{aligned}\frac{\partial w(y, x)}{\partial y}\bigg|_{y=x=x^*+\delta} &> 0 \quad (\delta < 0 \text{ のとき}) \\ \frac{\partial w(y, x)}{\partial y}\bigg|_{y=x=x^*+\delta} &< 0 \quad (\delta > 0 \text{ のとき})\end{aligned} \tag{6.59}$$

となり，δ でテイラー展開し，式 (6.57) の特異点の条件を用いると，

$$C_{CS} = \frac{\partial^2 w(y, x)}{\partial y^2} + \frac{\partial^2 w(y, x)}{\partial y \partial x}\bigg|_{y=x=x^*} < 0 \tag{6.60}$$

を得ることができる．

C_{ES} と C_{CS} の符号の組み合わせによって，特異点は 4 つに分類できる（表 6-2）．特異点の性質を見るためには，pairwise invisibility plot（PIP）を作るのが分かりやすい．これは，横軸に野生型の形質を，縦軸に変異型の形質をとって，変異型の収入可能性を白黒で塗り分けするものである（図 6-5）．直線 $y=x$ と $w(y, x) = 1$ により平面は 4 分割されるが，式 (6.54) が 1 より大きい領域は変異型が侵入可能であり，白塗りで表され，式 (6.54) が 1 より小さい領域は変異型が侵入不可能であり，黒塗りで表される．直線 $y=x$ と $w(y, x)=1$ の交点の x が特異点 x^* である．表 6-2 の特異点の分類に対応して，4 つの塗り分けパターンが存在する．

(1) 収束安定かつ進化安定　この場合，図 6-5A のパターンとなり，x^* より小さい野生型 x に対して少し大きな変異型 y の侵入が可能であり，やがてその変異型が野生型となる．さらに少し大きい変異型の形質が順次侵入することによって，最終的に特異点 x^* に収束していく．逆に x^* より大きい野生型 x に対

しては，少し小さな変異型 y の侵入が可能であり，この場合も形質値は特異点 x^* に収束していく．特異点に到達すれば，それ以後は変異型の侵入を許さない進化安定となる．

（2）収束安定かつ進化不安定　　この場合，図6-5Bのパターンとなり，(A)と同様に形質値は特異点に近づいていくが，特異点では，形質値のより大きな

表6-2　適応動態における特異点の分類

	C_{CS}	C_{ES}	
(1) 収束安定かつ進化安定	−	−	収束して留まる
(2) 収束安定かつ進化不安定	−	+	近づいて分岐する
(3) 収束不安定かつ進化安定	+	−	エデンの園
(4) 収束不安定かつ進化不安定	+	+	完全な不安定

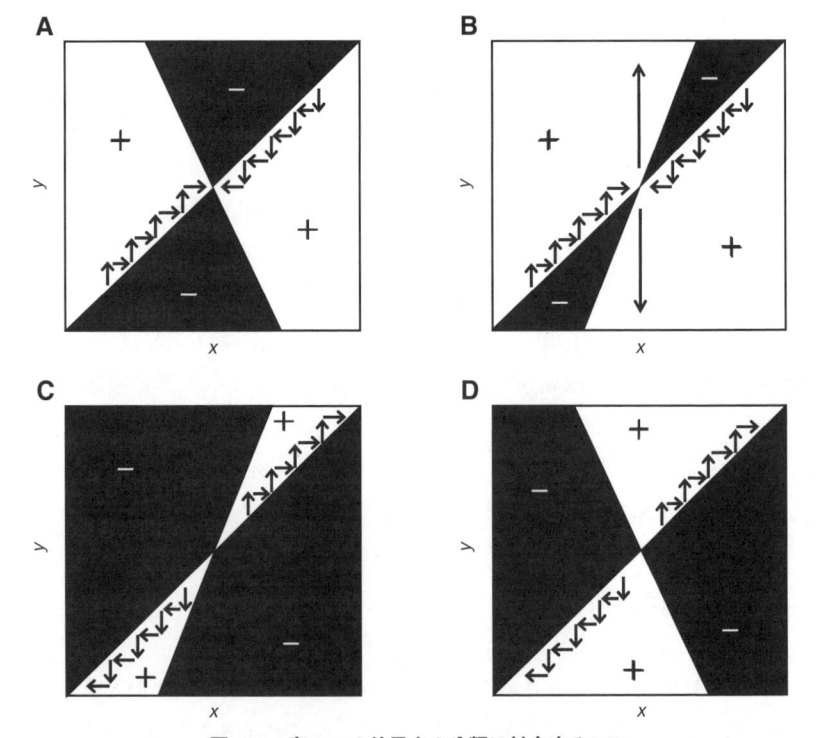

図6-5　表6-2の特異点の分類に対応するPIP

変異型もより小さな変異型も侵入が可能である。このケースを個体ベースモデルで計算すると，特異点に近づいた集団は，大きな形質値をもつ集団と小さな形質値をもつ集団に分岐する．このような形質の分岐は種分化の1つのメカニズムと考えられている．

(3) 収束不安定かつ進化安定　　この場合，図6-5Cのパターンとなり，いったん特異点に到達すると変異型の侵入を許さないが，形質の微小変化では特異点から離れていく．この場合の特異点は，到達できないユートピアの意味で「エデンの園」と呼ばれる．

(4) 収束不安定かつ進化不安定　　この場合，図6-5Dのパターンとなり，特異点では変異型の侵入を許し，特異点の近くの野生型から出発すると形質値は特異点から離れていく．

5-3節のゲームモデルにおいて，進化的安定戦略について説明したが，連続な量的形質の進化動態を考えるときには，これに加えて，収束安定の概念が必要となるのである．

(b) 性比理論の例

5-3-2項において，多くの動物で性比が1:1となること，オスが兄弟間で繁殖相手をめぐり競争するときには性比はメスにずれることを，進化的安定戦略の概念を使って説明した．野生型の集団の中で変異型の適応度は，式(5.40)，(5.41)で表せた．この式を使って，式(6.54)の侵入適応度を計算すると，

$$w(y,\ x) = \left(1 - y + y\frac{(n-1)(1-x)+(1-y)}{(n-1)x+y}\right)\frac{1}{2(1-x)} \tag{6.61}$$

となる．$w(y, x) < 1$ を因数分解すると，

$$(y-x)\left(y - \frac{(n-1)(1-2x)}{2}\right) > 0 \tag{6.62}$$

となるので，PIPは，図6-6Aに示されるように，$y=x$ と負の傾きをもつ直線 $y=(n-1)(1-2x)/2$ で領域が分割されるパターンとなる．このパターンは，収束安定かつ進化安定であり，性比は特異点 $x^*=(n-1)/2n$ に収束し，この値が進化安定となる．実際，式(6.58)および式(6.60)を計算すると $C_{ES}=-8n/(n^2-1)$，$C_{CS}=-4n^2/(n^2-1)$ であり，いずれも負の値となる．

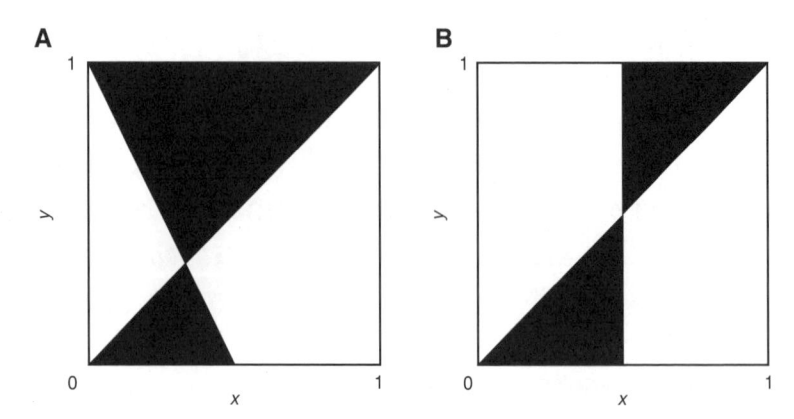

図 6-6 局所配偶競争のもとでの性比の進化ダイナミクス (A) n が有限の値のとき(この図では $n=3$),特異点 $x^*=(n-1)/2n$ は,収束安定かつ進化安定である.(B) n が無限大のときは,特異点は収束安定ではあるが,進化安定性は中立である.

N が無限大になると PIP は,図 6-6B となり,性比は $x^*=1/2$ に収束していくが,その特異点では全ての変異型が野生型と等しい適応度をもつ(中立安定).

演習問題

問題 6-1 表 6-1 を使って,子の世代の遺伝子型頻度がハーディ・ワインベルグの比になることを示せ.

問題 6-2 ハーディ・ワインベルグの比となっている遺伝子型頻度のグラフを,遺伝子頻度 p の関数として描け.また,ヘテロ接合体の頻度が最大となる遺伝子頻度を求めよ.

問題 6-3 対立遺伝子の数が 3 のときどのような遺伝子型が存在するか.また,その場合のハーディ・ワインベルグの法則はどのようなものとなるか.

問題 6-4 表 6-1 と同じような表を作って,式 (6.6) を導け.

問題 6-5 式 (6.8) において $q=1-p$ とおけば,この式は p に関する 1 階の差分方程式である.1 世代目の A_1 の頻度を p_1 としてこの差分方程式を解き,t 世代目の遺伝子頻度 p_t を求めよ.また,t が無限大のときの平衡頻度を求めよ.

問題 6-6 式 (6.12) から式 (6.13) を導け.

問題 6-7　式 (6.17) を導け.

問題 6-8　A_1 が優性 ($h=0$) のとき，$q^* = \sqrt{u/s}$ となることを示せ.

問題 6-9　図 6-1 のシミュレーションを 10 回行ってグラフに示せ.

問題 6-10　式 (6.13) の導出に習って，式 (6.24) を導け.

問題 6-11　式 (6.18) の導出に習って，単数体の場合に，突然変異と自然選択のバランスによる有害遺伝子の平衡頻度を計算せよ.

問題 6-12　式 (6.26) と式 (6.27) より，t 世代目の p_f を求めよ.

問題 6-13　式 (6.30) から式 (6.33) を使って，A_1 の遺伝子頻度 $p_1(=x_1+x_2)$ と B_1 の遺伝子頻度 $p_2(=x_1+x_3)$ が変化しないことを確かめよ.

問題 6-14　式 (6.34)，式 (6.35)，式 (6.36)，式 (6.37) を導け.

問題 6-15　性淘汰のモデルの式 [式 (6.49) と式 (6.50)] を，メスの選択にコスト $w_f(y, \bar{y}) = e^{-bx^2}$ がかかるとして修正し，そのダイナミクスを調べよ.

問題 6-16　性比の進化についての侵入適応度の式 (6.61) について，C_{ES} と C_{CS} を計算せよ.

7章
医学領域の数理

（梯　正之）

　医学は生物学に基礎をおいているので，多くの数理生物学のモデルが医学と関連をもっている．第7章では，そのなかでも特に代表的な，集団中における感染症の流行，生体内の免疫システム，発がん過程の数理モデル，ならびに古典的に有名な神経細胞のモデルについて紹介する．医学領域の研究は社会的な重要性もあって，数理的な研究も盛んに行われている．

7-1　感染症流行の数理モデル

　最初に，集団中における感染症の流行に関する数理モデルについて，基本的な構造とその特徴について説明し，これらのモデルがどのように役立てられるかを見ていこう．

7-1-1　感染症の基本数理モデル

　集団中での感染症の流行は，感染症にかかった人の人数の時間変動として表すことができるので，個体群動態の数理モデルを用いて記述する．しかし，単に全体の人数ではなくて，感染している人，感染していない人に分けてそれぞれの人数を記述することが必要となる．一度感染すると免疫を獲得し二度と罹患しないような感染症では，免疫の有無も区別してモデルを作らなければならない．また，場合によっては潜伏期にある人も別に人数を数えるべきかもしれない．ここでは，人口集団全体を，未感染者（感受性保持者），

潜伏期の者,感染者,免疫保持者の4つに分け,それぞれ S (susceptible), E (exposed), I (infected), R (recovered) で表す.それぞれの時間変動を表す微分方程式は次のように書き表すことができる.このモデルは変数の構成から SEIR モデルと呼ばれている.

$$\frac{dS}{dt} = \lambda(1-a) - \mu S - \beta IS + hR \tag{7.1}$$

$$\frac{dE}{dt} = -\mu E + \beta IS - eE \tag{7.2}$$

$$\frac{dI}{dt} = -(\mu + \delta)I + eE - fI \tag{7.3}$$

$$\frac{dR}{dt} = \lambda a - \mu R + fI - hR \tag{7.4}$$

ここでは,出生数を λ,死亡率を μ で表している.また,β は感染率(感染速度),e は潜伏期からの発症率,f は治癒率(治癒速度),h は免疫の喪失率となっている.このとき,平均的な潜伏期,感染期間,免疫維持期間はそれぞれ $1/e$, $1/f$, $1/h$ となっている.パラメータの δ は罹患による死亡率の上昇分(超過死亡)を表す.さらに,予防接種率を a ($0 \leq a \leq 1$) として組み込んである.出生して間もない頃にいっせいに予防接種が実施され,一定の接種率が維持されている場合はこのような形の組み込み方が適切であろう.しかし以下の分析では,予防接種のない場合 ($a=0$) の分析を行う.感染症の数理モデルでは,これを基本形としてさまざまなバリエーションを考えることができる.潜伏期間を考えない SIR モデル,免疫も考えない SIS モデル,人口増加部分や死亡率に密度依存性を組み込んだもの,年齢構造を取り入れたもの,などである.分析対象としている感染症以外に密度調節因子があれば密度調節の組み込まれたモデルが使用できる.一方,感染症が密度調節機能を果たしているかどうかを分析するには,密度調節機能をもたないマルサス (Malthus) 型の増殖を仮定したモデルを使用する必要がある.ここで示した SEIR モデルは,感染症以外に密度調節要因がある場合に対応し,出生数が一定のもとでの感染症流行のモデルとなっている.このモデルでは,感染症が集団に常在すると,感染症による超過死亡の分だけ人口が減少することになる.

この SEIR モデルでは,パラメータ e の値が大きい場合には潜伏期が非常に短くなり SIR モデルと同じモデルにより近似できるし,また,さらにパラ

メータの h も大きい場合には，SIS と同様のモデルになる．感染症の数理モデルで最も重要なのは感染率の部分で，ここで示した SEIR モデルでは感染者の人数に比例すると仮定しているが（質量作用型），そうではなくて感染者の割合に比例すると仮定するタイプのマクドナルド (Macdonald) 型もある．その場合，モデルは，

$$\frac{dS}{dt} = \lambda - \mu S - \beta \frac{I}{S+E+I+R} S + hR \tag{7.5}$$

という形になる．この形のモデルは，次節の性感染症の数理モデルのところで詳しく述べることにする．

まずは，最も簡単な SIS モデルを例にとって解析の手順を見てみよう．SIS モデルは次のとおりである．

$$\frac{dS}{dt} = \lambda - \mu S - \beta IS + fI \tag{7.6}$$

$$\frac{dI}{dt} = -(\mu+\delta)I + \beta IS - fI \tag{7.7}$$

適当なパラメータの値を設定してシミュレーションを行うことにより，このモデルの挙動を調べることができる（図 7-1）．図中のパラメータの値は，$\lambda = 2000$，$\mu = 0.02$，$\beta = 0.0006$，$\delta = 0.1$，$f = 36.5$ となっている．応用を意識した研

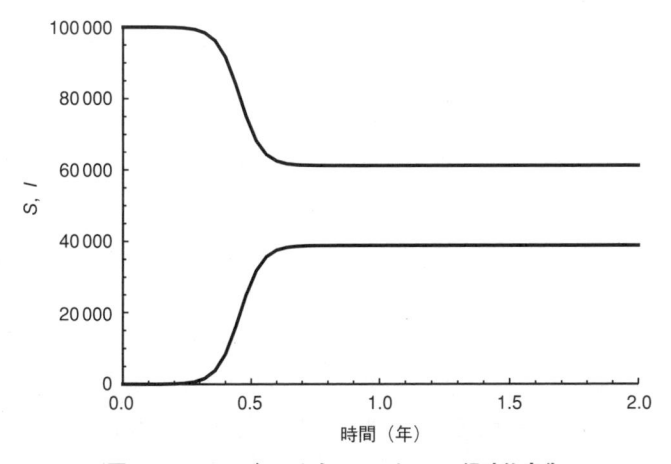

図 7-1　SIS モデルのシミュレーション (経時的変化)

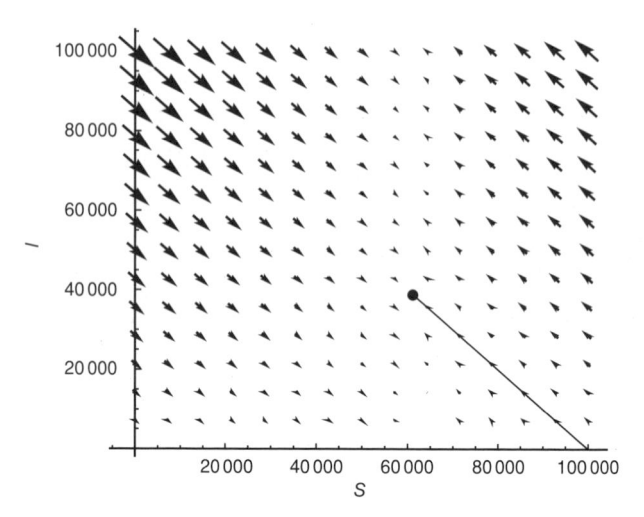

図 7-2　SIS モデルのシミュレーション (位相空間での解軌道)　●は平衡点，矢印はベクトル場の方向を表している．

究では，パラメータの値を現実的な範囲に設定することが重要であるが，ここでは，単位時間を「年」と設定し，年間 2,000 人が出生，平均寿命が 50 年の 10 万人程度の集団を考えて，感染力を保持している期間が 10 日 (= 10/365 年) 程度の感染症を想定している．変数が 2 つからなる力学系は，位相空間が平面で表せるので，状態の推移 (解軌道) の作図も容易である (図 7-2)．ここでは，解軌道は矢印の方向へ進んでいく．

いくつかのパラメータセットでシミュレーションを試みてみると，感染症が集団中に定着する場合と定着できない場合があることが分かる．しかし，全てのパラメータの組み合わせについて計算することはできないので，見通しをよくするために数学的な分析を試みよう．おおよそどの程度のスケールで図を描くと，全体像が把握できるような適切な図となるかを判断するうえでも，このような数学的な分析は大いに役立つ．

まず，時間が十分経過した後の到達点の候補となる平衡点を求める．平衡点というのは，時間が経過しても変化しない状態のことで，計算上は数理モデルの右辺を「= 0」とおいた連立方程式を解いて求められる．このモデルの

場合平衡点は2種類あって，感染症が存在しない平衡点 (S^0, I^0) と感染症が常在する平衡点 (S^*, I^*) である．感染症が存在しない平衡点 (S^0, I^0) は

$$S^0 = \frac{\lambda}{\mu}, \qquad I^0 = 0 \tag{7.8}$$

感染症が常在する平衡点 (S^*, I^*) は

$$S^* = \frac{\mu+\delta+f}{\beta}, \qquad I^* = \frac{\mu}{\mu+\delta}\left\{\frac{\lambda}{\mu} - \frac{\mu+\delta+f}{\beta}\right\} \tag{7.9}$$

である．病気が常在する状況では $I^* > 0$ でなければならないから，次の不等式が成り立つときに感染症が常在する平衡点が存在する．

$$\frac{\lambda}{\mu} > \frac{\mu+\delta+f}{\beta} \qquad \text{すなわち} \qquad S^0 > S^* \tag{7.10}$$

もし，

$$R_0 = \frac{\lambda}{\mu}\frac{\beta}{\mu+\delta+f} \tag{7.11}$$

とおくと，これは感染者がいなかった集団に初めて1個体の感染者が現れて，この個体から感染して次に何個体の感染者が発生するかを表している．というのは，λ/μ は感染症の流行以前の感受性保持個体数，β は単位時間あたりの接触数×1回の接触により感染が成立する確率，$1/(\mu+\delta+f)$ は感染力をもっている期間に対応するからである．この数は，基本再生産数 (basic reproduction number) と呼ばれていて，感染症の流行が拡大するのか終息するのかを判断する際の重要な概念となっている．このモデルでは，

$$R_0 > 1$$

のとき，すなわち1個体の感染者から1個体以上の感染者が発生する（つまり流行が拡大する）ときに感染症の常在平衡点が存在する．

　この平衡点の局所安定性を調べると，感染症の常在しない平衡点でのヤコビ行列は

$$\begin{bmatrix} -\mu & -\frac{\lambda\beta}{\mu}+f \\ 0 & \frac{\lambda\beta}{\mu}-(\mu+\delta+f) \end{bmatrix} \tag{7.12}$$

だから，その固有値は $-\mu$ と $(\lambda\beta/\mu)-(\mu+\delta+f)$ であり，感染症の常在平衡点が存在しなければ両方とも負，常在平衡点が存在すれば一方は正で他方は負

となる．つまり，常在平衡点がなければ感染症は侵入できないが，常在平衡点があるなら常に侵入可能で感染症が常在する．一方，感染症の常在平衡点の局所安定性は，ヤコビ行列が

$$\begin{bmatrix} -\mu-\beta I^* & -(\mu+\delta) \\ \beta I^* & 0 \end{bmatrix} \tag{7.13}$$

となるので，

$$Tr = -\mu - \beta I^* < 0 \quad \text{かつ} \quad Det = \beta I^*(\mu+\delta) > 0 \tag{7.14}$$

の条件より，$I^* > 0$ であれば局所安定になることが分かる．つまり，常在平衡点が存在すればそれは局所安定である．ただしここで，Tr は行列の対角要素の和 (trace)，Det は行列式 (determinant, すなわちヤコビアン) を表す．

本来の SEIR モデルの解析は変数が 4 つになるので少し煩雑になるが，基本のところでは上で見た 2 変数の場合と同様である．このようなモデルの解析の典型的な手順は，上で見たように，平衡点を求めてその局所安定性を調べることである．局所安定性は，平衡点で評価 (値を代入) したヤコビ行列の固有値から判断できる．その後，可能ならリアプノフ関数 (Lyapunov function) を構成して大域的安定性を示す．これらの方法を使って，この SEIR モデルの解析を行ってみよう．

まず，このシステムの平衡点を求めてみよう．ここでも平衡点は 2 種類あって，感染症が存在しないもの (S^0, E^0, I^0, R^0) と，感染症が常在するもの (S^*, E^*, I^*, R^*) である．

$$(S^0, E^0, I^0, R^0) = \left(\frac{\lambda}{\mu}, 0, 0, 0\right) \tag{7.15}$$

$$(S^*, E^*, I^*, R^*) = \left(\frac{(\mu+\delta+f)(\mu+e)}{\beta e}, \frac{\mu+\delta+f}{e}I^*, I^*, \frac{f}{\mu+h}I^*\right) \tag{7.16}$$

ただし

$$I^* = \frac{\lambda - \mu\{(\mu+\delta+f)(\mu+e)/\beta e\}}{(\mu+e)\{(\mu+\delta+f)/e\} - \{hf/(\mu+h)\}} \tag{7.17}$$

である．ここで，感染症が常在する平衡点の存在条件 ($I^* > 0$) を調べておくと，

$$\frac{\lambda}{\mu} > \frac{(\mu+\delta+f)(\mu+e)}{\beta e} \tag{7.18}$$

すなわち，

$$S^0 > S^* \tag{7.19}$$

であることが条件となっている．これを別の形に変形すると

$$\frac{\lambda}{\mu}\frac{\beta}{\mu+\delta+f}\frac{e}{\mu+e} > 1 \tag{7.20}$$

となる．ここで左辺において，β は単位時間あたりの感染率，$1/(\mu+\delta+f)$ は感染力を保持している時間，λ/μ は流行開始時の人数なので，左辺全体は，流行の開始時に1人の感染患者から何人の2次感染者が発生するかを表している．ただし，感染して E になっても I になる前に死亡する人がいるので，β にその割合 ($=e/(\mu+e)$) を掛けておかなければならない．この左辺が基本再生産数 (basic reproduction number) R_0 となる．

次にヤコビ行列を計算し，平衡点の値を代入して固有値を調べる．システムを平衡点の近傍で線形化すれば，システムは平衡点の近傍でこの線形システムと同様の挙動を示す．したがって，線形システム同様，固有値の実部が負か正かで解の挙動（平衡点に近づくか遠ざかるか）が判断できる．固有値の実部が0のときはさらに高次の微分を調べなければならない．上記のシステムの場合を計算してみよう．

$$J(S, E, I, R) = \begin{bmatrix} -\mu-\beta I & 0 & -\beta S & h \\ \beta I & -(\mu+e) & \beta S & 0 \\ 0 & e & -(\mu+\delta+f) & 0 \\ 0 & 0 & f & -(\mu+h) \end{bmatrix} \tag{7.21}$$

したがって，感染症が存在しない平衡点では

$$J(S^0, E^0, I^0, R^0) = \begin{bmatrix} -\mu & 0 & -\beta(\lambda/\mu) & h \\ 0 & -(\mu+e) & \beta(\lambda/\mu) & 0 \\ 0 & e & -(\mu+\delta+f) & 0 \\ 0 & 0 & f & -(\mu+h) \end{bmatrix} \tag{7.22}$$

この平衡点の安定条件（全ての固有値の実部が負であること）は，各パラメータの値は正であることに注意すると，結局

$$\frac{\lambda}{\mu} < \frac{(\mu+\delta+f)(\mu+e)}{\beta e} \tag{7.23}$$

となる．これは，感染症の常在条件とちょうど逆であるので，常在平衡点が存在しなければこの「不在」平衡点が安定となる．一方，感染症の常在平衡

点では,

$$J(S^*, E^*, I^*, R^*) = \begin{bmatrix} -\mu-\beta I^* & 0 & -\beta S^* & h \\ \beta I^* & -(\mu+e) & \beta S^* & 0 \\ 0 & e & -(\mu+\delta+f) & 0 \\ 0 & 0 & f & -(\mu+h) \end{bmatrix} \quad (7.24)$$

である.この行列の全ての固有値が負の実部をもてば平衡点は局所的に安定,1つでも正の実部をもつものがあれば不安定となる.固有値を直接求める以外にラウス・フルビッツ (Routh-Hurwitz) の安定判別法などの判定条件を用いる方法もある.

また,システムの大域的な振る舞いについては,

$$\frac{d}{dt}(S+E+I+R) = \lambda - \mu(S+E+I+R) - \delta I \quad (7.25)$$

であることから,

$$N = S+E+I+R > \frac{\lambda}{\mu} \quad (7.26)$$

のとき N が増加できないことが分かる.したがって,N は λ/μ より小さい領域にとどまることになる.さらに,実数値をとる関数 $V(S, E, I, R)$ で,解軌道上減少するもの,すなわち,

$$\begin{aligned}\frac{dV}{dt} &= \frac{\partial V}{\partial S}\frac{dS}{dt} + \frac{\partial V}{\partial E}\frac{dE}{dt} + \frac{\partial V}{\partial I}\frac{dI}{dt} + \frac{\partial V}{\partial R}\frac{dR}{dt} \\ &= \frac{\partial V}{\partial S}(\lambda-\mu S-\beta IS+hR) + \frac{\partial V}{\partial E}(-\mu E+\beta IS-eE) \\ &\quad + \frac{\partial V}{\partial I}(-(\mu+\delta)I+eE-fI) + \frac{\partial V}{\partial R}(-\mu R+fI-hR) < 0\end{aligned} \quad (7.27)$$

となるものを工夫して見つければ,解の大域的安定性を証明することができるが,容易に見つかるとは限らない.

7-1-2 性感染症の数理モデル

性感染症の数理モデルの基本形はマクドナルド型の感染力を仮定するものである.SIS モデルでは次のようになる.

$$\frac{dS}{dt} = \lambda - \mu S - \beta \frac{I}{S+I}S + fI \quad (7.28)$$

$$\frac{dI}{dt} = -(\mu+\delta)I + \beta\frac{I}{S+I}S - fI \tag{7.29}$$

本来は，男女別に変数を設定すべきであるが，ここではモデルの特徴を見るため，あたかも同性間の性的接触で感染が広がるモデルとなっている．なぜ，感染者の個体数でなく，感染者の率で感染速度を表すかというと，一般の感染症では感染者の人数に比例して接触が起こると考えられるのに対して，性的接触では接触の回数自体は，一定の水準を保たれることが多いと考えているためである．このような感染速度の相違はシステムのダイナミクスの相違につながる．実際，平衡点は，感染症が存在しない平衡点 (S^0, I^0)，

$$S^0 = \frac{\lambda}{\mu}, \quad I^0 = 0 \tag{7.30}$$

と感染症が常在する平衡点 (S^*, I^*)，

$$S^* = \frac{\lambda}{\mu}\frac{\mu(\mu+\delta+f)}{\beta(\mu+\delta)-\delta(\mu+\delta+f)} \tag{7.31}$$

$$I^* = \frac{\lambda}{\mu}\frac{\mu}{\mu+\delta}\left(1 - \frac{\mu(\mu+\delta+f)}{\beta(\mu+\delta)-\delta(\mu+\delta+f)}\right) \tag{7.32}$$

となる．病気が常在する状況では $I^*>0$ でなければならないから，次の不等式が成り立つときに感染症が常在する平衡点が存在することになる．

$$\frac{\beta}{\mu+\delta+f} > 1 \tag{7.33}$$

つまり，基本再生産数が

$$R^0 = \frac{\beta}{\mu+\delta+f} \tag{7.34}$$

となっている．質量作用型のモデルの基本再生産数は式 (7.34) の右辺の λ/μ 倍だったので，性感染症の侵入条件はずっと厳しいことが分かる．この条件を達成するためには，性感染症は，超過死亡を小さくし，治癒速度を遅くし，性的接触が頻繁で，接触により感染が成立する確率を大きくする必要がある．性感染症には急性で重篤化し死に至るものが少なく，むしろ緩やかに軽症で進行するものが多いように見えるのはこのためと考えられている．これにより，感染症にかかったままで患者が長生きできるので，多くの個体に病気をうつすことが可能になる．

特に致命率が小さければ病気に基づく超過死亡 $(=\delta)$ は無視することが可

能となり，$\delta=0$ とおくことにより分析がずっと容易になる．このとき，未感染者と感染者の合計を N で表せば，

$$\frac{dN}{dt} = \frac{dS}{dt} + \frac{dI}{dt} = \lambda - \mu(S+I) = \lambda - \mu N \tag{7.35}$$

の式に従って変化することになり，合計個体数の N は，安定な平衡点

$$N^* = \frac{\lambda}{\mu} \tag{7.36}$$

をもつことになる．このとき，

$$S = N^* - I \tag{7.37}$$

と表されるので，モデルは事実上1変数のモデルとなる．特に，有病率（ある時点での罹患者の割合）を

$$\widetilde{I} = \frac{I}{N^*} \tag{7.38}$$

とおいて，感染者の割合を表せば，

$$\frac{d\widetilde{I}}{dt} = -\mu\widetilde{I} + \beta\widetilde{I}(1-\widetilde{I}) - f\widetilde{I} \tag{7.39}$$

となり，これは，本質的に人口学のロジスティック方程式と同じものである．解は容易に求めることが可能で，

$$\widetilde{I}(t) = \frac{\beta - \mu - f}{\beta} \frac{\widetilde{I}(0)}{\widetilde{I}(0) + \{(\beta-\mu-f)/\beta - \widetilde{I}(0)\}\exp(-(\beta-\mu-f)t)} \tag{7.40}$$

となる．平衡状態での有病率は

$$\widetilde{I} = 1 - \frac{\mu+f}{\beta} \tag{7.41}$$

となる．もし，性感染症の罹病期間よりも人生のほうがずっと長いとすると $\mu+f \approx f$ だから，有病率は近似的に

$$\widetilde{I} = 1 - \frac{f}{\beta} \tag{7.42}$$

で表され，$1/f$ は平均罹病期間で，β は性的接触の年間数に相手が感染者であった場合に実際に感染が起きる確率を掛けたもので，いわば「有効接触率」である．平均罹病期間が分かっているときには，接触回数×確率のデータが得られれば有病率が予測できるが，残念ながらそのようなデータは入手が困難である．また，実際には感染した男性から未感染の女性にうつる場合と，

7-1 感染症流行の数理モデル

感染した女性から未感染の男性にうつる場合では確率に違いがあることも考慮しなければならない．

アメリカの淋病の流行について分析したHethcoteとYorkeらは，式(7.42) を使って有病率の推定を試みた．女性の検診率が10％上がると男性の罹患率が20％低下する傾向にあるとのデータから，女性の罹患率も同様に20％低下すると仮定し，上の有病率の式におけるβ/fの値を推定した．検診率が10％上がると罹病期間($=1/f$)は90％に短縮すると考え，また有病率＝罹患率×罹病期間の関係式をもとに$\beta/f=1.4$という結果を得た．このときの有病率は$1-1/1.4=0.29$すなわち約30％と計算された．はたして，このようなモデルからの予測は実際の性感染症の流行状況と一致するのだろうか．彼らは一方で，約2,000万人の対象集団において年間の罹患数が200万人であるから，罹病期間が約1か月なら有病率は200万×1/12÷2000万より1％未満になるはずと計算している．そのため，この単純なモデルではうまく適合しないと考えた．この問題の解決策として，性的活動が活発なグループとそうでないグループがあるのでその効果を反映させる必要があると考え，全体を2つのグループに分けてモデル化することを考えた．性的活動が活発なグループは「コア」と名付けられ，淋病の予防で特に重要なハイリスクグループとされた．モデル的にはコンパートメントモデルになる．ここではグループ間の移動を考慮していないが，一般にはそれを考慮する必要が出てくる．そのときには，このグループを年齢グループとみなすことも可能である．ここで，死亡率や治癒速度には変わりはないとした．今，性的接触に関して活動的なほうをグループ1とし，w倍性的接触が多いとすると，感染速度は，全接触数に対するグループ1の感染者との接触割合，グループ2の感染者との接触割合ということを考えなければならないので，モデルは次のような形になる．

$$\frac{dS_1}{dt}=-\lambda_1-\mu S_1-\frac{(\beta w I_1+\beta I_2)w}{w(S_1+I_1)+(S_2+I_2)}S_1+fI_1 \quad (7.43)$$

$$\frac{dI_1}{dt}=-\mu I_1+\frac{(\beta w I_1+\beta I_2)w}{w(S_1+I_1)+(S_2+I_2)}S_1-fI_1 \quad (7.44)$$

$$\frac{dS_2}{dt}=\lambda_2-\mu S_2-\frac{\beta w I_1+\beta I_2}{w(S_1+I_1)+(S_2+I_2)}S_2+fI_2 \quad (7.45)$$

$$\frac{dI_2}{dt} = -\mu I_2 + \frac{\beta w I_1 + \beta I_2}{w(S_1+I_1)+(S_2+I_2)} S_2 - f I_2 \tag{7.46}$$

このような考え方を比例混合 (proportionate mixing) と呼び，性感染症のモデルでよく使用される仮定である．

本来，ヒトの性感染症についてより現実に近いモデルを構築する場合，男女別の変数を組み込むことはもちろんだが，もう1つ，男女が1名ずつで比較的長期に持続する「カップル」が形成され，性的接触はそのカップル間に限られることも考慮すべきであろう．このようなモデルにより，ヒト免疫不全ウイルス (HIV: human immunodeficiency virus) 感染症，後天性免疫不全症候群 (AIDS: acquired immunodeficiency syndrome) の流行を分析した取り組みについて紹介する．

日本におけるHIV流行の現状

「先進国で感染者が増加しているのは日本だけ」とよく言われたものだが，まずは，流行の現状を見てみよう．図7-3は，献血者のうちHIV陽性者の割合 (10万人あたり) である．グラフの縦軸は対数目盛になっているので，流行のごく初期を除いて年率10％以上の高率でほぼ指数関数的に増加していることが読み取れるが，2005年以降はその増加率にかげりが出てきたように見える．

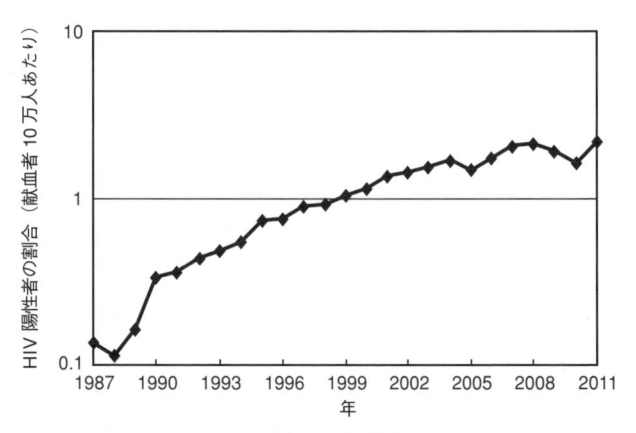

図7-3　献血者中のHIV陽性者の割合 (献血者10万人あたり)

7-1 感染症流行の数理モデル

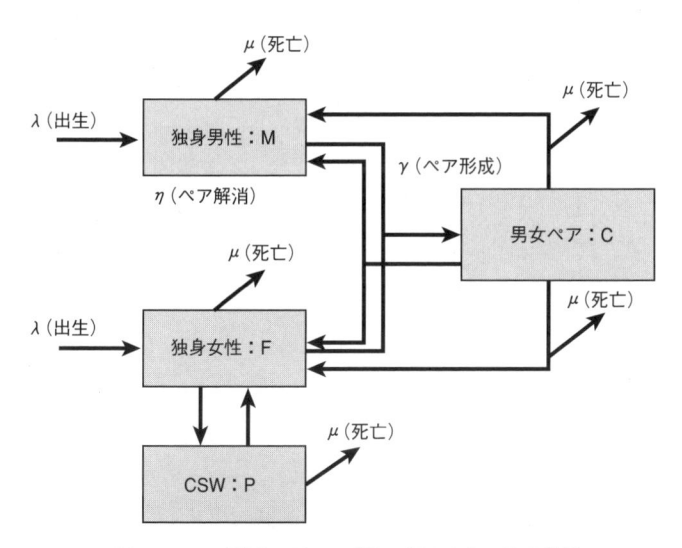

図7-4　ペア形成モデルの感染に関わらない基本構造

(a) モデルの基本になっているペア形成のスキーム

ペア形成モデル (pair formation model) の基本的な構造は，男女1名ずつがカップルを形成することにある．カップルは，一方が死亡するか，両者生存のまま分離するかにより消滅する．このカップルは法律的に結婚していてもよいし，そうでなくてもよい．さらに，性的接触が完全にカップルどうしに限られるかというとそうでもない．お金で性的接触をする手立てもあるのが人間社会の現実のようだから，ここではコマーシャルセックスワーカー (CSW; 昔は売春婦と呼んでいた) の存在もモデルに組み込まれている．モデルに出てくるその他のパラメータは，これまで説明してきたモデルと共通である．

(b) モデルによるシミュレーション結果

モデルのシミュレーションにあたっては，モデルに登場するパラメータを実際に近い値に設定し，モデルの挙動が実際のデータに近いものとなるようパラメータの設定を行う必要がある．しかし，データから値の得られないパラメータもあるので，その場合については，想定すべき範囲を設定し，その

範囲でさまざまな値についてシミュレーションを実施する．それにより，シミュレーション結果がそのパラメータにどれくらい敏感に反応するかが分かる．このような手法は，感受性分析 (sensitivity analysis) と呼ばれている．システムの挙動に大きな影響を与えうるパラメータを明らかにすることも，モデルによる分析の重要な課題の1つである．数理モデルの分析により感受性の高いパラメータを明らかにすることは，実態を適切に把握し予防対策に役立てるうえで大変有用である．

図7-5は，感染率を1%($\beta=0.01$)とした場合のシミュレーションの結果である．比較的長期にわたって，指数関数的に増加していることが分かる．パラメータの異なる他の場合には，比較的短期間で増加が終わり，感染者が一定の頻度で安定となる場合も出てくる．このようなモデルでも，平衡点を求め，そのヤコビ行列の固有値から安定性を判断する手法を適用することができる．図7-6, 7-7では，感染症の流行拡大が許されるかどうかを，感染者との性的接触により感染が成立する確率 ($=\beta$) に焦点を当てた分析を行っている．感染症の侵入を許すかどうかの境界 (白い領域と黒い領域の境界) は，ペア形成率 ($=\gamma$) にはあまり大きな影響を受けないが (図7-6)，CSWとの接触率 ($=c$) には大きな影響を受けることが分かる (図7-7)．特にCSWとの接触

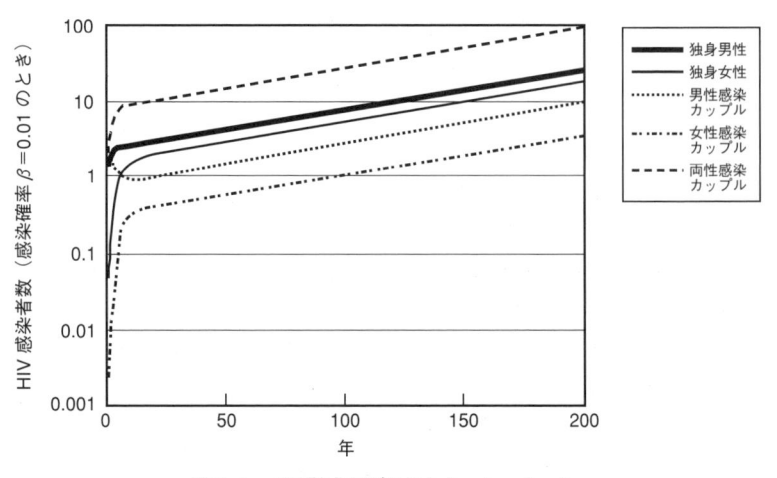

図7-5　ペア形成モデルのシミュレーション

率が小さければ，どんなに感染成立確率 $(=\beta)$ が大きくても日本でHIV/AIDSが流行することはないことを示している．CSWとの接触が予防施策を検討するうえで重要なターゲットであることが示唆される．

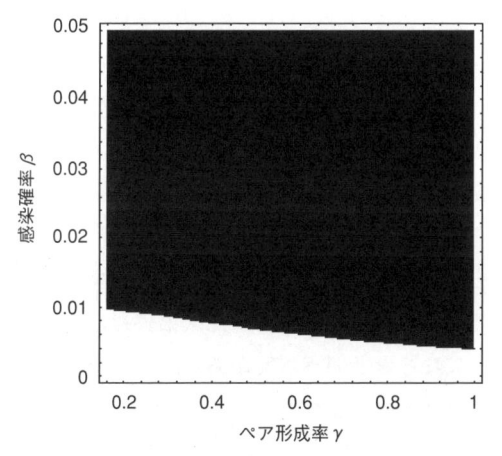

図7-6　HIVの侵入に対するペア形成率と感染確率の影響　　黒い領域では侵入可能，白い領域では侵入不可能である．

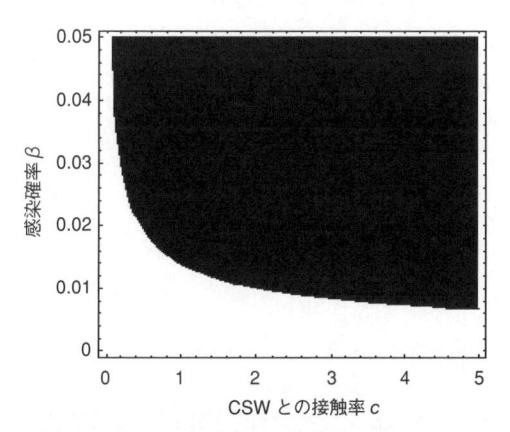

図7-7　HIVの侵入に対するCSWとの接触率と感染確率の影響　　黒い領域では侵入可能，白い領域では侵入不可能である．

7-1-3 病原体とホストの進化

　生物の生存については，進化の問題を抜きに考えることはできない．病原体とホストの関係も例外でない．特に，病原体のほうはホストに比べて世代時間が短いので，進化のスピードも速いと考えられる．病気というと，何か悪意があってホストを苦しめているような印象をもつ人も多いかもしれないが，進化の観点から見るとけっしてそうではない．特に，毒性が強く短期間で死に至る病は，感染者から次の感染者へ感染が起こる機会が少なく進化的には不利である．むしろ，あまり毒性を発揮せずホストに長生きしてもらってどんどん病気をうつしてもらったほうがよい．逆説的であるが，従来から「弱毒化の進化」ということが言われてきた．実際，オーストラリアで繁殖しすぎたウサギを駆除するのに導入されたミクソーマウイルスは，最初はどんどんウサギを死に至らしめていたのに，次第に死亡率が下がっていき，両者が共存するようになったという事実がある．いったい，病原体とホストの進化に働く法則とはどのようなものであろうか．

　この項では，感染症の数理モデルを拡張し，生物進化の法則を探る方法について述べる．進化というのは，異なる形質をもった系統間の競争と考えることができるので，ホスト-パラサイト（病原体）の数理モデルのなかに，ロトカ・ボルテラの競争の方程式を取り込むことによって数理モデルによる分析が可能になる．一般に，ホストの寿命に比べてパラサイトの寿命は短く，パラサイトの進化のほうが速いと考えられる．ここでは，ホスト-パラサイト系の進化について考える．

　基本モデルとして，より一般的な，次のようなモデルを考える．

$$\frac{dS}{dt} = \hat{b}(S+(1-p)I+R) - \hat{\mu}S - \beta\hat{c}S + fI + hR \tag{7.47}$$

$$\frac{dI}{dt} = \hat{b}pI - (\hat{\mu}+\delta+f+g)I + \beta\hat{c}S \tag{7.48}$$

$$\frac{dR}{dt} = -(\hat{\mu}+h)R + gI \tag{7.49}$$

ここで S, I, R はそれぞれホストの感受性保持者（未感染者），感染者，免疫保持者である．パラメータは，$\hat{b}$ が出生率，$\hat{\mu}$ が死亡率，δ は感染による死亡率

の増加(超過死亡)である。$\hat{b}$や$\hat{\mu}$は一般には，ホストの個体数や人口密度・頻度の関数となる．最も簡単な場合には$\hat{b}=b$や$\hat{\mu}=\mu$というマルサス型の人口増加を仮定する．主要な密度調節要因が，モデルで表される感染以外にあるときは，$\hat{b}=b-kN$(負の値になった場合は0とする)および$\hat{\mu}=\mu$(出生で密度調節)，あるいは$\hat{b}=b$および$\hat{\mu}=\mu+k'N$(死亡で密度調節)といった形が考えられる．$\hat{b}=\lambda/N$および$\hat{\mu}=\mu$(定数出生)という仮定もしばしば用いられる．ここで，$N=S+I+R$である．pは垂直感染率($0\leq p\leq 1$)，hは免疫喪失率である．また，fは免疫を獲得しない治癒率(治癒速度)，gは免疫を獲得した治癒率を表している．さらに，βは接触あたりの感染率，$\hat{c}$は感受性保持者1個体あたりの接触率(接触速度)である．一般には，$\hat{c}$は感染者数や感染者率の関数となる．$\hat{c}=cI$(質量作用の法則型)や$\hat{c}=cI/N$(マクドナルド型)などがある．しかし，進化の問題を分析する際に困難な課題となるのは，複数の病原体に重複感染した場合に，その患者から感染する個体はどのタイプに感染するかを決めなければならない点である．また，免疫の有無もそれぞれのタイプごとに決めなければならない．

病原体の進化

野生型の病原体に感染したホストを「0」で，変異型の病原体に感染したホストを「1」で表す．簡単のため，垂直感染と免疫を除くと，数理モデルは次のように表せる．

$$\frac{dS}{dt}=(b-kN)N-\mu S-(\beta_0 I_0+\beta_1 I_1)S+f_0 I_0+f_1 I_1 \tag{7.50}$$

$$\frac{dI_0}{dt}=-(\mu+\delta_0+f_0)I_0+\beta_0 I_0 S \tag{7.51}$$

$$\frac{dI_1}{dt}=-(\mu+\delta_1+f_1)I_1+\beta_1 I_1 S \tag{7.52}$$

ただし，$N=S+I_0+I_1$である．このモデルでは，出生数にロジスティック効果が組み込まれている．ここで，ホスト集団中で野生型だけが流行しているときに，変異型が侵入できるかどうかを検討する．変異型の侵入可能条件は，

$$\frac{\beta_1}{\mu+\delta_1+f_1}>\frac{\beta_0}{\mu+\delta_0+f_0} \tag{7.53}$$

すなわち，基本再生産数が大きくなるほうへ進化する．これは，平衡状態での感受性保持者数の逆数でもあるので，平衡状態での感受性保持者数が小さくなるほうへ進化するとも言える．つまり，より低密度のホストでも侵入可能なほうの病原体の勝ちとなるのである．これはかなり純粋な条件での進化なので，一般には成り立つとは限らないが，このような理想的な条件から見えてくる進化の方向性の一面と言えよう．

7-1-4　感染症の流行データと時系列解析：偶然変動と周期性，カオス

　感染症の流行データは，さまざまな領域での生態学的フィールドデータと比較しても，最も豊富であるということができる．公衆衛生上の目的から，長期にわたって広範囲に収集・蓄積されてきたこれらの流行データは，多くの人の興味・関心を集め，さまざまな角度から分析されてきた．特に，感染症の予防施策として実施される予防接種事業は，いわば社会的・生態学的実験としての面をもっているので，そのような観点からも貴重なデータとなっている．図7-8は日本における麻疹の流行状況をグラフに表したものであるが，1978年の10月の予防接種の導入以前には，一定の撹乱を受けながらも1年おきに大流行と小流行を繰り返す様子がうかがえる．それが予防接種の挿入により一変し，麻疹の罹患者は激減していった．予防接種以後の流行パターンは対数グラフによってもっと分かりやすく見ることができる（図7-9）．

　麻疹の流行にはさまざまな要因が関与していると考えられるが，その最も大きな要因は季節変動と言えよう．毎年，6月頃にピークをもち，10月頃に底を打つパターンはほぼ一定している．またこの間，ベビーブームからだんだん少子化に向かう人口構成の変化も影響していると考えられる．さらには，地域的に細かく見ていくといっそう複雑な様相を呈するようになる．感染症の数理モデルのところでも紹介したように麻疹については一定の閾値密度があり，そのレベル以下の人口集団では麻疹は絶滅してしまうことが知られている．アメリカの報告では，だいたい人口規模が25万人くらいの都市でなければ麻疹は常在することができないとされている．したがって，大都市での自立的な流行と周辺の小都市への飛び火，また大都市どうしの相互の影響

7-1 感染症流行の数理モデル 251

と，空間的にも多彩なパターンを示すことになる．

それらのなかで特に注目されている論点が，これらの複雑な変動のなかにカオスのようなメカニズムが関与しているのかどうかである．

カオスは，第1章でも見たように，変動自体は厳格な規則に基づいている

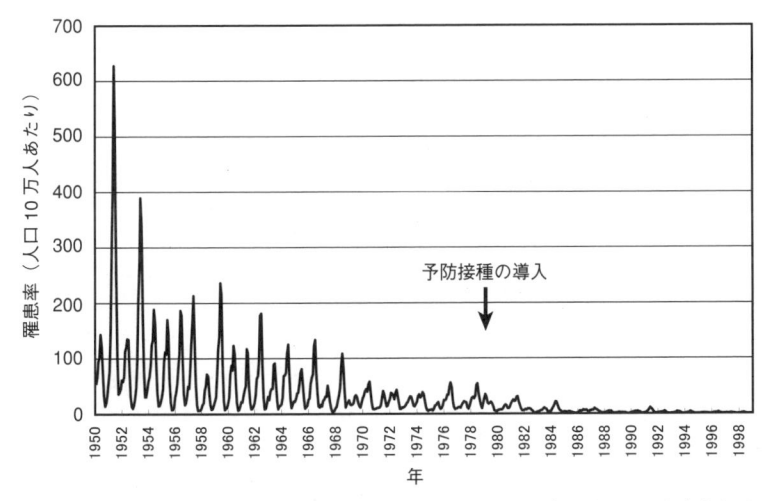

図 7-8　日本における麻疹の罹患率の推移 (1950 年から 1998 年，人口 10 万人あたり)

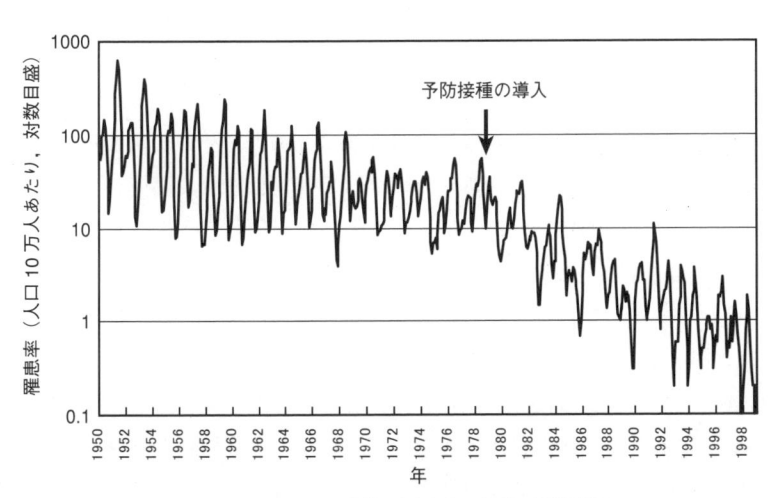

図 7-9　日本における麻疹の罹患率の推移 (対数グラフ)

のに，初期値にとても鋭敏に影響されるため，見かけ上はなはだ不規則でランダムと見えるような変動を呈するものである．カオスの場合においては，比較的短期の予測なら可能であるが，遠い将来の予測は不可能となる．

このような時系列データに対しては，時系列解析と呼ばれる一群の統計的手法が有用である．よく使われるのがスペクトルアナリシスという，時系列に含まれる周期変動の成分を分析するものである．

このようななかで，カオスと偶然変動を区別する手法として役立てられているのが，リアプノフ指数の計算である．カオスはいわば引き延ばしては折り曲げる写像によりできているので，近くの初期値から出発した解軌道は，時間に対して一定の率で離れていくはずである．リアプノフ指数はいわば軌道の広がりを定量的に示すパラメータで，カオスに対してはリアプノフ指数は正の値をとる．逆に，引き延ばしをしない写像に対してはリアプノフ指数は0または負になるので，カオスと区別できる．ただ，実際の計算にあたっては非常に狭い区間に対して計算しなければならない．そのため，リアプノフ指数の計算はノイズに非常に弱く，正確なリアプノフ指数を求めることは困難であり，今後の研究が期待される．

実際問題として，観察データにぴたりと当てはまるモデルを構築することは難しいが，流行の規模や予防施策の効果を評価するうえで，数理モデルに期待される役割は大きい．

近年，生物の絶滅の問題が，生物多様性の保全の観点から注目されている．生態学者にとっては種の保存が善で，生物多様性の保全こそ目標であるが，疫学者にとっては，有害病原微生物の存続は問題で，その根絶こそ目標である．両者は立場上真反対であるが，取り扱う問題は密接に関連している．両方の側面からこの問題を分析することは大いに有効と考えられる．

また，進化というと長大なタイムスケールの現象のように考えがちであるが，身近なところで，抗生物質に対する耐性菌の出現などは，進化の好例である．予防接種の実施が，社会的な大規模な生態学的「実験」と考えることも可能で，医学・公衆衛生学の世界は，理論生物学の豊富な研究材料に満ちあふれている．本章がきっかけとなってこのような課題にチャレンジする方が出てくれば筆者にとっては限りない喜びである．

7-2 免疫システムの数理モデル

　私たちの体を，感染症やがんから守ってくれているのが，免疫の働きである．ありとあらゆる本来の自分以外の「異物」の侵入や出現に対応し，それを生体内から排除しようとする免疫システムは，まさに生き物の不思議と巧妙な仕組みの驚くべき進化そのものである．今日，最も研究の盛んな領域の1つで，進歩の著しい領域でもある．そしてその様子が次々と分かってきた．生体を守るはずの免疫系は，一方ではアレルギーや自己免疫疾患など，病気の原因としての面も注目されている．また，臓器移植においては拒絶反応を引き起こすもとにもなっている．このような免疫の世界を数理モデルの構築を通してより深く学んでみよう．

7-2-1　免疫システムの仕組み：数理モデルの基盤
(a) 免疫を担う「役者」たち

　最初に，免疫システムの基本的な仕組みを復習しておこう．免疫を担う「役者」たちは血液の構成要素である．血液は，細胞成分の血球と液体成分の血漿からなっていて，血球には，赤血球・白血球・血小板がある．このうち，赤血球はヘモグロビンにより酸素を運搬する機能，血小板は粘着して凝縮することにより出血を止める機能を担っている．免疫機能に関連するのは白血球であるが，白血球は単球・リンパ球・顆粒球に分けられる（詳しくは表7-1を参照）．リンパ球はリンパ節に入り込み，リンパ管を経由してまた血管に戻るという循環を行っている．

　免疫システムの基礎にあるのは，侵入してきた細菌を食べてしまう免疫細

表7-1　白血球の構成

単球	マクロファージ	樹状細胞 (抗原提示細胞)
リンパ球	T細胞	ヘルパーT細胞
		細胞障害性Tリンパ球 (キラーT細胞)
		サプレッサーT細胞
	B細胞	抗体産生細胞 (形質細胞)
	NK細胞	
顆粒球	好中球，好酸球，好塩基球	

胞の働きである．これら非特異的免疫を自然免疫と呼んでいる．自然免疫を担っているものには，白血球の中のマクロファージやナチュラルキラー細胞（NK細胞），そして顆粒球と呼ばれるグループに属する好中球などがある．顆粒球というのは，細胞中に顆粒が含まれるのでこの名前があるが，顆粒中には消化酵素が入っていて，取り込んだ細菌を分解するときに使われる．しかし，ヒトのような高等動物では，もっと高度な免疫システムがあり，一度侵入したことがある病原体には効果的に対処することができる．この特異的免疫が獲得免疫と呼ばれるものである．こちらを担っているのは，同じ白血球でもリンパ球と呼ばれるグループに属するB細胞やT細胞である．B細胞は骨髄（bone marrow）で作られ，T細胞は胸腺（thymus）に由来するのでこの名前がある．B細胞は，病原体に由来する抗原に対して，抗体を産生する役割を担っている．また，ウイルスのように，細胞の中に入って増殖する病原体は，単なる貪食作用では対応できないので，感染している細胞を外から見分けて，細胞が感染している場合には殺傷してしまう仕組みがある．この働きを担っているのが細胞傷害性Tリンパ球（あるいはキラーT細胞とも呼ばれる）（CTL: cytotoxic T lymphocyte）である．抗原に対して抗体を産生して対抗するB細胞の働きは液性免疫，キラーT細胞による感染細胞の破壊は細胞性免疫と呼ばれている．

　免疫機能で最大のハイライトは，本来の自分とそうでない異物とをどのようにして見分けるか，無数にある「ありとあらゆる本来の自分でない異物」にどのようにして対処するか，という点であろう．自然免疫の範囲で対応できない，危険度の高い異物に対して獲得免疫が発動されるわけであるが，その仕組みはおおよそ次のようなものとされている．

(b) 自己とそれ以外を見分け，あらゆる異物に対応できる免疫の仕組み

　多細胞生物にとって，自分を構成する細胞が親から受け取った遺伝子をもった「味方の」細胞であることを確認することは，外来性の細胞に乗っ取られないために最も重要なことである．しかし，細胞内の遺伝子を直接チェックすることはできないから，遺伝子に基づいて合成されるタンパク質をチェックして遺伝子の同一性を確認する．細胞は常時細胞内で不要になったタンパク質を分断し，「ゴミ」として出す．ゴミは1つずつ専用の「ゴミ入れ」

(MHCクラスI分子)に載せて捨てられ,細胞の表面に提示される.このゴミ入れのゴミをチェックして,細胞がおかしな動きをしてないかチェックするのがTリンパ球(ヘルパーT細胞)の役割である.ヘルパーT細胞は,ありとあらゆるものを識別できるように,無数の種類のものが作られる.しかし,遺伝子が無数に用意されているわけではなくて,遺伝子再編成によりこの多様性が生成される.これを明らかにしたのが,利根川進博士のノーベル賞受賞につながった業績である.しかし,無数の種類とはいっても自分の細胞由来のゴミを異物と認識するといけないので,そのようなTリンパ球は胸腺で除去される.その結果,作られるのは,自分由来でない異物を認知するTリンパ球である.胸腺は,Tリンパ球の教育という重要な機能を担っているのである.細胞傷害性Tリンパ球(CTL)は,MHCクラスI分子と結合するCD8レセプターをもっていて,細胞により捨てられたゴミの中に不審物がないか常にチェックしているのである.一方,「異物」を処理している細胞が,異物と間違えられて免疫系から攻撃を受けては困る.そこで,マクロファージが異物を処理するとき出てくる異物由来のペプチドは,別のゴミ入れ(MHCクラスII分子)に載せて捨てられる(細胞外に提示される).このような「抗原提示」の機能は樹状細胞により中心的に担われている.樹状細胞はリンパ節の中に入ってT細胞やB細胞に出会い,抗原の情報を伝えている.こちらのゴミ入れをチェックしているのはヘルパーT細胞で,ヘルパーT細胞は,MHCクラスII分子と結合するCD4レセプターをもっている.ヘルパーT細胞は,CTLのように細胞を殺傷するのでなく,サイトカイン(cytokine,細胞間信号伝達分子)などを産生し,異物=抗原侵入部位に他のリンパ球や食細胞を呼び寄せ,抗体産生細胞やCTLを活性化させる働きを担っている.ヘルパーT細胞はエイズウイルス(HIV)が感染する細胞としても知られている.

抗体(antibody)というのは,抗原に対してB細胞が抗体産生細胞(形質細胞plasma cell)に変化して産生するタンパク質で,免疫グロブリン(immunoglobulin)とも呼ばれている.免疫グロブリン分子には,IgG,IgM,IgA,IgE,IgDの5種類が知られている.B細胞自身も,抗原と結合するレセプターをもっている.抗体はY字型をしており,2つの先端部位に抗原との結合部位をもっている.そのため,抗体は単に抗原に結合するだけでなく,抗原をつなげたり凝

縮させたりすることができる．血液中のタンパク質成分である「補体」も，抗体に協力したり，貪食細胞を活性化（オプソニン化）させたりして，免疫の効力を高めている．外部からの侵入場所に血液中のタンパク質や白血球が集まる反応が「炎症」である．抗体が結合した抗原は，抗体の根本の部分（Fc領域）と結合するFcレセプターの働きで白血球に速やかに「貪食」される．

　全くの外来異物は，MHC分子をもたないのでT細胞の攻撃対象にならない．そこで，抗体が活躍する．ヘルパーT細胞は，抗原に対して反応するレセプターをもったB細胞を刺激し，増殖させるとともに抗体を多量に産生させる．これらの抗体が外来の異物に結合すると，キラーT細胞の攻撃対象となり退治される．

　こうして，免疫系は，自己と非自己を区別し，自己でないあらゆる「異物」に対応できるシステムを構成している．自己には寛容で，非自己には特異的に対応する記憶をもっているのである．

7-2-2　免疫システムの基本モデル：ウイルスの侵入

　このような免疫の仕組みをモデル化する前に，生体内に病原体が侵入し感染が起こるプロセスについての数理モデルを構成してみよう．ここでは病原体としてウイルスの場合を考える．ウイルスは独立して増殖することはできないので，いったんホストの細胞に入り込み，その細胞内でホストの合成シ

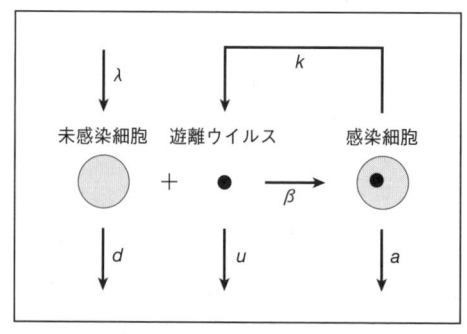

図 7-10　生体内における細胞のウイルス感染モデルの模式図　(Nowak & May 2000, p.18を改変)

7-2 免疫システムの数理モデル

ステムを利用してウイルスの構成部品を合成させ，ウイルスとしての完成品（ビリオン virion）として細胞外に出てくる．このとき，感染した細胞は破壊される．個々の細胞を個体と見立てると，集団に感染症が流行するプロセスと同様に見ることができる．このような理由から，基本モデルの変数は，未感染細胞，感染細胞，ウイルスの3つから構成される．

変数 X, Y, V はそれぞれ，未感染細胞数，感染細胞数，ウイルス数（free virus particle）を表す．変数は，総数でも濃度のいずれでもよい．

$$\frac{dX}{dt} = \lambda - \mu X - \beta XV \tag{7.54}$$

$$\frac{dY}{dt} = \beta XV - aY \tag{7.55}$$

$$\frac{dV}{dt} = kY - uV \tag{7.56}$$

ここで，それぞれのパラメータは，λ が単位時間あたりの細胞増殖数，μ は未感染細胞の死亡率，a は感染した細胞の死亡率となっている．したがって，未感染細胞の平均寿命は $1/\mu$ となる．βXV は単位時間あたりの感染細胞数の増加率である．ウイルス数の変動の式(7.56)では，死亡した感染細胞に比例してウイルス粒子が増加し，ウイルス粒子は一定の率 u で失活（死亡）するとした．したがって，ウイルス粒子の平均寿命は $1/u$ となる．1つの細胞に感染したウイルスは他の細胞にさらに感染することはできないので，感染によるウイルス数の減少を考慮すべきであるが，これはウイルスの失活（死亡）による減少に比べて十分小さいと考えられるので，数式の構成上は無視されている．

平衡点は，ウイルスが侵入する以前は，

$$X^0 = \frac{\lambda}{\mu}, \qquad Y^0 = 0, \qquad V^0 = 0 \tag{7.57}$$

つまり，ウイルスが存在しないとき，細胞は出生と死亡のバランスで決まる一定水準の細胞数を維持している．一方，ウイルスが侵入して共存可能なときには

$$X^* = \frac{au}{\beta k}, \qquad Y^* = \frac{\lambda}{a} - \frac{\mu u}{\beta k}, \qquad V^* = \frac{\lambda k}{au} - \frac{\mu}{\beta} \tag{7.58}$$

という平衡点がある．

さて，このシステムでは，ウイルスとの共存条件 ($V^* > 0$) は，

$$\frac{\lambda k}{au} - \frac{\mu}{\beta} > 0 \quad \text{すなわち} \quad R_0 = \frac{\lambda}{\mu}\frac{\beta}{u}\frac{k}{a} > 1 \tag{7.59}$$

と表すことができる．この R_0 という量は通常の集団レベルでの感染における基本再生産数に対応するもので，標的細胞集団中にウイルスが1個だけ生じたときに，そのウイルスが死亡（失活）する前に細胞に感染する数であるが，細胞から出てくるときに増殖する効果（バーストサイズ）が含まれている点が異なっている．このとき，感染細胞の寿命は $1/a$ となる．ウイルス粒子の寿命は $1/u$，「バーストサイズ」は k/a である．ウイルス感染のないときの細胞の寿命は $1/\mu$ で，細胞数は λ/μ となっている．この条件が満たされないときは，ウイルスは生体内で増殖することができず感染は成立しない．例え

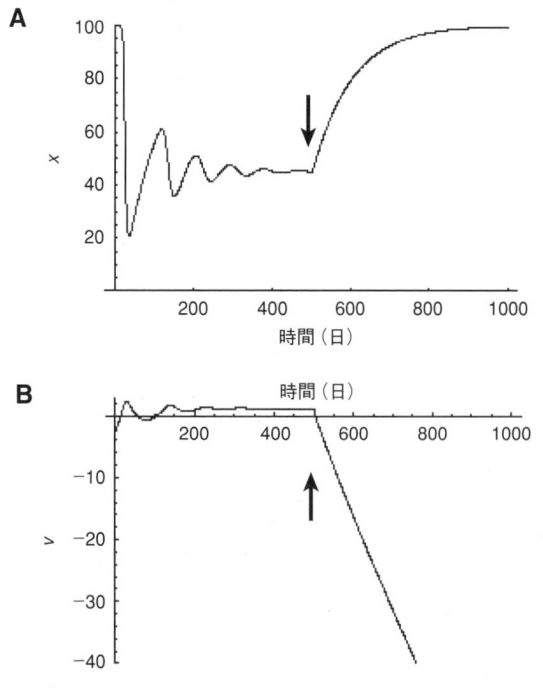

図7-11 未感染細胞数 x(A) とウイルス量 v(B) の経時的変化のシミュレーション 初日に感染し，500日目（矢印）から治療によりウイルスの死亡率が増加．ウイルス量は対数グラフ．パラメータは $\lambda=1$, $\mu=0.01$, $a=0.5$, $\beta=0.0008$, $p=1$, $k=50$, $u=3.6 \to 8.0$, $b=0.005$.

ば，免疫力が強いとか薬剤の投与などによりウイルスの死亡率 u が十分大きいとすると，感染は成立しない．また，感染細胞の死亡率 a はウイルスの毒性を反映していると考えられるが，この毒性が強いほど（a が大きいほど）感染細胞やウイルスの平衡個体数（濃度）が小さくなり，未感染細胞数が増え，$R_0>1$ が成立しにくくなるなど，興味深い性質が分かる．また，感染が成立しないようにするには，ウイルスを退治して u を大きくするほか，ウイルスが細胞に感染する速度を弱めて β を小さくする手段もあることが分かる．安定性の面からは，$R_0>1$ なら，ウイルスのいない平衡点は不安定である．

いったん感染が成立すると，未感染細胞が病原体との共存平衡状態で未感染にとどまる時間は $1/\mu R_0$ となる．病原体が存在しないときの細胞の寿命は $1/\mu$ であるから，その $1/R_0$ に縮まっていることになる．また感染前と感染後の細胞数の比（X^0/X^*）は，ちょうど R_0 に等しい．この R_0 を使うと，平衡点の値は次のように書き換えることができる．

$$X^* = \frac{au}{\beta k} = \frac{X^0}{R_0}, \qquad Y^* = (R_0-1)\frac{\mu u}{\beta k}, \qquad V^* = (R_0-1)\frac{\mu}{\beta} \tag{7.60}$$

この式より，R_0 が 1 より大きいときにウイルス感染が成立することがよく分かる．

このモデルにより，シミュレーションを行った結果は図 7-11 のとおりである．実際の患者でも臨床データはこのような傾向を示すだろうか．図 7-12

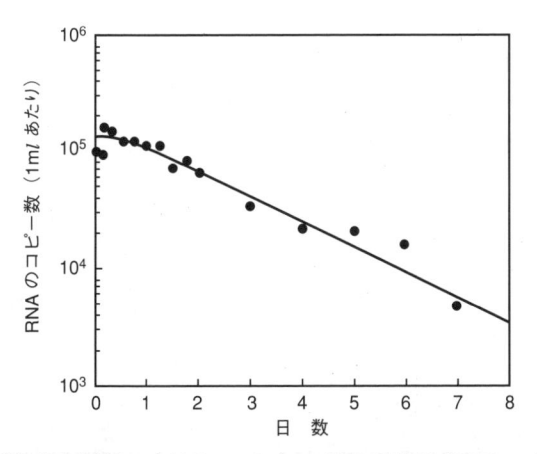

図7-12　ある感染者の血漿中における HIV ウイルス濃度 (片対数グラフ)　　遊離ビリオンの半減期 = 0.19 日，感染細胞の半減期 = 1.39 日．(Perelson et al. 1996 を改変)

は，抗ウイルス治療を受けている患者の血中ウイルス濃度の経時示的変化のグラフである．治療薬の投与により新規にウイルスが産生されることがなくなり，ほぼ指数関数的にウイルスが減少している様子がよく分かる．

このようなモデルは患者の治療に役立てることができる．臨床医学では倫理的な制約があるので患者で実験するわけにはいかない．そのため，このようなシミュレーションはきわめて有用であると考えられる．

7-2-3 免疫システムの基本モデル：キラーT細胞の働き

前項で，生体内に病原体(ウイルス)が侵入し，感染が成立する様子を見てきた．しかし実際は，生体の側で黙って見過ごしているわけではない．免疫システムが動き出し，ウイルスを除去することに成功することが可能である．ウイルス感染で大きな役割を果たすのが細胞性免疫であるので，このような免疫の働きを数理モデルで表してみよう．次のモデルで，変数 X, Y, V はそれぞれ，未感染細胞数，感染細胞数，ウイルス数（濃度；free virus particle）を表す．ここまでは前項と同じである．新たな変数 Z は，細胞傷害性Tリンパ球（CTL: cytotoxic T-lymphocyte）の細胞数（あるいは濃度）を表している．CTLはキラーT細胞と呼ばれることもある．キラーT細胞はウイルスに感染した細胞を識別し，そのような細胞を「始末する（殺傷する）」こと（式(7.62)の右辺第3項）により，ウイルスの蔓延を防ごうとする．また，このようなキラーT細胞は，感染細胞により増殖が促進される形で組み込まれている（式(7.64)の右辺第1項）．

免疫系（細胞性免疫）の数理モデルは，

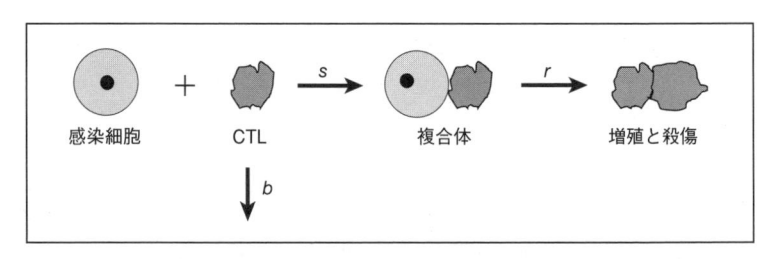

図7-13 CTL (キラーT細胞) による感染細胞の殺傷 (Nowak & Bangham 1996を改変)

7-2 免疫システムの数理モデル

$$\frac{dX}{dt} = \lambda - \mu X - \beta XV \tag{7.61}$$

$$\frac{dY}{dt} = \beta XV - aY - pYZ \tag{7.62}$$

$$\frac{dV}{dt} = kY - uV \tag{7.63}$$

$$\frac{dZ}{dt} = c - bZ \tag{7.64}$$

で表される．パラメータは式(7.54)～(7.56)と共通であるが，pはキラーT細胞(CTL)の感染細胞の発見率，cはCTLの生成率，bは死亡率である．ここで，Yが正のときcも正と仮定する．Nowak & May (2000)の本には，cが定数以外のさまざまな場合についての分析も行われている．

このモデルの平衡点は，2種類ある．ウイルスが侵入する以前の平衡点は，

$$X^0 = \frac{\lambda}{\mu}, \qquad Y^0 = 0, \qquad V^0 = 0, \qquad Z^0 = \frac{c}{b} \tag{7.65}$$

ウイルスとの共存平衡点は

$$X^* = \frac{(a + pc/b)u}{\beta k} \tag{7.66}$$

$$Y^* = \frac{\lambda}{a + pc/b} - \frac{\mu u}{\beta k} \tag{7.67}$$

$$V^* = \frac{\lambda k}{u(a + pc/b)} - \frac{\mu}{\beta} \tag{7.68}$$

$$Z^* = \frac{c}{b} \tag{7.69}$$

である．キラーT細胞の機能を考慮しなかった式(7.54)～(7.56)と比較すると，未感染細胞が増え，感染細胞とウイルス濃度が減っているのが分かる．この状況下でのウイルスの生残条件は，

$$\frac{\lambda}{\mu} \frac{\beta}{u} \frac{k}{a + pc/b} > 1 \tag{7.70}$$

であるので，aにpc/bが付け加わった分だけ成立しにくくなっている．獲得免疫により，2度目の罹患が減免されることに対応していると考えられる．このモデルのシミュレーション結果を図7-14に示した．

基本モデルにおいて，標的細胞の増殖や死亡，感染速度，ウイルスの増殖や失活様式に特定のウイルスの特徴を反映させるなど工夫を凝らすと新しい

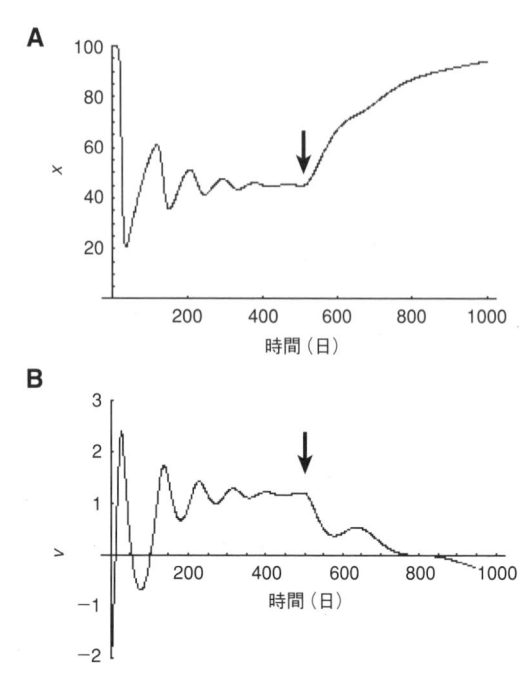

図7-14 未感染細胞数とウイルス量の経時的変化のシミュレーション　　初日に感染,500日目(矢印)からキラーT疫細胞の機能が発揮された場合.ウイルス量は対数グラフ.パラメータは $\lambda=1$, $\mu=0.01$, $a=0.5$, $\beta=0.0008$, $p=1$, $k=50$, $u=3.6$, $c=0 \to 0.003$, $b=0.005$.

モデルが構築できる.より総合的なモデルを目指すには,液性免疫における抗体産生とその効果も組み込むことが必要であり,液性免疫のモデルもいろいろ提案されている.さらには,患者個人の特性を反映するパラメータを組み込めば,いわゆるテーラーメイド医療にも役立つことになる.今後の数理モデル研究の発展に期待したい.

7-3　発がん過程の数理モデル

　現代の日本では,およそ3人に1人ががんで死亡する.感染症が猛威をふるっていた時代が去り,子ども時代に感染症で亡くなる人たちが減ると,大人になってからがんなどの生活習慣病にかかる人が増えてくるためである.

7-3-1 がんはどのようにして起こるか
(a) がんとは何か

　私たちも含めて多細胞生物の体は，たくさんの細胞から構成されている．体が正常な機能を維持するためには，消耗や損傷を受けた細胞が必要に応じて置き換えられなければならない．しかし，必要な範囲を超えて増殖する細胞が現れると，正常な機能の障害となる恐れがある．そのため，細胞は異常な増殖を起こさないよう，遺伝子が関わったさまざまな制御の仕組みをもっている．がんというのは，この制御が働かなくなった「がん細胞」が出現し，異常な増殖を始めることである．

　がんには，がん細胞の性質や出現する場所に応じてさまざまな種類がある．一般に「良性」と呼ばれるものは，身体の他の部分に浸潤したり転移したりせず，生命を脅かすことがまれなものである．一方，「悪性」のものは，他の臓器に浸潤・転移して増殖し，個体が死に至る原因となる．がんは，腫瘍・悪性新生物(malignant neoplasm)とも呼ばれるが，皮膚や消化管などの上皮細胞に由来する癌腫（カルシノーマ carcinoma）と，骨や筋肉・血管などの組織に由来する肉腫（サルコーマ sarcoma）に分かれる．そのほかに，血液（造血幹細胞）に由来するがんである白血病などがある．普通，「がん」と呼ばれるのは癌腫に属するもので，胃がん・肺がん・大腸がん（結腸がんおよび直腸がん）・肝がん・乳がん・子宮がん（子宮頸がんおよび子宮体がん）など，多くの主要ながんが含まれている．

　がんの過程には，発がん物質による遺伝子損傷などにより起こる最初の段階（イニシエーション）から，DNAに損傷を受けた細胞がプロモーターにより増殖が促進されていく段階（プロモーション）を経て腫瘍細胞となり，さらに悪性度が高くなるプログレッション(progression)の過程へと至るというように，数多くの段階があると考えられている．発がん物質（イニシエーター）には，化学物質，放射線，ウイルス，タバコなどがあり，近年の原子

力発電所の事故などにより，放射線の被曝線量と発がんの関連性などに関心が高まっている．

(b) 加齢や放射線被曝と発がんの関係から見えてくるもの

がんの死亡率や罹患率（通常，人口10万人あたりの1年間の発生数で表される）は，性別や年齢によって特徴的な傾向があることが古くから知られている．年齢とがんの死亡率を両対数グラフで描くと，おおむね直線的な傾向を示し，その直線の傾きがおおよそ6程度になる．この傾向は現在でも基本的に変わっておらず，図7-15に示すように現代日本のがん罹患率でも確認できる．乳がんや前立腺がんなど性ホルモンの影響を受けると考えられるがんでは状況が少し異なるようであるが，なぜ多くのがんでこのような傾向が見られるのだろうか．今から半世紀以上も前，まだ分子生物学が興隆する以前のこと，このことに理論的な説明を試みた先駆的な研究から紹介していこう．

Armitage & Doll (1954) は，がんの死亡率が年齢のおよそ6乗に比例して高くなっている事実を確認し，その理由について，がん化のプロセスが7ステップ程度の段階を経て起きているのではないかと考えた．当時，がんの発生には複数の細胞でがん化が起きなければならないという考え方もあったが，こちらの説に従うと，発がん物質の影響下でがん化が起きるとき，発がん物質の濃度の6乗に比例してがんの発生が見られることが予想される．しかし，実際には，発がん物質の濃度自身に比例してがんの発生が見られることから，1つの細胞が複数の異なる段階を経てがん化するという説を支持した．発がん物質は，そのなかの1つの段階だけに作用すると考えたためである．こうして，がん化の多段階理論 (multi-stage theory) が生まれた．今日知られているような，細胞の分子的なメカニズムが明らかになる遙か以前の先見的な研究である．その後，さまざまながん抑制遺伝子など，この考えを支持する分子生物学的知見が蓄積し，また，数理的研究も盛んに行われるようになった．これから，ArmitageとDollの多段階理論に基づいた発がん過程の数理モデルを見てみよう．

7-3 発がん過程の数理モデル

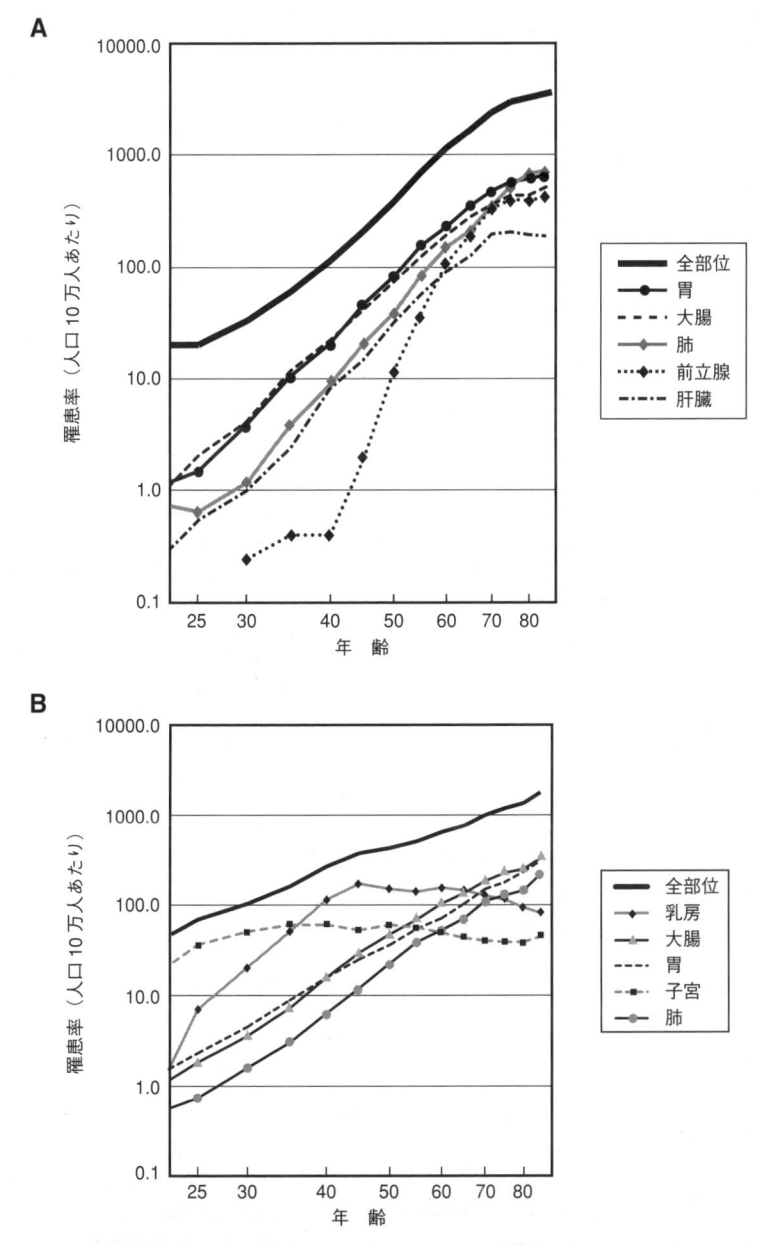

図7-15 がんの年齢と罹患率の関係 (両対数グラフ) (A) 男性 (25歳〜85歳以上). (B) 女性 (25歳〜85歳以上).

7-3-2 発がん過程の数理モデル

　発がんは遺伝子の変化により起きる病気であるため，発がん過程の数理モデルは，遺伝子の構成・発現状況が異なる細胞集団のダイナミクスを取り扱うことになる．発がんが，個体を構成する少数の細胞に変異として起きることから，確率論的な取り扱いがなされる．一方，がん細胞集団がある程度以上の細胞数に達した段階で，がんと診断されたり治療が行われたりすることになるが，この段階では細胞数のダイナミクスを決定論的に取り扱うことが可能となる．まず，がん化の初期の確率論的取り扱いから見ていこう．

(a) 確率過程としてのモデル化

　正常細胞の状態を S_0 とし，この状態からイニシエーションにより S_1 に状態遷移し，引き続き $S_2, \cdots, S_{k-1}$ と状態を遷移しつつ，S_k に至って腫瘍細胞となると仮定する（図7-16参照）．このとき，時刻 t における S_i から S_{i+1} への状態遷移は，単位時間あたり $\lambda_i \theta(t)$ で起きるとする．ここで，λ_i はステップ i に固有の係数，$\theta(t)$ は発がん物質への曝露など環境の発がん因子の強さを表すものとする．時刻 $t=0$ で S_0 にあった細胞が，時刻 t に S_i の状態にある確率 $p_i(t)$ は，次のマスター方程式に従う．

$$\frac{dp_0(t)}{dt} = -\lambda_0 \theta(t) p_0(t) \tag{7.71}$$

$$\frac{dp_i(t)}{dt} = \lambda_{i-1} \theta(t) p_{i-1}(t) - \lambda_i \theta(t) p_i(t) \quad (i=1, 2, \cdots, k-1) \tag{7.72}$$

$$\frac{dp_k(t)}{dt} = \lambda_{k-1} \theta(t) p_{k-1}(t) \tag{7.73}$$

この方程式を初期条件 $p_0(0)=1$，$p_i(0)=0$ $(i>0)$ で解けばよいが，係数 λ_i が異なると取り扱いが煩雑になるので，まず，λ_i が全て等しい（すなわち $\lambda_0=\lambda_1=\cdots=\lambda_{k-1}\equiv\lambda$）とした場合の結果から示そう．解 $(i<k)$ は，

$$S_0 \xrightarrow{\lambda_0 \theta(t)} S_1 \xrightarrow{\lambda_1 \theta(t)} \cdots \xrightarrow{\lambda_{k-1}\theta(t)} S_k$$

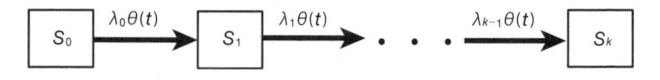

図7-16 発がんの多段階理論

7-3 発がん過程の数理モデル

$$p_i(t) = \frac{\lambda^i \Theta(t)^i}{i!} \exp(-\lambda \Theta(t)) \tag{7.74}$$

となる．ただし，

$$\Theta(t) = \int_0^t \theta(\tau) d\tau \tag{7.75}$$

である．さらに，発がん物質への曝露状況も一定のとき（すなわち，$\Theta(t) \equiv 1$ のとき），解 $(i<k)$ は，

$$p_i(t) = \frac{\lambda^i t^i}{i!} e^{-\lambda t} \tag{7.76}$$

となる．したがって，このとき腫瘍細胞が出現している確率（S_k に達している確率）は，

$$1 - \sum_{i=0}^{k-1} p_i(t) = 1 - \sum_{i=0}^{k-1} \frac{\lambda^i t^i}{i!} e^{-\lambda t} \tag{7.77}$$

で表すことができる．このような過程は，ポアソン過程とも呼ばれる．任意の時刻で細胞が状態遷移を経験している回数 i は，平均が λt のポアソン分布（ただし，k が有限なのでしっぽが詰まった形となっている）をしていることが読み取れる．

一般に，時間変動がある場合を考慮する場合でも，λ_i が全て等しいと仮定できる場合には，腫瘍が出現している確率は，腫瘍の出現する時刻の累積分布でもあり，

$$F_k(t) \equiv p_k(t) = 1 - \sum_{i=0}^{k-1} p_i(t) = 1 - \sum_{i=0}^{k-1} \frac{\Theta(t)^i}{i!} \exp(-\lambda \Theta(t)) \tag{7.78}$$

で表され，腫瘍の出現する時刻の分布は，これを微分して，

$$F_k(t) = \lambda \theta(t) \frac{\lambda^{k-1} \Theta(t)^{k-1}}{(k-1)!} \exp(-\lambda \Theta(t)) \tag{7.79}$$

により与えられる．

ここで，このモデルに基づいて，曝露量や曝露年齢影響を見てみよう．また，環境からの発がん因子の強さを

$$\Theta(t) = 1 + bc(t) \tag{7.80}$$

というように，時間によらず一定の部分と時間変動する部分 $c(t)$ に分けて考えよう．式中の b は時間変動に対する感受性の大きさを表す係数である．ここでは，b も年齢によらないと仮定する．このとき，年齢 t における発がん

のリスク $h(t)$ について，

$$h(t) = N\frac{f_k(t)}{1-F_k(t)} \propto (1+bc(t))\left\{t+\int_0^t c(\tau)\,d\tau\right\}^{k-1} \quad (7.81)$$

が成り立つ．ここで，発がんの遷移確率 λ が十分小さいと仮定した．特に，曝露の時間的変動がないときにはリスクがおおむね時間の $k-1$ 乗に比例する式となっていることを見ていただきたい．

ここで興味深いのは，さまざまな年齢の人が同時に一時点で集中的に曝露を受けたような場合にどのような影響が見られるか，である．このモデルでは，年齢と時間を区別していないので，同時・一点曝露の影響を見るときには，曝露年齢が異なっているとして比較することになる．今，$c(t)$ を，ある年齢 (時刻) t_0 に集中的に曝露が起きたとして，

$$c(t) = c_0\,\delta(t-t_0) \quad (7.82)$$

と表す．$\delta(t-t_0)$ は，ディラックのデルタ関数である．このとき，

$$h(t,\,c_0) \propto \begin{cases} t^{k-1} & (t<t_0 \text{のとき}) \\ t^{k-1}\{1+(bc_0/t)^{k-1}\} & (t\geq t_0 \text{のとき}) \end{cases} \quad (7.83)$$

となる．したがって，相対的なリスク差である超過相対危険度 (excess relative risk) で表すと

$$ERR(t,\,c_0) \equiv \frac{h(t,\,c_0)-h(t,\,0)}{h(t,\,0)} = (k-1)\frac{bc_0}{t} \quad (t\geq t_0 \text{のとき}) \quad (7.84)$$

となり，曝露量に対して線形の相対リスクが得られ，その大きさが年齢の逆数に比例する形で減少することが示される (あくまでも相対リスクが減少するのであって，実際のリスクは年齢相応に大きくなる)．実際，Preston ほか (2003) では，放射線影響研究所で管理されている，広島・長崎で原子爆弾により被爆した方たちの被爆線量と発がんデータのデータベースをもとに分析し，固形がんのリスクがかなりの低線量でも被爆線量に比例することなどが報告されている．ここでは，出生年が同じ集団を考え，年齢と時刻を区別せずに用いて説明したが，実際には，年齢自体でなく，がんの前臨床期間という意味で，ある年齢以降の経過年数で表されることが多い．

以上，各状態間の単位時間あたりの遷移確率が同じとの仮定のもとで分析を進めてきた．そうでない場合 (すなわち，λ_i が互いに異なっている場合) は，解は次式で与えられる．

$$p_i(t) = \left(\prod_{m=0}^{i-1} \lambda_m\right) \sum_{m=0}^{i} \exp(-\lambda_m \theta(t)) \prod_{\substack{n=0 \\ n \neq m}}^{i} \frac{1}{\lambda_n - \lambda_m} \tag{7.85}$$

いずれかの λ_i が他の λ_j と等しい場合でも解析的な解が得られるが，さらに煩雑な形となる．詳しくは，大瀧(2007)を参照されたい．遷移確率が異なる場合でも同様の結果が得られることが説明されている．また，厳佐(2008)には，発がん過程を，細胞集団内での遺伝子の異なる細胞の出現や消滅という，進化の枠組みで捉え，がん細胞の固定確率などの計算が紹介されている．あわせて参考にしていただきたい．

もう1つ，上の発がん過程の議論の特徴は，細胞数が変動すれば遷移速度も変わり得ることを考慮していないことである．多細胞生物は，体が成長する時期は細胞数も細胞分裂により指数関数的に増加するが，成長が止まる成人期以降では，幹細胞が形成され，細胞の増殖は，幹細胞が幹細胞と体細胞の2つに分裂する形で行われるようになる．すると，幹細胞数は一定になり上の議論のように遷移速度を一定と考えても問題がないだろう．実際，がんの罹患率が年齢の6乗にきれいに比例するのは成人期以降であった．それに対して，指数成長にある細胞集団では，突然変異が生じる回数の分布は，ルリア・デルブリュック分布(Luria-Delbrück distribution)に従うことが知られている．Luria と Delbrück は，突然変異が，適応上有利な突然変異が促進されるわけではないことを細菌による実験で示し，この業績により1969年のノーベル生理学医学賞を受賞しているが，ルリア・デルブリュック分布は，この突然変異のデータを解析するために構成され，その後，より一般的な設定のもとでの分布の研究が行われた．詳しくは，Zheng(1999, 2003)を参照されたい．Frank(2004)では，発がん過程にある細胞群に増殖の効果を組み込むことにより，乳がんや前立腺がんなどにおけるがん罹患率が「年齢の6乗」からズレが生じる理由を説明できるのではないかとの説が示されている．

(b) 細胞集団のダイナミクスとしての取り扱い

大きさ1cm程度のがんが見つかったときには，すでにがん細胞の数は10億個程度になっていると考えられる．そのため，がんの治療のモデルなどは，がん細胞数の決定論的なモデルによる取り扱いが可能となる．がん細胞数の

ほか，免疫細胞や薬剤の濃度などを組み込んだ決定論的なモデルにより，治療効果や薬剤耐性がん細胞の出現などの分析が行われている．前項で取り上げた，生体内での病原体と免疫系のダイナミクスと同様のモデルが構成できる．このようなモデルに関しては，Eftimie et al. (2011) の総説がある．

このような決定論的な数理モデルにより，治療に関わる研究も行われている．Micho et al. (2005) は，慢性骨髄性白血病（CML: chronic myeloid leukaemia）の患者のがんに関わる遺伝子の転写産物の血中濃度のデータを説明するシンプルなモデルを作成し，抗がん剤（イマチニブ）の効果や原因の分析を行った．巌佐（2008）に分かりやすい解説がある．また，Aihara et al. (2007, 2010) は，前立腺がんの促進因子である男性ホルモンを抑制するホルモン療法について，効果的な「間欠療法」のモデルを構築して，治療に役立てることを目指している．ホルモン療法が最初のうち効果を発揮している患者も，数年で，効き目がなくなり，「再燃」することが知られている．アンドロゲン非依存の細胞が出現し，ホルモン療法下でも増殖するようになるためである．「間欠療法」はホルモン療法を断続的に行うもので，彼らのモデルでは，正常細胞・がん細胞のほかは血清中の前立腺特異抗原（PSA: prostate specific antigen）濃度のみが変数となっており，この濃度が患者で測定できるものであることから，実際の患者の治療に役立てられることが期待されている．

(c) がん検診の有効性：公衆衛生上（集団レベル）のモデル

もう1つ，人間集団に関わる重要なモデルとして，がん予防対策として実施されるがん検診のモデルがある．がんのステージごとに，がんにかかる前から，がんによる死亡に至るまでの状態を区別し，状態間の遷移確率を定める形のマルコフ遷移モデルがよく用いられる (Yamaguchi et al. 1991)．がん検診も含めて，いわゆる集団検診 (mass-screening) の基本的な構造は，次のような比較的単純なモデルで捉えることができる（図7-17）．実際の検診の有効性を評価するためには，性・年齢構造をはじめ，現実的な状況を設定しなければならないが，ここでは，理論的な特性を議論するため，最も単純な場合を仮定しよう．

図7-17のモデルでは，健康な者 (H_0)，検査で発見可能な患者 (H_1)，発症

7-3 発がん過程の数理モデル

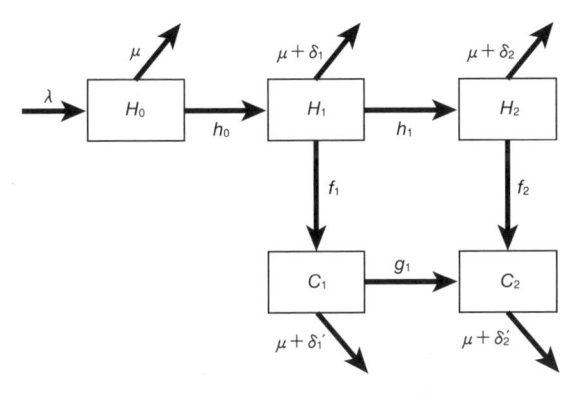

図7-17　集団検診の基本モデル

した患者 (H_2) をそれぞれ別の変数として区別している．また，早期治療を行っている患者を C_1，発症に気づいて治療が始まった患者を C_2 で表している．状態間の遷移速度は図のとおりである．

　検診の効果は，「早期発見早期治療」ということで，自明のことのように思われるかもしれない．図7-17のモデルでも，医療機関でがんと診断されてからの平均余命 $\hat{L}_0$ と検診で見つかってからの平均余命 $\hat{L}_1$ を比較すると，がん以外での死亡が無視できるほど小さいと仮定すると，

$$\hat{L}_0 \approx \frac{1}{\delta_2} < \hat{L}_1 \approx \frac{1}{g_1} + \frac{1}{\delta_2} \tag{7.86}$$

となって，当然検診で見つかったほうが長生きできることが分かる．しかし，このような比較は適切ではない．検診のほうが，がんが早い段階で見つかるので，早く見つかった分だけ長生きする効果が生じるためである．これは，リードタイムバイアスと呼ばれているもので，正確にはこの分を補正して比較しなければならない．

　図7-17のモデルでこの補正を行ってみよう．H_1 の状態にある者の平均余命は，集団検診を実施しないときには，

$$\hat{L}_0 = \frac{1}{\mu+\delta_1+h_1}\left\{1+h_1\left(\frac{1}{\mu+\delta_2+f_2}+\frac{f_2}{\mu+\delta_2+f_2}\frac{1}{\mu+\delta_2'}\right)\right\} \approx \frac{1}{h_1}+\frac{1}{f_2}+\frac{1}{\delta_2} \tag{7.87}$$

で表され，集団検診を実施しているときには，多くの人が検診を受けるものとして，

$$\hat{L}_1 = \frac{1}{\mu+\delta_1+h_1+f_1}\left\{\begin{array}{l}1+h_1\left(\dfrac{1}{\mu+\delta_2+f_2}+\dfrac{f_2}{\mu+\delta_2+f_2}\dfrac{1}{\mu+\delta_2'}\right)\\ +f_1\left(\dfrac{1}{\mu+\delta_1'+g_1}+\dfrac{f_2}{\mu+\delta_1'+g_1}\dfrac{1}{\mu+\delta_2'}\right)\end{array}\right\} \approx \frac{1}{f_1}+\frac{1}{g_1}+\frac{1}{\delta_2}$$

(7.88)

となる．したがって，検討すべきは次の不等式である．

$$\hat{L}_0 \approx \frac{1}{h_1}+\frac{1}{f_2} < \hat{L}_1 \approx \frac{1}{f_1}+\frac{1}{g_1} \tag{7.89}$$

当然のことながら，早期発見したときの余命が，検診を受けず放置されたままの状態のときの余命より，早期発見により未発見期間が短くなる分以上に長くなっているとき，言い換えると，有効な治療手段があるとき，初めて検診が有効性を発揮することが確認できる．

　検診の効果を検証するうえでは，上に述べたリードタイムバイアスのほかにも，留意すべき問題がある．2つ目は，レングスバイアスと呼ばれるものである．検診が効果を発揮するのは，腫瘍がある範囲のサイズにあるときに限られる．小さすぎては見つからないし，大きすぎると検診を受けなくても気づくからである．一般に，悪性のがんほど増殖率が高く成長速度は大きいので，検診が有効性を発揮するサイズにとどまっている期間が短く，逆に，良性のがんは長くこのサイズの範囲にとどまることになる．そのため，検診で見つかるがんは良性のものの割合が高くなるというのである．3つ目は，検診を受ける人の特性に違いがあるとするもので，検診を受ける人には，そのほかの面でも健康に気をつける人が多い可能性が高いと考えられる．これは，セレクションバイアスと呼ばれている．そのほかにも，集団検診に用いられる検査法には，擬陽性（がんでない者をがんの疑いと判定する誤り）と偽陰性（がんの者をがんでないと判定する誤り）があり，擬陽性者に余計な心配や負担をかけるという不利益が生じることも考慮する必要があろう．

　がん検診には，確固とした有効性の検証が行われる前に導入されたものもあり，有効性に疑問を投げかける声も少なからずある．2009年11月には，アメリカ予防医学専門委員会（USPSTF）が，40歳代女性が受ける乳がん検診を「推奨する（グレードB）」から「説明・相談のうえで判断（グレードC）」に引き下げたが（U. S. Preventive Services Task Force, 2009），それに対する

反対の声があがり，アメリカばかりか日本でも大いに話題を呼んだ．この判断には疫学的なデータばかりでなく数理モデルによる検診の効果評価 (Mandelblatt et al. 2009) も根拠の1つにあげられている．がん検診の有効性をきちんと評価することは，公的な費用で行われる検診が有意義であることを保証するだけでなく，受診者がすすんで検診を受け高い受診率を達成するうえでも重要であり，数理モデルを適切に使った信頼性の高い有効性の検証が求められている．

7-3-3 がんに関わるさまざまな数理モデル

がんは多くの人の命に関わる重要な問題であり，数理的な研究も多方面にわたっている．がん化に関しては，染色体不安定 (CIN: chromosomal instability) の関わりが重要とも言われ (Nowak et al. 2002)，また，がん細胞集団の成長 (増殖) 過程では，がん細胞に栄養を供給するための血管形成や，浸潤・転移といった空間構造の考慮も重要となる (Byrne et al. (2006) の総説がある)．また，感染がもとでがんになるものも少なくない．胃がんと細菌ヘリコバクター・ピロリ，B型肝炎・C型肝炎から起きる肝がんと HBV や HCV，などである．さらに，子宮頸がんも HPV (ヒトパピローマウイルス，主に16型と18型など) が関わっている．子宮頸がんには，従来から検診が行われてきたが，最近，日本でもウイルス感染予防のワクチン接種を受けられるようになった．そのため，検診と予防接種の効果を同時に分析する必要があり，新たな課題となっている (西浦・稲葉 2011)．さまざまな課題に，数理モデルを使った研究成果が役立てられることを願っている．

7-4 神経細胞の数理モデル

脳・神経系の働きは医学研究のなかでも最も挑戦的な課題の1つである．多数の神経細胞のネットワークである脳・神経系がもっている高度な情報処理機能がどのようにして実現されているのか，おおいに興味をそそられる問題である．その解明は工学的な応用に道を開き，また，痴呆などさまざまな疾患や，けがや脳卒中の後遺症による脳機能障害の治療にもつながると期待

される.

　脳・神経系の数理的研究では，ニューラルネットと呼ばれる神経素子のネットワークとしてモデル化するアプローチによる研究が盛んに行われているが，もう1つ，その基本的な構造単位である神経細胞に関する数理的な研究も長い歴史があり優れた成果を上げてきた．ここでは，神経機能の基礎となっている，神経細胞が「興奮する」メカニズムについての著名なモデルを紹介しよう．

7-4-1　神経細胞の電気生理とホジキン・ハクスレーのモデル

　神経系は，それぞれの神経細胞が活動電位 (action potential) と呼ばれる特有のスパイク状の電位変化を起こし，それを次の神経細胞へリレーすることで機能している．ここではこの神経細胞の興奮現象（「発火」とも呼ばれる）のモデルについて説明する．最初に神経細胞の電気生理的な説明をしてから，それをモデル化するプロセスについて説明する．目指すは，ノーベル賞に輝くホジキン・ハクスレーの神経細胞のモデル (Hodgkin-Huxley model) である．

　まず，神経細胞に電気が流れる仕組みを復習しておこう．細胞は，脂質二重膜である細胞膜により取り囲まれているが，これは電気的には絶縁体である．この膜にはタンパク質がいわば埋め込まれていて，固定されているものや浮遊しているものがある．膜を貫通するタンパク質のなかには特定のイオンを選択的に透過させるものがあり，イオンチャンネル (＝イオンの通路) となっている．そのため，細胞の内外でイオンの濃度差が生じ，電位差が発生する．電位差が発生すれば電流が流れるもとになる．神経細胞の電流の流れ方で特徴的なのは，細胞膜に一定以上の電気刺激が加えられたときに，膜電位 (細胞内外の電位差) が一時的に負から正へ大きく変化する定型的なスパイク状の変動を起こすことである．これが活動電位である．このことにより，神経細胞は周囲のノイズとは明確に区別できる，0か1のデジタルな信号を伝達することができるのである．

　神経細胞の電気生理を解明するには，イオンチャンネルの動きを知る必要がある．電気回路として見るとイオンチャンネルは「抵抗」と見ることができるが，その電気抵抗値は一定でなく，膜電位の高低により変化する．これ

7-4 神経細胞の数理モデル

は，タンパク質が周囲の電気的な状況によって形態的に可変であることを考えると不思議ではない．また，イオンチャンネルはイオンの種類ごとに違ったものがあり，抵抗値の電位差依存性はその種類により異なっている．細胞の電気生理で重要なのは，Na^+（ナトリウムイオン）やK^+（カリウムイオン）などである．通常，細胞外はNa^+が多く，細胞内はK^+が多くなっていて，細胞の内外で電位差が生じている．イオンチャンネルは，膜の電位自体でなく膜の両側での電位差に反応しているので，G-V曲線（膜コンダクタンスと電圧のグラフ）を描くことによりその特性を把握することができる．コンダクタンスとは電気抵抗値の逆数である．

神経細胞における活動電位のシミュレーションでは，樹状突起(dendrites)や細胞体(soma)の部分において他の神経細胞との接合部位（シナプス）で信号を受け取り，細胞体を通り軸索(axon)と呼ばれる伝達のための長い線維を電気信号が伝わる様を見せるのが分かりやすいだろうが，ここで紹介するモデルではこのような空間構造を無視して神経細胞の時間的な電位変化に焦点を当てたモデルになっている．膜電位の空間的伝播については，Murrayの教科書に詳しい解説がある．

さて，神経細胞を電気回路と見ると，複数のイオンチャンネルがそれぞれ抵抗に対応し，細胞膜自体はコンデンサー（蓄電器）と考えられる．抵抗に関しては，オームの法則すなわち，$V=IR$という法則に従う．ここで，Vは電圧，Iは電流，Rは抵抗のもつ抵抗値である（電流は直流としている）．電流の側から見ると，抵抗の逆数をコンダクタンスといって，これをgで表せば，

$$I = gV \tag{7.90}$$

と書ける．また，コンデンサーはいわば電気の貯蔵所（タンク）とでもいうもので，その容量（キャパシタンス）をCで表すと，

$$C\frac{dV}{dt} = I \tag{7.91}$$

すなわち，電圧の変化が電流に比例するという法則に従う．上の2つの式を組み合わせた，

$$C\frac{dV}{dt} = gV \tag{7.92}$$

が，式(7.96)～(7.99)に示したホジキン・ハクスレーの方程式の出発点であ

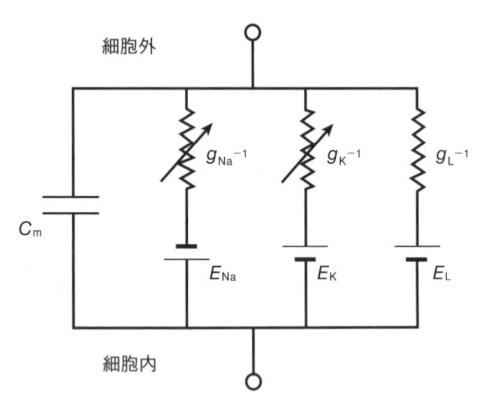

図7-18　神経細胞の等価回路 (久木田 1997 より許可を得て引用)

る．通常，細胞内の電位は，周囲（細胞膜の外側）より 70 mV 程度低くなっている．式(7.93)では神経細胞のこの静止膜電位を基準とした電位差（膜電位）を変数 v で表している．

$$C\frac{dv}{dt} = -g_{Na}(v)(v-v_{Na}) - g_K(v)(v-v_K) - \bar{g}_L(v)(v-v_L) + I_a \tag{7.93}$$

ここで，右辺第1項は Na^+ チャンネルの電流を表し，電流はナトリウムの平衡電位 v_{Na} との差に比例して流れ，そのコンダクタンスは膜電位 v の関数として

$$g_{Na}(v) \tag{7.94}$$

と表されている．第2項は，同じく K^+ チャンネルの電流，第3項はその他（主に Cl^- イオン）のイオンチャンネルによる電流である．この項は電流の漏れを表しており，コンダクタンスは定数と見ている．最後の項は，他の神経細胞から加わる電流である．この方程式では，神経細胞を図7-18のような電気回路と等価なものとして見ていることになる．

ちなみに，各イオンの平衡電位（反転電位）V_{eq} は，次のネルンストの式 (Nernst's equation) により求めることができる．

$$V_{eq} = \frac{RT}{nF}\log_e\frac{[A]_{out}}{[A]_{in}} \tag{7.95}$$

ここで，R は気体定数 (8.31 J/mol·K)，T は絶対温度，n はイオンの価数，F

7-4 神経細胞の数理モデル

はファラデー定数 (96,500 C/mol) である．$[A]_{out}$ と $[A]_{in}$ はそれぞれ細胞内外のイオン濃度を表す．

問題は，コンダクタンスが，電位差 v のどのような関数になっているかである．Hodgkin と Huxley は，イカの巨大軸索 (イカが巨大なのではなく，神経が大きい) の膜電位の測定において，膜電位固定法により，膜を透過するイオンによる電流を測定する方法をとった．そして，ナトリウムイオン，カリウムイオンについて，個別に測定を行いデータを得た．さらに，その結果を説明する理論モデルを構築し，その計算結果と観察値を照合した．

こうして最終的な，軸索の活動電位に対するホジキン・ハクスレーモデルが得られる．これは，生理学の数理モデルとして最も有名なもので，Hodgkin と Huxley はこの研究により，1963 年にノーベル生理学医学賞を受賞している．

$$C\frac{dv}{dt} = -\bar{g}_{Na}m^3h(v-v_{Na}) - \bar{g}_K n^4(v-v_K) - \bar{g}_L(v-v_L) + I_a \tag{7.96}$$

$$\frac{dm}{dt} = a_m(v)(1-m) - \beta_m(v)m \tag{7.97}$$

$$\frac{dh}{dt} = a_h(v)(1-h) - \beta_h(v)h \tag{7.98}$$

$$\frac{dn}{dt} = a_n(v)(1-n) - \beta_n(v)n \tag{7.99}$$

膜電位 v 以外に出てくる変数 m, h, n はイオンチャンネルに流れる電流を制御する因子で，詳細は次のとおりである．このモデルでは，ナトリウムとカリウムのイオンチャンネルのコンダクタンスについて

$$g_{Na}(v) = \bar{g}_{Na}m^3h \tag{7.100}$$

$$g_K(v) = \bar{g}_K n^4 \tag{7.101}$$

という形が仮定されている．ここで，m は Na^+ チャンネルが開放状態にある確率，h は Na^+ チャンネルが活性化された状態にある確率，n は K^+ チャンネルが開放状態にある確率と想定されており，それぞれ 0 と 1 の間の値をとる．3 乗や 4 乗という指数は近似的に求められた数値であるが，Na^+ チャンネルでは 3 個，K^+ チャンネルでは 4 個のゲートの開放によると考えれば分かりやすい．

電位差に依存した係数 $\alpha(v)$ や $\beta(v)$ の関数形を実験的に求めるのに，膜電位固定法が用いられた．イカの巨大軸索の実験により求められた関数形は以下のとおりである．

$$\frac{dm}{dt} = 0.1 \frac{25-v}{\exp\{(25-v)/10\}-1}(1-m) - 4\exp\left(-\frac{v}{18}\right)m \tag{7.102}$$

$$\frac{dh}{dt} = 0.07 \exp\left(-\frac{v}{20}\right)(1-h) - \frac{1}{\exp\{(30-v)/10\}+1}h \tag{7.103}$$

$$\frac{dn}{dt} = 0.01 \frac{10-v}{\exp\{(10-v)/10\}-1}(1-n) - 0.125 \exp\left(-\frac{v}{80}\right)n \tag{7.104}$$

コンダクタンスの係数は $\bar{g}_{Na} = 120$, $\bar{g}_K = 36$, $\bar{g}_L = 0.3$ となった．また，平衡電位はそれぞれ $v_{Na} = 115$, $v_K = -12$, $v_L = 10.6$ であった．

実は，膜電位固定法では，式 (7.102), (7.103), (7.104) における係数がいずれも定数となるので，解を求めることができる．それぞれの解は，

$$m(t) = \frac{a_m(v)}{a_m(v)+\beta_m(v)} - \left(\frac{a_m(v)}{a_m(v)+\beta_m(v)} - m(0)\right) \exp(-\{a_m(v)+\beta_m(v)\}t) \tag{7.105}$$

という形になる．特に，

$$m_\infty(v) = \lim_{t \to \infty} m(t) = \frac{a_m(v)}{a_m(v)+\beta_m(v)} \tag{7.106}$$

$$\tau_m(v) = \frac{1}{a_m(v)+\beta_m(v)} \tag{7.107}$$

とおけば，解は

$$m(t) = m_\infty(v) - (m_\infty(v) - m(0)) \exp\left(-\frac{t}{\tau_m(v)}\right) \tag{7.108}$$

と表せる．したがって，膜電位を固定する電位をいろいろに変えて，時間が十分たって一定となったときの電流と時間変化の係数をデータから計算すれば，これらの関数を求めることができる．このようにしてモデルが具体的に決定された．

7-4-2　ホジキン・ハクスレーのモデルのダイナミックな特性

上のようにして，ホジキン・ハクスレーのモデルが得られた．このモデルは，軸索(神経細胞)の電位に関する方程式で，電位は変数 v で表されている．

7-4 神経細胞の数理モデル

通常，神経細胞は静止期にあり電位は一定に保たれているが，他の神経細胞から一定以上の電気刺激を受け取ると，自分も短時間の間に周囲より高い正の電位を示した後急激に下がり，ゆっくりと元の水準に回復する，いわゆる神経細胞の「興奮(発火)」を行う．細胞の電位は，細胞膜のイオンチャンネルを通して周りとイオンを出し入れすることにより変動する．残りの3つの変数 m, h, n はいずれもこのイオンの出入りに関連した変数で，m と h はナトリウム活性化，n はカリウム活性化を行う因子である．このモデルの解を数値的に計算して求めるのに，Huxley は机上手回し計算機を使用して3週

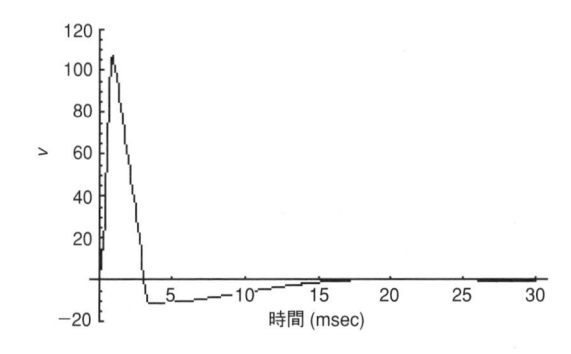

図7-19 ホジキン・ハクスレーモデルによる膜電位の経時的変化

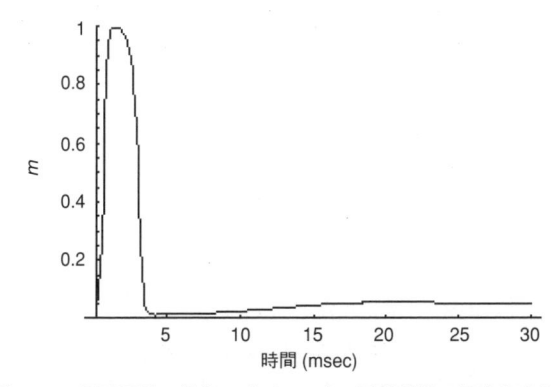

図7-20 活動電位に伴う Na^+ チャンネル活性状態の経時的変化 (m)

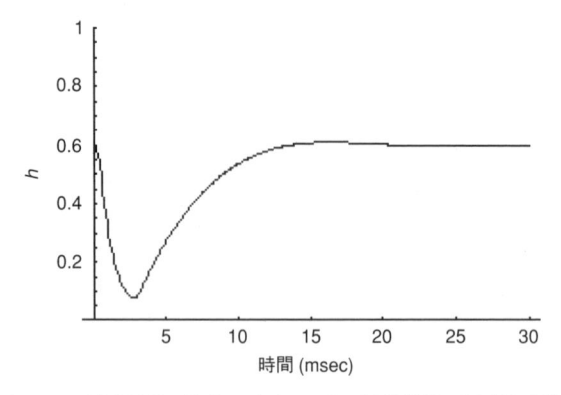

図7-21 活動電位に伴うNa⁺チャンネル活性状態の経時的変化 (*h*)

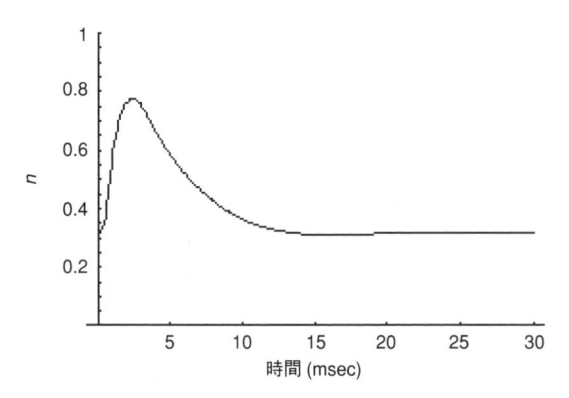

図7-22 活動電位に伴うK⁺チャンネル活性状態の経時的変化 (*n*)

間かかったと言われている．今日我々は，パソコンを使用して秒単位で解くことができる．

このモデルでは，外部からの電気的な刺激がないとき，神経細胞は$v=0$の状態にある．各因子は$m=0.053$, $h=0.596$, $n=0.318$が平衡状態である．ここに一定以上の電気的刺激が加わると，7-20, 7-21, 7-22のように特有のスパイク上の電位変化，すなわち活動電位が見られる．その後，約10 msecほどで元の静止状態へ戻る．このときのコンダクタンスの経時的変化は，図7-

7-4 神経細胞の数理モデル

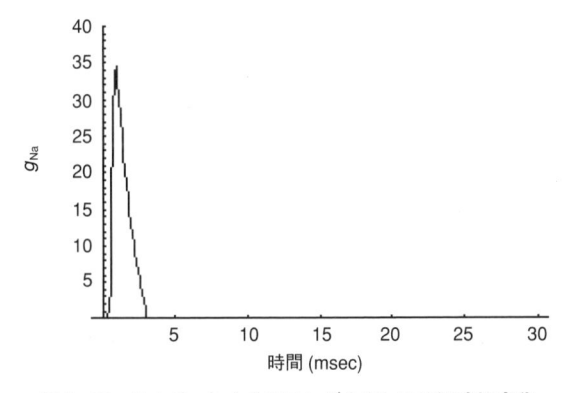

図7-23 Na⁺チャンネルのコンダクタンスの経時的変化

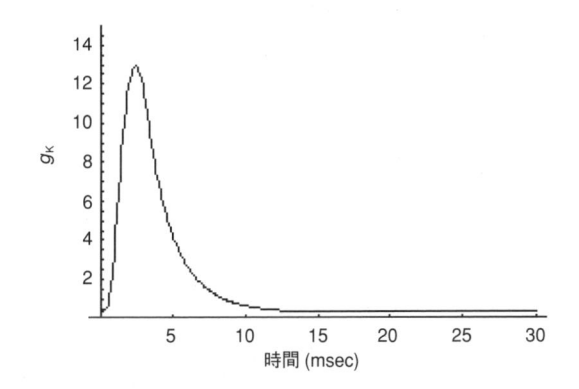

図7-24 K⁺チャンネルのコンダクタンスの経時的変化

23, 7-24のとおりである．このように，ナトリウムイオンチャンネルのほうが，カリウムより素早く活性化するのが特徴である．

図7-25は，外部から連続的に電気的刺激を与え続けたときに見られる，繰り返し引き起こされる活動電位のシミュレーション結果である．モデルで見られるこの現象は，実際の神経細胞でも起きることが示されている．数理モデルの構築においては，モデルの構築に使用したデータ以上の予測ができてこそ，モデルの意義があるというものである．彼らのモデルはこのような

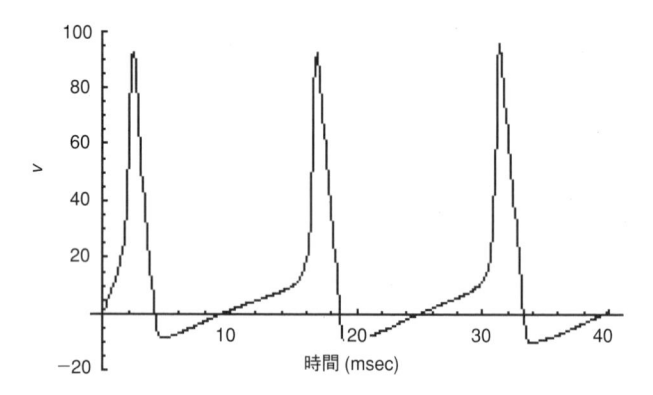

図7-25 連続的に電気刺激を加えたときに繰り返し現れる活動電位

観点からも優れたモデルといえる．

7-4-3 フィッツヒュー・南雲方程式：ホジキン・ハクスレーのモデルのエッセンス

ホジキン・ハクスレーのモデルは，電位差と3つの制御因子からなる4変数のシステムとなっており，簡単に図を描いて分析することは困難である．しかし，このモデルでは，各制御変数の間には直接の影響関係はなく，電位差と制御因子がペアになって相互作用している形になっている．また，反応は，速い過程であるナトリウムイオンの反応と遅い過程であるカリウムイオンの反応とに分かれることも示唆されている．そこで，この制御因子を1つにまとめるなどして，このモデルの本質を保ったままでより簡単なモデルを構成することはできないだろうか．

ホジキン・ハクスレーのモデルから厳密な近似で導出されるわけではないが，定性的に共通な性質をもつモデルとして代表的なものに，フィッツヒュー・南雲モデル（FitzHugh-Nagumo model）がある．このモデルは2変数のモデルなので，取り扱いがずっと簡単になる．フィッツヒュー・南雲モデルは，

$$\frac{dv}{dt} = -v(v-a)(v-1) - w + I_a \tag{7.109}$$

7-4 神経細胞の数理モデル

$$\frac{dw}{dt} = \varepsilon(v - bw) \tag{7.110}$$

で表される．変数 v が膜電位に相当する変数，変数 w が制御変数に相当する．ここで，a と b はパラメータである．また，I_a は外部からの電流であり，もう1つのパラメータ ε は時間のスケールを表している．ε が小さいとすることにより w の経時的変化が v の変化に比べてずっと遅いことを示している．変数が2つだけであるので，相空間図を描いて分析することができる（図7-26では，パラメータの値を $a = 0.1$, $b = 1$, $\varepsilon = 0.01$ とした）．

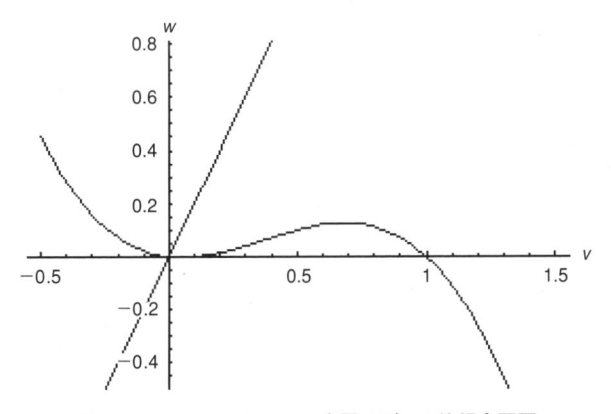

図7-26　フィッツヒュー・南雲モデルの位相空間図

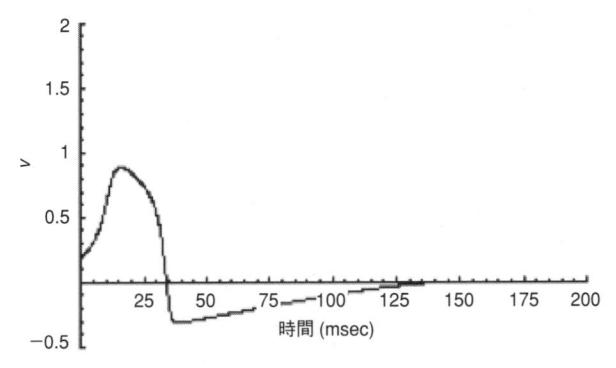

図7-27　フィッツヒュー・南雲モデルのシミュレーション(変数 v)

一定以上大きな電気的刺激があったときのシミュレーション結果を，図7-27, 7-28に示した（シミュレーションでは，パラメータの値は上と同じとし，初期条件を $v=0.2$, $w=0$ とした）．

このときの解軌道は位相空間図中に図7-29のように描くことができる．変数 v の変化は速く，変数 w の変化は遅いと考えているので，位相空間図で考えると，解軌道の横方向の移動は急速で，直ちに図中の3次曲線に達する．その後，この3次曲線に沿って比較的ゆっくり移動することになる．位相空間図中の解軌道の動きは，その様子をよく示している．このように速い反応

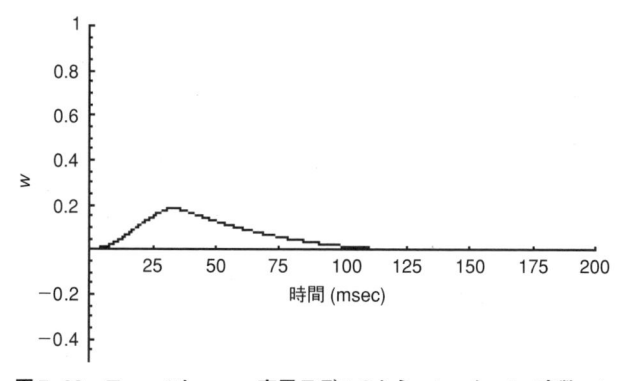

図7-28 フィッツヒュー・南雲モデルのシミュレーション(変数 w)

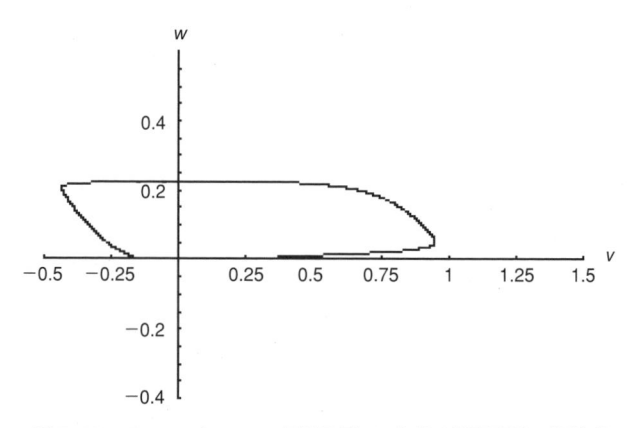

図7-29 フィッツヒュー・南雲モデルにおける興奮現象の解軌道

7-4 神経細胞の数理モデル

と遅い反応に分けて分析することはさまざまな現象において有効な方法で，速い反応により解が寄りついてくる部分空間のことをスローマニフォールド (slow manifold) と呼んでいる．マニフォールド (多様体) というのは曲線や曲面などの図形を一般化した概念のことである．

フィッツヒュー・南雲モデルにおいても，連続的な電気刺激があるときには，繰り返しパルスが発生する．これは，電気刺激のない状態で安定だった平衡点が，刺激があるレベルを超えたときに不安定となるために起きている．この安定な周期解のことをリミットサイクルと呼んでいる（図 7-30, 7-31 の

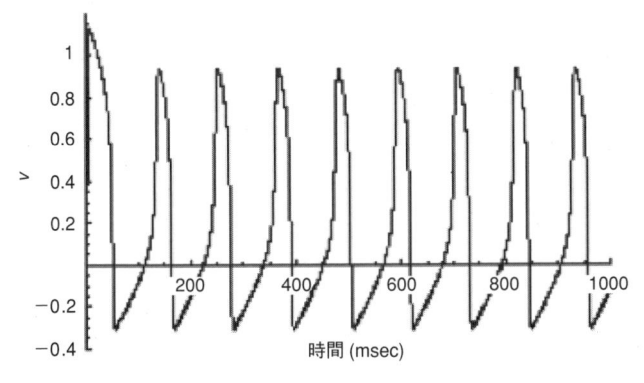

図 7-30　リミットサイクル (変数 v)

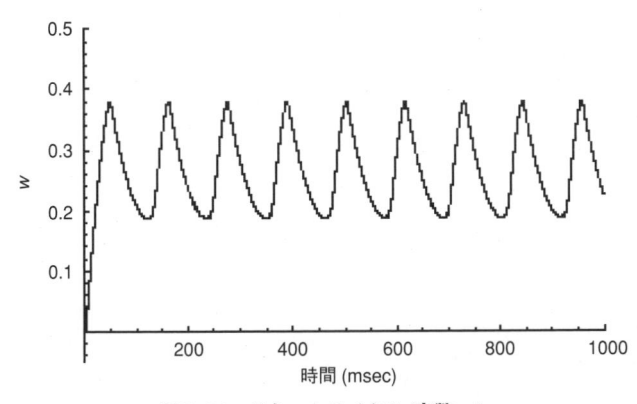

図 7-31　リミットサイクル (変数 w)

シミュレーションでは，$I_a = 0.1$ とした．他のパラメータの値ならびに初期条件は図7-27, 7-28と同じ）．平面上のコンパクトな領域（有界閉領域）において，解が常にその中にとどまるとき，領域の中に安定な平衡点が含まれなければ，このような安定な周期解があることが数学的に証明されている（ポアンカレ・ベンディクソンの定理（Poincaré-Bendixon theorem））．また，このように，安定だった平衡点が不安定化するときに周期軌道が生じる現象はさまざまな数理モデルにも見られ，ホップ分岐（Hopf bifurcation）と呼ばれている．

以上，この章では，ホジキンとハクスレーによる神経細胞の活動電位モデルについて紹介した．安定な周期解のような，ある意味で生命現象の本質を表しているような現象が簡単な方程式でも表せることは大変興味深い．この方程式の解析にあたってこの章で示された方法は，他のモデルでも有用性を発揮する定番的なツールともなっている．

演習問題

問題7-1 次のようなホストの密度効果（人口調節機能）のないモデルを考え，感染症によりホスト密度が一定限度に押さえられる条件を求めよ．

$$\frac{dS}{dt} = b(S+I) - \mu S - \beta SI + fI$$

$$\frac{dI}{dt} = -(\mu + \delta + f)I + \beta SI$$

問題7-2 性感染症の個体群動態のモデル式(7.28), (7.29)から，感染者の割合（有病率）のモデル式(7.39)に変換する計算を実施せよ．

問題7-3 コアのある性感染症モデルの解析（式(7.43)〜(7.46)）を有病率 $\tilde{I}$ のモデルに変換し，分析してみよう．

問題7-4 免疫系（細胞性免疫）のもう1つの数理モデル（CTLの生成が YZ に比例），

$$\frac{dX}{dt} = \lambda - \mu X - \beta XV$$

$$\frac{dY}{dt} = \beta XV - aY - pYZ$$

$$\frac{dV}{dt} = kY - uV$$

$$\frac{dZ}{dt} = cYZ - bZ$$

を解析してみよう．

問題 7-5　次式はファンデルポル方程式（Van der Pol equation）と呼ばれ，リミットサイクルをもっていることが知られている．

$$\frac{d^2v}{dt^2} + a(v^2-1)\frac{dv}{dt} + v = 0$$

これを，

$$\frac{dv}{dt} = w \quad \left(このとき, \frac{d^2v}{dt^2} = \frac{dw}{dt} \text{ の関係式も成り立つ}\right)$$

とおいて，力学系（1階の常微分方程式系）に変換し，位相空間図を書いて分析せよ（一般に，2階の常微分方程式はこの方法で力学系に変換できる）．

8章
バイオインフォマティクス

(髙橋広夫)

近年，膨大な量の生物遺伝情報が蓄積されており，第8章では，それらを利用して生物学上の諸問題を解決する手法であるバイオインフォマティクスについて説明する．まず，遺伝情報がもたらされる遺伝子の働きと作用について基礎的事項を紹介する．そのうえで，生物情報データベースの紹介，アミノ酸や塩基配列の相同性検索，遺伝子発現情報の解析法など，現実的かつ実用的な方法論を解説する．

8-1　生物のもつ遺伝子から塩基配列・タンパク質まで

生物の基本単位は細胞である．1680年にAntoni van Leeuwenhoek（オランダ）が顕微鏡により微生物の存在を知ったことに始まり，1838年にMatthias Jakob Schleiden（ドイツ）が植物細胞を，1839年には，Theodor Schwann（ドイツ）が動物細胞を発見した．そして，現在では，ヒトは，約60兆個の細胞からなっていることが分かっている．

子が親に似るという遺伝の現象は古くから知られており，遺伝子の法則性は，1865年にGregor Johann Mendel（ドイツ）によって，メンデルの法則として報告された．現在の遺伝子の概念はメンデルが定義したものであり，遺伝子とは，何らかの単位化された粒子状の物質であることを予見していたが，その遺伝物質の本体は，長らく，不明であった．1869年Friedrich Miescher（スイス）が核酸の発見をした後，1944年にOswald Theodore Averyの肺炎双

球菌を用いた実験により，遺伝子が**DNA（デオキシリボ核酸）**であると分かった．

DNAは，リン酸，糖，塩基からなるヌクレオチド（図8-1）が，直鎖上に連なったポリマーの構造をとっており，塩基に，アデニン，グアニン，シト

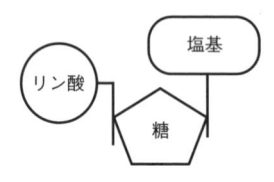

図8-1　ヌクレオチド

図8-2　DNAに使われている塩基の構造

アデニン (A)　グアニン (G)　シトシン (C)　チミン (T)

A. DNA　チミン (T)　D-2-デオキシリボース

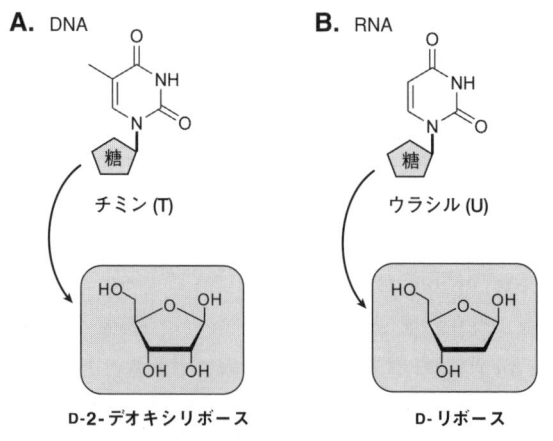

B. RNA　ウラシル (U)　D-リボース

図8-3　DNAとRNAの違い

8-1 生物のもつ遺伝子から塩基配列・タンパク質まで

シン，チミンの4種類（図8-2）あることから，この4種類の塩基の並びにより，遺伝情報が4進数としてDNAに保存されている．RNA（リボ核酸）では，DNAの4塩基のうちチミンに相当する塩基がウラシルになっていることと，糖がD-2-デオキシリボースではなく，D-リボースになっている（図8-3）点が異なる．

セントラルドグマ（中心教義）（図8-4）は，Francis Harry Compton Crickが1958年に提唱した分子生物学の概念である．生体内では，遺伝情報はDNA→（複製）→DNA→（転写）→RNA→（翻訳）→タンパク質の順に伝達され，タンパク質になって機能を発揮することになるが，DNAの配列は，3個セットでコドンをなし，20種類のアミノ酸をコードしている（図8-5）．例えば，

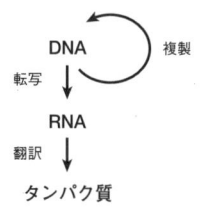

図8-4　セントラルドグマ

第1塩基	第2塩基							第3塩基
	U		C		A		G	
U	UUU	Phe/F	UCU	Ser/S	UAU	Tyr/Y	UGU	Cys/C	U
	UUC	Phe/F	UCC	Ser/S	UAC	Tyr/Y	UGC	Cys/C	C
	UUA	Leu/L	UCA	Ser/S	UAA	end	UGA	end	A
	UUG	Leu/L	UCG	Ser/S	UAG	end	UGG	Trp/W	G
C	CUU	Leu/L	CCU	Pro/P	CAU	His/H	CGU	Arg/R	U
	CUC	Leu/L	CCC	Pro/P	CAC	His/H	CGC	Arg/R	C
	CUA	Leu/L	CCA	Pro/P	CAA	Gln/Q	CGA	Arg/R	A
	CUG	Leu/L	CCG	Pro/P	CAG	Gln/Q	CGG	Arg/R	G
A	AUU	Ile/I	ACU	Thr/T	AAU	Asn/N	AGU	Ser/S	U
	AUC	Ile/I	ACC	Thr/T	AAC	Asn/N	AGC	Ser/S	C
	AUA	Ile/I	ACA	Thr/T	AAA	Lys/K	AGA	Arg/R	A
	AUG	Met/M	ACG	Thr/T	AAG	Lys/K	AGG	Arg/R	G
G	GUU	Val/V	GCU	Ala/A	GAU	Asp/D	GGU	Gly/G	U
	GUC	Val/V	GCC	Ala/A	GAC	Asp/D	GGC	Gly/G	C
	GUA	Val/V	GCA	Ala/A	GAA	Glu/E	GGA	Gly/G	A
	GUG	Val/V	GCG	Ala/A	GAG	Glu/E	GGG	Gly/G	G

図8-5　コドン表

ヒトのフィブロネクチンという遺伝子には，一部に CGU GGA GAC という配列をもっており，これを，図8-5を用いて，アミノ酸の配列に変換すると，3つのアミノ酸の並び「アルギニン (R) - グリシン (G) - アスパラギン酸 (D)」に変換することができる．このRGDは，よく知られる接着ペプチドである．

遺伝子から，RNAを介して翻訳されるタンパク質に使われているアミノ

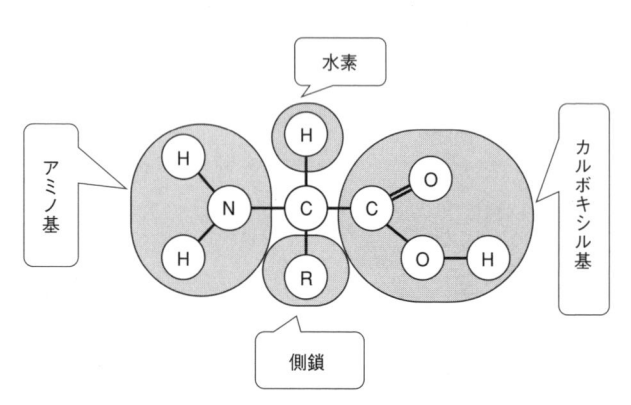

図8-6　α-アミノ酸の一般式

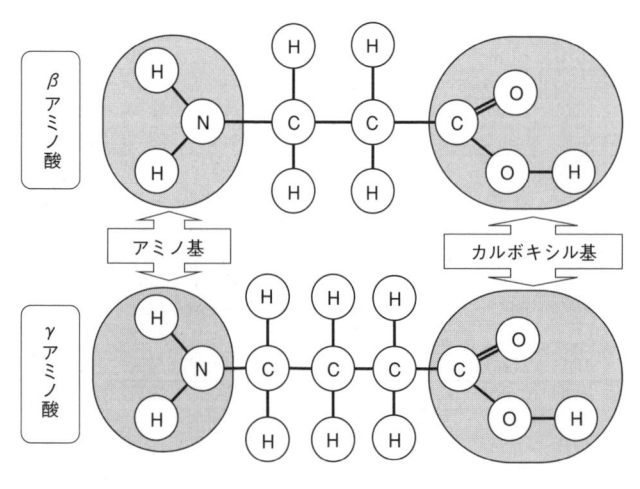

図8-7　β, γ-アミノ酸

8-1 生物のもつ遺伝子から塩基配列・タンパク質まで 293

酸は α-アミノ酸（図8-6）であり，側鎖の違いで20種類存在する．自然界には，α-アミノ酸だけでなく，β, γ-アミノ酸も存在する（図8-7）．20種類の α-アミノ酸は，図8-8のように，まず，油に溶ける「疎水性」の非極性のもの，水に溶ける「親水性」の極性のものに分類される．極性のものは，非荷電か，荷電かに分かれる．荷電のものは，水に溶けたとき酸性か塩基性かで，さらに分類される．結果的に，20種類のアミノ酸は，非極性，極性非荷電，塩基性，酸性の4つの種類に分類される（図8-9）．アミノ酸は，3文字表記

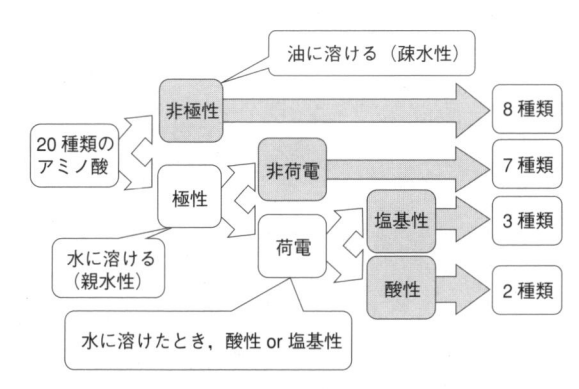

図8-8　アミノ酸の分類 (1)

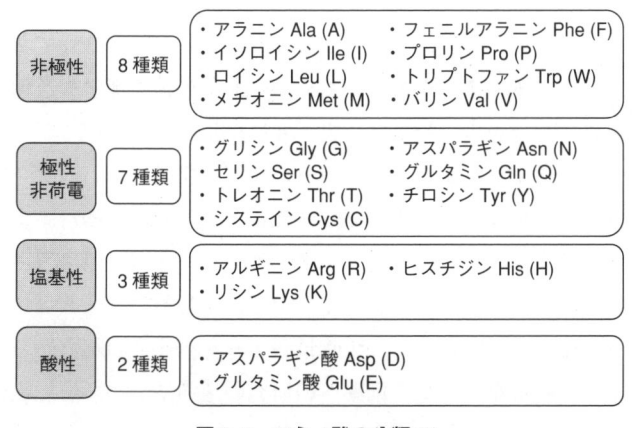

非極性	8種類	・アラニン Ala (A)　・フェニルアラニン Phe (F) ・イソロイシン Ile (I)　・プロリン Pro (P) ・ロイシン Leu (L)　・トリプトファン Trp (W) ・メチオニン Met (M)　・バリン Val (V)
極性 非荷電	7種類	・グリシン Gly (G)　・アスパラギン Asn (N) ・セリン Ser (S)　・グルタミン Gln (Q) ・トレオニン Thr (T)　・チロシン Tyr (Y) ・システイン Cys (C)
塩基性	3種類	・アルギニン Arg (R)　・ヒスチジン His (H) ・リシン Lys (K)
酸性	2種類	・アスパラギン酸 Asp (D) ・グルタミン酸 Glu (E)

図8-9　アミノ酸の分類 (2)

もしくは1文字表記で表され，コンピュータ上では，20進数としてみなされ，2進法に変換されて処理されている．

8-2 バイオインフォマティクス概観

　バイオインフォマティクスとは，biology（生物学）とinformatics（情報学）を組み合わせた造語であり，1990年前後に生まれた学問である．バイオインフォマティクスと分子生物学とは，密接に関連した学問である．分子生物学は，1938年から始まり，1958年にFrancis Harry Compton Crickが提唱した分子生物学の概念であるセントラルドグマの発表以後，急速に発展してきた．1970年から1980年には塩基配列のATCGを決定する技術が発展し，1990年頃に，これらの技術が洗練されてヒトのゲノム30億塩基対を明らかにすることが，現実味を帯びてきた．そこで，アメリカのエネルギー省と国立衛生研究所が中心となり，30億ドルの予算が組まれてプロジェクトが発足した．15年計画であったが，ヒトゲノムの99％に相当する28億6千万塩基対が，2000年6月にドラフトという形で，2003年4月に正式版として公開された．技術的な問題から，本書の執筆時点（2012年2月）現在も残り1％のヒトゲノムは明らかになっていない．1990年前後は，当時明らかになっていた，わずかなゲノムや塩基配列の解析や，ゲノムそのものを明らかにするために，バイオインフォマティクスは大いに貢献した．そのため，バイオインフォマティクスにおける配列解析は，最も基本的な分野である．その後，バイオインフォマティクスは，古くからある生物物理学や数理生物学を取り込み発展させながら，今では必要不可欠な分野となった．

　今や分子生物学やバイオテクノロジーの技術の発展に伴い，ゲノムに限らず，さまざまな生物現象を観察・測定することが可能になった．また，バイオインフォマティクスの発展に伴い，そういったデータを研究者で共有し，自由に解析できるように，ウェブサイト上で，生物情報データベースが構築されるようになった．本書では，生物情報データベースの紹介から，配列解析や遺伝子発現解析を通して，創薬への研究の道筋についても，実例をあげて解説する．

8-3 ウェブサイトに公開された生物情報データベース

　データベースとは，特定のテーマに沿ったデータを集めて管理したもので，容易に検索・抽出などの再利用が可能であり，狭義には，コンピュータによって実現されたものを指す．生物情報データベースは，主に，ウェブサイト上で構築されたもので，歴史的には各国の各研究機関がそれぞれ構築したものが多かったが，現在では統合された大規模なデータベースとなっている．生物情報データベースには，塩基配列情報データベース，アミノ酸配列情報データベース，タンパク質構造情報データベース，遺伝子発現情報データベース，タンパク質機能データベース，代謝ネットワークデータベースなどがある．

8-3-1 塩基配列情報データベース

　塩基配列情報データベースとしては，アメリカ国立生物工学情報センター（NCBI：National Center for Biotechnology Information）が管理する GenBank (http://www.ncbi.nlm.nih.gov/genbank/)，欧州バイオインフォマティクス研究所（EBI：European Bioinformatics Institute）が管理する EMBL（European Molecular Biology Laboratory）(http://www.ebi.ac.uk/embl/)，国立遺伝学研究所（NIG：National Institute of Genetics）が管理する DDBJ（DNA Data Bank of Japan）(http://www.ddbj.nig.ac.jp/) がある．これらは三大国際塩基配列データバンクと呼ばれ，相互にデータがリンクされた INSDC（International Nucleotide Sequence Database Collaboration）という1つのデータベースなっている．日本人が利用する場合は，国立遺伝学研究所の公開している DDBJ を使うのが最も便利であろう．

8-3-2 アミノ酸配列情報データベース

　アミノ酸配列情報データベースでは，以前は，PIR（Protein Information Resource），SWISS-PROT，TrEMBLが存在したが，PIRはSWISS-PROTに吸収され，SWISS-PROTとTrEMBLは合併し，UniProt (http://www.uniprot.

org/）になった．SWISS-PROT は研究者が人手でハイレベルのアノテーション（付加情報）をつけたアミノ酸配列データベースで，TrEMBL はコンピュータにより自動でアノテーション（付加情報）をつけたアミノ酸配列データベースであり，性質が異なることから，現在でも，UniProt のなかで区別できるようになっている．そのほか，財団法人蛋白質研究奨励会が管理している PRF（Protein Research Foundation）（http://www.prf.or.jp/）や，後述するタンパク質構造データベースである PDB（The Worldwide Protein Data Bank）（http://www.wwpdb.org/）にも，アミノ酸配列情報が含まれるために，UniProt と合わせて PRF と PDB もアミノ酸配列データベースとして使われることが多い．

8-3-3 タンパク質構造情報データベース

タンパク質構造情報データベースとしては前述の PDB があり，ここには，タンパク質の構造だけでなく，核酸の構造データも含まれるデータベースでもある．PDB は RCSB PDB（アメリカ），MSD-EBI（ヨーロッパ），PDBj（日本）の3つの組織で運営されており，このデータベースに格納されたデータは，全て実験的に決定された構造データである．実験的にタンパク質の構造を決定する方法には，X線結晶解析法，核磁気共鳴（NMR: nuclear magnetic resonance）法がある．2012年2月現在では，79,180 のタンパク質構造データが登録されており，約87.5％にあたる 69,294 タンパク質は，X線結晶解析法で解析されたもので，11.7％にあたる 9,276 タンパク質は NMR 法で明らかになった構造である．NMR 法によるものが少ない理由は，タンパク質を結晶化しなくても溶媒中で構造をそのまま解析できるという利点があるものの，分子量は小さいものに限られるという欠点があるからである．X線結晶解析法は，困難ではあるが，結晶化すれば分子量とは無関係に解析できるというメリットがある．このため，現在の実験的な構造決定法は，X線結晶解析法が主体である．しかし，実験的な構造決定法はコストがかかるために，バイオインフォマティクスを用いたタンパク質の構造予測法が期待されている．

8-3-4 遺伝子発現情報データベース

遺伝子発現情報データベースでは，NCBI が管理している GEO（Gene Expression Omnibus）(http://www.ncbi.nlm.nih.gov/geo/) がよく知られている．そのほか，ヨーロッパの EBI が管理している ArrayExpress（http://www.ebi.ac.uk/arrayexpress/) や日本の NIG の管理する CIBEX（http://cibex.nig.ac.jp/index.jsp) がある．近年では，遺伝子発現の実験を論文にする場合，GEO，ArrayExpress，CIBEX などのデータベースにデータを登録することが投稿の条件になっていることが多い．

8-3-5　タンパク質機能データベース

　タンパク質の機能は，配列や立体構造上の特徴的なパターン，すなわちモチーフ (motif) に基づいていると考えられている．モチーフとは，関連するアミノ酸配列に共通して見られる部分配列の特徴的なパターンである．モチーフデータベースとしては，EBI が管理するタンパク質の配列モチーフを登録したデータベース PROSITE（http://expasy.org/prosite/) がよく知られている．PROSITE のデータは，パターンをコンピュータ解析して得られたものではなく，文献で公開されたデータやタンパク質ファミリーの特徴的な機能，ドメイン構造について，総説などをもとに選択されたものである．そのほか，隠れマルコフモデル (hidden Markov model) に基づく検索プログラム HMMER を用いたデータベースとして Pfam（http://pfam.sanger.ac.uk/) がサンガー研究所（イギリス）から公開されている．

8-3-6　代謝ネットワークデータベース

　代謝ネットワークデータベースとしては，京都大学化学研究所の金久實らによるプロジェクト（1996年）で作られた KEGG（Kyoto Encyclopedia of Genes

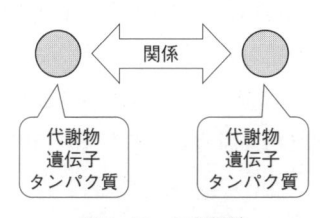

図 8-10　2 項関係

and Genomes)（http://www.genome.jp/kegg/）が有名である．代謝に関わるネットワークだけでなく，遺伝子，タンパク質やシグナル伝達などの分子間ネットワークに関する情報を統合したデータベースである．2項関係（図8-10）に基づいた情報として整理されており，バイオインフォマティクス研究用のデータベースとして頻繁に使用されている．

8-4　配列解析

　配列情報には，大きく分けて，塩基配列とアミノ酸配列情報がある．塩基配列の実験的な決定法は，1977年に開発されたマクサム・ギルバート法（化学分解法）（Maxam & Gilbert 1977）と，1977年に Frederick Sanger（イギリス）によって開発された酵素法（ジデオキシ法あるいはサンガー法）（Sanger et al. 1977）が代表的である．

　化学分解法は，Allan Maxam と Walter Gilbert が提唱した手法で，マクサム・ギルバート法あるいはギルバート法と呼ばれる．DNA断片中の特定の塩基を試薬により修飾することで，その部位のリン酸ジエステル結合が切れやすくなることを利用している．試薬の作用条件を調節することでDNA断片1分子あたり平均1カ所だけが修飾されるようにすると，特定の塩基で切断されたさまざまな長さのDNA断片を得ることができる．配列を決定したいDNA断片の端を ^{32}P やビオチン，蛍光色素などで標識しておき，フィルムを感光させる，あるいは，酵素的に色素生成させて検出する方法が一般的である．

　一方，酵素法は，DNA複製酵素であるDNAポリメラーゼを用いて末端が特定の塩基に対応するDNA断片を合成する方法である．まずプライマーとして配列を読みたい一本鎖DNAの特定の位置に相補的なオリゴヌクレオチドを使うことで，DNA合成の開始点を1カ所に決める．そこからDNA合成を始めて，それぞれの塩基に対応する位置で合成が止まるような反応系を使うことで，塩基特異的なDNA断片が得られる．現在では，酵素法を改良した方法が主流である．

　上記の方法などにより決定された塩基配列は，塩基配列情報データベース

である GenBank, EMBL, DDBJ に登録されたり，すでに塩基配列情報データベース登録されている配列とのアライメント（次項参照）による比較に利用されたりする．アミノ酸配列決定法には，1950 年にイギリスの Pehr Victor Edman によって発見されたエドマン反応を用いるエドマン分解法 (Edman 1950) があるが，配列解析するアミノ酸配列は，ほとんどのものが，得られた塩基配列をコドン表によりアミノ酸に翻訳したものである．

　アライメントを行うことにより，「今，配列決定をして得られた手元にある DNA は，どの種に由来するか．どのバクテリアと系統的に関係があるか．」などを容易に明らかにすることが可能である．ここで，手元にあり配列が決定されているが機能未知であり，データベース上に類似な配列があるかどうか調べたいなどの理由で，データベースに問い合わせる配列を**クエリ配列**と呼び，アライメントによりクエリ配列に類似な配列をデータベースから抽出することになる．

8-4-1　ホモロジーとアライメント

　遺伝子において，ホモロジーとは共通の祖先遺伝子から由来していることを意味している．ホモロジー検索は，対象となる配列とホモロジーのある配列が配列データベースに存在するかどうかを検索する手法で，進化・系統分類の解析，タンパク質の機能解析などを目的とした配列解析の最も基本的な手法の 1 つとなっている．ただ，2 つの遺伝子が，真にホモロジーがある，すなわち共通の祖先遺伝子をもつかどうかは明確には分からない．実際には，ホモロジー検索の結果得られる，塩基配列やアミノ酸配列の類似度をホモロジーと呼ぶことが多い．

　2 つの配列の類似度を計算するには，2 つの配列を要素ごとに対応づけて並べる操作（アライメント）を行う．2 つの配列とのアライメントのスコアは，配列要素ごとに定義される類似度のスコア（塩基の一致度，アミノ酸の一致度あるいは類似度を示す）の和で与えられる．アライメントでは，配列要素をそのまま対応づけるだけでなく，進化の過程で生じ得る配列要素の挿入・欠失を扱うため，スペース（ギャップ）を対応づけることが多い．例えば，2 つの塩基配列 TACGGATTAT と TATCGGAATAT は，

TA-CGGATTAT
TATCGGAATAT

のようにアライメントを行うことができる（スペースは-で表す）．ホモロジーの単純な尺度として，塩基またはアミノ酸の一致度がある．これは，配列全体の要素数に対する一致した配列要素の数の割合によって定義される．パーセントホモロジーとも呼ばれる．

アライメントには，類似性の高い部分を局所的に重視するローカルアライメントと，配列全体としての類似性を調べるグローバルアライメントがある．例えば，2つのアミノ酸配列 MIGMITG と MITGMTG は，局所的な類似性を考慮して，

MIGMITG- - -
- - -MITGMTG

のようにローカルアライメントをとることができる．また，配列全体の類似性を考慮して，

M-I-GMITG
M-ITGM-TG

のようにグローバルアライメントをとることもできる．

8-4-2 アライメントのためのダイナミックプログラミングの原理

ダイナミックプログラミングは，アライメント問題を解くときの基本的な原理である．アライメント問題を数学的に解く場合は，アライメント問題を経路最適化問題に変換して解くことになる（図8-11）．ダイナミックプログ

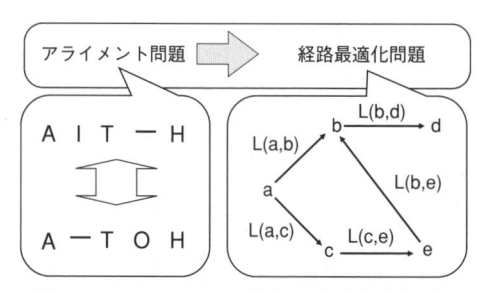

図8-11 アライメント問題から経路最適化問題

8-4 配列解析

ラミングを使うことで，経路最適化問題を部分問題に分割することが可能になり，経路最適化問題をより簡単に解くことができるようになる．ダイナミックプログラミングの基本的な考え方は，図8-12Aのようにaからdまでの経路最適化問題があった場合に，まず，図8-12Bのように，全ての経路の候補をあげ，図8-12Cのように，全ての経路に共通して含まれる地点（本ケ

A. aからdへの経路最適化問題

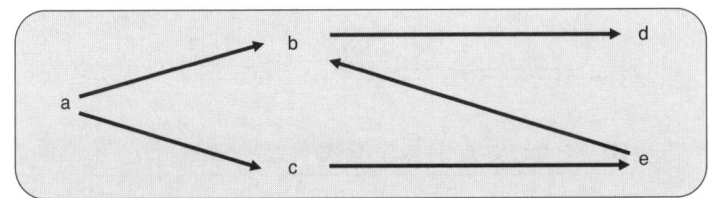

B. aからdへの経路は2通りの候補が存在する

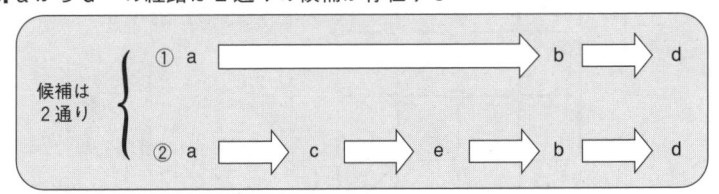

C. ダイナミックプログラミングの原理で問題を分割

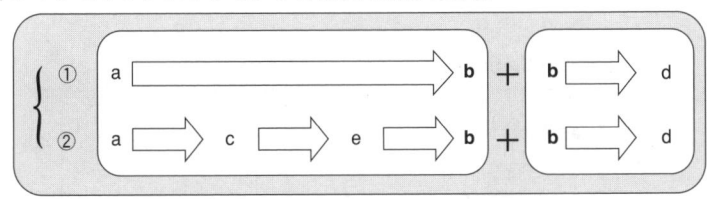

D. ダイナミックプログラミングの原理

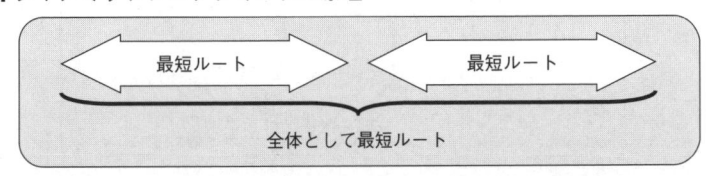

図8-12 ダイナミックプログラミングによる経路最適化問題解法

A. アライメント問題から経路最適化問題へ

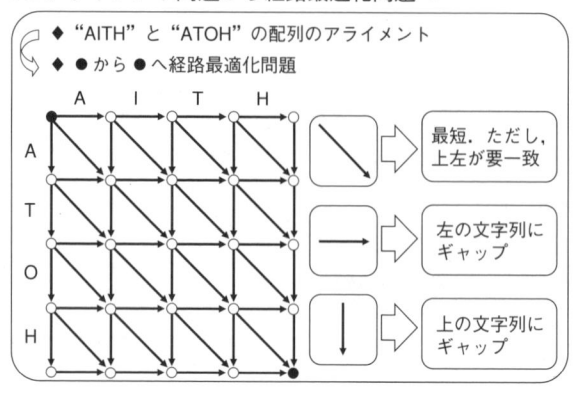

- ◆ "AITH" と "ATOH" の配列のアライメント
- ◆ ●から●へ経路最適化問題

↘ 最短．ただし，上左が要一致

→ 左の文字列にギャップ

↓ 上の文字列にギャップ

B. 上と左の文字の一致している ↘ 以外は削除

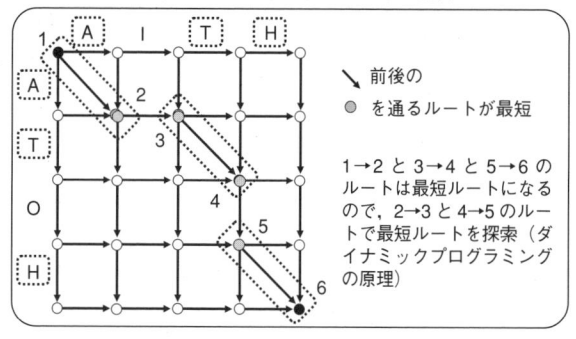

↘ 前後の
● を通るルートが最短

1→2 と 3→4 と 5→6 のルートは最短ルートになるので，2→3 と 4→5 のルートで最短ルートを探索（ダイナミックプログラミングの原理）

C. 最適化問題からアライメント問題へ復元

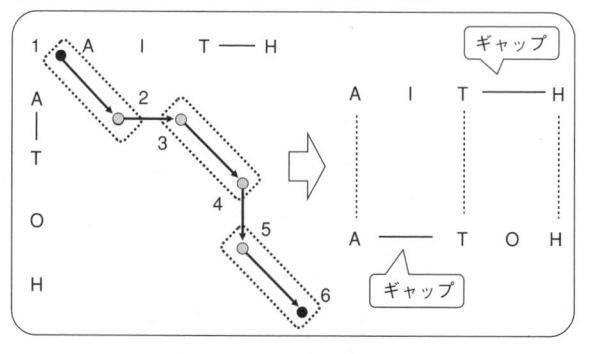

ギャップ

A I T H
｜ ｜ ｜ ｜
A ― T O H

ギャップ

図 8-13　アライメント問題から経路最適化問題へ変換して解く

ースの場合は地点b)を境界に経路を分割する（部分問題に分割する）．ダイナミックプログラミングの原理では，分割された経路で最短ルートであれば，全体としても最短である（図8-12D）ので，個々の部分問題を最適化すればよいことになる．

例として，AITHとATOHの文字配列のアライメント問題をダイナミックプログラミングの原理を利用して解く過程について，図8-13を使いながら説明する．まず，図8-13AのようにAITHとATOHの文字列を，上と左に配置し，格子状のルートを作成すると，図左上の●から図右下の●までの経路最適化問題に変換することができる．図の中で，↓と→印のルートは，いつでも通ることができるが，文字列にギャップを入れる必要がある．一方，斜め下の矢印を通るルートが最短であるが，このルートを通ることができるのは，上の文字と左の文字が一致したときだけである．図中の斜め矢印のうち，通ることが不可能なルートは全て削除すると，図8-13Bのようになる．スタートの●を1として，ゴールの●を6として，斜め矢印前後の○にそれぞれ4番から5番までの番号をふる．ダイナミックプログラミングの原理により，1から6までの経路は，1から2，2から3，3から4，4から5，5から6までの部分問題に分解することができる．このうち，1から2，3から4，5から6は最短ルートとして確定できる．一方，2から3，4から5のルートに関しては，考えられるルートを全て数え上げる必要があるが，今回のケースでは，最短ルートは，それぞれ1つずつしかない．最終的に最短ルートは，1, 2, 3, 4, 5, 6を通るルートが最短であることが分かる．ルートが確定したら，今度は，ルートから，アライメント問題を構築する．最初のルールでは，↓と→印のルートを通った場合はギャップを入れる必要があると説明したが，図8-13Cの左図に，ギャップを入れた文字列を示した．このギャップの入った文字列を，上下に配列することで，図8-13Cの右図のようにAITHとATOHの文字列のアライメントが完成する．

8-4-3　スミス・ウォーターマンのアルゴリズム

最適なローカルアライメントを求めるアルゴリズムとして，ダイナミックプログラミングに基づくスミス・ウォーターマンアルゴリズム（Smith-

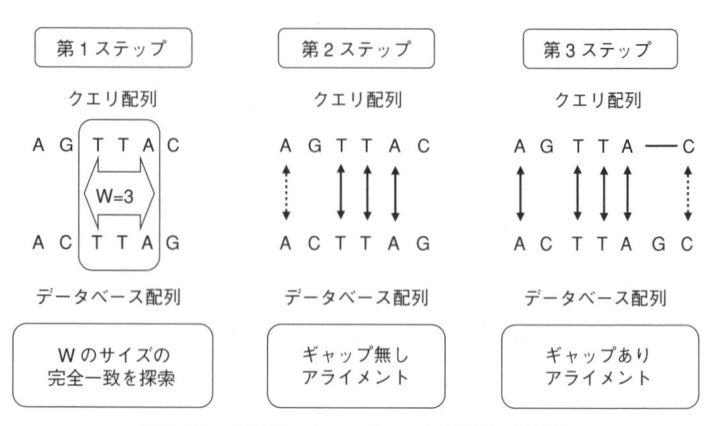

図8-14 スミス・ウォーターマンのアルゴリズム

Waterman algorithm) がある．この方法は，Temple Smith と Michael Waterman が1981年に提案した方法（Smith & Waterman 1981）であり，図8-14のように，3つのステップからなる．第1のステップでは，クエリ配列と，データベース配列から，あらかじめ設定されたW（Window幅）に基づき，完全一致する配列を見つけだす．第2のステップとして，ギャップ無しアライメントを行い，第1のステップで見つかった配列の前後を調べて，一致する配列を拡張する．第3のステップとして，ギャップありアライメントを行い，ギャップを入れることにより，さらに一致する配列を拡張する．後述のBLAST（Basic Local Alignment Search Tool）アルゴリズム（Altschul et al. 1990）は，このスミス・ウォーターマンアルゴリズムの変形版であり，第1，第2のステップで，スコアの低かったものは，第3のステップを省略することで，性能をほぼ維持しつつ，計算量を約1/50に減らすことが可能である．

8-4-4 BLAST

BLASTは生物学者に最も頻繁に使用されているバイオインフォマティクス手法の1つで，DNAの塩基配列あるいはタンパク質のアミノ酸配列のアライメントを行うためのアルゴリズムもしくはプログラムを指す．また，BLASTはダイナミックプログラミングに基づくスミス・ウォーターマンアルゴリズ

ムの変形版でもある．日本では，国立遺伝学研究所がDDBJなどを検索するツールとして公開している（http://blast.ddbj.nig.ac.jp/top-j.html）．

BLASTには，blastn，blastx，tblastx，blastp，tblastnの5つのプログラムからなる5つの機能，BLASTn（塩基配列クエリ×塩基配列データベース），BLASTx（塩基配列クエリ[翻訳されたアミノ酸配列]×アミノ酸配列データベース），tBLASTx（塩基配列クエリ[翻訳されたアミノ酸配列]×塩基配列データベース[翻訳されたアミノ酸配列]），BLASTp（アミノ酸配列クエリ×アミノ酸配列データベース），tBLASTn（アミノ酸配列クエリ×塩基配列データベース[翻訳されたアミノ酸配列]）があり，状況によって使い分けることになる．BLASTの基本的な使い方としては，まず，5つの機能のうちどれを使うのか，塩基配列のデータベースを使う機能を選択した場合には，塩基配列のデータベースのうち，どのデータベースを選択するか，アミノ酸配列データベースを使う機能を選択した場合には，どのデータベースを選択するか，ギャップを入れた計算を行うか，結果の表示数，期待値（E-value）の閾値，アミノ酸置換テーブルなどである．基本的には，デフォルト（初期値）のパラメータで解析すれば何らかの結果が得られるが，5つの機能のうちどれを使うか，どのデータベースを使うか，期待値の閾値のパラメータは大変重要であり，よく考えてセットする必要がある．得られた結果を解釈するうえで，期待値の数値は重要である．BLASTにおける期待値とは，クエリ配列と，データベース内の配列が偶然に一致し，抽出されてしまう配列数を表す．デフォルト（初期値）の期待値の閾値は10であるが，これは得られたクエリ配列をBLASTに入力し，類似な配列として抽出されたデータベース内の配列のうち，間違って抽出された配列が10配列含まれるということを意味している．

8-5 発現解析

近年のDNAチップ技術の発達により，大量の遺伝子情報を一度に観測することが可能となった．**DNAチップ**（マイクロアレイとも言う）とは，相補的DNA（cDNA: complementary DNA）をスライドガラスもしくはシリコン

の基盤に固定したものの総称で,ハイブリダイゼーション法により,DNAあるいはRNAの状態を定量的もしくは定性的に解析することが可能である.

　DNAチップから得られるデータは膨大な遺伝子発現情報をもっているので,人間が生物現象の解明のために利用するには,有用な注目すべき遺伝子を抽出することが必要である.その手法として,クラスタリングがよく用いられる.クラスタリングとは,遺伝子の発現パターンの類似度に応じて,遺伝子もしくはサンプルのグループ分けを行う手法である.クラスタリングを行うことにより,既知の遺伝子と同じクラスタ,つまり同じグループに含まれる遺伝子は,発現パターンが似ていることから,同じ機能をもつのではないかと推測することができる.

　クラスタリング手法の多くは教師なし学習法であり,どのサンプルがどのクラスタに分類されるべきかという情報がなくても,クラスタリングを行えることができる反面,正確なクラスタリングは行えない.そこで,前もってどのクラスタに分類されるのかが分かっているデータを学習用データとして用いることで,正確な分類を行うことができる方法として,教師あり学習法がいくつか考案されている.DNAチップの解析に用いられている教師あり学習法としては,k-近傍法やWV (weighted-voting) 法 (Golub et al. 1999) がある.WV法は,遺伝子の順位づけを行い,抽出してから分類に用いる手法であり,サンプルを2種類に分類するのと同時に,分類するために重要な遺伝子を抽出することができる.しかしながら,遺伝子発現パターンを組み合わせとして抽出することができないために,細かいサブタイプが存在するようなデータの解析には不向きである.それゆえに,現在では遺伝子を組み合わせとして抽出する手法の開発が求められている.

8-5-1　DNAチップ

　DNAチップは,アメリカのアフィメトリックス社が発売したいわゆるアフィメトリックス型と,スタンフォード大学のPatrick Brownらが考案したいわゆるスタンフォード型の2種類に大別される.前者は,半導体の露光技術であるフォトリソグラフィーを用いた独特の製造方法が特徴で,シリコン基盤にマスクと呼ばれる遮光板をかぶせて露光させる作業を繰り返し,基盤上

にDNAを1分子ずつ積み上げてオリゴDNAを合成していくものである．この技術を用いることで，目的の塩基配列をもつDNAプローブを高密度に固定でき，しかも，基盤上にプローブを垂直に固定できるために，サンプル中の遺伝子は二本鎖を形成しやすい．つまりハイブリダイゼーションを形成し，未反応な状態になりにくい．後者は，あらかじめ用意したcDNAや合成オリゴDNAなどを細いピンなどでスライドガラスに滴下して作るシンプルなチップで，1つのスポットの中には大量のcDNAやオリゴDNAが含まれており，これがプローブとなって遺伝子を検出する．いずれの型も，基盤上に高密度に整列化させたプローブDNAに対して標識させた核酸（ターゲット）をハイブリダイズさせ，得られた画像を自動検出器で取り込んで，解析処理するというものである．さらに最近では，第3の方法として，電気化学的な検出法を用いた新しい手法も提案されている．この方法は，スタンフォード型が基本となっているが，電気化学的に検出可能な縫い込み型インターカレーターを用いる方法である．インターカレーターとは，生化学的には，DNAの構造に結合し挿入される物質のことであり，不可逆的にハイブリダイゼーションが起こり，かつインターカレーターが二本鎖に挿入された量を電気的に検出するため，蛍光ラベルによるハイブリダイゼーションの効率低下が起こらない．そのため，定量性が高く，高感度である．また，検出プローブの末端がチップ上に固定されていることから，再利用も可能である．

これらの技術は，ヒトの全ゲノム解明により，到来しつつあるポストゲノムシークエンス時代において，網羅的な遺伝子発現のモニタリングから得られたデータを解析することにより，生命現象や疾患メカニズムを解析するための重要なテクノロジーとして注目されており，今後，改良され，ますます重要になっていくことが予想される．

8-5-2 クラスタ解析

DNAチップにおける**クラスタ解析**とは，遺伝子発現パターンの類似した遺伝子どうし，もしくはサンプルどうしのグループ分けをする手法である．クラスタ解析は大きく**階層型クラスタ解析**，**非階層型クラスタ解析**の2種類に分けられる．クラスタ解析を，DNAチップによりN種類のサンプルで実

験を行った遺伝子発現データに適用する場合，各遺伝子の発現データをN次元空間の点と考えることで，各遺伝子発現データ間の距離を求めることが可能である．クラスタ解析ではこれらの距離を利用して遺伝子もしくはサンプルのグループ分けを行うことができる．例えばクラスタ解析を時系列データに適用した場合，特定の時期に発現量が上がる遺伝子，下がる遺伝子などのグループ分けを行うことが可能である．

階層型クラスタ解析は，遺伝子間の発現値における距離の近さ，遠さなどを指標にして，順次クラスタを形成していく手法である (Eisen et al. 1998)．結果は樹状図として表すことができる．また，このアルゴリズムを用いて解析する場合，ウェブサイト (http://rana.lbl.gov/EisenSoftware.htm) (http://www.eisenlab.org/eisen/?page_id=7) において，プログラムが Cluster ver. 2.11 (フリーソフトウェア) として公開されているので，容易に解析することができる．現在では，東京大学でさらに改良を加えられた Cluster 3.0 も利用可能である (http://bonsai.hgc.jp/~mdehoon/software/cluster/)．

他方，非階層型クラスタ解析には k-means (Somogyi 1999)，自己組織化マップ (Tamayo et al. 1999) などがあり，階層型クラスタリングと同様，Cluster ver. 2.11 や Cluster 3.0 を用いて，容易に解析可能である．

k-means 法はあらかじめk個のクラスタを与え，各クラスタ内における遺伝子間の距離の総和が最小になるようなクラスタリングを行う手法である．以下にアルゴリズムについて簡単に説明する．図 8-15 に示されるように，各サンプルを「○」で表すとする．まず最初は，k個のクラスタの重心 (centroid) を乱数により決定する．次に，各サンプルをいちばん近傍のクラスタの重心に所属するものと判断して，クラスタの境界を設定する．クラスタに含まれるメンバーのサンプルから重心を計算する．これを，各クラスタ内におけるメンバー間の距離の総和が小さくなるように繰り返し，あらかじめ決めておいた基準を満たすと終了する．

自己組織化マップはN次元の遺伝子データを 2 次元平面上に展開し，ニューラルネットワークの学習アルゴリズムによるクラスタリングを行う手法である．構造としては図 8-16 のように，階層型ニューラルネットワークの構造をとる．x_1からx_3の次元をもつサンプルが，y_1からy_5のいずれかの出力ユ

A. 重心の初期値セット

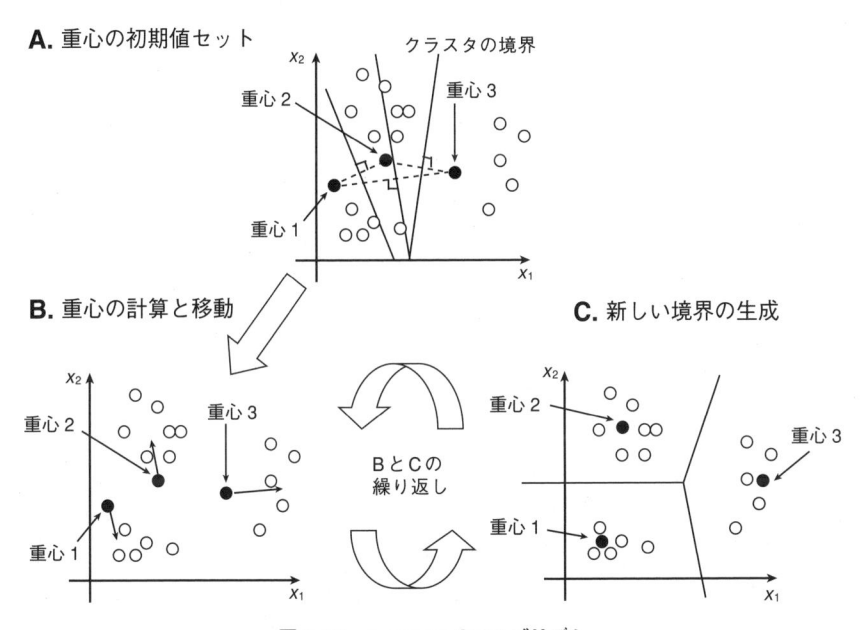

B. 重心の計算と移動

C. 新しい境界の生成

BとCの繰り返し

図8-15 k-means のアルゴリズム

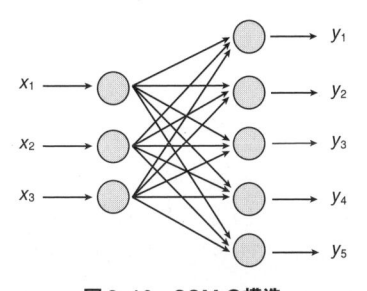

図8-16 SOM の構造

ニットに分類される．分類される出力ユニットは勝者ユニットと呼ばれ，自己組織化マップの特徴は，学習時にこの勝者ユニットだけでなく，近傍のユニットも学習を行うことである．学習の初期では，広範囲の近傍ユニットを学習させ，学習が進むごとに，学習する近傍ユニットの数を減らしていく．これにより，それぞれのユニットの近傍には，似たようなパターンを認識するユニットが形成することになる．これが自己組織化マップのアルゴリズムである．

8-5-3 判別分析

遺伝子発現情報を用いて，患者の診断をするための診断モデルを構築する場合，一般的には**判別分析**により診断モデルが構築される．判別分析には，線形判別分析，決定木，サポートベクターマシーン (SVM) (Vapnik & Chervonenkis 1964)，ニューラルネットワーク (Rosenblatt 1958)，ブースティング (Schapire 1990) など，さまざまな方法が存在する．しかしDNAチップから得られた遺伝子情報は，膨大な遺伝子から得られた情報であるうえに，利用可能なサンプル数（患者数）は少数であることから，手法の選択は大変慎重に行う必要がある．一般に，ニューラルネットワークは，サンプル数が多ければ大変強力な手法であるが，サンプル数が少なければ，**過学習**（オーバーフィッティング）の状態に陥りやすい．一方，線形判別分析や決定木などは，単純すぎて，複雑な疾患を診断するのには非力である．バイオインフォマティクスの分野ではSVMが頻繁に使用されるが，どの遺伝子が診断モデルのなかで重要かが分かりにくいためにブースティングなどの手法を用いるのも有効である．ブースティングは，単純なモデルを組み合わせることで，過学習を抑制しつつ，複雑なモデルを構築することが可能な手法である．

8-5-4 遺伝子選択

遺伝子発現情報を用いて，診断する診断モデルを構築することを考えた場合，判別分析を行う場合が多く，さまざまな判別分析手法が存在するが，いずれの手法を用いる場合にも，先立ってある程度の遺伝子選択を行っておく必要がある．**遺伝子選択** (gene selection あるいは gene filtering) は，診断モデルを構築するうえで非常に重要であり，遺伝子選択には，従来から存在する統計手法の t 検定，U 検定なども利用可能であるが，DNAチップから得られる情報のように，膨大な遺伝子数を想定しておらず，多重性の問題が生じる．多重性の問題とは，複数回検定を繰り返すことで，全体としての擬陽性が増えてしまう問題を指す．例えば，10,000遺伝子に対して，t 検定を繰り返し適用して，p 値を10,000遺伝子分に対して算出したとすると，有意水準1%で，遺伝子を抽出した場合に，乱数で生成したデータであっても，100程

8-5 発現解析

Case 1. 遺伝子 A

遺伝子発現強度

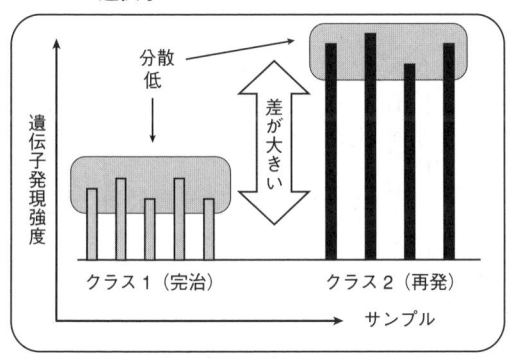

分散低

差が大きい

クラス1（完治）　クラス2（再発）

サンプル

＊ 2つのクラスが均一（ホモジーニアス）.

Case 2. 遺伝子 X

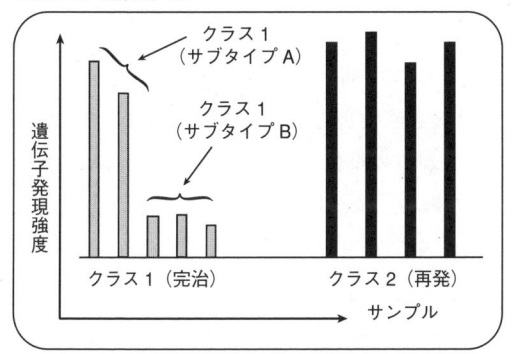

遺伝子発現強度

クラス1（サブタイプA）
クラス1（サブタイプB）

クラス1（完治）　クラス2（再発）

サンプル

＊ クラス1は均一（ホモジーニアス），クラス2は不均一（ヘテロジーニアス）.

Case 3. 遺伝子 Y

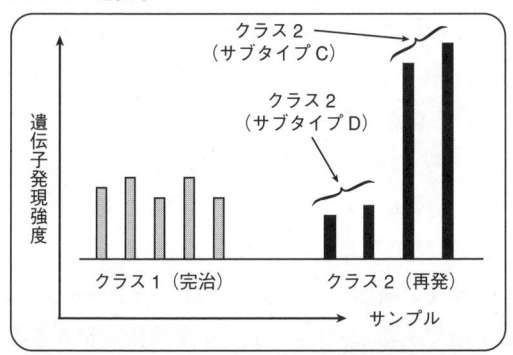

遺伝子発現強度

クラス2（サブタイプC）
クラス2（サブタイプD）

クラス1（完治）　クラス2（再発）

サンプル

＊ クラス1は不均一（ヘテロジーニアス），クラス2は均一（ホモジーニアス）.

図8-17　ヘテロジーニアスなサンプルに関する分類（続く）

Case 4. 遺伝子 Z

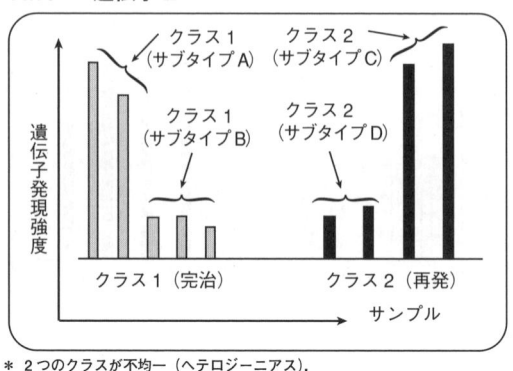

図 8-17 (続き) ヘテロジーニアスなサンプルに関する分類

＊2つのクラスが不均一（ヘテロジーニアス）．

度の偽陽性（間違って陽性と判定されること）の遺伝子が抽出されることが期待される．これは複数回検定を繰り返すことにより生じる**多重性の問題**と呼ぶが，DNAチップからの遺伝子選択を行う場合にはこの問題を考慮した手法を選択すべきである．多重性の問題を考慮した方法として，2001年にVirginia Goss Tusherらによって開発されたSAM (significance analysis of microarrays) (Tusher et al. 2001) や，2002年にRobert Tibshiraniらによって開発されたNSC (nearest shrunken centroids) (Tibshirani et al. 2002) がある．また，古典的な方法であるt検定やU検定をFDR (false discovery rate) のコントロールによって，偽陽性を抑制する方法もある．

　遺伝子発現情報からの遺伝子選択が困難であるのは，単に膨大な候補遺伝子数だけでなく，DNAチップの情報にはノイズが含まれやすいという理由，また，対象にしている疾患が複雑である場合など，さまざまな要因が重なって，困難になっている．図8-17に遺伝子発現解析の場合における4ケースを示した．これは，疾患が完治した群と，再発した群で，原因になる遺伝子をDNAチップにより抽出しようとした場合に想定される4ケースを示しており，一般に，Case 1の遺伝子Aのような遺伝子が存在すれば，古典的なt検定などが抽出可能であるが，DNAチップで診断モデルを構築したい疾患が，Case 1のように単純である場合は少なく，また，DNAチップの情報に

8-5 発現解析

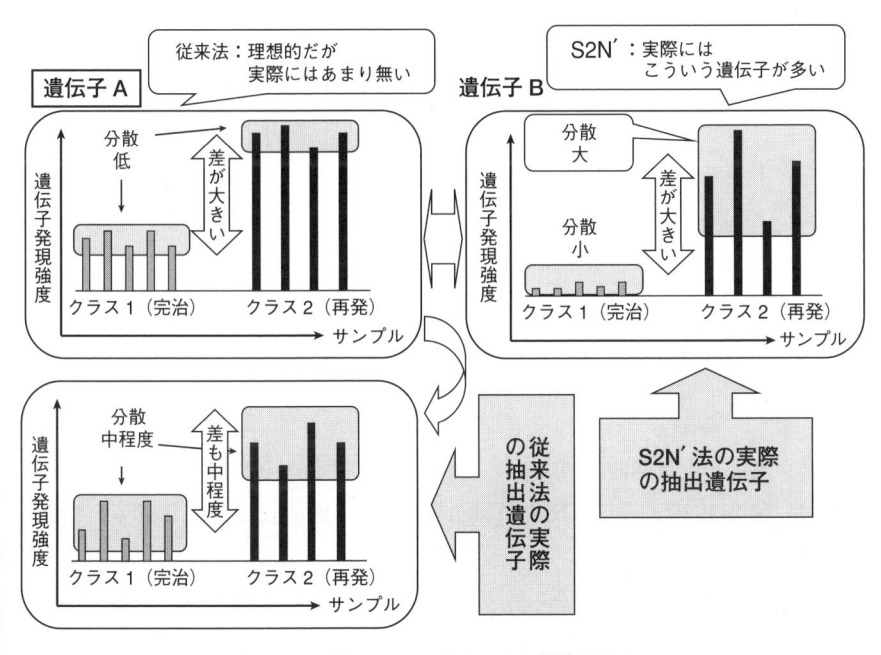

図8-18 従来法とS2N′法の抽出遺伝子の違い

はノイズが含まれやすいという理由からも，Case 1を想定した古典的な方法では，疾患に対する適切な診断遺伝子の抽出はほとんど不可能である．Case 2〜4を想定した手法を適用する必要がある．

筆者らは，t検定に類似な古典的な方法である signal-to-noise (S2N) を改良することで，適切なマーカー遺伝子となりうる遺伝子の抽出が簡便に行える修正S2N法 (S2N′法) を開発した (Takahashi & Honda 2006)．従来法が，図8-18の左上図のように，それぞれの群で分散が小さく，差が大きい遺伝子を抽出しようとするが，実際にはノイズの影響などもあり，図8-18の左下図のように分散が中程度，差も中程度の遺伝子を抽出してしまうのに対し，S2N′法は，図8-18の右上図のように，片方の群の分散は小さく，差が大きい遺伝子を抽出することができる．実は，このようなS2N′法で抽出可能なケースの遺伝子が，マーカー遺伝子として適しているというのが，臨床研究をしている研究者たちの間で経験則として知られていたが，S2N′法はこの

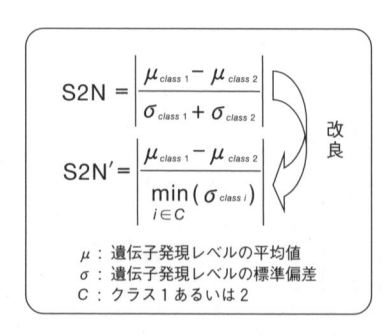

$$S2N = \left| \frac{\mu_{class\,1} - \mu_{class\,2}}{\sigma_{class\,1} + \sigma_{class\,2}} \right|$$

$$S2N' = \left| \frac{\mu_{class\,1} - \mu_{class\,2}}{\min_{i \in C}(\sigma_{class\,i})} \right|$$

改良

μ：遺伝子発現レベルの平均値
σ：遺伝子発現レベルの標準偏差
C：クラス1あるいは2

図 8-19　S2N′法における式の改良

ような遺伝子を自動的に抽出することが可能な手法として開発された．S2N′法は，図8-19のように，従来のsignal-to-noise法の式に，少し細工をしただけの単純な手法である．

8-6　医療分野への応用

この節では，筆者の開発したS2N′法を，国立がん研究センター研究所と共同で食道がんの遺伝子発現情報へ応用し，診断マーカー・治療遺伝子を抽出・検証したバイオインフォマティクス手法の成功例（Sano et al. 2010）について紹介する．

8-6-1　がんと食道がん

がんは，日本における死亡原因の第1位であり，約30％（約35万人）の方が，がんで亡くなる．がんは，悪性新生物，悪性腫瘍などとも呼ばれるが，カタカナで「ガン」あるいは，漢字で「癌」と表記してはいけない．臨床的には，「癌」と書いた場合には上皮細胞由来のがん（癌腫）を指し，非上皮系由来のがんである肉腫を含めないからである．上皮細胞由来の癌腫と非上皮細胞由来の肉腫を併せて，ひらがなの「がん」と表す．日本には，がんセンターと呼ばれる施設はたくさんあるが，「ガンセンター」でも「癌センター」でもなく，「がんセンター」が正式な名称である．

がんの治療法はこの50年ほどでずいぶん改善してきたが，いまだにがん全体で5年生存率は60％である．一般に，がん患者に対して，治療を施してから5年間生存できれば，治療は成功とみなすことができるので，5年生存率とは，がん治療の成功率を表すといってもよい．

がんの治療法には，3大療法と呼ばれる手術療法，化学療法，放射線療法などがあるが，基本的に，早期に見つかり，手術療法が可能な場合は，手術療法を施し，手術療法の補助療法として，化学療法，放射線療法が用いられる場合が多い．

食道がんは全がんの3.4％（およそ1万人）を占めるがんで，男女比は5：1で男性に多いがんで，飲酒と喫煙により罹患しやすくなると考えられている．

8-6-2 食道がんに関するバイオマーカー探索と実験的検証

国立がん研究センターに来院された胃がん症例35症例について，アフィメトリックス社製DNAチップ U95A version 2（ヒトの12,533遺伝子を観測できるチップ）を用いて，遺伝子発現データを取得した．前処理として，各サンプルのシグナル値のトリム平均値を1,000になるようにスケーリングを行う．トリム平均値とは，シグナル順に並べたときに，上位数％と下位数％のシグナル値を除去したうえで平均を計算する方法で，アフィメトリックス

S2N'順位	遺伝子名	S2N'順位	遺伝子名
1	CALB1	11	SETD1B
2	TFF3	12	ENO2
3	KRT7	13	FOXA1
4	SCGB1A1	14	NCAPD2
5	FABP4	15	MAL
6	ITSN2	16	NEBL
7	LOC728320	17	GDF15
8	ADH1A	18	ZNF384
9	CLDN10	19	MME
10	LTBR	20	CEACAM5

図8-20　S2N'法に抽出された胃がんマーカー遺伝子

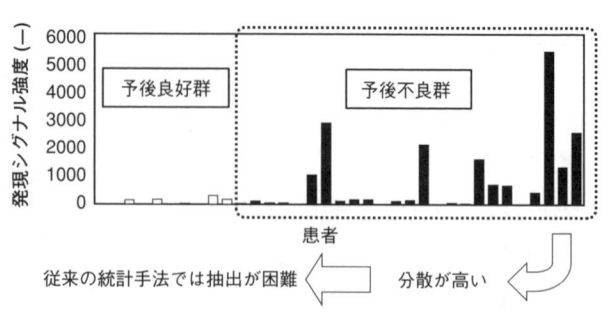

図8-21 *KRT7*の遺伝子発現データ

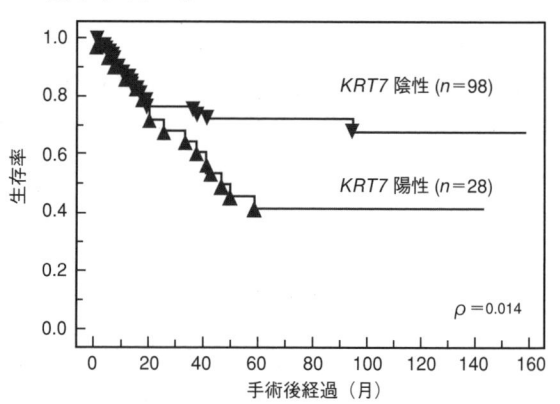

図中ラベル: 発現シグナル強度 (―)、予後良好群、予後不良群、患者、従来の統計手法では抽出が困難、分散が高い

A. 全てのステージ

KRT7 陰性 (*n*=98)
KRT7 陽性 (*n*=28)
$p=0.014$
生存率／手術後経過(月)

B. ステージをⅠとⅡに限定

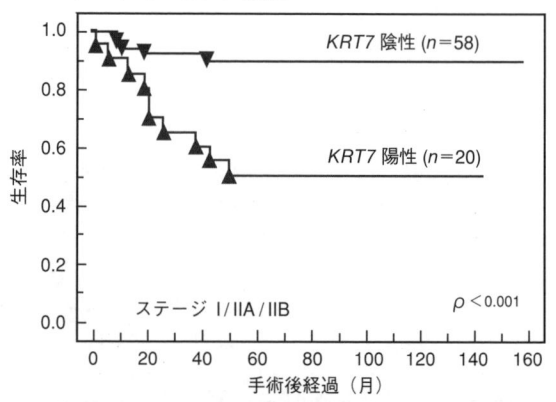

KRT7 陰性 (*n*=58)
KRT7 陽性 (*n*=20)
ステージ I/IIA/IIB
$p<0.001$
生存率／手術後経過(月)

図8-22 *KRT7*の発現強度の違いによる生存率への影響

8-6 医療分野への応用

A. *FOXA1* 遺伝子抑制により *LOXL2* の抑制効果

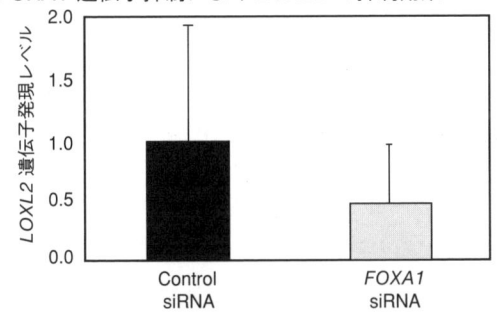

B. *LOXL2* 遺伝子抑制によりがんの転移能低下の効果

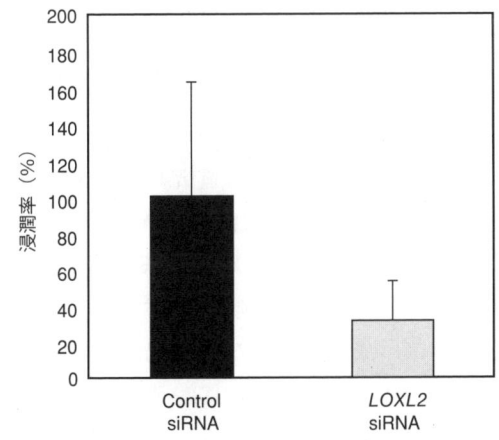

図 8-23　FOXA1 経路に関わる siRNA の実験

社の標準の方法は，上位 2.5％と下位 2.5％を除去し平均を計算する方法である．さらに 35 症例間で Present call が，5 人以上の症例で見られる遺伝子を選択し，8,172 遺伝子まで絞り込み，さらに，(95％パーセンタイルシグナル値-5％パーセンタイルシグナル値) が 1,000 以上になる遺伝子を選択し，4,477 遺伝子まで絞り込んだ．Present call は，各遺伝子がアフィメトリックス社の基準で，発現していると判定されたものを表している．

さらにこの 35 症例のデータを，24 症例の N5 群 (リンパ節転移 5 カ所以上) と 11 症例の N0 群 (リンパ節転移なし) に分け，S2N′法を適用し，図 8-20 の

ような20遺伝子を抽出した.このなかの*KRT7*は,図8-21のような,予後不良群の一部の患者で発現がみられる遺伝子で,このような発現プロフィールをもつ遺伝子は従来法では抽出が困難であり,S2N′法だから容易に抽出できたと言える.また,この遺伝子は2008年に国立がん研究センターの佐々木博己博士らのグループによって,図8-22のように臨床的な検証が行われ,食道がんの予後マーカーとしての有効性が示された(Yamada et al. 2008).図8-22 A では,食道がんのステージにかかわらず全ての症例に対する*KRT7*のマーカーとしての有効性を表しており,$p = 0.014$ で有意に,*KRT7* 陽性群・陰性群で予後に開きがあるが,図8-22 B では,ステージを I/IIA/IIB に限定することで,*KRT7* 陽性群・陰性群の予後の違いが鮮明になり,$p < 0.001$ で有意に差があることが示された.

また,図8-20を見ると,*FOXA1*遺伝子が選択されているのが分かるが,図8-23のように,*FOXA1*をRNA interference (RNAi) 法により遺伝子抑制すると,その下流遺伝子である*LOXL2*遺伝子を*FOXA1*遺伝子が制御していることが分かった.さらに*LOXL2*遺伝子を抑制することで,がんの転移能を低下させることが分かった.がんの最も恐ろしい性質は,がんが転移する能力をもっていることで,がん転移能を抑制することができることが,最も抗がん剤の期待される効果である.*LOXL2*遺伝子を抑制することでがんの転移能を低下させるということは,*LOXL2*遺伝子を治療標的とした新しい抗がん剤を開発できることを意味している.最終的に,*KRT7*の*FOXA1*経路の関係が明らかになり,図8-24のような制御関係があることが分かった.

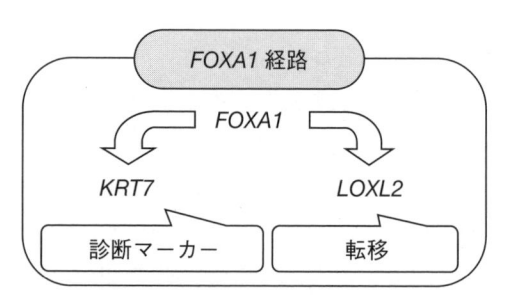

図8-24 明らかになった*FOXA1*経路

これらの成果から，新しく考案したS2N′法を，遺伝子発現データに応用することで，臨床に応用可能な新規のマーカー遺伝子や治療標的遺伝子を抽出可能なことが示された．

演習問題

問題8-1 UniProt (http://www.uniprot.org/) のトップページを開き，Searchタブを選び（開いた直後はSearchタブが選択された状態になっている），"Search in"で"Protein knowledgebase (UniProtKB)" (Swiss-ProtとTrEMBLを合わせたもの) を指定し，Queryに"SAMDC1"と入力し，Searchボタンを押すと，SAMDC1に関するアミノ酸配列情報の一覧が表示される．Accession番号はアミノ酸配列固有のID，Organismは生物種を表しており，Lengthはアミノ酸長を表している．ここで，シロイヌナズナ (*Arabidopsis thaliana*) のAccession番号は，何か．また，ヒト (*Homo sapiens*) におけるSAMDC1のアミノ酸長を答えよ．ちなみに，SAMDC1はポリアミン生合成遺伝子である．

問題8-2 問題8-1で検索した"SAMDC1"でヒットしたアミノ酸配列には，マウス (*Mus musculus*) の配列 (Accession番号P31154) も含まれる．P31154をクリックすることでこのアミノ酸の詳細情報を閲覧することが可能である．詳細情報にはいろいろな項目があるが，Sequenceの項目に，配列情報が掲載されている．1～60残基目まで (MEAからDKQまで) の計60文字をコピーし，DDBJのBLAST (http://blast.ddbj.nig.ac.jp/top-j.html) からtBLASTnの機能を選択（「tblastn（アミノ酸配列クエリー×塩基配列データベース [アミノ酸配列に翻訳]）」にチェックを入れる）し，アミノ酸配列検索を実行（「入力内容の送信」ボタンを押す）せよ．結果としてMus musculusに関する塩基配列が多数ヒットするが，このなかで，Accession番号がD12780の配列を探し，その塩基配列の最初の6文字を答えよ (D12780をクリックし，開いたページの"ORIGIN"の項目が塩基配列である)．

問題8-3 遺伝子発現解析を難しくしている原因は何か．また遺伝子発現情報から，診断モデルを構築するうえで注意すべきことは何か説明せよ．

付 録

1 微分方程式系の安定性解析と最小2乗法によるデータ解析

(竹内康博)

付録1では，微分方程式系の平衡点の安定性解析に関する基本的理論の概説と与えられたデータに2乗誤差が最小となる曲線の方程式を求める方法を解説する．

1A 微分方程式系の安定性解析法

1A-1 行列・固有値・固有ベクトル

n次元の実縦ベクトル $x=(x_1, x_2, \cdots, x_n)$ と $n \times n$ の実行列 A に対して，微分方程式

$$\frac{dx(t)}{dt} = Ax(t) \tag{1A.1}$$

を考える．この方程式の解として，$x(t)=u\exp(\lambda t)$ の形で表されるものを考えよう．ここで u は n 次元の実縦ベクトル，λ を実定数として，$x(t)=u\exp(\lambda t)$ が式(1A.1)を満たすように決定しよう．$x(t)=u\exp(\lambda t)$ を式(1A.1)に代入すると，$\lambda u \exp(\lambda t) = Au\exp(\lambda t)$ から

$$Au = \lambda u \tag{1A.2}$$

が得られる．式(1A.2)は行列 A にベクトル u を作用させると，ベクトルの方向は変わらず，その長さが λ 倍になることを意味する．式(1A.2)を満たす λ を行列 A の固有値，u を固有ベクトルと呼ぶ．以上から式(1A.1)の解を求めるためには，行列 A の固有値 λ と固有ベクトル u を決定すればよいことが分かる．

式(1A.2)を書き換えると

$$(\lambda I - A)u = 0 \tag{1A.3}$$

が得られる．ここで I は $n \times n$ の単位行列(全ての対角成分が1，非対角成分が0の対称行列)である．この式が非自明な解 u をもつための必要十分条件は，固有値 λ が

$$\det(\lambda I - A) = 0 \tag{1A.4}$$

を満たせばよい．式(1A.4)は**固有方程式**と呼ばれる．

簡単のために，$n=2$ とし，

$$A = \begin{bmatrix} a_{11} & a_{12} \\ a_{21} & a_{22} \end{bmatrix} \tag{1A.5}$$

を考えよう.式(1A.4)からλに関する2次方程式

$$(\lambda - a_{11})(\lambda - a_{22}) - a_{12}a_{21} = \lambda^2 - (a_{11} + a_{22})\lambda + a_{11}a_{22} - a_{12}a_{21} = 0 \tag{1A.6}$$

が得られ,2つの固有値λ_1, λ_2が決定される.固有ベクトルuは2つの固有値λ_1, λ_2に対応して,式(1A.3)を計算して決定される.

一般的に,$n \times n$の行列の固有値を求めるためには,n次の代数方程式を解かなければならず,一般的には不可能である.しかし,実用的には式(1A.1)の解が時間が十分した後にどのようになるかに関心がある場合,解が$x(t) = u \exp(\lambda t)$で表現されることに注意すると,固有値λの実数部分の符号が分かれば,いろいろな情報が得られる.このことに関しては,1A-2で議論する.

1A-2 微分方程式系の平衡点の安定性

(a) 微分方程式系の解・平衡点

n次元の実縦ベクトル$x = (x_1, x_2, \cdots, x_n)$に対して,次の形の微分方程式系を考えよう.

$$\frac{dx}{dt} = f(x), \qquad x(0) = x_0 \tag{1A.7}$$

ここで,右辺の関数fはxの与えられた(考察する対象によって決まる既知の)関数である.fの値はxを決めれば決定され,時間tに依存していないことに注意しよう.このような方程式系は**自励系**と呼ばれる.式(1A.7)の第2式は**初期条件**,x_0は**初期値**と呼ばれる.式(1A.7)の2つの式を満足するtの関数$x(t)$は,式(1A.7)の**解**と呼ばれる.すなわち,解$x(t)$は

$$\frac{dx(t)}{dt} = f(x(t)), \qquad x(0) = x_0 \tag{1A.8}$$

を満足する.

さて,今,方程式$f(x^*) = 0$を満たす点x^*(式(1A.7)の**平衡点**と呼ばれる)を考えよう.x^*は時間tと無関係に決定されることに注意.式(1A.7)の初期値x_0が平衡点x^*に一致している場合を考えよう.このとき,$x(t) = x^*$は明らかに式(1A.8)を満たすので,$x(t) = x^*$は解である.また,この解は時間が経過しても動かないので,平衡点(不動点)と呼ばれる.このようにして,自励系を表す式(1A.7)の特殊な解(平衡点)は,比較的簡単に(方程式$f(x^*) = 0$を解くことによって)求められる.

上述の事実から,出発点で初期値が平衡点と一致していれば,対応する解は時間的に変化しないことが分かった.それでは,初期時刻$t = 0$でのxの値(初期値)x_0が,平衡点の値x^*と非常に近い(が一致しない)場合に,式(1A.7)の解はどうなるであろ

うか. 時間経過とともに, 平衡点の近くにとどまるであろうか, それとも平衡点から離れていくであろうか. この問題は, 微分方程式の平衡点の安定性に関連している.

平衡点 x^* は, x^* の十分近くのどのような初期値 x_0 から出発しても対応する解が初期時刻以降の全ての時刻で, x^* の近くにとどまるとき (局所的に) **安定**であると呼ばれる. さらに, 時間が十分に経過した後解が x^* に近づくとき, 平衡点 x^* は**漸近安定**であると呼ばれる. 平衡点 x^* が安定でない場合, 平衡点 x^* は**不安定**と呼ばれる. 安定性に関する定義で重要な点をまとめておく. 平衡点 x^* が安定であるためには, x^* の**十分近くのどのような**初期値 x_0 から出発しても, 対応する解が x^* の近くにとどまっていることが必要十分である. 途中の時刻で平衡点 x^* から離れてしまうような解を与える初期値が発見される場合は, 安定であるとは言わない. また, この場合, 漸近安定でもないことに注意しよう. x^* が安定であり, かつ解が x^* に近づく場合に限って漸近安定と言う.

(b) 線形微分方程式系の安定性

線形微分方程式系を表す式 (1A.1) の

$$\frac{dx(t)}{dt} = Ax(t), \quad x(0) = x_0 \tag{1A.9}$$

平衡点の安定性を考えよう. 式 (1A.9) より, 原点 $x=0$ は平衡点である. 式 (1A.9) の解は,

$$x(t) = e^{At} x_0$$
$$e^{At} = \sum_{k=0}^{\infty} \frac{(At)^k}{k!} = I + A\frac{t}{1!} + A^2\frac{t^2}{2!} + \cdots \tag{1A.10}$$

で与えられる. 実は上で与えられた式 (1A.9) の解 (1A.10) は, 原点 $x=0$ の安定性を調べるためにあまり役に立たない. e^{At} が無限級数で与えられていて, その計算は一般に困難である.

一般に, 式(1A.9)の解 $x(t) = (x_1(t), x_2(t), \cdots, x_n(t))$ の成分 $x_i(t)$ は, 行列 A の固有値 λ が分かれば, 次の関数の (定数係数をもつ) 線形結合で表されることが知られている.

(1) $e^{\lambda t}$：λ が A の実固有値である場合.
(2) $e^{at}\cos bt$, $e^{at}\sin bt$：$\lambda = a+ib$ が A の複素固有値である場合.
(3) $t^j e^{\lambda t}$, $t^j e^{at}\cos bt$, $t^j e^{at}\sin bt$ $(0 \leq j < m)$：実数 λ または複素数 $\lambda = a+ib$ が, A の重複度 m の固有値である場合.

以上から, 固有値 λ が複素数である場合に解が振動することに注意しよう. また, 一般に, 固有値の実数部分の符号が分かれば, 平衡点の安定性が判別できることも分かる. 特に, 固有値が1つでも正の実数部分をもてば, 平衡点は不安定である. また, 固有値の実数部分が全て負であるならば平衡点は漸近安定である.

行列 A で，その固有値の実数部分が全て負であるものを**安定行列**と呼ぶ．1A-1 で述べたように，n が大きい場合，行列の固有値を求めることは不可能である．次に述べる行列の安定判別法が役に立つ．

ラウス・フルビッツの安定判別法　　$n \times n$ の行列 A の固有方程式 (1A.4) を

$$\det(\lambda I - A) = \lambda^n + a_1 \lambda^{n-1} + \cdots + a_{n-1} \lambda + a_n = 0 \tag{1A.11}$$

とする．行列 A が安定行列となるための必要十分条件は

$$D_1 = a_1 > 0$$

$$D_k = \det \begin{bmatrix} a_1 & a_3 & a_5 & \cdots & a_{2k-1} \\ 1 & a_2 & a_4 & \cdots & a_{2k-2} \\ 0 & a_1 & a_3 & \cdots & a_{2k-3} \\ \vdots & \vdots & \vdots & \ddots & \vdots \\ 0 & 0 & 0 & \cdots & a_k \end{bmatrix} > 0 \quad (k = 2, 3, \cdots, n) \tag{1A.12}$$

である．ここで，$a_j = 0 \ (j > n)$ とする．

$n = 2$ の場合，式 (1A.6) から

$$D_1 = a_1 = -(a_{11} + a_{22}) > 0, \qquad D_2 = a_1 a_2 = -(a_{11} + a_{22})(a_{11} a_{22} - a_{12} a_{21}) > 0 \tag{1A.13}$$

となるので，2×2 行列が安定行列となるための必要十分条件は，行列のトレース (対角成分の和) が負，かつ行列式が正であることが分かる．

$n = 3$ の場合，固有方程式を $\det(\lambda I - A) = \lambda^3 + a_1 \lambda^2 + a_2 \lambda + a_3 = 0$ とすると，安定行列となるための必要十分条件は $a_1 > 0,\ a_3 > 0,\ a_1 a_2 > a_3$ となることが確かめられる．また，行列が安定行列である場合には，その固有方程式 (1A.9) の全ての係数 $a_i\ (i = 1, 2, \cdots, n)$ が正となることが分かっている．

(c) 非線形微分方程式系の局所安定性

さまざまな現象を微分方程式系で記述した場合，線形システムを表す式 (1A.1) ではなく，非線形システムを表す式 (1A.7) で記述されることが多い．ここでは，式 (1A.7) の平衡点 x^* の近くでの解の挙動 (安定性) を考察しよう．

平衡点の近くでの式 (1A.7) の解を $y(t) = x(t) - x^*$ と書く．式 (1A.7) の両辺に $x(t) = y(t) + x^*$ を代入すると，平衡点 x^* が定数であることに注意して，

$$\frac{dy}{dt} = f(y + x^*) \tag{1A.14}$$

が得られる．今，平衡点 x^* の近くでの解の挙動を考察したいので，$y(t)$ が非常に小さいと仮定する．このとき，上式の右辺を $y = 0$ の近傍でテイラー展開し，2次以上の高次の項を無視すると，$f(y + x^*) = f(x^*) + Jy = Jy$ が得られる．ここで，x^* が平衡点であるので $f(x^*) = 0$ に注意しよう．また，J は**ヤコビ行列**と呼ばれ，

1 微分方程式系の安定性解析と最小2乗法によるデータ解析

$$J = \begin{bmatrix} (\partial f_1/\partial x_1)x^* & (\partial f_1/\partial x_2)x^* & \cdots & (\partial f_1/\partial x_n)x^* \\ (\partial f_2/\partial x_1)x^* & (\partial f_2/\partial x_2)x^* & \cdots & (\partial f_2/\partial x_n)x^* \\ \vdots & \vdots & \ddots & \vdots \\ (\partial f_n/\partial x_1)x^* & (\partial f_n/\partial x_2)x^* & \cdots & (\partial f_n/\partial x_n)x^* \end{bmatrix} \tag{1A.15}$$

で与えられる．したがって，式(1A.14)は

$$\frac{dy(t)}{dt} = Jy(t) \tag{1A.16}$$

となり，**線形化方程式**と呼ばれる．式(1A.16)は式(1A.1)と同様に線形システムであるので，平衡点$y=0$(式(1A.7)の平衡点x^*に対応することに注意)の安定性は，ヤコビ行列Jの安定性で決定される．

式(1A.16)の解は，式(1A.7)の解析に役立つであろうか．ヤコビ行列Jが**双曲型**であるとき，すなわちの固有値が0の実部をもたないとき，大いに役立つことが知られている．ハートマン・グロブマンの定理(Hartman-Grobman theorem)によれば，ヤコビ行列Jが双曲型である場合，平衡点x^*の近傍における式(1A.7)の解は，平衡点$y=0$の近傍における式(1A.16)の解と同一視できる．すなわち，平衡点$y=0$が漸近安定(不安定)であれば，平衡点x^*も漸近安定(不安定)である．線形システムを表す式(1A.16)の安定性は，1A-2(b)で与えられたラウス・フルビッツの安定判別法を用いて調べればよい．ハートマン・グロブマンの定理が，双曲型のヤコビ行列に関して成り立つことを注意しよう．ヤコビ行列が非双曲型である場合は，何も言及していないことを強調しておく．このような場合，解の挙動はfのテイラー展開の高次項に依存している．

例として，捕食者-被食者系を表す式(1.43)を取り上げよう．式(1.43)が正の平衡点$\mathrm{E}=(x^*, y^*)$をもつとする．式(1.43)の正の平衡点に関するヤコビ行列Jは次式で与えられる．

$$J = \begin{bmatrix} -ex^* & -bx^* \\ dy^* & -fy^* \end{bmatrix} \tag{1A.17}$$

ここで$b>0$, $d>0$, $e>0$, $f \geqq 0$, $x^*>0$, $y^*>0$に注意する．Jのトレースが負$(-ex^*-fy^*<0)$であり，行列式が正$((ef+bd)x^*y^*>0)$であるので，1A-2(b)のラウス・フルビッツの安定判別法から，Jは安定行列であることが確認できる．さらに，ハートマン・グロブマンの定理より，正の平衡点$\mathrm{E}=(x^*, y^*)$は局所的に漸近安定であることが分かる．すなわち，正の平衡点$\mathrm{E}=(x^*, y^*)$の近くから出発した式(1.43)の解は，常に平衡点の近くにとどまり，さらに時間無限大で平衡点に漸近する．

(d) 非線形微分方程式系の大域安定性

前項では，式(1A.7)の平衡点x^*の局所的安定性を考えた．線形化方程式(1A.16)

の原点の安定性から考察できる非線形系(1A.7)の解の挙動は,平衡点 x^* の近傍に限られることに注意しよう.また,局所安定性理論で「平衡点 x^* の近くに初期値 x_0 を選ぶ」という場合,どの程度近くに選べばよいかは一般的には不明である.前項で考察した捕食者-被食者系を表す式(1.43)に対する解が図1-23に与えられているが,その初期値 $(x(0), y(0))=(1.2, 1.0)$ は,正の平衡点 $E=(1/2, 1/2)$ に十分に近いと言えるであろうか.さらに,非線形系を表す式(1A.7)の初期値 x_0 が平衡点 x^* から遠くに離れている場合の解の挙動は,前項の手法では解析できない.このような困難点を解決するため,ここでは,非線形微分方程式系の大域安定性を調べるために有効なリアプノフの定理(Lyapunov theorem)を紹介する.

解の漸近的挙動は,その ω 極限を調べればよい.今,式(1A.7)の解 $x(t)$ が全ての正の時刻で定義されているとする.その初期値 x_0 の ω 極限は,$t \to \infty$ での解 $x(t)$ の全ての集積点の集合,すなわち集合 $\omega(x_0)=\{y:$ ある点列 $t_k \to \infty$ に対して $x(t_k) \to y\}$ で定義される.ω 極限に含まれる点 y は,任意の長い時間が経過した後でも,点 y の全ての近傍に解 $x(t)$ が何回も訪れるという性質をもっている.一般的に非線形系を表す式(1A.7)の解を求めることはできないが,ω 極限を決定できる場合がある.これは,次に述べるリアプノフの定理のおかげである.

リアプノフの定理　　式(1A.7)を R^n のある部分集合 G で考える.関数 $V: G \to R$ を連続微分可能な関数とする.式(1A.7)の解に対して,解に沿った時間微分 $\dot{V}$

$$\dot{V} \equiv \frac{d}{dt}V(x(t)) = \sum_{i=1}^{n} \frac{\partial V}{\partial x_i} f_i(x) \tag{1A.18}$$

が,$\dot{V} \geq 0$ または $\dot{V} \leq 0$ を満たせば,$\omega(x_0) \cap G$ は集合 $\{x \in G : \dot{V}=0\}$ に含まれる.

リアプノフの定理によれば,ω 極限は集合 $\{x \in G : \dot{V}=0\}$ に含まれることが分かる.また ω 極限 $\omega(x_0)$ は,不変である ($\omega(x_0)$ に含まれる解は任意の時間において,やはり $\omega(x_0)$ に属している) ことが知られている.この性質を利用して,リアプノフの定理で得られた ω 極限を含む集合 $\{x \in G : \dot{V}=0\}$ から,ω 極限を決定できることがある.式(1A.18)を計算するために,式(1A.7)の解 $x(t)$ の具体的な形を知っている必要がないことに注目しよう.非線形系の解は一般的には求めることができないので,この性質はリアプノフの定理の有用性を非常に高めている.

リアプノフの定理は ω 極限を求めるための強力な手法を与えてくれるが,問題は $\dot{V} \geq 0$ または $\dot{V} \leq 0$ を満たすような関数 V (**リアプノフ関数**)をどのようにして見つけ出すかである.残念ながらリアプノフ関数を発見するための一般的な処方箋は知られていない.

第1章で取り上げた,捕食者-被食者系を表す式(1.43)を再び取り上げよう.式(1.43)に対しては,$G=\{(x, y) : x>0, y>0\}$ とすればよい.リアプノフ関数を式(1.44)のように選べば,$\dot{V} \geq 0$ となることが確かめられる.$f>0$ であるならば,$\{(x, y) \in$

1 微分方程式系の安定性解析と最小2乗法によるデータ解析   327

$G: \dot{V}=0\}=(x^*, y^*)$ となるので,リアプノフの定理より,ω 極限は正の平衡点 E= (x^*, y^*) であることが直ちに分かる.$f=0$ の場合,$\{(x, y)\in G: \dot{V}=0\}=\{(x, y): x=x^*,$ $y>0$ となる.ω 極限は不変集合であるので,式(1.43)の第1式で,$x=x^*$ に注意すると,$dx/dt=x^*(a-ex^*-dy)=0$ が得られ,$y=y^*$ が求められる.結局,$f=0$ であっても同様に,ω 極限は正の平衡点 E=(x^*, y^*) であることが分かる.以上の考察により,集合 $G=\{(x, y): x>0, y>0\}$ に属する任意の初期値(すなわち,任意の正の初期値)に対して,解は,正の平衡点 E=(x^*, y^*) に時間無限大で漸近することが分かった.

1A-3 差分方程式系の平衡点の安定性

1A-2では時間が連続的に変化する微分方程式系の安定性を考察した.ここでは時間が離散的に変化する差分方程式系を考察する.差分方程式系は,昆虫などのような世代が分離した生物の個体数変化を考察する場合に用いられる.この場合,世代が離散化された時間に対応する.

まず,線形差分方程式

$$x(k+1)=Ax(k) \quad (k=0, 1, 2, \cdots) \tag{1A.19}$$

を考える.k は世代を表す整数値である.n 次元の実縦ベクトル $x(k)=(x_1(k), x_2(k),$ $\cdots, x_n(k))$ は n 種の生物種の第 k 世代の個体数を表す.A は $n\times n$ の正則な(固有値0をもたない(逆行列が存在する))実行列とする.

式(1A.19)の平衡点 x^* は $x^*=Ax^*$ を満たすので,A が正則であるという仮定から $x^*=0$ となる.方程式(1A.19)の解として,$x(k)=\lambda^k u$ の形で表されるものを考えよう.ここで u は n 次元の実縦ベクトル,λ を実定数として,$x(k)=\lambda^k u$ が式(1A.19)を満たすように決定しよう.$x(k)=\lambda^k u$ を式(1A.19)に代入すると,$\lambda^{k+1}u=A\lambda^k u$ から式(1A.2),式(1A.3)と同一の関係式

$$Au=\lambda u, \quad (\lambda I-A)u=0 \tag{1A.20}$$

が得られる.したがって,λ を A の固有値,u を対応する固有ベクトルに選べば,$x(k)=\lambda^k u$ が式(1A.19)の解となることが分かる.u が定数ベクトルであるので,固有値 λ が条件 $-1<\lambda<1$ を満たせば,解 $x(k)=\lambda^k u$ は $k\to\infty$ で平衡点 $x^*=0$ に漸近することが分かる.線形微分方程式系(A.1)の平衡点 $x^*=0$ の漸近安定条件は A の全ての固有値の実数部が負となることであったことを思い出そう.線形差分方程式系(1A.19)では全ての固有値の絶対値が1より小さくなることが漸近安定条件となる.また,固有値が1つでも1より大きな絶対値をもつならば,無限大に向かって指数的に増大する解が存在する.

次に,非線形差分方程式系

$$x(k+1)=f(x(k)) \quad (k=0, 1, 2, \cdots) \tag{1A.21}$$

を考察しよう.ここで,右辺の関数 f は,式(1A.7)と同様に x の与えられた関数で

ある．式(1A.21)の平衡点x^*は$x^*=f(x^*)$を満たす．1A-2(c)と同様に平衡点の近くでの式(1A.21)の解を考察しよう．$y(k)=x(k)-x^*$と書く．式(1A.21)の両辺に$x(k)=y(k)+x^*$を代入すると，

$$y(k+1)+x^*=f(y(k)+x^*) \tag{1A.22}$$

が得られる．今，平衡点x^*の近くでの解の挙動を考察したいので，$y(t)$が非常に小さいと仮定する．このとき，上式の右辺を$y=0$の近傍でテイラー展開し，2次以上の高次の項を無視すると，$f(y(k)+x^*)=f(x^*)+Jy(k)=x^*+Jy(k)$が得られる．ここで，$x^*$が平衡点であるので$x^*=f(x^*)$に注意しよう．また$J$は式(1A.15)で与えられるヤコビ行列である．したがって，式(1A.22)より線形化方程式

$$y(k+1)=Jy(k) \tag{1A.23}$$

が得られる．微分方程式と同様に，ヤコビ行列が双曲型である場合（差分方程式系に関しては，全ての固有値の絶対値が1と異なるとき），平衡点の近傍における式(1A.21)の解は平衡点$y=0$の近傍における式(1A.23)の解と同一視できる．すなわち，平衡点$y=0$が漸近安定（不安定）であれば，平衡点x^*も漸近安定（不安定）である．

例として，1-2-4項で考察した離散ロジスティックモデル式(1.36)を取り上げよう．式(1.36)は，式(1A.21)の形式で表すと，$f=rx(1-x)$となる．ここで$0<r\leq 4$とする．また生物学的な意味をもつための変数xは，$0<x<1$を満足する．平衡点x^*は$x^*=f(x^*)$を満たすので，$0<r\leq 1$のとき$x^*=0$のみ，$1<r\leq 4$では$x^*=0$，$1-1/r$となる．まず平衡点$x^*=0$の安定性を考察する．$f=rx(1-x)$に対する$x^*=0$に関するヤコビ行列は$J(x^*=0)=r-2rx^*=r$となる．したがって，平衡点$x^*=0$の漸近安定条件は$0<r<1$となる．図1-19の$r=0.5$に対するグラフを見よ．解は平衡点$x^*=0$に漸近していくことが確かめられる．次に正の平衡点$x^*=1-1/r$の安定性を考えよう．$x^*=1-1/r>0$なので，$1<r\leq 4$の範囲で考えればよい．$x^*=1-1/r$に関するヤコビ行列は$J(x^*=1-1/r)=r-2rx^*=-r+2$となる．したがって，平衡点$x^*=1-1/r$の漸近安定条件は$1<r<3$となる．図1-19の$r=2$に対するグラフを見よ．解は平衡点$x^*=1$に漸近していくことが確かめられる．また，$r>3$では，平衡点$x^*=1-1/r$は不安定となり，$r=3.2$では解は平衡点$x^*=1-1/3.2$に漸近しないことが図1-19から分かる．

1B 最小2乗法によるデータ解析

今M個のデータ(x_i, y_i) $(i=1, \cdots, M)$があるとし，このデータを直線$y=k_1x+k_0$で近似しよう．**最小2乗法**は誤差$\delta_i=y_i-(k_1x_i+k_0)$の2乗和$\sum_{i=1}^{M}\delta_i^2$を最小にするような直線の$k_0, k_1$を与える．2乗誤差$S=\sum_{i=1}^{M}\delta_i^2=\sum_{i=1}^{M}\{y_i-(k_1x_i+k_0)\}^2$は各係数$k_0, k_1$の2次

関数であるので，Sを最小にするk_0, k_1は$\partial S/\partial k_0 = \partial S/\partial k_1 = 0$を満たすことから，

$$k_0 M + k_1 \sum_{i=1}^{M} x_i = \sum_{i=1}^{M} y_i, \qquad k_0 \sum_{i=1}^{M} x_i + k_1 \sum_{i=1}^{M} x_i^2 = \sum_{i=1}^{M} x_i y_i \tag{1B.1}$$

が得られる．これを解いて，

$$\begin{bmatrix} k_0 \\ k_1 \end{bmatrix} = \begin{bmatrix} \dfrac{\sum_{i=1}^{M} y_i \sum_{i=1}^{M} x_i^2 - \sum_{i=1}^{M} x_i \sum_{i=1}^{M} x_i y_i}{M \sum_{i=1}^{M} x_i^2 - \left(\sum_{i=1}^{M} x_i\right)^2} \\ \dfrac{M \sum_{i=1}^{M} x_i y_i - \sum_{i=1}^{M} x_i \sum_{i=1}^{M} y_i}{M \sum_{i=1}^{M} x_i^2 - \left(\sum_{i=1}^{M} x_i\right)^2} \end{bmatrix} \tag{1B.2}$$

と決定できる．上式で，与えられたデータ(x_i, y_i)とデータの個数Mから求める近似直線のy切片と傾きk_0, k_1を求めることができることに注意しよう．

2　2変数反応方程式と定常解近傍での解の振る舞い

(関村利朗)

2A　線形解析法

3-2節で述べたように，一般に2変数の反応方程式系は次の形をとる．

$$\frac{du}{dt} = F(u, v) \tag{2A.1}$$

$$\frac{dv}{dt} = G(u, v) \tag{2A.2}$$

ここで，$u = u(t)$, $v = v(t)$は，それぞれ，時刻tでの2種類の化合物の濃度を表す．定常解(u_0, v_0)は，左辺をゼロとおいた次の連立方程式

$$F(u_0, v_0) = 0, \qquad G(u_0, v_0) = 0 \tag{2A.3}$$

の解として求まる．この定常解が局所的に安定であるかどうかについては，解を定常解の近傍で線形近似をして調べればよい．さて，定常解の1つを(u_0, v_0)とし，微小摂動$(w, z) = (u - u_0, v - v_0)$が加わったときの反応方程式系(2A.1), (2A.2)の線形安定性は，$F(u, v)$, $G(u, v)$を(u_0, v_0)の周りでテイラー展開した次の線形化方程式を見ればよい．

$$\frac{dw}{dt} = F_u w + F_v z, \qquad \frac{dz}{dt} = G_u w + G_v z \tag{2A.4}$$

ただし，右辺の定数係数 F_u, F_v, G_u そして G_v は関数 $F(u, v)$, $G(u, v)$ を**定常解** (u_0, v_0) で偏微分したものである．すなわち，

$$F_u = \frac{\partial F(u_0, v_0)}{\partial u}, \qquad F_v = \frac{\partial F(u_0, v_0)}{\partial v}$$
$$G_u = \frac{\partial G(u_0, v_0)}{\partial u}, \qquad G_v = \frac{\partial G(u_0, v_0)}{\partial v} \tag{2A.5}$$

である．式 (2A.4) の定数係数の線形連立微分方程式の解は次の形で与えられる．

$$w = \phi_1 \exp(\lambda t), \qquad z = \phi_2 \exp(\lambda t) \tag{2A.6}$$

これらを式 (2A.4) に代入してまとめると，

$$(F_u - \lambda)\phi_1 + F_v \phi_2 = 0, \qquad G_u \phi_1 + (G_v - \lambda)\phi_2 = 0 \tag{2A.7}$$

が得られる．自明な解 $\phi_1 = \phi_2 = 0$ 以外の解であるためには，連立方程式 (2A.7) の係数行列の行列式が 0 である必要がある．行列式をゼロとおくことにより λ に関する 2 次方程式，すなわち，特性方程式を得る．

$$\lambda^2 - (F_u + G_v)\lambda + (F_u G_v - F_v G_u) = 0 \tag{2A.8}$$

式 (2A.8) の 2 つの解は線形微分方程式 (2A.4) の固有値と言い，解の公式により

$$\lambda_1, \lambda_2 = \frac{1}{2}[(F_u + G_v) \pm \{(F_u + G_v)^2 - 4(F_u G_v - F_v G_u)\}]^{1/2} \tag{2A.9}$$

で与えられる．式 (2A.4) で与えられる方程式の解の振る舞いは，式 (2A.9) の

判別式 $= (F_u + G_v)^2 - 4(F_u G_v - F_v G_u) = (F_u - G_v)^2 + 4 F_v G_u \tag{2A.10}$

を使って以下のように分類される．

2B (u, v)-位相空間における解の振る舞いの分類

(1) $(F_u + G_v)^2 + 4 F_v G_u \geq 0, \qquad F_u G_v - F_v G_u > 0$ (2B.1)

$F_u + G_v < 0$ の場合，2 つの固有値 λ_1, λ_2 はともに負の実数となり，定常解は安定である．解 (u, v) の軌道は定常解 (u_0, v_0) に吸い込まれるように収束する．逆に，$F_u + G_v > 0$ の場合，2 つの固有値はともに正の実数となり，定常解は不安定となる．解 (u, v) の軌道は定常解 (u_0, v_0) から発散するように離れていく．これらの場合，定常解は**結節点** (node) と言う．

(2) $(F_u - G_v)^2 + 4 F_v G_u \geq 0, \qquad F_u G_v - F_v G_u < 0$ (2B.2)

この場合は，2 つの固有値は一方は正，他方は負の実数となり，定常解は不安定となる．解 (u, v) の軌道は，一方は定常解 (u_0, v_0) に近づくが他方は離れることになり，結局，定常解から離れていくことになる．このとき，定常解は峰と谷が交差する形になっており，その形から**鞍状点** (saddle point) と呼ばれる．

(3) $(F_u - G_v)^2 + 4 F_v G_u < 0, \qquad F_u + G_v \neq 0, \qquad F_u G_v - F_v G_u > 0$ (2B.3)

この場合，2つの固有値は互いに共役な複素数である．$F_u+G_v<0$ ならば，実数部が負であり定常解は安定である．解 (u, v) の軌道は，定常解 (u_0, v_0) の周りを渦状に回りながら収束する．一方，$F_u+G_v>0$ ならば，複素固有値の実数部は正であり定常解は不安定である．解 (u, v) の軌道は，定常解 (u_0, v_0) の周りを渦状に回りながら定常解から離れていく．この場合，定常解は**渦状点** (focus) と呼ばれる．

(4) $(F_u-G_v)^2+4F_vG_u<0, \quad F_u+G_v=0, \quad F_uG_v-F_vG_u>0$ \hfill (2B.4)

この場合，2つの固有値はともに純虚数になり，解 (u, v) の軌道は，定常解解 (u_0, v_0) の周りを囲む閉軌道上を回る．このとき定常解は**渦心点** (center) と呼ばれる．

以上の4つの場合に分類されるが，これを別の観点，すなわち，線形安定，線形不安定，振動解という観点から見ると以下のように分類できる．

(5) 定常解解 (u_0, v_0) が**線形安定**であるための条件，すなわち，$\mathrm{Re}(\lambda)<0$, は次の2条件が成り立てば満たされる．

$F_u+G_v<0, \quad F_uG_v-F_vG_u>0$ \hfill (2B.5)

(6) 条件

$F_u+G_v>0$ \hfill (2B.6)

が成立すれば定常解 (u_0, v_0) は**線形不安定**である．

(7) 定常解 (u_0, v_0) の周りの**振動解**が起こり得るのは，

$F_vG_u<0$ \hfill (2B.7)

すなわち，F_v と G_u が異符号である場合に限られる．

なお，ここで行った解の振る舞いの分類はあくまで定常解の近傍での式 (2A.4) の線形化方程式に関する限定的なものであり，式 (2A.1), (2A.2) で与えられる一般的な2変数の反応方程式にそのままの形で適用されるものではないことを注意しよう (山口 (1972), 寺本 (1997) 参照)．

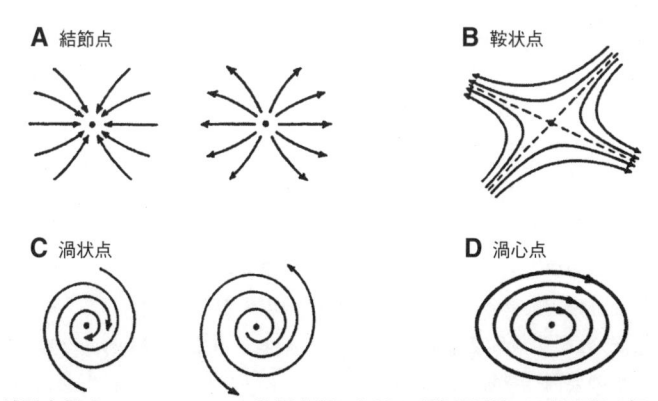

A 結節点　　　　　　　　　　　　**B** 鞍状点

C 渦状点　　　　　　　　　　　　**D** 渦心点

2変数線形方程式 (2A.4) の, (u, v) 位相空間における定常解近傍での解の振る舞いの分類

ure
3 移流項を含む反応拡散方程式導出と拡散方程式の解法

(関村利朗)

3A 釣り合いの法則を使った導出法

3A-1 釣り合いの法則

「釣り合いの法則 (general balance law)」は構成粒子の密度 $n(x, t)$ の時間的・空間的変化を捉える方法で, 生物科学も含め自然科学で一般によく使われる方法である. 簡単のため, 空間1次元 (x 方向) を仮定し, $n(x, t)$ を位置 x, 時刻 t での粒子の密度 (関数) とする. $x=x_0$ と $x=x_0+L$ に挟まれた箱 B を考え, B 中の粒子の出入りを考える. $Q(x, t)$ を位置 x, 時刻 t での実質上 (粒子の移動によるものでなく) の化学反応などによる粒子生成率と考える. $J(x, t)$ を流束 (flux), すなわち, 位置 $x=x_0$ に垂直な単位面積を単位時間に通過する粒子の個数とすれば,

$$\partial\left(\int n(x, t)\,dx\right)\Big/\partial t = \int Q(x, t)\,dx + J(x_0, t) - J(x_0+L, t) \tag{3A.1}$$

が箱 B 内の粒子の時間的変化を記述する式である. ただし, 流束 $J(x, t)$ の符号は x の正方向を正, 負方向を負とした. さらに, 積分に関する平均値の定理を使えば, 式 (3A.1) は

$$L\frac{\partial n(x_1, t)}{\partial t} = LQ(x_2, t) + J(x_0, t) - J(x_0+L, t) \tag{3A.2}$$

と書き直すことができる. ただし, x_1, x_2 は, $x_0 \leq x_1 \leq x_0+L$, $x_0 \leq x_2 \leq x_0+L$ を満たす適当な数である. 今, $J(x_0+L, t)$ を L についてテイラー展開をすれば, $J(x_0+L, t) = J(x_0, t) + L\partial J(x_0, t)/\partial x + \cdots$. そこで, $L \to 0$ とすれば, x_1, x_2 はともに x_0 に収束する. L は十分小さいと仮定して, テイラー展開の L の1次の項までをとり, 式 (3A.2) に代入すれば,

$$\frac{\partial n(x_0, t)}{\partial t} = Q(x_0, t) - \frac{\partial J(x_0, t)}{\partial x}$$

あるいは, x_0 を x と置き換えて,

$$\frac{\partial n(x, t)}{\partial t} = Q(x, t) - \frac{\partial J(x, t)}{\partial x} \tag{3A.3}$$

を得る. ここで, 流束 $J(x, t)$ の符号について以下に確認しておく.

$J=0$: x 軸の正方向, 負方向からの粒子の移動が等しい場合.

$J>0$: x 軸の負方向からより多くの粒子の流入がある場合.

$J<0$: x 軸の正方向からより多くの粒子の流入がある場合.

また流束 $J(x, t)$ を生成する要因はいろいろ考えられるが (Murray 2003 を参照), ここでは2つの要因: 拡散 (diffusion) によるもの J_{diff} と走化性 (chemotaxis) による

3 移流項を含む反応拡散方程式導出と拡散方程式の解法　　　　　　　　　　333

ものの J_chem を考える．
$$J = J_\text{diff} + J_\text{chem} \tag{3A.4}$$

3A-2　2種類の流速 J_diff と J_chem の数学的表現法

(a) 拡散による流速 J_diff とフィックの法則

今，J_diff は粒子密度 $n(x, t)$ の空間的変化率に比例すると仮定する．
$$J_\text{diff} \propto -\frac{\partial n}{\partial x} \quad \text{すなわち} \quad J_\text{diff} = -D\frac{\partial n}{\partial x} \tag{3A.5}$$
ここで，比例係数 $D = D(n)$ は拡散係数と言い，正の数量である．式(3A.5)の負号は拡散過程が粒子密度 $n(x, t)$ の高いところから低いほうへ進むことを意味する．なお，式(3A.5)の仮定をフィックの法則 (Fick's law) と呼んでいる．

(b) 走化性による流速 J_chem

走化性は構成粒子が走化性物質 (chemo-attractant) の濃度 $c(x, t)$ の関数 $F(c)$ の勾配に比例して移動する性質である．今，粒子は物質濃度関数 $F(c)$ の高いほうに向かって移動する，すなわち，正の走化性を仮定する．
$$J_\text{chem} \propto n\frac{\partial F(c)}{\partial x} \quad \text{すなわち} \quad J_\text{chem} = \chi n\frac{\partial F(c)}{\partial x} \tag{3A.6}$$
ここで，比例係数 $\chi = \chi(c)$ は走化性係数と言い正の数量である．$F(c)$ の関数形はさまざまなものが提案されているが，ここでは次の3種類をあげておく．

(1) 最も単純な線形関数の場合：$F(c) = c$ とすれば，
$$J_\text{chem} = \chi n\frac{\partial c}{\partial x} \tag{3A.7}$$

(2) 対数関数 (ウェーバーの法則) の場合：$F(c) = \log c$ とすれば，
$$J_\text{chem} = \chi n\frac{\partial \log c}{\partial x} \tag{3A.8}$$

(3) 分数関数の場合：$F(c) = c/(c+K)$ とすれば，
$$J_\text{chem} = \chi n\frac{\partial \{c/(c+K)\}}{\partial x} \tag{3A.9}$$

3A-3　移流項を含む反応拡散方程式

式(3A.5), (3A.6)を式(3A.3)に代入して，反応項，走化性，拡散過程を含む方程式は，一般に
$$\begin{aligned}\frac{\partial n(x, t)}{\partial t} &= Q(x, t) - \frac{\partial (J_\text{chem} + J_\text{diff})}{\partial x} \\ &= Q(x, t) - \frac{\partial [\chi(c) n\{\partial F(c)/\partial x\}]}{\partial x} + \frac{\partial \{D(n)(\partial n/\partial x)\}}{\partial x}\end{aligned} \tag{3A.10}$$
と書ける．なお，走化性物質は一般に化合物であり，化学反応により生成され，拡

散過程を通じて移動すると考えられるので，その濃度 $c(x, t)$ の時間的空間的変化は次の反応拡散方程式で与えられる．

$$\frac{\partial c}{\partial t} = P(x, t) + \frac{\partial \{D_c(c)(\partial c/\partial x)\}}{\partial x} \tag{3A.11}$$

ここで，$P(x, t)$ は走化性物質の反応生成率，$D_c(c)$ はその拡散係数を表す．さらに，走化性係数 $\chi(c) = \chi_0$（定数），構成粒子の拡散係数 $D(n) = D_0$（定数），走化性物質の拡散係数 $D_c(c) = D_c$（定数）と書ける場合は，式 (3A.10)，(3A.11) は

$$\frac{\partial n}{\partial t} = Q(x, t) - \chi_0 \frac{\partial [n\{\partial F(c)/\partial x\}]}{\partial x} + D_0 \frac{\partial^2 n}{\partial x^2} \tag{3A.12}$$

$$\frac{\partial c}{\partial t} = P(x, t) + D_c \frac{\partial^2 c}{\partial x^2} \tag{3A.13}$$

と多少簡単になる．

3A-4　いくつかの特殊な場合

ここでは，上記 3A-3 で得られた一般式 (3A.10)，(3A.11) の特殊な場合を考える．

(a) 単純拡散方程式

拡散過程のみの移動を含み，化学反応による構成粒子生成と走化性による移動を含まない場合は，いわゆる1変数の拡散方程式となる．この場合，方程式は式 (3A.10) で右辺第1項と第2項を取り除いた次の式になる．

$$\frac{\partial n}{\partial t} = \frac{\partial \{D(n)(\partial n/\partial x)\}}{\partial x} \tag{3A.14}$$

あるいは，$D(n) = D_0$（定数）の場合は，

$$\frac{\partial n}{\partial t} = D_0 \frac{\partial^2 n}{\partial x^2} \tag{3A.15}$$

単純拡散方程式 (3A.15) の導出については，この付録 3A で紹介した「釣り合いの法則」とは異なる「ランダム・ウォーク」の考え方に基づいた導出法を付録 3B で紹介している．

(b) 反応拡散方程式

反応生成と拡散過程とを含み，走化性を含まない場合，方程式はいわゆる1変数の反応拡散方程式となる．すなわち，式 (3A.10) で右辺第2項を取り除いた次の式になる．

$$\frac{\partial n}{\partial t} = Q(x, t) + \frac{\partial \{D(n)(\partial n/\partial x)\}}{\partial x} \tag{3A.16}$$

あるいは，$D(n) = D_0$（定数）の場合は，

$$\frac{\partial n}{\partial t} = Q(x, t) + D_0 \frac{\partial^2 n}{\partial x^2} \tag{3A.17}$$

4-2-3項に出てくる2変数反応拡散方程式 (4.17)，(4.18) は，式 (3A.17) を2変数で，

かつ空間2次元に拡張したものである．また，4-2-4項の式(4.58)も式(3A.17)を空間3次元に拡張したものである．

(c) 走化性方程式

構成粒子の密度変化が走化性と拡散過程のみによって起こり，化学反応による粒子の生成がない場合は，式(3A.10)で右辺第1項を取り除いた式となる．この場合は走化性物質が関係してくるので，式(3A.11)とカップルした以下のような連立方程式になる．

$$\frac{\partial n}{\partial t} = -\frac{\partial [\chi(c) n \{\partial F(c)/\partial x\}]}{\partial x} + \frac{\partial \{D(n)(\partial n/\partial x)\}}{\partial x} \tag{3A.18}$$

$$\frac{\partial c}{\partial t} = P(x, t) + \frac{\partial \{D_c(c)(\partial c/\partial x)\}}{\partial x} \tag{3A.19}$$

また，$\chi(c) = \chi_0$（定数），$D(n) = D_0$（定数），$D_c(c) = D_c$（定数）と書ける場合は，

$$\frac{\partial n}{\partial t} = -\chi_0 \frac{\partial [n\{\partial F(c)/\partial x\}]}{\partial x} + D_0 \frac{\partial^2 n}{\partial x^2} \tag{3A.20}$$

$$\frac{\partial c}{\partial t} = P(x, t) + D_c \frac{\partial^2 c}{\partial x^2} \tag{3A.21}$$

となる．式(3A.20)，(3A.21)は式(3A.7)を併せて考えれば，4-2-5項の(c)走化性とパターン形成において紹介したKeller & Segel (1970, 1971) の走化性モデルの空間1次元版に他ならない．

3A-5 空間3次元への拡張

これまで空間1次元で議論した結果を空間3次元に拡張する．空間1次元における一般的式は，付録3A-3の式(3A.10), (3A.11)であるので，それらの3次元空間版を以下に記述する．反応項，走化性，拡散過程を含む空間3次元の方程式は，式(3A.10)と式(3A.11)を拡張して，それぞれ，一般的に

$$\frac{\partial n}{\partial t} = Q(\vec{x}, t) - \nabla \cdot \{\chi(c) n \nabla F(c)\} + \nabla \cdot \{D(n) \nabla n\} \tag{3A.22}$$

$$\frac{\partial c}{\partial t} = P(\vec{x}, t) + \nabla \cdot \{D_c(c) \nabla c\} \tag{3A.23}$$

と書ける．ここで，$\vec{x}$は3次元位置ベクトルを表す．∇は3次元空間微分作用素，・（ドット）は内積（あるいはスカラー積）を表す．また，走化性係数$\chi(c) = \chi_0$（定数），構成粒子の拡散係数$D(n) = D_0$（定数），走化性物質の拡散係数$D_c(c) = D_c$（定数）と簡単化できる場合は，式(3A.22), (3A.23)は，

$$\frac{\partial n}{\partial t} = Q(\vec{x}, t) - \chi_0 \nabla \cdot \{n \nabla F(c)\} + D_0 \nabla^2 n \tag{3A.24}$$

$$\frac{\partial c}{\partial t} = P(\vec{x}, t) + D_c \nabla^2 c \tag{3A.25}$$

となる．

3B 単純拡散方程式の導出法と初期値問題の解法

3B-1 ランダム・ウォークの考え方による単純拡散方程式の導出法

簡単のため，1次元 (x方向) の変化のみを考える．間隔 δx ごとに位置番号が打たれている1次元の数直線を考える．生物個体 (構成要素) は現在の位置から右側に確率 p，左側に確率 q で隣の位置に移動する．これは，もし $p>q$ ならば右側に，また $p<q$ ならば左側に偏りのあるランダム・ウォークであることを意味する．今，$n_{i,k}$ を番号 i (位置に相当する) におけるステップ k (時間に相当する) での個体数 (要素数) とすれば，位置 i における次のステップ $k+1$ での個体数は

$$n_{i,k+1} = (1-p-q)n_{i,k} + qn_{i+1,k} + pn_{n-1,k} \tag{3B.1}$$

で与えられる．ここで，位置 $x=i\delta x$，時間 $t=k\delta t$ (δx, δt は，それぞれ微小な空間幅，時間とする) と書けば，上式 (3B.1) は

$$\begin{aligned} n(x, t+\delta t) - n(x, t) &= qn(x+\delta x, t) - (p+q)n(x, t) + pn(x-\delta x, t) \\ &= \frac{1}{2}(p+q)\{n(x+\delta x, t) - 2n(x, t) + n(x-\delta x, t)\} \\ &\quad - \frac{1}{2}(p-q)\{n(x+\delta x, t) - n(x-\delta x, t)\} \end{aligned} \tag{3B.2}$$

式 (3B.2) の両辺をテイラー展開すると (左辺は δt で，右辺は δx について行う)，

$$\frac{\partial n}{\partial t}\delta t + O((\delta t)^2) = \frac{1}{2}(p+q)\frac{\partial^2 n}{\partial x^2}(\delta x)^2 + \cdots - \frac{1}{2}(p-q)2\frac{\partial n}{\partial x}\delta x + O((\delta x)^2) \tag{3B.3}$$

今，式 (3B.3) の両辺を δt で割り，$\delta x \to 0$, $\delta t \to 0$ の極限をとり，

$$\lim_{\partial x, \partial t \to 0} \frac{1}{2}(p+q)\frac{(\delta x)^2}{\delta t} \to D$$

$$\lim_{\partial x, \partial t \to 0} \frac{1}{2}(p-q)\frac{\delta x}{\delta t} \to u$$

と収束すれば，式 (3B.3) は

$$\frac{\partial n}{\partial t} = D\frac{\partial^2 n}{\partial x^2} - u\frac{\partial n}{\partial x} \tag{3B.4}$$

と変形できる．ここで，D はランダム分散度を表す拡散係数であり，u は移動速度で $u>0$ ならば個体 (要素) が右寄りの動きを示し，$u<0$ なら左寄りの動きを示すことになる．また，$u=0$ ならば左右対称な動きを表し，式 (3B.4) は次の単純な拡散方程式となる．すなわち，$p=q$ の場合，$u=0$ となり

$$\frac{\partial n}{\partial t} = D\frac{\partial^2 n}{\partial x^2} \tag{3B.5}$$

である．これが1次元の単純拡散方程式である．これを空間3次元に拡張すれば

$$\frac{\partial n}{\partial t} = D\left(\frac{\partial^2 n}{\partial x^2} + \frac{\partial^2 n}{\partial y^2} + \frac{\partial^2 n}{\partial z^2}\right) \tag{3B.6}$$

となる．

3B-2 1次元単純拡散方程式の解法：初期値問題

1次元単純拡散方程式の初期値問題の解法の概要を述べる（詳細は，寺沢寛一 1967, 第8章, 8.13 初期値問題を参照）．上述のように，1次元単純拡散方程式は次の形をとる．

$$\frac{\partial n}{\partial t} = D \frac{\partial^2 n}{\partial x^2} \quad (-\infty < x < \infty, \quad 0 < t) \tag{3B.5}$$

ここで，$n = n(x, t)$ は生物個体（構成要素）の数密度，$D\ (>0)$ はその拡散係数である．今，初期条件として $x=0, t=0$ で単位長さあたり n_0 個を放つとすれば

$$n(x, 0) = n_0 \delta(x) \tag{3B.7}$$

と書ける．ここで，$\delta(x)$ はディラックのデルタ関数である．

今，方程式の解として変数 x, t についての変数分離解を仮定して，

$$n(x, t) = X(x) T(t) \tag{3B.8}$$

とおき，式 (3B.5) に代入すると次式を得る．

$$\frac{1}{T} \frac{dT}{dt} = \frac{D}{X} \frac{d^2 X}{dx^2} \tag{3B.9}$$

この式の左辺は t だけ，右辺は x だけの関数であるから，この式が成り立つためには両辺が定数である必要がある．この定数を $-D\gamma^2$ とおいてみる．すなわち，

$$\begin{aligned}\frac{1}{T} \frac{dT}{dt} &= -D\gamma^2 \\ \frac{D}{X} \frac{d^2 X}{dx^2} &= -D\gamma^2\end{aligned} \tag{3B.10}$$

となり，これらの方程式の解として，

$$T = \exp(-D\gamma^2 t), \quad X = C_1 \cos(\gamma x) + C_2 \sin(\gamma x)$$

を得る．ここで，C_1, C_2 は未知定数である．したがって，これらを新たな未知定数 C, λ を使って，$C_1 = C\cos(\gamma\lambda), C_2 = C\sin(\gamma\lambda)$ と表せば，

$$\begin{aligned}n(x, t) &= \exp(-D\gamma^2 t)\{C_1 \cos(\gamma x) + C_2 \sin(\gamma x)\} \\ &= C \exp(-D\gamma^2 t) \cos\{\gamma(x-\lambda)\}\end{aligned} \tag{3B.11}$$

とまとまり，これは1つの特殊解となる．なお，C, γ, λ は任意の値をとる．これらの特殊解を全て加え合わせた式

$$n(x, t) = \int d\gamma \int C(\lambda) \exp(-D\gamma^2 t) \cos\{\gamma(x-\lambda)\} d\lambda \tag{3B.12}$$

も式 (3B.5) の解になる．初期条件式 (3B.7) を満たす解を求めればよい．式 (3B.12) で $t=0$ とすれば，

$$n(x, 0) = n_0 \delta(x) = \int d\gamma \int C(\lambda) \cos\{\gamma(x-\lambda)\} d\lambda = \pi C(x) \tag{3B.13}$$

より，

$$C(x) = \frac{n_0}{\pi} \delta(x) \tag{3B.14}$$

であることが分かる．ここで，式(3B.13)の2→3行目はフーリエの積分公式を使った．式(3B.14)を再び式(3B.12)に代入すれば，

$$\begin{aligned}
n(x, t) &= \frac{n_0}{\pi} \int d\gamma \exp(-D\gamma^2 t) \int \delta(\lambda) \cos\{\gamma(x-\lambda)\} d\lambda \\
&= \frac{n_0}{\pi} \int \exp(-D\gamma^2 t) \cos(\gamma x) d\gamma \\
&= \frac{n_0}{2\pi} \sqrt{\frac{\pi}{Dt}} \exp\left(-\frac{x^2}{4Dt}\right) \\
&= \frac{n_0}{2\sqrt{\pi Dt}} \exp\left(-\frac{x^2}{4Dt}\right)
\end{aligned} \tag{3B.15}$$

なる解析解を得る．ただし，式(3B.15)の1→2行では，1次元のディラックのデルタ関数 $\delta(x)$ の性質：

$$\int \delta(\lambda) \cos\{\gamma(x-\lambda)\} d\lambda = \cos(\gamma x) \tag{3B.16}$$

を使い，また，2→3行目の変形ではラプラスの積分公式を使った．

演習問題解答

問題 1-1　事故率が 100％ となる血中アルコール濃度は $x \cong 0.2152$ である．表 1-2 から，日本酒（ウィスキー）2 合（3 杯）で，血中アルコール濃度は 0.05％ 上がる．したがって，事故率が 100％ となる日本酒の量は，$0.2152/0.05 \times 2 = 8.6$ 合，ウィスキーは $0.2152/0.05 \times 3 = 13$ 杯である．

問題 1-2, 問題 1-3　省略．

問題 1-4　式 (1.9) で $t=0$ とおけば，式 (1.5) の初期条件を式 (1.9) が満たすことはすぐ確認できる．式 (1.9) の両辺を時間 t で微分すると $dN(t)/dt = (aN_0 - h + s)e^{at}$ が得られる．式 (1.9) から $e^{at} = (aN(t) + h - s)/(aN_0 + h - s)$ を求め，前式に代入し，式 (1.5) の右辺と一致することを確かめよ．

問題 1-5　式 (1.9) で $N(t) = 0$ となる時刻 $t = t_e$ が絶滅時刻である．

問題 1-6, 問題 1-7　省略．

問題 1-8, 問題 1-9　式 (1.25) を時間 t で 2 階微分し，得られた関数が $0 < N < N^*/2$ で正，$N > N^*/2$ で負，$N = N^*/2$ で 0 となることを確かめよ．式 (1.29) は，本文中の t_i を式 (1.25) に代入すれば求められる．

問題 1-10　省略．

問題 1-11　本文と同様に，式 (1.43) において，a を $a-k$，c を $c+m$ に置き換えて，正の平衡点の値の変化を考察せよ．得られた微分方程式も解が平衡点に向かって漸近していくことを確かめよ．

問題 1-12　式 (1.50) の右辺を変数 (x, y) の関数とみよ．平衡点 $(x, y) = (x^*, y^*)$ を除いた任意の (x, y) に対して，この関数が正となるための必要十分条件は $(c+we)^2 < 4bfw$ である．不等式を書き換えて，$e^2w^2 + 2(ce - 2bf)w + c^2 < 0$ が得られる．$w = (2bf - ce)/e^2$ を満たす w を選べば，この不等式が成り立つことを確かめよ．条件 $bf - ce > 0$ に注意せよ．

問題 1-13　1-3-2 の競争系で用いた関数 $V(x(t), y(t))$ を用いて，本文の性質を確かめよ．

問題 1-14　参考文献，竹内康博 (訳) 1900．『生物の進化と微分方程式』現代数学社の 9.3 節，または，竹内康博・佐藤一憲・宮崎倫子 (訳) 2001．『進化ゲームと微分方程式』現代数学社の 5.3 節を見よ．

問題 2-1

(1) $p_0(t+\Delta t) = [1 - \{\lambda_0 \Delta t + o(\Delta t)\}] p_0(t)$ \hfill (2.130)

(2) $p_k(t+\Delta t) = [1 - \{\lambda_k \Delta t + o(\Delta t)\}] p_k(t) + \{\lambda_{k-1} \Delta t + o(\Delta t)\} p_{k-1}(t)$

$$+\sum_{j=0}^{k-2} o(\Delta t)\, p_j(t) \tag{2.131}$$

(3) 省略.

問題2-2

(1) 帰納法による.

(2) 初期条件の式(2.2)に注意して

$$\frac{dp_i(t)}{dt} = -\lambda p_i(t) \tag{2.132}$$

を解くと次式を得る.

$$p_i(t) = e^{-\lambda t} \tag{2.133}$$

(3) 初期条件の式(2.2)に注意して

$$\frac{dp_{i+1}(t)}{dt} = -\lambda p_{i+1}(t) + \lambda e^{-\lambda t} \tag{2.134}$$

を解くと

$$p_{i+1}(t) = \lambda t e^{-\lambda t} \tag{2.135}$$

を得る. 後半は, 帰納法による.

問題2-3

(1), (2) 帰納法による.

(3) 初期条件の式(2.2)に注意して

$$\frac{dp_i(t)}{dt} = -i\lambda p_i(t) \tag{2.136}$$

を解くと次式を得る.

$$p_i(t) = e^{-i\lambda t} \tag{2.137}$$

(4) 初期条件の式(2.2)に注意して

$$\frac{dp_{i+1}(t)}{dt} = -(i+1)\lambda p_{i+1}(t) + i\lambda e^{-i\lambda t} \tag{2.138}$$

を解くと

$$p_{i+1}(t) = i(1 - e^{-\lambda t}) e^{-i\lambda t} \tag{2.139}$$

を得る. 後半は, 帰納法による.

(5) 負の2項展開

$$(1-q)^{-j} = \sum_{n=0}^{\infty} {}_{j+n-1}C_{j-1} q^n \tag{2.140}$$

を用いよ.

問題2-4　省略.

問題2-5

(1) ρ_+ と $q_{+/+}$ に関する以下の連立方程式を解けばよい.

$$\begin{cases} \rho_+[b(1-q_{+/+}) - 1] = 0 \\ -q_{+/+} + b\dfrac{(1-q_{+/+})^2}{1-\rho_+} = 0 \end{cases} \tag{2.141}$$

ただし, ρ_+ と $q_{+/+}$ は確率であるので, 0以上1以下の値であることに注意せよ.

(2) 平衡点 $(\hat{q}_{+/+}, \hat{\rho}_+)$ の近傍での挙動を考えるために,平衡点からの微小なずれを表す量 x および y の変化を考えよう.すなわち,$q_{+/+} = \hat{q}_{+/+} + x$ および $\rho_+ = \hat{\rho}_+ + y$ とすれば,その時間変化は式 (2.25) から得られるヤコビ行列を用いて表現できる.

$$\frac{d}{dt}\begin{bmatrix} x \\ y \end{bmatrix} = \begin{bmatrix} -1 - \dfrac{2b(1-\hat{q}_{+/+})}{1-\hat{\rho}_+} & \dfrac{b(1-\hat{q}_{+/+})^2}{(1-\hat{\rho}_+)^2} \\ -b\hat{\rho}_+ & b(1-\hat{q}_{+/+}) - 1 \end{bmatrix} \begin{bmatrix} x \\ y \end{bmatrix} \tag{2.142}$$

この行列の固有値の符号を調べればよい.

問題 2-6

(1) 次世代行列 $D^{-1}H$ は

$$D^{-1}H = \frac{c}{e}\begin{bmatrix} 0 & A_1 A_2 e^{-ad_{12}} & \cdots & A_1 A_n e^{-ad_{1n}} \\ A_2 A_1 e^{-ad_{21}} & 0 & \cdots & A_2 A_n e^{-ad_{2n}} \\ \vdots & \vdots & \ddots & \vdots \\ A_n A_1 e^{-ad_{n1}} & A_n A_2 e^{-ad_{n2}} & \cdots & 0 \end{bmatrix} \tag{2.143}$$

となる.これは式 (2.71) によって与えられる景観行列 M の $c/e (= 1/\delta)$ 倍である.

(2) 式 (2.71) の景観行列 M は非負の既約な行列であるから,フロベニウスの定理によって,正の優越固有値 λ_M をもつ.次世代行列は景観行列を $1/\delta$ 倍したものであるから,その優越固有値も $1/\delta$ 倍した λ_M/δ である.したがって,これが 1 よりも小さいことが,絶滅平衡点が局所的漸近安定であるための必要十分条件である.

問題 2-7 式 (2.81) で与えられる景観行列 M の i 行目の行和の期待値は,式 (2.83) を用いれば

$$\begin{aligned} E(R_i) &= C(a)\sum_{j \neq i} 2^{a(1-d_{ij})} P(H_j \mid H_i) = C(a) 2^a \sum_{k=1}^{\infty} 4k \cdot 2^{-ak} P(H_{i+k} \mid H_i) \\ &= C(a) 2^{a+2} \sum_{k=1}^{\infty} [k \cdot 2^{-ak} h + k \cdot 2^{-(a+\beta)k} \cdot \rho \cdot 2^{\beta}] \end{aligned} \tag{2.144}$$

となる(行の番号 i には依存しないので,i を省略する).なお,2 番目の等式では,注目している場所 i の格子点から距離 k だけ離れた格子点の個数は $4k$ であることを使った.さらに,式 (2.144) に $C(a)$ の値として式 (2.77) を代入すればよい.

問題 2-8 本文中の脚注で述べたように,式 (2.92) および式 (2.93) からなるシステムにペア近似を適用すると,本質的には 3 変数のモデルである.式 (2.92) および式 (2.93) のなかから,3 つの独立な変数に関する式を選んで,右辺を 0 とおいた連立方程式を,その 3 つの独立な変数について解けばよい.

問題 3-1 省略.

問題 3-2 問題の仮定より,次の微分方程式を得る.

$$\frac{dp}{dt} = k\frac{1}{p} \tag{1}$$

ここで,k は比例定数.式 (1) を変数分離して積分すれば,

$$p\,dp = k\,dt \;\to\; \int p\,dp = \int k\,dt + C \quad (C \text{ は積分定数}) \;\to\; \frac{1}{2}p^2 = kt + C$$

初期条件:$t=0$ で $p=p_0$ より,$C = (1/2)p_0^2$ となり,最終的に,$(1/2)(p^2 - p_0^2) = kt$.

問題 3-3, 問題 3-4, 問題 3-5　省略.

問題 3-6　定常解 $(u_0, v_0) = (1, 1)$ での偏微分は
$F_u = 0$, $F_v = -1$, $G_u = a$, $G_v = 0$,
判別式 $= (0-0)^2 + 4(-1)a < 0$, $F_u + G_v = 0$, $F_u G_v - F_v G_u = a > 0$
となり, 定常解が渦心点の条件 [付録 2B の式 (2B.4)] を満たしている.

問題 3-7, 問題 3-8　省略.

問題 3-9　ミカエリス・メンテンの式 $v = V_m s/(K_m + s)$ において, $v = V_m/2$ とおけば, $V_m/2 = V_m s/(K_m + s)$ より $K_m + s = 2s \to K_m = s$ となり示された.

問題 3-10　ラインウィーバー・バークのプロット法を使う.

$$\frac{1}{v} = \left(\frac{K_m}{V_m}\right)\frac{1}{s} + \left(\frac{1}{V_m}\right) \tag{3.41}$$

この式は, $1/v$ が $1/s$ の 1 次関数, すなわち $1/v$ と $1/s$ が直線関係にあることを示している. すなわち, $1/v$ 軸を縦軸とし $1/s$ 軸を横軸とすれば, その直線の傾きは K_m/V_m に対応し, 直線と $1/v$ 軸 (縦軸) との交点は $1/V_m$, また, その直線を延長したとき $1/s$ 軸 (横軸) との交点が $-1/K_m$ を与える. ラインウィーバー・バークのプロットを使うために, 基質濃度と反応速度の逆数を計算すると下表のようになる.

基質濃度 s (mM)	反応速度 v (μM/s)	$1/s$	$1/v$
1	2.5	1	0.4
2	4.0	0.5	0.25
5	6.3	0.2	0.16
10	7.6	0.1	0.13
20	9.0	0.05	0.11

最小 2 乗法 (付録 1B) を利用して直線の傾き K_m/V_m と縦軸との交点 $1/V_m$ を求めるために, 上の表の数値データを使って必要な量を求めておくと, 下記のようになる.

$\sum_{i=1}^{5}\left(\frac{1}{s}\right)_i = 1.85$, $\sum_{i=1}^{5}\left(\frac{1}{v}\right)_i = 1.05$, $\sum_{i=1}^{5}\left(\frac{1}{s}\right)_i^2 = 1.303$,

$\sum_{i=1}^{5}\left(\frac{1}{s}\right)_i\left(\frac{1}{v}\right)_i = 0.576$, $\left\{\sum_{i=1}^{5}\left(\frac{1}{s}\right)_i\right\}^2 = 3.42$

以上の計算結果を使って,

$\frac{1}{V_m} = \frac{1.05 \times 1.303 - 1.85 \times 0.5755}{5 \times 1.303 - 3.423} = \frac{0.303}{3.09} \approx 0.0981 \to V_m = \frac{1}{0.0981} \approx 10.2$ (μM/s)

$\frac{K_m}{V_m} = \frac{5 \times 0.5755 - 1.85 \times 1.05}{5 \times 1.303 - 3.423} = \frac{0.935}{3.09} \approx 0.303$

$\to K_m = 0.303 \times V_m = 0.303 \times 10.2 \approx 3.09$ (mM)

問題 3-11　(問題 3-10 の解法と同様に, 最小 2 乗法を利用して)

直線の傾き $K_m/V_m = 0.201$

$1/v$ 軸 (縦軸) 上の切片 $1/V_m = 0.0316$

最大反応速度 $V_m = 1/0.0316 \approx 31.6$ (mV/min)

ミカエリス定数の値 $K_m = 0.201 \times V_m \approx 6.35$

演習問題解答

ルシフェ リン濃度 s	発光量 v (mV/min)	$1/s$	$1/v$
0.8	3.62	1.2500	0.2762
1.2	4.72	0.8333	0.2119
1.6	6.59	0.6250	0.1517
2.0	7.42	0.5000	0.1348
4.0	12.5	0.2500	0.0800
8.0	18.3	0.1250	0.0546

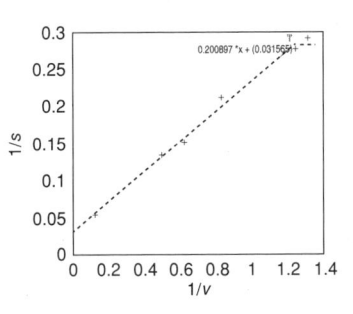

問題 3-12, 問題 3-13, 問題 3-14, 問題 3-15　省略.

問題 4-1, 問題 4-2, 問題 4-3　省略.

問題 4-4　接線と動径のなす角を ϕ (= 一定) とすれば, $rd\theta/dr = \tan\phi$ となる. これを書き換えて, $dr/r = d\theta \cot\phi$ を解けば $\log r = \theta \cot\phi + C$ (C は積分定数) となる. r_0 を $\theta = 0$ での動径の長さとすれば, $r = r_0 e^{\theta \cot\phi}$.

問題 4-5, 問題 4-6　省略.

問題 4-7　(ヒント)
$$f_u = -b + \frac{2u}{v(1+Ku^2)^2}, \quad f_v = -\frac{u^2}{v^2(1+Ku^2)}, \quad g_u = 2u, \quad g_v = -1$$

問題 4-8　省略.

問題 4-9　(ヒント)　式 (4.39) の $h(k^2)$ に関して, $h(k^2) = 0$ を満たす2つの解: k_+^2, k_-^2 を求める.

問題 4-10, 問題 4-11, 問題 4-12　省略.

問題 5-1　$\dfrac{d}{dx}S(x) = \dfrac{2bc^2 x^2}{(x^2+c^2)^2} > 0$ なので, 微分が正で単調増加. $\dfrac{d^2}{dx^2}S(x) = \dfrac{2bc^2(c^2-3x^2)}{(x^2+c^2)^2}$ なので, $\hat{x} < \dfrac{c}{\sqrt{3}}$ のとき, 2回微分が正で下に凸, $\hat{x} > \dfrac{c}{\sqrt{3}}$ のときは, 上に凸.

問題 5-2　$W(x) = \dfrac{abpx}{x^2+c^2}$ となるので, $\dfrac{d}{dx}W(x) = \dfrac{2bp(c^2-x^2)}{(x^2+c^2)^2}$ となる. $x < c$ のときは増加, $x > c$ のときは減少となるので, $x^* = c$ となる.

問題 5-3　$\dfrac{d}{dx}g(x) = aNe^{-ax} > 0$

問題 5-4, 問題 5-5, 問題 5-6　省略.

問題 5-7　兄弟間で 0.5, 親子間で 0.5 なので, これらの積は 0.25. いとこ間ではさらに 0.5 を乗じて 0.125.

問題 5-8　いずれも右下がりの直線となる. この2つの直線の交点と高低を調べる.

問題 5-9　省略.

問題 5-10　$W(D, D) = W_0 + n \times \dfrac{V}{2} > W(H, H) = W_0 + n \times \left(\dfrac{V}{2} - \dfrac{C}{2}\right)$

$$W(H, H) = W_0 + n \times \left(\frac{V}{2} - \frac{C}{2}\right) > W(H, H+D) = W(D, H+D) = W_0 + n \times \left(1 - \frac{V}{C}\right)\frac{V}{2}$$

問題 5-11 省略.

問題 5-12 $x^* = \dfrac{r_{MA}}{r_{FA} + r_{MA}}$

問題 5-13 $W(TFT, D) - W(D, D) = S + w\dfrac{P}{1-w} - \dfrac{P}{1-w} = S - P < 0$

問題 5-14 TFT の初期頻度を p とすると,$W(TFT, TFT+D) - W(D, TFT+D) = \left(p\dfrac{R}{1-w} + (1-p)\left(S + w\dfrac{P}{1-w}\right)\right) - \left(p\left(T + w\dfrac{P}{1-w}\right) + (1-p)\left(S + w\dfrac{P}{1-w}\right)\right) > 0$ より求めることができる.

問題 5-15 パブロフどうしの対戦で,(C, C) が続いていたとする.一方が誤って (D, C) となると,次回は (D, D) となるが,その次からは (C, C) に戻る.

問題 5-16,問題 5-17 省略.

問題 5-18 $\dfrac{d}{d\tau}R(T, \tau) = C_0 e^{g\tau}(1 - g(T-\tau))$ より,$\tau = T - \dfrac{1}{g}$ で $R(T, \tau)$ が最大となる.

問題 5-19 $\dfrac{d}{d\tau}R(T, \tau) < 0$ なので,$\tau^* = 0$.

問題 6-1 A_1A_2 の頻度は,
$$\frac{1}{2}x_{12}{}^2 + \frac{1}{2}2x_{11}x_{12} + 2x_{11}x_{22} + \frac{1}{2}2x_{12}x_{22} = 2\left(x_{11} + \frac{1}{2}x_{12}\right)\left(\frac{1}{2}x_{12} + x_{22}\right) = 2pq$$
A_2A_2 の頻度は,$\dfrac{1}{4}x_{12}{}^2 + x_{22}{}^2 + \dfrac{1}{2}2x_{12}x_{22} = \left(\dfrac{1}{2}x_{12} + x_{22}\right)^2 = q^2$

問題 6-2 いずれも放物線.$p = 1/2$.

問題 6-3 $A_1A_1, A_2A_2, A_3A_3, A_1A_2, A_2A_3, A_1A_3$. A_1, A_2, A_3 の遺伝子頻度を p, q, r とすると,$p^2 : q^2 : r^2 : 2pq : 2qr : 2pr$.

問題 6-4 省略.

問題 6-5 $p_t = \dfrac{u_-(1-(1-u_+ - u_-)^{t-1})}{1 - u_+ - u_-} + (1 - u_+ - u_-)^{t-1}p_1$. $p_\infty = \dfrac{u_-}{1 - u_+ - u_-}$.

問題 6-6,問題 6-7 省略.

問題 6-8 $sq^2 - u = 0$ より.

問題 6-9 省略.

問題 6-10 $p' = \dfrac{w_1 p}{w_1 p + w_2(1-p)}$ より.

問題 6-11 $qs - u = 0$ より.

問題 6-12 $p_1 = \dfrac{2}{3}p_f(1) + \dfrac{1}{3}p_m(1)$ とすると,$p_f(t) = p_1 + \left(-\dfrac{1}{2}\right)^{t-1}(p_f(1) - p_1)$.

問題 6-13,問題 6-14 省略.

問題 6-15 $\dfrac{d\bar{x}}{dt} = \dfrac{1}{2}V_x(a\bar{y} - 2c\bar{x}) - Db\bar{y}$, $\dfrac{d\bar{y}}{dt} = \dfrac{1}{2}D(a\bar{y} - 2c\bar{x}) - V_y b\bar{y}$.

問題 6-16 $C_{ES} = -\dfrac{8n}{n^2 - 1}$, $C_{CS} = -\dfrac{4n^2}{n^2 - 1}$.

問題 7-1　$b-\mu>0$ を仮定する．このとき，$I=0$ であれば，S は無限に増殖する．$I>0$ として平衡点を求めると，

$$S^* = \frac{\mu+\delta+f}{\beta}, \quad I^* = \frac{b-\mu}{\delta-(b-\mu)}\frac{\mu+\delta+f}{\beta}$$

これが存在するための条件 ($I^*>0$) から，$\delta>b-\mu$ が導かれる．この平衡点でのヤコビ行列は，

$$\begin{bmatrix} b-\mu-\beta I^* & b-\mu-\delta \\ \beta I^* & 0 \end{bmatrix}$$

となり，$\delta>b-\mu$ であるかぎり $Det<0$ かつ $Tr<0$ であるから，安定である（両方の固有値が負の実部をもつ）．すなわち，病気の超過死亡 (δ) が内的増殖率 ($b-\mu$) より大きいとき，感染症による人口調節が可能となる．

問題 7-2　$S+I\equiv N^*$ に注意して，

$$\frac{d\widetilde{I}}{dt} = \frac{d}{dt}\frac{I}{N^*} = \frac{1}{N^*}\frac{dI}{dt} = \frac{1}{N^*}\left(-\mu I + \beta\frac{I}{S+I}S - fI\right) = -\mu\frac{I}{N^*} + \beta\frac{I}{S+I}\frac{S}{N^*} - f\frac{I}{N^*}$$
$$= -\mu\widetilde{I} + \beta\widetilde{I}(1-\widetilde{I}) - f\widetilde{I} = -(\mu+f)\widetilde{I} + \beta(1-\widetilde{I})\widetilde{I}$$

となる．

問題 7-3　$N_1^*\equiv S_1+I_1\equiv \lambda_1/\mu$ ならびに $N_2^*\equiv S_2+I_2\equiv \lambda_2/\mu$ とし，$\widetilde{I}_1=I_1/N_1^*$ および $\widetilde{I}_2=I_2/N_2^*$ とおく．このとき，

$$\frac{d\widetilde{I}_1}{dt} = -(\mu+f)\widetilde{I}_1 + \beta w(a\widetilde{I}_1+(1-a)\widetilde{I}_2)(1-\widetilde{I}_1)$$
$$\frac{d\widetilde{I}_2}{dt} = -(\mu+f)\widetilde{I}_2 + \beta(a\widetilde{I}_1+(1-a)\widetilde{I}_2)(1-\widetilde{I}_2)$$

である．ただし，$a=wN_1^*/(wN_1^*+N_2^*)$．

相空間 $(\widetilde{I}_1, \widetilde{I}_2)\in[0, 1]\times[0, 1]$ に，$d\widetilde{I}_1/dt=0$ および $d\widetilde{I}_2/dt=0$ の曲線を描き，ベクトル場の向きを考慮し相空間図を完成させる．下の条件が満たされるとき，不安定な絶滅平衡点 $(\widetilde{I}_1, \widetilde{I}_2)=(0, 0)$ と安定な共存平衡点 $(\widetilde{I}_1, \widetilde{I}_2)=(\widetilde{I}_1^*, \widetilde{I}_2^*)$ の2つが存在するが，この条件が満たされないときには，安定な絶滅平衡点 $(\widetilde{I}_1, \widetilde{I}_2)=(0, 0)$ のみ存在することが分かる．

［条件］　$\dfrac{a\beta w}{\mu+f} + \dfrac{(1-a)\beta}{\mu+f} > 1$

問題 7-4　まず，平衡点を求め，安定性を調べる．第4式を0とおくと，平衡点では $Z=0$ か $Y=b/c$ でなければならない．

(1) $Z=0$ のとき．感染のない平衡点 $(X, Y, V, Z)=(\lambda/\mu, 0, 0, 0)$ と持続感染の平衡点 $(X, Y, V, Z)=(X^0, Y^0, V^0, Z^0)=(au/(\beta k), (u/k)V^0, (\lambda-\mu X^0)/(\beta X^0), 0)$ がある．持続感染の平衡点の存在条件は $\lambda/\mu>X^0 (\Leftrightarrow Y^0>0)$ であり，この条件が満たされているとき，ウイルスは常に侵入可能（感染のない平衡点は不安定）である．

(2) $Y=b/c$ のとき．平衡点 $(X, Y, V, Z)=(X^*, Y^*, V^*, Z^*)=(\lambda/(\mu+\beta V^*), b/c, (k/u)Y^*, (\beta X^*V^*-aY^*)/(pY^*))$ がある．ただし，$\beta X^*V^*-aY^*>0$（すなわち，λ/μ

$> au/(\beta k) + ab/(\mu c))$. キラーT細胞が存続するためには，十分$b$が小さいか十分$c$が大きい（キラー細胞の寿命が長く増殖能力が高い）必要がある．その場合，感染している細胞の数Y^*は小さくなるが0になることはない．

問題 7-5 変換後の力学系は，

$$\frac{dv}{dt} = w$$
$$\frac{dw}{dt} = -a(v^2 - 1)w - v$$

この系には，唯一の平衡点$(v, w) = (0, 0)$が存在する．この平衡点でのヤコビ行列の値は，

$$\begin{bmatrix} 0 & 1 \\ -1 & a \end{bmatrix}$$

であり，固有値は，$(a \pm \sqrt{a^2 - 4})/2$である．したがって，$a > 0$のとき，不安定であることが分かる．安定な周期解（リミットサイクル）の存在を示すには，ポアンカレ・ベンディクソンの定理などによる．

問題 8-1 シロイヌナズナ（*Arabidopsis thaliana*）のAccession番号はQ96286．ヒト（*Homo sapiens*）におけるSAMDC1のアミノ酸長は173．

問題 8-2 検索する配列はMEAAHFFEGTEKLLEVWFSRQQSDASQGSGDLRTIPRSEWDVLLKDVQCSIISVTKTDKQ（スペースを含んでいても検索に影響なし）であり，ヒットしたD12780の配列は"aagagactga…"であるので，答えは"aagaga"である．

問題 8-3 DNAチップから得られた情報には非常に多くのノイズが含まれていることと，非常に多数の遺伝子の候補から，わずかな本物のターゲット遺伝子を抽出しなければいけないのが，原因である．遺伝子発現情報から診断モデルを構築する場合には，過学習に気をつける必要があり，サンプル数に応じて手法は適切に選択されるべきである．

プログラム集

1 C 言語プログラム
(1章, 3章, 4章; 動作確認済み)

C.1 対数計算プログラム

内容：データファイル data.dat からデータを読み込み，それらの対数値を計算し，印刷する．

```
/* change logscale  データ値の対数をとる  *プログラム名：log.c    */
#include <stdio.h>
#include <math.h>
/* 最大データ数 */
#define N 10
int main(){
        double T, B;
        int i =0;
        /* メインループ　（終了条件はiが最大データ数になったとき）*/
        for(i = 1; i <= N; i++){
                /* データの読み込み */
                scanf("%lf %lf", &T, &B);
                /* Bをlog(B)に変換して出力 */
                printf("%f %f\n", T, log(B));
        }
        return 0;
}
/*
コンパイル > gcc log.c -o log -lm ↵
実行       > ./log < data.dat > log.dat ↵
data.dat は読み込むデータファイル，log.dat は出力された log(B) を入れるファイル名
使用関数は  for, scanf, printf, log   */
```

【C.1 と C.2 の応用例】1-1 節 指数成長（演習問題 1-1, 1-2, 1-3），3-3 節 1 分子反応（図 3-1）などの解析．
使用法：C.1 でデータ data.dat の対数を計算した結果を log.dat に出力する．それを例えば C.2（最小 2 乗法プログラム method.c）に読み込み，直線の傾きと切片を求める．

C.2 最小2乗法の計算プログラム

内容：プログラム method の実行時にデータファイル data.dat を読み込み，それらのデータ値に最も適合する直線の傾き grad と切片 intercept を求め，印刷する．

```c
/* method of least squares （最小2乗法）プログラム名：method.c */
#include <stdio.h>
#include <math.h>
/* 最大データ数 */
#define N 10
int main(){
        double x, y, sumxx, sumx, sumy, sumxy;
        double grad, intercept;
        double K;
        int i, first, last;
/* 初期化 */
        sumx = sumy = sumxy = sumxx = 0.0;
/* メインループ（終了条件はiが最大データ数になったとき）*/
        for(i = 0; i < N; i++){
                scanf("%lf %lf", &x, &y);
                sumx  += x;     /* xの和 */
                sumy  += y;     /* yの和 */
                sumxy += x * y; /* x*yの和 */
                sumxx += x * x; /* x*xの和 */
        }
/* 最小2乗法により傾きを求める */
        K = (double)(last - first + 1);
        grad = (K * sumxy - sumx * sumy) /
          (K * sumxx - sumx * sumx);
/* 最小2乗法による切片の計算 */
        intercept = (sumxx * sumy - sumx * sumxy) /
                                    (K * sumxx - sumx * sumx);
/* 傾き，切片の印刷 */
        printf("%f %f\n", grad, intercept);
        return 0;
}
/*
コンパイル  > gcc method.c -o method -lm ↵
実行        > ./method < data.dat ↵
data.dat は読み込むデータファイル名
使用関数は for, printf, log */
```

【C.2の応用例】付録1B 最小2乗法による解析プログラム．
使用法：実験データが直線で近似できる場合，その近似直線の傾き grad と切片 intercept を求める．

C.3 ロトカ・ボルテラモデル（2種系）の数値解法プログラム

内容：ロトカ・ボルテラの捕食者-被食者モデル方程式

$$\frac{dv}{dt} = av - \frac{\beta}{N}pv, \qquad \frac{dp}{dt} = \varepsilon\frac{\beta}{N}pv - \delta p$$

を適当な初期条件（パラメータ，個体数）のもとで数値的に解き，結果をデータファイル lv.dat に出力する．ここで，v は被食者密度，p は捕食者密度を表す．また，N は系全体の個体数を表す．

```
/* Lotka-Volterra predator-prey model   プログラム名：lv.c   */
#include <stdio.h>
/* パラメータ初期値 */
#define ALPHA   0.5
#define BETA    1.0
#define EPSILON 0.5
#define DELTA   0.1
#define N       4000
#define V0      800
#define P0      1400

int main (void) {
    double v, p, dv, dp;
    int    i;
    /* 初期化 */
    v = V0;        /* prey */
    p = P0;        /* predator */
    /* メインループ （終了条件は適当） */
    for (i = 0; i < 1000; i++) {
            dv = ALPHA * v - BETA / N * p * v;
            v += dv;
            dp = EPSILON * BETA / N * p * v - DELTA * p;
            p += dp;
            /* 出力 */
            printf ("%f %f\n", v, p);
    }
    return 0;
}
/*
コンパイル > gcc lv.c -o lv
実行       > ./lv > lv.dat
使用関数は for, printf   */
```

【C.3 の応用例】1-3節 ロトカ・ボルテラモデル（2種系）（図1-22，図1-23，図1-24），3-1-3項 振動解をもつ自己触媒反応（演習問題3-5）などの解析．
使用法：ロトカ・ボルテラモデルをはじめ，反応項を変えればさまざまな2変数反応方程

C.4 ラインウィーバー・バークのプロットによる酵素反応速度データ解析プログラム

内容:ミカエリス・メンテンの酵素反応理論で,ミカエリス・メンテンの式に出てくる 2 つの反応速度データ(最大反応速度 V_m とミカエリス定数 K_m)を求める便利な方法は,式の両辺の逆数をとって求める下記のラインウィーバー・バークのプロット法である.

$$\frac{1}{v} = \left(\frac{K_m}{V_m}\right)\frac{1}{s} + \left(\frac{1}{V_m}\right)$$

ここで,v が反応速度,s が基質濃度を表す.この式は,$1/v$ と $1/s$ が直線関係にあることを示す.$1/v$ を縦軸に $1/s$ を横軸にすれば,直線の傾きは K_m/V_m に対応し,直線と縦軸との交点(切片)は $1/V_m$ を表す.下記のプログラムは,基質濃度 s と反応速度 v のデータを読み込み,それらの逆数を計算したのち,最小 2 乗法により直線の傾き grad(すなわち K_m/V_m)と切片 intercept(すなわち $1/V_m$)を決め,それらからミカエリス定数 K_m と最大反応速度 V_m を求めるものである.

```c
/* 酵素反応速度データ解析   プログラム名:enzyme.c */
#include <stdio.h>
#include <math.h>
/* 最大データ数 */
#define N 5.0
int main(){
        int i;
        double s,v;
        double sumx, sumy, sumxy, sumxx;
        double grad, intercept, B;
        /* 初期化 */
        sumx = sumy = sumxy = sumxx = 0.0;
    /* メインループ(終了条件はiが最大データ数になったとき) */
        for(i = 0; i < N; i++){
                /* データの読み込み */
                scanf("%lf %lf", &s, &v);
                sumx += 1.0/s;   /* xの和 */
                sumy += 1.0/v;   /* yの和 */
                sumxy += (1.0/s)*(1.0/v);   /* x*yの和 */
                sumxx += (1.0/s)*(1.0/s);   /* x*xの和 */
        }
        /* 最小2乗法により傾きを求める */
        grad = ( N * sumxy - sumx * sumy ) /
               ( N * sumxx - sumx * sumx);
        /* 切片の計算 */
        intercept = (sumy - grad * sumx) / N;
        /* Km と Vmaxの表示 */
        printf("%f %f\n", grad / intercept, 1/intercept);
```

1 C言語プログラム

```
        /* 傾き，切片，x軸との交点 */
        printf("%f %f %f\n", grad, intercept, - intercept / grad);
        return 0;
}
/*
コンパイル  > gcc enzyme.c -o enzyme -lm
実行        > ./ enzyme < data.dat
data.dat は読み込むデータファイル名
使用関数は for, scanf, printf   */
```

【C.4の応用例】3-3-1項 (d) ラインウイーバー・バークのプロットによるデータ解析（図3-3 および演習問題3-10, 3-11）．

C.5　1次元単純拡散方程式の数値解法（差分法による）プログラム

内容：1次元拡散方程式 $\partial u/\partial t = D(\partial^2 u/\partial x^2)$ を，初期条件 $u(x, 0) = f(x)$ $(0 \leq x \leq a)$ および境界条件 $u(0, t) = u(a, t) = 0$ のもとで解く．

今，具体的に x 軸の長さ $a = 10$ とし，また，初期関数として
$$f(x) = 20x \quad (0 \leq x \leq 5), \quad f(x) = 20(10-x) \quad (5 \leq x \leq 10)$$
を仮定する．簡単のため，x 軸の刻み $\Delta x = 0.5$，時間の刻み $\Delta t = 0.05$，$D = 1$ とすれば，定数 $r = (\Delta t)D/(\Delta x)^2 = 0.2$ となる．

```
/*  1次元拡散方程式の差分法による数値解法    プログラム名：diffusion.c    */
#include <stdio.h>
#include <math.h>
double f( double x){
        if( 0.0<=x && x<=5.0){
                return 20.0*x;
        } else if( 5.0<x && x<=10.0){
                return 20.0*(10.0-x);
        }
        return 0.0;
}
int main (void){
        double r, dx;
        double u[22][202];
        int i, n;
        dx=0.5;
        r=0.2;
        for( i=1;i<=21;i++){
                u[i][1]=f(((double)i-1.0)*dx);
        }
        for( n=1;n<=200;n++){
                u[1][n+1]=0.0;
                u[21][n+1]=0.0;
```

```
                    for(i=2;i<=20;i++){
                      u[i][n+1]=r*u[i-1][n]+(1.0-2.0*r)*u[i][n]+r*u[i+1][n];
                    }
            }
            for( n=1;n<=201;n+=5){
                    for( i=1;i<=21;i++){
                            printf ("%2.1f    ",u[i][n]);
                    }
                    printf("\n");
            }
            return 0;
}
/*
コンパイル > gcc diffusion.c -o diffusion -lm
実行      > ./ diffusion > diffusion.dat
使用関数は for,if,else if,scanf,printf, 関数 f(double x),2 次元配列 u[i][n]   */
```

【C.5 の応用例】4-3-1 項 1次元単純拡散方程式 (4.74) の初期値・境界値問題の数値解を求める．拡散過程による生物個体数密度の時間・空間的変動の解析のほか，物理現象としての棒状導体中の熱拡散過程の分析にも利用できる．

(補足) 上記の C 言語プログラム C.1～C.5 は，コンパイル・実行などを Linux 環境下で動作させることを想定している．また，プログラムの実行により得られた数値データのグラフィックス化に関しては gnuplot や MATLAB などのソフトを使えばよい．

2 Mathematica プログラム

(2章; Mathematica 8.0 で動作確認済み　7章; Mathematica 7.0 で動作確認済み)

M.1 図 2-2 のプログラム

```
tend = 1;
init = 10;
n = 10000;
h = tend/n;
y0 = x0 = init;
λ = 2; μ = 1;
data = {}; data2 = {};
For[i = 0, i < n, i++,
  t = i * h;
  z = RandomReal[NormalDistribution[0, 1]];
  y1 = y0 + (λ - μ) * y0 * h + Sqrt[(λ + μ) * y0] * z * Sqrt[h];
  AppendTo[data, {t, y1}];
  y0 = y1;
  rand = Random[];
  dx = If[rand < h * x0 * λ, 1, If[rand < h * x0 * (λ + μ), -1, 0]];
  x1 = x0 + dx;
  AppendTo[data2, {t, x1}];
  x0 = x1;
 ];
g1 = ListPlot[{data, data2}, PlotStyle -> {Black, GrayLevel[0.5]}];
g0 = Plot[init * Exp[(λ - μ) t], {t, 0, tend}, PlotStyle -> {Black,
 Dashing[{0.01, 0.01}]}];
Show[g0, g1, PlotRange -> All, AxesLabel -> {"時間", "個体数"}]
```

M.2 図 2-5 のプログラム

```
b=4;dt=0.01;lattice=101;
data={};
For[i=0,i<lattice,i++,
  state[i]=0
 ];
state[(lattice-1)/2]=1;
For[t=0,t≦5050,t++,
 If[Mod[t,lattice]==0,AppendTo[data,Table[state[i],{i,0,lattice-1}]]];
 For[s=0,s<lattice,s++,
  site=Floor[Random[]*lattice];
  rand=Random[];
```

```
   If[state[site]==0,
     If[rand<(state[Mod[site+1,lattice]]+state[Mod[site-1,lattice]])/2*b*dt,
       state[site]=1],If[rand<dt,state[site]=0]]
 ]
]
ArrayPlot[data, Frame -> False]
```

M.3　図2-12のプログラム

```
ρD[τ_]=1-ρT[τ];
qDT[τ_]=1-qTT[τ];
qTD[τ_]=qDT[τ]ρT[τ]/ρD[τ];
qDD[τ_]=1-qTD[τ];
dρT[τ_]:=-Sum[Binomial[z,n]Exp[-(1-w)/a0(n*vTT+(z-n)vTD)]
          ρT[τ]qTT[τ]^n*qDT[τ]^(z-n)*(z-n)/z,{n,0,z-1}]+
       Sum[Binomial[z,n]Exp[-(1-w)/a0(n*vDT+(z-n)vDD)]ρD[τ]
          qTD[τ]^n*qDD[τ]^(z-n)*n/z,{n,1,z}];
dρTT[τ_]:=-2Sum[Binomial[z-1,n-1]Exp[-(1-w)/a0(n*vTT+(z-n)vTD)]
          ρT[τ]qTT[τ]^n*qDT[τ]^(z-n)*(z-n)/z,{n,1,z-1}]+
       2Sum[Binomial[z-1,n-1]Exp[-(1-w)/a0(n*vDT+(z-n)vDD)]
          ρD[τ]qTD[τ]^n*qDD[τ]^(z-n)*n/z,{n,1,z}];
dqTT[τ_]:=1/ρT[τ]*dρTT[τ]-qTT[τ]/ρT[τ]*dρT[τ];
vTT=r/(1-w);
vTD=s+w*p/(1-w);
vDT=t+w*p/(1-w);
vDD=p/(1-w);
r=3;s=0;t=5;p=1;z=2;
a0=1;
g0=Graphics[{Dashed,Line[{{0,0},{1,1}}]}];
tend=10000;
sol[initρT_,initqTT_,wVAL_]:=NDSolve[
   {ρT'[τ]==dρT[τ],qTT'[τ]==dqTT[τ],ρT[0]==initρT,qTT[0]==
   initqTT}/.w->wVAL,{ρT[τ],qTT[τ]},{τ,0,tend}]
For[i=1,i<10,i++,
 initρT=0.1*i;
 curve1[i]=sol[initρT,initρT,0.5]
]
g1=ParametricPlot[Table[{ρT[τ],qTT[τ]}/.curve1[i][[1]],{i,9}],{τ,0,tend},
    PlotRange->{{0,1},{0,1}},AxesLabel->{"ρT","qT/T"},PlotStyle->Black];
Show[g1,g0]
```

M.4 図 2-14 のプログラム

```
dK[x_]:=λd*Exp[-λd*Abs[x]]/2
uK[x_]:=λu*Exp[-λu*Abs[x]]/2
λd=λu=1;
f=0.8;μ=0.4;a=0.02;
area=50;h=1/10;edge=area/h;
tend=30;
sol=NDSolve[Union[{n'[t]==(f-μ-a*n[t])n[t]-
    a(h(uK[(1-edge)*h]*c_{Abs[(1-edge)*h]}[t]/2+uK[(edge-1)*h]*c_{(edge-1)*h}[t]/2+
      Sum[uK[r*h]*c_{Abs[r*h]}[t],{r,2-edge,edge-2}]))},
  Table[c_{r*h}'[t]==2(-μ*c_{r*h}[t]+f*(h(dK[(r-(1-edge))h]*
      c_{Abs[(1-edge)h]}[t]/2+dK[(r-(edge-1))h]*c_{(edge-1)*h}[t]/2+Sum[
      dK[(r-x)h]*c_{Abs[x*h]}[t],{x,2-edge,edge-2}])+n[t]*dK[r*h])-
    a*n[t](h(uK[(r-(1-edge))h]*c_{Abs[(1-edge)h]}[t]/2+uK[(r-(edge-1))h]*
      c_{(edge-1)*h}[t]/2+Sum[uK[(r-x)h]*c_{Abs[x*h]}[t],{x,2-edge,edge-2}])+
      n[t]*uK[r*h]+c_{r*h}[t])),{r,0,edge-1}],{n[0]==1},
  Table[c_{r*h}[0]==0,{r,0,edge-1}]],Union[{n[t]},Table[
    c_{r*h}[t],
    {r,0,edge-1}]],{t,0,tend}];
Plot[n[t]/.sol[[1]],{t,0,tend},AxesLabel->{"t","n(t)"}]
Plot[Evaluate[h(uK[(1-edge)*h]*c_{Abs[(1-edge)*h]}[t]/2+
    uK[(edge-1)*h]*c_{(edge-1)*h}[t]/2+
    Sum[uK[r*h]*c_{Abs[r*h]}[t],{r,2-edge,edge-2}])/.
  sol[[1]]],{t,0,tend},AxesLabel->{"t","c̄(t)"}]
```

M.5 図 2-18 のプログラム

```
tend=10000;lattice=50;
h=5/10;ρ=2/10;crit=1-h+ρ*h/(1-h);
For[i=0,i<lattice,i++,
  For[j=0,j<lattice,j++,
    state0[i,j]=state1[i,j]=dummy[i,j]=If[RandomReal[]<h,1,0]
  ]
];
num0=0;num00=0;
For[i=0,i<lattice,i++,
  For[j=0,j<lattice,j++,
    If[state1[i,j]==0,
      num0++;
      If[state1[Mod[i+1,lattice],j]==0,num00++];
      If[state1[Mod[i-1,lattice],j]==0,num00++];
      If[state1[i,Mod[j+1,lattice]]==0,num00++];
```

```
      If[state1[i,Mod[j-1,lattice]]==0,num00++]
     ]
    ]
   ];
 qBEST=num00/num0/4;
 For[t=0,t≦tend,t++,
   dum00=num00;
   For[m=1,m≦2,m++,
     chooseI[m]=Floor[RandomReal[]*lattice];
     chooseJ[m]=Floor[RandomReal[]*lattice];
    ];
   If[dummy[chooseI[1],chooseJ[1]]≠dummy[chooseI[2],chooseJ[2]],
     If[dummy[chooseI[1],chooseJ[1]]==0,
       For[k=0,k≦1,k++,
         If[dummy[Mod[chooseI[1]-1+2k,lattice],chooseJ[1]]==0,dum00-=2];
         If[dummy[chooseI[1],Mod[chooseJ[1]-1+2k,lattice]]==0,dum00-=2];
         If[dummy[Mod[chooseI[2]-1+2k,lattice],chooseJ[2]]==0,dum00+=2];
         If[dummy[chooseI[2],Mod[chooseJ[2]-1+2k,lattice]]==0,dum00+=2]
        ],
       For[k=0,k≦1,k++,
         If[dummy[Mod[chooseI[1]-1+2k,lattice],chooseJ[1]]==0,dum00+=2];
         If[dummy[chooseI[1],Mod[chooseJ[1]-1+2k,lattice]]==0,dum00+=2];
         If[dummy[Mod[chooseI[2]-1+2k,lattice],chooseJ[2]]==0,dum00-=2];
         If[dummy[chooseI[2],Mod[chooseJ[2]-1+2k,lattice]]==0,dum00-=2]
        ]
      ];
     q00[t]=dum00/num0/4;
     If[Abs[q00[t]-crit]<Abs[qBEST-crit],
       qBEST=q00[t];num00=dum00;
       state1[chooseI[1],chooseJ[1]]=dummy[chooseI[2],chooseJ[2]];
       state1[chooseI[2],chooseJ[2]]=dummy[chooseI[1],chooseJ[1]];
       dummy[chooseI[1],chooseJ[1]]=state1[chooseI[1],chooseJ[1]];
       dummy[chooseI[2],chooseJ[2]]=state1[chooseI[2],chooseJ[2]],
       q00[t]=qBEST;dum00=num00;
       dummy[chooseI[1],chooseJ[1]]=state1[chooseI[1],chooseJ[1]];
       dummy[chooseI[2],chooseJ[2]]=state1[chooseI[2],chooseJ[2]]
      ],
     q00[t]=qBEST;
    ];
   If[q00[t]-crit==0,Break]
  ];
 ArrayPlot[Table[state0[i,j],{i,0,lattice-1},{j,0,lattice-1}]]
 ArrayPlot[Table[state1[i,j],{i,0,lattice-1},{j,0,lattice-1}]]
```

M.6 図7-1のプログラム

```
ClearAll["Global`*"]

(* dynamics *)
fs[ss_, ii_] := lumbda - mu ss - beta ss ii + f ii;
fi[ss_, ii_] := -(mu + delta) ii + beta ss ii - f ii;

(* parameter values *)
lumbda = 20000; mu = 0.2; delta = 0.;
beta = 0.0006; f = 36.5;

(* Simulation setting *)
dt = 0.0004;
endtime = 2;   (* time unit: year *)
maxtimes = endtime/dt;
rec = Table[{0, 0, 0}, {i, 1, maxtimes + 1}]; (* {time,ss,ii} *)

(* initial conditions *)
ss0 = 99999.; ii0 = 1.;

(* execution *)
times = 1;
time = (times - 1) dt;
rec[[times, 1]] = time; rec[[times, 2]] = ss0; rec[[times, 3]] = ii0;

Do[

 ss = rec[[times, 2]]; ii = rec[[times, 3]];
 ssnext = ss + fs[ss, ii] dt;
 iinext = ii + fi[ss, ii] dt;
 rec[[times + 1, 2]] = ssnext; rec[[times + 1, 3]] = iinext;
 rec[[times + 1, 1]] = times dt;

 , {times, 1, maxtimes}]

ssseries = Table[{(i - 1)*dt, rec[[i, 2]]}, {i, 1, maxtimes + 1}];
iiseries = Table[{(i - 1)*dt, rec[[i, 3]]}, {i, 1, maxtimes + 1}];

pts1 = Table[{ssseries[[i, 1]], ssseries[[i, 2]]}, {i, 1,
    maxtimes + 1, 100}];
pts2 = Table[{iiseries[[i, 1]], iiseries[[i, 2]]}, {i, 1,
    maxtimes + 1, 100}];
```

```
Graphics[
 Line[{pts1, pts2}],
 PlotRange -> {{0, 2}, {0, 100000}},
 Axes -> True,
 AspectRatio -> 2/3,
 AxesLabel -> {"time(year)", "S, I"},
 LabelStyle -> {Directive[Bold, FontSize -> 18]}
 ]
```

M.7 図7-2のプログラム
(M.6に引き続いて実行する)

```
points = Table[{ssseries[[i, 2]], iiseries[[i, 2]]}, {i, 1, maxtimes + 1,
100}];

(* equilibrium value *)
sseq = (mu + delta + f)/beta;
iieq = (lumbda - mu sseq)/(mu + delta);
nneq = sseq + iieq;

Show[
 Graphics[{PointSize[Large], Point[{sseq, iieq}]}], Axes -> True,
 AxesLabel -> {"S", "I"},
  LabelStyle -> {Directive[FontSize -> 12]}],
 VectorPlot[{fs[x, y], fi[x, y]}, {x, 0, 100000}, {y, 0, 100000}],
 ListPlot[points, PlotRange -> {{0, 100000}, {0, 100000}},
  PlotJoined -> True]
 ]
```

M.8 図7-11のプログラム

```
ClearAll["Global`*"]

(* parameter values *)
lumbda=1.; mu=0.01; alpha=0.50;
beta=0.0008; p=0.; k=50.; u=3.6; u1=4.4; c=0.; b=0.005;
(* put c=0 to examine no CTL (z=0) case *)

(* immunity ON *)
ufn[x_]:= u1 If[x>=500,1,0];
```

2 Mathematicaプログラム

```
(* equilibrium *)
x0=lumbda/mu; r0=lumbda beta k /(mu u alpha); y0=0; v0=0; z0=0;
xeq=(alpha+p c/b) u/(beta k);
veq=lumbda k/((alpha+p c/b) u) - mu/beta;
yeq=veq u/k;
zeq=c/b;

(* Specification of the system *)

xx={x,y,v,z};
ffx=lumbda - mu x - beta x v;
ffy=beta x v - alpha y - p y z;
ffv=k y - (u+u1 ufn[time]) v;
ffz=c - b z;
ff={ffx, ffy, ffv, ffz};

(* simulation *)

x=100.`;y=0.`;v=0.01`;z=0.`;
xx={x,y,v,z};

end=1000.`;int=1.`;dt=0.01`;times=0;
wout=Ceiling[int/dt];{0,x,y,v,z}>>"D:sim.txt";

Do[xx=xx+dt
ff;x=xx[[1]];y=xx[[2]];v=xx[[3]];z=xx[[4]];times=times+1;If[Mod[times,
wout]==0,{time,x,y,v,z}>>>"D:sim.txt"],{time,dt,end,dt}]

maxtm=end/int;
ud1=ReadList["D:sim.txt"];
total=Table[{ud1[[i,1]],ud1[[i,2]]},{i,1,maxtm+1}];

ListPlot[total,Joined->True,PlotRange->{0,100},AxesLabel->{"time","x"}]
total=Table[{ud1[[i,1]],ud1[[i,3]]},{i,1,maxtm+1}];
ListPlot[total,Joined->True,PlotRange->{0,20},AxesLabel->{"time","y"}]
total=Table[{ud1[[i,1]],Log[10,ud1[[i,4]]]},{i,1,maxtm+1}];
ListPlot[total,Joined->True,PlotRange->{-40,3},AxesLabel->{"time","v"}]
total=Table[{ud1[[i,1]],ud1[[i,5]]},{i,1,maxtm+1}];
ListPlot[total,Joined->True,PlotRange->{0,1},AxesLabel->{"time","z"}]
```

M.9 図7-19〜図7-24のプログラム

```
ClearAll["Global`*"]

(* parameter values *)
c = 1.;
gna = 120.; gk = 36.; gl = 0.3;
vna = 115.; vk = -12.; vl = 10.6;

(* Specification of the system *)

x = {v, m, h, n};

ffv = (1/c) (-gna m^3 h (v - vna) - gk n^4 (v - vk) - gl (v - vl) +
    ia[time]);
ffm = 0.1 (25 - v)/(Exp[(25 - v)/10] - 1) (1 - m) - 4 Exp[-v/18] m;
ffh = 0.07 Exp[-v/20] (1 - h) - 1/(Exp[(30 - v)/10] + 1) h;
ffn = 0.01 (10 - v)/(Exp[(10 - v)/10] - 1) (1 - n) -
   0.125 Exp[-v/80] n;

ff = {ffv, ffm, ffh, ffn};

(* initial conditions: additional current during first 0.5 msec!! *)
v = 0.; m = 0.053; h = 0.596; n = 0.318;  time = 0.;
ia[x_] := 100 If[x >= 0 && x <= 0.5, 1, 0];
x = {v, m, h, n};

(* simulation *)

end = 30.; int = 0.1 (* time unit = msec *); dt = 0.01; times = 0;
wout = Ceiling[int/dt];
{0, v, m, h, n} >> "D:sim2.txt";
Do[
 x = x + dt ff;
 v = x[[1]]; m = x[[2]]; h = x[[3]]; n = x[[4]];
 times = times + 1;
 If[Mod[times, wout] == 0, {time, v, m, h, n, ia[time]} >>>
   "D:sim2.txt"], {time, dt, end, dt}
 ]

maxtm = end/int;

ud1 = ReadList["D:sim2.txt"];
```

```
total = Table[{ud1[[i, 1]], ud1[[i, 2]]}, {i, 1, maxtm + 1}];
ListPlot[total, PlotJoined -> True, PlotRange -> {-20, 120},
 AxesLabel -> {"time", "v"}]

total = Table[{ud1[[i, 1]], ud1[[i, 3]]}, {i, 1, maxtm + 1}];
ListPlot[total, PlotJoined -> True, PlotRange -> {0, 1},
 AxesLabel -> {"time", "m"}]
total = Table[{ud1[[i, 1]], ud1[[i, 4]]}, {i, 1, maxtm + 1}];
ListPlot[total, PlotJoined -> True, PlotRange -> {0, 1},
 AxesLabel -> {"time", "h"}]
total = Table[{ud1[[i, 1]], ud1[[i, 5]]}, {i, 1, maxtm + 1}];
ListPlot[total, PlotJoined -> True, PlotRange -> {0, 1},
 AxesLabel -> {"time", "n"}]

total = Table[{ud1[[i, 1]], 115 ud1[[i, 3]]^3 ud1[[i, 4]]},
 {i, 1, maxtm + 1}];
ListPlot[total, PlotJoined -> True, PlotRange -> {0, 40},
 AxesLabel -> {"time", "gna"}]
total = Table[{ud1[[i, 1]], 36 ud1[[i, 5]]^4}, {i, 1, maxtm + 1}];
ListPlot[total, PlotJoined -> True, PlotRange -> {0, 15},
 AxesLabel -> {"time", "gk"}]
```

M.10 図7-25のプログラム

```
ClearAll["Global`*"]

(* parameter values *)
c = 1.;
gna = 120.; gk = 36.; gl = 0.3;
vna = 115.; vk = -12.; vl = 10.6;

(* Specification of the system *)

x = {v, m, h, n};
ffv = (1/c) (-gna m^3 h (v - vna) - gk n^4 (v - vk) - gl (v - vl) +
    ia);
ffm = 0.1 (25 - v)/(Exp[(25 - v)/10] - 1) (1 - m) - 4 Exp[-v/18] m;
ffh = 0.07 Exp[-v/20] (1 - h) - 1/(Exp[(30 - v)/10] + 1) h;
ffn = 0.01 (10 - v)/(Exp[(10 - v)/10] - 1) (1 - n) -
    0.125 Exp[-v/80] n;
ff = {ffv, ffm, ffh, ffn};

(* initial conditions *)
```

```
v = 0.; m = 0.1; h = 0.1; n = 0.1;  ia = 10.;
x = {v, m, h, n};

(* simulation *)
end = 40.; int = 0.1 (* time unit = msec *); dt = 0.01; times = 0;
wout = Ceiling[int/dt];
{0, v, m, h, n} >> "D:sim1.txt";
Do[x = x + dt ff;
 v = x[[1]]; m = x[[2]]; h = x[[3]]; n = x[[4]];
 times = times + 1;
 If[Mod[times, wout] == 0, {time, v, m, h, n} >>>
   "D:sim1.txt"], {time, dt, end, dt}
 ]

maxtm = end/int;

ud1 = ReadList["D:sim1.txt"];
total = Table[{ud1[[i, 1]], ud1[[i, 2]]}, {i, 1, maxtm + 1}];
ListPlot[total, PlotJoined -> True, PlotRange -> {-20, 100},
 AxesLabel -> {"time", "v"}]
```

M.11 図 7-26 のプログラム

```
ClearAll["Global`*"]

(* parameter values *)
a = 0.1; b = 0.5; ia = 0.0;

fffv = -v (v - a) (v - 1) + ia;
fffwexp = v/b;
Plot[{fffv, fffwexp}, {v, -0.5, 1.5}, PlotRange -> {-0.4, 0.6},
 AxesLabel -> {"v", "w"}]
```

M.12 図 7-27, 図 7-28 のプログラム

```
ClearAll["Global`*"]

(* parameter values *)
a = 0.1; b = 1.; epsi = 0.01; ia = 0.0;

(* Specification of the system *)

x = {v, w};
```

```
ffv = -v (v - a) (v - 1) - w + ia;
ffw = epsi (v - b w);

ff = {ffv, ffw};

(* initial conditions: additional current during first 0.5 msec!! *)
v = 0.2; w = 0.;   time = 0.;
x = {v, w};

(* execution *)

end = 200.; int = 0.1 (* time unit = msec *); dt = 0.01; times = 0;
wout = Ceiling[int/dt];
{0, v, w} >> "D:sim2.txt";
Do[x = x + dt ff;
 v = x[[1]]; w = x[[2]];
 times = times + 1;
 If[Mod[times, wout] == 0, {time, v, w} >>> "D:sim2.txt"], {time, dt,
   end, dt}
 ]

maxtm = end/int;

ud1 = ReadList["D:sim2.txt"];
total = Table[{ud1[[i, 1]], ud1[[i, 2]]}, {i, 1, maxtm + 1}];
ListPlot[total, PlotJoined -> True,
 PlotRange -> {{0, end}, {-0.5, 2}}, AxesLabel -> {"time", "v"}]
total = Table[{ud1[[i, 1]], ud1[[i, 3]]}, {i, 1, maxtm + 1}];
ListPlot[total, PlotJoined -> True,
 PlotRange -> {{0, end}, {-0.5, 1}}, AxesLabel -> {"time", "w"}]
```

M.13　図7-29のプログラム

```
ClearAll["Global`*"]
(* parameter values *)
a=-0.1;b=0.5;epsi=0.01;ia=0.0;

(* Specification of the system *)
x={v,w};
ffv=-v(v-a)(v-1)-w+ia;
ffw=epsi (v-b w);
ff={ffv, ffw};
```

```
(* initial conditions: additional current during first 0.5 msec!! *)
v=0.2;w=0.;  time=0.;
x={v,w};


(* simulation *)
end=1000.;int=0.1 (* time unit = msec *);dt=0.01;times=0;
wout=Ceiling[int/dt];
{0,v,w}>>"D:sim2.txt";
Do[x=x+dt ff;
v=x[[1]];w=x[[2]];
times=times+1;
If[Mod[times,wout]==0,{time,v,w}>>>"D:sim2.txt"],{time,dt,end,dt}
]

maxtm=1000;
ud1=ReadList["D:sim2.txt"];total=Table[{ud1[[i,2]],ud1[[i,3]]},
 {i,1,maxtm+1}];
ListPlot[total,Joined->True,PlotRange->{{-0.5`,1.5`},{-0.4`,0.6`}},
 AxesLabel->{"v ","w "}]
```

M.14 図 7-30, 図 7-31 のプログラム

```
ClearAll["Global`*"]
(* parameter values *)
a = 0.1; b = 0.5; epsi = 0.01; ia = 0.2;

(* Specification of the system *)
x = {v, w};
ffv = -v (v - a) (v - 1) -w + ia;
ffw = epsi (v - b w);
ff = {ffv, ffw};

(* initial conditions: additional current during first 0.5 msec!! *)
v = 0.2; w = 0.;  time = 0.;
x = {v, w};

(* simulation *)
end = 1000.; int = 0.1 (* time unit = msec *); dt = 0.01; times = 0;
wout = Ceiling[int/dt];
{0, v, w} >> "D:sim2.txt";
Do[x = x + dt ff;
 v = x[[1]]; w = x[[2]];
 times = times + 1;
```

```
 If[Mod[times, wout] == 0, {time, v, w} >>> "D:sim2.txt"], {time, dt,
  end, dt}
 ]

maxtm = end/int;

ud1 = ReadList["D:sim2.txt"];
total = Table[{ud1[[i, 1]], ud1[[i, 2]]}, {i, 1, maxtm + 1}];
ListPlot[total, PlotJoined -> True,
 PlotRange -> {{0, end}, {-0.4, 1.2}}, AxesLabel -> {"time", "v"}]
total = Table[{ud1[[i, 1]], ud1[[i, 3]]}, {i, 1, maxtm + 1}];
ListPlot[total, PlotJoined -> True,
 PlotRange -> {{0, end}, {-0.05, 0.5}}, AxesLabel -> {"time", "w"}]
```

3 R言語プログラム

(**6章**; R 2.13.0 で動作確認済み　**8章**; R 2.10.1 および R x64 2.14.1 で動作確認済み)

　R言語は，オープンソースでフリーソフトウェア（無料で利用できるソフトウェア）の統計解析向けプログラミング言語，およびその開発実行環境であり，文法的には，統計解析部分は AT&T ベル研究所が開発した S 言語を参考として，ニュージーランドのオークランド大学の Ross Ihaka と Robert Gentleman により作られた．

R.1　文字列表示プログラム

内容：「Hello, World!」を表示させるプログラム．

```
cat("Hello, world!\n")
```

R.2　図 6.1 のプログラム

```
# initial settings:
N=2*30    # no. of allele
p=0.4           # initial frequency of A1
n.trial=6 # no. of simulation trials

# prepare viewer
n.tics=5

plot(1,1,xlim=c(1,100),ylim=c(0,N),type="n",yaxt="n",xlab="generation",
```

```
ylab="gene frequency",cex=1.2)
ticsets<-seq(0,1,by=1/n.tics)
axis(side = 2, labels = ticsets, at = seq(0,N,by=N/n.tics), line = 0.,
tick=TRUE, outer = FALSE, cex=0.8)

# simulation samplings
for(tr in 1:n.trial){
        this.p=p
        pos= N*this.p
        for(g in 1:100){
                new.pos=sample(rbinom(1:N, size=N, prob=this.p),1)
                pos=c(pos, new.pos)
                this.p=new.pos/N
        }
        lines(pos)
}
```

R.3 演習問題 8-2 に該当するプログラム

内容：国立遺伝学研究所の運営する DDBJ (DNA Data Bank of Japan) の WebAPI を用いて，アミノ酸配列 MEAAHFFEGTEKLLEVWFSRQQSDASQGSGDLRTIPRSEWDVLLKDVQCSIISVTKTDKQ に対応する塩基配列を BLAST 検索する．続いて，Accession 番号 D12780 についての詳細情報を表示する．

```
source("http://www.bioconductor.org/biocLite.R"); biocLite("SSOAP") #最初
の１回だけ実行する
library(SSOAP)
blast <- processWSDL("http://xml.nig.ac.jp/wsdl/Blast.wsdl")
blast.iface <- genSOAPClientInterface(def = blast)
result<-blast.iface@functions$searchParam("tblastn","ddbjhum ddbjpri
ddbjrod ddbjmam ddbjvrt ddbjinv ddbjpln ddbjbct ddbjvrl
ddbjphg","MEAAHFFEGTEKLLEVWFSRQQSDASQGSGDLRTIPRSEWDVLLKDVQCSIISVTKTDKQ","
-e 10.0")
print(result)
blastline<-unlist(strsplit(result,"\n"))
print(blastline)

getentry <- processWSDL("http://xml.nig.ac.jp/wsdl/GetEntry.wsdl")
iface <- genSOAPClientInterface(def = getentry)
result<-iface@functions$getDDBJEntry("D12780")
print(result)
ddbjline<-unlist(strsplit(result,"\n"))
ddbjline
```

参考文献

基本的文献 (1 章)
巌佐庸 1990.『数理生物学入門－生物社会のダイナミックスを探る－』HBJ 出版局.
巌佐庸 (編) 1997. シリーズ・ニューバイオフィジックス 10『数理生態学』共立出版.
巌佐庸 1998.『数理生物学入門』共立出版.
Keyfitz, N. 1968. Introduction to the Mathematics of Population. Addison-Wesley, Reading, Massachusetts.
森田善久 1996. カオス全書『生物モデルのカオス』朝倉書店.
佐藤總夫 1984.『自然の数理と社会の数理，微分方程式で解析する』日本評論社.
嶋田正和・山村則男・粕谷英一・伊藤嘉昭 2005.『動物生態学 新版』海游舎.
竹内康博 (訳) 1990.『生物の進化と微分方程式』現代数学社.
竹内康博・佐藤一憲・宮崎倫子 (訳) 2001.『進化ゲームと微分方程式』現代数学社.
竹内康博 (監訳) 2004.『微生物の力学系－ケモスタット理論を通して』日本評論社.
寺本英 1997.『数理生態学』朝倉書店.

基本的文献 (2 章)
Dieckmann, U., Law, R. & Metz, J.A.J. 2000. The Geometry of Ecological Interactions. Cambridge University Press.
藤曲哲郎 2003.『確率過程と数理生態学』日本評論社.
日本数理生物学会 (編) 2009. シリーズ 数理生物学要論 2『「空間」の数理生物学』共立出版.

引用文献 (2 章)
Allen, L.J.S. 2003. An Introduction to Stochastic Processes with Applications to Biology. Pearson Education, Inc.
Allen, L.J.S. (竹内康博・佐藤一憲・守田智・宮崎倫子 監訳) 2011.『生物数学入門』共立出版. (原書 Allen, L.J.S. 2007. An Introduction to Mathematical Biology. Pearson Education, Inc.)
Allen, L.J.S. & Allen, E.J. 2003. A comparison of three different stochastic population models with regard to persistence time. Theoretical Population Biology 64: 439-449.
Allen, E.J., Allen, L.J.S. & Schurz, H. 2005. A comparison of persistence-time estimation for discrete and continuous population models that include demographic and environmental viability. Mathematical Biosciences 196: 14-38.
Bailey, N.T.J. 1964. The Elements of Stochastic Processes. John Wiley & Sons.
Bascompte, J. 2001. Aggregate statistical measues and metapopulation dynamics. Journal of Theoretical Biology 209: 373-379.
Bolker, B. & Pacala, S.W. 1997. Using moment equations to understand stochastically driven spatial pattern formation in ecological systems. Theoretical Population Biology 52: 179-197.
Bolker, B. & Pacala, S.W. 1999. Spatial moment equations for plant competition: Understanding spatial strategies and the advantages to short dispersal. The American Naturalist 153:

575-602.
Bolker, B. & Pacala, S.W. 2000. Moment methods for ecological processes in continuous space. In: Dieckmann, U., Law,R. & Metz, J.A.J.(eds.) The Geometry of Ecological Interactions. pp. 388-411. Cambridge University Press.
Boots, M., Hudson, P. J. & Sasaki, A. 2004. Large shifts in pathogen virulence relate to host population structure. Science 303: 842-845.
Boots, M. & Sasaki A. 1999. 'Small worlds' and the evolution of virulence: infection occurs locally and at a distance. Proceedings of Royal Society of London B 266: 1933-1938.
Braumann, C.A. 2008. Growth and extinction of populations in randomly varying environments. Computers and Mathematics with Applications 56: 631-644.
Brook, B.W., Tonkyn, D.W., O'Grady, J.J. & Frankham, R. 2002. Contribution of inbreeding to extinction risk in threatened species. Conservation Ecology 6: 16.
Dieckmann, U., Herben, T. & Law, R. 1997. Spatio-temporal processes in plant communities. Institute for Advanced Study, Berlin, Jahrbuch 1995/1996: 296-326.
Diekmann, O., Heesterbeek, J.A.P. & Metz, J.A.J. 1990. On the definition and the computation of the basic reproduction ratio in models for infectious diseases in heterogeneous populations. Journal of Mathematical Biology 28: 365-382.
Durrett, R. & Liu, X.-F. 1988. The contact process on a finite set. The Annals of Probability 16: 1158-1173.
Durrett, R. & Schonmann, R.H. 1988. The contact process on a finite set II. The Annals of Probability 16: 1570-1583.
Durrett, R., Schonmann, R.H. & Tanaka, N.I. 1989. The contact process on a finite set III: The critical case. The Annals of Probability 17: 1303-1321.
Durrett, R. 1988. Lecture Notes on Particle Systems and Percolation. Wadsworth, Inc.
Durrett, R. 1995. Ten Lectures on Particle Systems. Springer Lecture Notes in Mathematics 1608.
Durrett, R. 1999. Stochastic Spatial Models. SIAM Review 41: 677-718.
Durrett, R. 2009. Coexistence in stochastic spatial models. The Annals of Applied Probability 19: 477-496.
ゴエル, N.S., リヒターディン, N. (寺本英・新田克己・芦田廣 訳) 1978.『生物学における確率過程の理論』産業図書. (原書 Goel, N.S. & Richter-Dyn, N. 1974. Stochastic Models in Biology. Academic Press, Inc.)
Grasman, J. & HilleRisLambers, R. 1997. On local extinction in a metapopulation. Ecological Modelling 103: 71-80.
Gyllenberg, M. & Silvestrov, D.S. 1994. Quasi-stationary distribution of a stochastic metapopulation model. Journal of Mathematical Biology 33: 35-70.
Hakoyama, H. & Iwasa, Y. 2000. Extinction risk of a density-dependent population estimated from a time series of population size. Journal of theoretical Biology 204: 337-359.
Hakoyama, H. & Iwasa, Y. 2005. Extinction risk of a meta-population: aggregation approach. Journal of theoretical Biology 232: 203-216.
Hanski, I. 1999. Metapopulation Ecology.Oxford University Press.
Hanski, I., Moilanen, A. & Gyllenberg, M. 1996. Minimal viable metapopulation size. The American Naturalist 147: 527-541.
Hanski, I. & Ovaskainen, O. 2000. The metapopulation capacity of a fragmented landscape. Nature 404: 755-758.
Hanski, I. & Ovaskainen, O. 2003. Metapopulation theory for fragmented landscapes. Theoretical Population Biology 64: 119-127.
Harada, Y. & Iwasa, Y. 1994. Lattice population dynamics for plants with dispersing seeds and vegetative reproduction. Researches on Population Ecology 36: 237-249.

Harada, Y. & Iwasa, Y. 1996. Analysis of spatial patterns and population processes of clonal plants. Researches on Population Ecology 38: 153-164.

Haraguchi, Y. & Sasaki A. 2000. Evolution of parasite virulence and transmission rate in a spatially structured population. Journal of Theoretical Biology 203: 85-96.

Harris, T.E. 1974. Contact interactions on a lattice. The Annals of Probability 4: 175-194.

Hassell, M.P., Comins, H.N. & May, R.M. 1991. Spatial structure and chaos in insect population dynamics. Nature 353: 255-258.

Hassell, M.P., Comins, H.N. & May, R.M. 1994. Species coexistence and self-organizing spatial dynamics. Nature 370: 290-292.

Hiebeler D. 2000. Populations on fragmented landscapes with spatially structured heterogeneities: landscape generation and local dispersal. Ecology 81: 1629-1641.

Hill, M.F., Hastings, A. & Botsford, L.W. 2002. The effects of small dispersal rates on extinction times in structured metapoopulation models. The American Naturalist 160: 389-402.

細野雄三 2008. 感染症の空間的な伝播を記述する数理モデル. In: 稲葉寿 (編著)『感染症の数理モデル』pp. 161-189. 培風館.

Kamo, M., Boots, M. & Sasaki, A. 2007. The role of trade-off shapes in the evolution of virulence in a spatial host-parasite interactions: an approximate analytical approach. Journal of Theoretical Biology 244: 588-596.

金子邦彦・津田一郎 1996.『複雑系のカオス的シナリオ』朝倉書店.

カーリン, S. (佐藤健一・佐藤由身子 訳) 1974.『確率過程講義』産業図書. (原書 Karlin, S. 1969. A First Course in Stochastic Processes. Academic Press, Inc.)

Konno, N. 1994. Phase Transitions of Interacting Particle Systems. World Scientific, Singapore.

今野紀雄 2008.『無限粒子系の科学』講談社サイエンティフィク.

Kubo, T., Iwasa, Y. & Furumoto, N. 1996. Forest spatial dynamics with gap expansion: Total gap area and gap size distribution. Journal of Theoretical Biology 180: 229-246.

Lande, R. 1987. Extinction thresholds in demographic models of territorial populations. The American Naturalists 130: 624-635.

Lande, R. 1988. Demographic models of the northern spotted owl (Strix occidentalis caurina). Oecologia 75: 601-607.

Law, R., Murrell, D.J. & Dieckmann, U. 2003. Population growth in space and time: Spatial logistic equations. Ecology 84: 252-262.

Leigh, E.G. 1981. The average lifetime of a population in a varying environment. Journal of Theoretical Biology 90: 213-239.

Levins, R. 1969. Some demographic and genetic consequences of environmental hetereogeneity for biological control. Bulletin of the Entomological Society of America 15: 237-240.

Levins, R. 1970. Extinction. In: Some Mathematical Questions in Biology. Lectures on Mathematics in the Life Sciences Volume 2, pp. 77-107. The American Mathematical Society.

Liggett, T. M. 1985. Interacting Particle Systems. Springer-Verlag.

Liggett, T. M. 1999. Stochastic Interacting Systems: Contact, Voter and Exclusion Processes. Springer-Verlag.

Masuda, N. & Konno, N. 2006. Muti-state epidemic processes on complex networks. Journal of Theoretical Biology 243: 64-75.

増田直紀・今野紀雄 2008. 感染症の確率モデルと複雑ネットワーク. In: 稲葉寿 (編著)『感染症の数理モデル』pp. 190-218. 培風館.

Matsuda, H. Ogita, N., Sasaki, A. & Sato, K. 1992. Statistical mechanics of population: The lattice Lotka-Volterra model. Progress of Theoretical Physics 88: 1035-1049.

May, R.M. 1991. The role of ecological theory in planning reintroduction of endangered species. Symposium of the Zoological Society of London 62: 145-163.

三井斌友・小藤俊幸・齊藤善弘 2004.『微分方程式による計算科学入門』共立出版.
Murrell, D.J., Dieckmann, U. & Law, R. 2004. On moment closures for population dynamics in continuous space. Journal of Theoretical Biology 229: 421-432.
Nakamaru, M, Matsuda, H. & Iwasa, Y. 1997. The evolution of cooperation in a lattice-structured population. Journal of Theoretical Biology 184: 65-81.
成田清正 2010.『例題で学べる確率モデル』共立出版.
Nee, S. & May, R.M. 1992. Dynamics of metapopulations: habitat destruction and competitive coexistence. Journal of Animal Ecology 61: 37-40.
Neuhauser, C. 1998. Habitat destruction and competitive coexistence in spatially explicit models with local interactions. Journal of Theoretical Biology 193: 445-463.
Neuhauser, C. 2001. Mathematical challenges in spatial ecology. Notices of the AMS 48: 1304-1314.
Nowak, M.A. (竹内康博・佐藤一憲・巌佐庸・中岡慎治 監訳) 2008.『進化のダイナミクス —生命の謎を解き明かす方程式』共立出版. (原書 Nowak, M.A. 2006. Evolutionary Dynamics: Exploring the Equations of Life. Harvard University Press.)
大久保明 1975.『生態学と拡散』築地書館.
Ovaskainen, O. & Hanski, I. 2001. Spatially structure metapopulation models: Global and local assessment of metapopulation capacity. Theoretical Population Biology 60: 281-302.
Ovaskainen, O. & Hanski, I. 2003. How much does an individual habitat fragment contribute to metapopulation dynamics and persistence? Theoretical Population Biology 64: 481-495.
Ovaskainen, O., Sato, K., Bascompte, J. & Hanski, I. 2002. Metapopulation models for extinction threshold in spatially correlated landscape. Journal of Theoretical Biology 215: 95-108.
ピールー, E.C. (南雲仁一 監訳) 1974.『数理生態学』産業図書. (原書 Pielou, E.C. 1969. An Introduction to Mathematical Ecology. John Wiley & Sons, Inc.)
佐々木顕 2008. 病原体の進化と疫学動態. In: 稲葉寿 (編著)『感染症の数理モデル』pp. 268-304. 培風館.
佐藤一憲 2009. メタ個体群モデル. In: 日本数理生物学会 (編) シリーズ 数理生物学要論 2『「空間」の数理生物学』pp. 39-57. 共立出版.
Sato, K. 2007. Sexual reproduction process on one-dimensional stochastic lattice model. In: Mathematics for Ecology and Environmental Sciences, pp.81-92. Springer-Verlag.
Sato, K., Matsuda, H. & Sasaki, A. 1994. Pathogen invasion andnhost extinction in lattice structured populations. Journal of Mathematical Biology 32: 252-268.
志賀徳造 2000.『ルベーグ積分から確率論』共立出版.
重定南奈子 1992.『侵入と伝播の数理生態学』東京大学出版会.
Shigesada, N. & Kawasaki, K. 1997. Biological Invasions: Theory and Practice. Oxford University Press.
シナジ, R.B. (今野紀雄・林俊一 訳) 2001.『マルコフ連鎖から格子確率モデルへ』シュプリンガー・フェアラーク東京. (原書 Schinazi, R.B. 1999. Classical and Spatial Stochastic Processes. Birkhäuser.)
嶋田正和・山村則男・粕谷英一・伊藤嘉昭 2005.『動物生態学 新版』海游舎.
スミス, H., ウォルトマン, P. (竹内康博 監訳) 2004.『微生物の力学系—ケモスタット理論を通して』日本評論社. (原書 Smith, H.L. & Waltman, P. 1995. The Theory of the Chemostat — Dynamics of Microbial Competition. Cambridge University Press.)
鈴木武 1997.『確率入門』培風館.
Suzuki, S. U. & Sasaki A. 2011. How does the resistance threshold in spatially explicit epidemic dynamics depend on the basic reproductive ratio and spatial correlation of crop genotypes? Journal of Theoretical Biology 276: 117-125.
泰中啓一 2009. 格子空間における個体群動態. In: 日本数理生物学会 (編) シリーズ 数理生物学要論 2『「空間」の数理生物学』pp. 59-74. 共立出版.

高須夫悟 2009. 個体性を保ったダイナミクスモデル. In: 日本数理生物学会 (編) シリーズ数理生物学要論 2『「空間」の数理生物学』pp.93-112. 共立出版.

Tao, T., Tainaka, K. & Nishimori, H. 1999. Contact percolation process: contact process on a destructed lattice. Journal of Physical Society of Japan 68: 326-329.

Tilman, D., May, R.M., Lehman, C.L. & Nowak, M.A. 1994. Habitat destruction and the extinction debt. Nature 371: 65-66.

van den Driessche, P. & Watmough, J. 2002. Reproduction numbers and subthreshold endemic equilibria for compartmental models of disease transmission. Mathematical Biosciences 180: 29-48.

基本的文献 (3章, 4章)

Meinhardt, H. 1982. Models of Biological Pattern Formation. Academic Press, London.

Murray, J.D. 2002, 2003. Mathematical Biology I, II. (3rd ed.) Springer-Verlag.

Segel, L.A. 1987. Modeling Dynamical Phenomina in Molecular and Cellular Biology, Cambridge University Press.

Smith, J. M. (押田勇雄 監訳) 1970.『数理生物学序説』みすず書房.

引用文献 (3章)

Field, R.J., Körös, E. & Noyes, R.M. 1972. Oscillations in chemical systems, II. Through analysis of temporal oscillation in the bromate-cerium-malonic acid System, Journal of the American Chemical Society 94: 8649-8664.

Field, R.J., & Noyes, R.M. 1974. Oscillations in chemical systems, IV. Limit cycle behavior in a model of a real chemical reaction, The Journal of Chemical Physics 60: 1877-1884.

Gierer, A. & Meinhardt, H. 1972. A theory of biological pattern formation. Kybernetik 12: 30-39.

寺本英 1997.『数理生態学』朝倉書店.

Tyson, J.J. 1979. Oscillation, bistability and echowaves in models of the Belousov-Zhabotinskii reaction, Annals of the New York Academy of Sciences 316: 279-295.

Tyson, J.J. 1994. What everyone should know about the Belousov-Zhabotinsky reaction. In: Frontiers in Mathematical Biology, Volume 100 of Lecture Notes on Biomathematics. 569-587. Springer-Verlarg.

Voet, D., Voet, J.G. & Pratt, C.W. (田宮信雄・村松正夫・八木達彦・遠藤斗志也 訳) 2010 『ヴォート 基礎生化学 (第3版)』東京化学同人.

山口昌哉 1972.『非線形現象の数学』朝倉書店.

引用文献 (4章)

Asai, R., Taguchi, E., Kume, Y., Saito, M. & Kondo, S. 1999. Zebrafish leopard gene as a component of the putative reaction-diffusion system. Mechanisms of Development 89: 87-92.

Bryant, P.J., Bryant, S.V. & French, V. 1977. 動物の再生とパターン形成. サイエンス 7(9): 46.

Budrene, E.O. & Berg, H.C. 1991. Complex patterns formed by motile cells of Escherichia coli, Nature 349: 630-633.

Edelman, G.M. & Thiery, J-P. (eds.) 1985. The Cell in Contact. A Neuroscience Institute Publication, John Wiley & Sons.

Fisher, R.A. 1937. The wave of advance of advantageous genes. Annals of Eugenics 7: 255-369.

French, V., Bryant, P.J. & Bryant, S.V. 1976. Pattern Regeneration in Epimorphic Fields. Science 193: 969-981.

Gierer, A. & Meinhardt, H. 1972. A theory of biological pattern formation. Kybernetik 12: 30-39.

稲垣新 1980. ブルーバックス 428『数量生物学のすすめ』講談社.
Jean, R.V. 1984. Mathematical Approach to Pattern and Form in Plant Growth. John Wiley & Sons.
川崎広吉・望月敦史・重定南奈子 1995. バクテリアのコロニー・パターン形成の数理モデル. 計測と制御 34: 812-817.
Keller, E.F. & Segel, L.A. 1971. Travelling bands of chemotactic bacteria: a theoretical analysis. Journal of Theoretical Biology 30: 235-248.
Kondo, S. & Asai, R. 1995. A reaction-diffusion on the skin of the marine angelfish Pomacanthus. Nature 376: 765-768.
Murray, J.D. 1981. On pattern formation mechanisms for lepidopteran wing patterns and mammalian coat markings. Philosophical Transactions of the Royal Society B: Biological Sciences 295: 473-496.
Niklas, K.J. 1986. Computer-simulated plant evolution. Scientific American 254: 78-86.
Rabinowitz, P. 1970. Numerical Methods for Nonlinear Algebraic Equations. Gordon And Breach Scientific Publishers.
Raup, D.M. 1966. Geometric analysis of shell coiling: general problems. Journal of Paleontology 40: 1178-1190.
佐藤一憲 1993. 縞枯れ現象の数理モデル. 地球 15(1): 57-62.
Schoute, J.C. 1913. Beitrage zur Blattstellunglehre. Rec. Trav. Bot. Neerl. 10: 153-339.
Seilacher, A. 1970. Arbeitskonzept zur Konstruktios-Morphologie. Lethaia 3: 393-396.
関村利朗 2005. 蝶の翅のパターンと進化. In: 松下貢 (編) 非線形・非平衡現象の数理 2『生物にみられるパターンとその起源』pp. 49-110. 東京大学出版会.
Sekimura, T., Zhu, M., Cook, J., Maini, P.K. & Murray, J.D. 1999. Pattern formation of scale cells in Lepidoptera by differential origin-dependent cell adhesion. Bulletin of Mathematical Biology 61: 807-827.
Sekimura, T., Madzvamuse, A., Wathen, A. & Maini, P.K. 2000. A model for colour pattern formation in the butterfly wing of Papilio dardanus, Proceedings of the Royal Society B: Biological Sciences 267: 851-859.
Shigesada, N. & Kawasaki, K. 1997. Biological Invasions: Theory and Practice. Oxford University Press.
重定南奈子 2000. バクテリアコロニーが形成するパターン. In: 本多久夫 (編) シリーズ・ニューバイオフィジックス II-6『生物の形づくりの数理と物理』pp. 17-35. 共立出版.
Skellam, J.G. 1951. Random dispersal in theoretical populations. Biometrik 38: 196-218.
Steinberg, M.S. 1963. Tissue reconstruction by dissociated cells. Science 141: 401-408.
Takeichi, M. 1977. Functional correlation between cell adhesive properties and some cell surface proteins. The Journal of Cell Biology 75: 464-474.
寺沢寛一 1967.『自然科学者のための 数学概論 (増訂版)』岩波書店.
Thompson, D'Arcy, W. 1917. On Growth and Form. Cambridge University Press.
Townes, P.L. & Holtfreter, J. 1955. Directed movements and selective adhesion of embryonic amphibian cells. Journal of Experimental Zoology 128: 53-120.
Turing, A.M. 1952. The chemical basis of morphogenesis. Philosophical Transactions of the Royal Society B: Biological Sciences 237: 37-72.
Venkataraman, C., Sekimura, T., Gaffney, E.A., Maini, P.K., & Madzvamuse, A. 2011. Modeling parr mark pattern formation during the early development of Amago trout. Physical Review E84, 041923.
Wolpert, L. 1969. Positional information and the spatial pattern of cellular differentiation. Journal of Theoretical Biology 25: 1-47.
Wolpert, L., Beddington, R., Brockes, J., Thomas, J., Lawrence, P. & Meyerowitz, E. 1999. Principle of Development. Oxford University Press.

Yamagishi, H. 1976. Experimental study on population dynamics in the guppy, *Poecilia reticulata* (Peters). Effect of shelters on the increase of population density. Journal of Fish Biology 9: 51-65.
山岸宏 1977.『成長の生物学』講談社サイエンティフィックス.
横沢正幸 2003. 植物個体群における個体間相互作用様式と空間パターン形成. In: 関村利朗・野地澄晴・森田利仁 (共編)『生物の形の多様性と進化―遺伝子から生態系まで―』pp. 255-264. 裳華房.
Young, D.A. 1978. On the diffusion theory of phyllotaxis. Journal of Theoretical Biology 71: 421-432.

基本的文献 (5章)

巌佐庸 1990.『数理生物学入門―生物社会のダイナミックスを探る―』HBJ出版局.
近藤次郎 1984.『最適化法』コロナ社.
Mangel, M., Clark, C.W. 1988. Dynamic Modeling in Behavioral Ecology. Princeton University Press.
Maynard Smith, J. (寺本英・梯正之 訳) 1982.『進化とゲーム理論―闘争の論理』産業図書. 原書を記して下さい
Poundstone, W. (松浦俊輔 訳) 1992.『囚人のジレンマ―フォン・ノイマンとゲームの理論』青土社. 原書を記して下さい
佐伯胖・亀田達也 (編) 2002.『進化ゲームとその展開』共立出版.
酒井聡樹・高田壮則・近雅博 1999.『生き物の進化ゲーム』共立出版.
嶋田正和・山村則男・粕谷英一・伊藤嘉昭 2005.『動物生態学 新版』海游舎.
山村則男 1986. 動物―その適応戦略と社会2『繁殖戦略の数理モデル』東海大学出版会.

引用文献 (5章)

山村則男 1993. 動物と植物の相互関係の理論的考察：植物の防御戦略を中心に. In: 鷲谷いずみ・大串隆之 (編) シリーズ地球共生系5『動物と植物の利用しあう関係』第5章. 平凡社.
山村則男 1994. 社会性昆虫におけるワーカーとソルジャー. 数理科学 367: 53-57.

基本的文献 (6章)

Gillespie, J.H. 2004. Population Genetics: A Concise Guide. Johns Hopkins University Press.
木村資生・大沢省三 (編) 1989.『生物の歴史』岩波書店.
木村資生・太田朋子 (訳) 1972.『クロー遺伝学概説』培風館.
佐々木顕 2010. シリーズ数理生物学要論3『「行動・進化」の数理生物学』第7章 "軍拡競争・共進化・種分化" 共立出版.

引用文献 (6章)

Dieckmann, U. & Law, R. 1996. The dynamical theory of coevolution: A derivation from stochastic ecological processes. Jounal of Mathematical Biology 34: 579-612.
Higashi, M., Takimoto, G. & Yamamura, N. 1999. Sympatric Speciation by Sexual Selection. Nature 402: 523-526.
Iwasa, Y., Pomiankowski, A. & Nee, S. 1991. The evolution of costly mate preference. I. Fisher and biased mutation. II. The "handicap" principle. Evolution 45: 1301-1316.
Lande, R. 1979. Quantitative genetics analysis of multivariable evolution, applied to brain-body size allometry. Evolution 33: 402-416.
Yamauchi, A. & Yamamura, N. 2005. Effects of Defense Evolution and Optimal Diet Choice on Population Dynamics in a One Predator-Two Prey System. Ecology 86: 2513-2524.

基本的文献 (7章)

Anderson, R.M. & May, R.M. 1991. Infectious Diseases of Humans: Dynamics and Control. Oxford University Press.

Brauer, F., van den Driessche, P., & Wu, J. (eds.) 2008. Mathematical epidemiology, Lecture Notes in Mathematics 1945. Springer.

Grenfell, B. & Keeling, M. 2007. Dynamics of infectious disease. In: May, R.M. & McLean, A.R. (eds.) Theoretical Ecology Principles and Applications. 3rd ed., pp. 132-147. Oxford University Press.

稲葉寿 (編著) 2007.『現代人口学の射程』ミネルヴァ書房.

稲葉寿 (編著) 2008.『感染症の数理モデル』培風館.

梯正之 1990. 数理モデルによる麻疹予防接種の効果分析. 日本公衆衛生雑誌 37: 481-489.

Kakehashi, M. 1996. Populations and Infectious Diseases: Dynamics and Evolution. Researches on Population Ecology 38(2): 203-210.

Kakehashi, M. 1998. Mathematical Analysis of the Spread of HIV/AIDS in Japan. IMA Journal of Mathematics Applied in Medicine and Biology 15: 1-13.

梯正之 2004. 感染症流行の数理―データからモデルまで―. 応用数理 14(2): 113-125.

厚生省大臣官房統計情報部 (編) 2000.『平成10年・11年 (1～3月) 伝染病統計』財団法人厚生統計協会.

竹内康博・佐藤一憲・巖佐庸・中岡慎治 (監訳) 2008.『進化のダイナミクス―生命の謎を解き明かす方程式』共立出版.

引用文献 (7章)

Aihara, K. & Suzuki, H. 2010. Theory of hybrid dynamical systems and its applications to biological and medical systems. Philosophical Transactions. of The Royal Society A 368: 4893-4914.

Aihara, K., Tanaka, G., Suzuki, T. & Hirata, Y. 2007. A hybrid systems approach to hormonal therapy of prostate cancer and its nonlinear dynamics. In: Tacano, Y., Yamamoto, Y. & Nakao, M. (eds.) Noise and Fluctuations. 19th International conference. pp. 479-482.

Armitage, P. & Doll, R. 1954. The age distribution of cancer and a multi-stage theory of carcinogenesis. British Journal of Cancer 8: 1-12. (Reprinted in International Journal of Epidemiology 2004, 33: 1174-1179.)

Byrne, H.M., Alarcon, T., Owen, M.R., Webb, S.D. & Maini, P.K. 2006. Modelling aspects of cancer dynamics: a review. Philosophical Transaction of Royal Society Series A 364: 1563-1578.

Eftimie, R., Bramson, J.L. & Earn, D.J.D. 2011. Interactions between the immune system and cancer: A brief review of non-spatial mathematical models. Bulletin of Mathematical Biology 73: 2-32.

Frank, S.A. 2004. Age-specific acceleration of cancer. Current Biology 14: 242-246.

巖佐庸 2008. 生命の数理. pp. 189-208. 共立出版.

久木田文夫 1997. 細胞電気信号の発生機構. In: 臼井支朗 (編) シリーズ・ニューバイオフィジックス8『脳・神経システムの数理モデル―視覚系を中心に―』pp. 14-28. 共立出版.

Mandelblatt, J.S., Cronin, K.A., Bailey, S., Berry, D.A., de Koning, H.J., Draisma, G., Huang, H., Lee, S.J., Munsell, M., Plevritis, S.K., Ravdin, P., Schechter, C.B., Sigal, B., Stoto, M.A., Stout, N.K., van Ravesteyn, N.T., Venier, J., Zelen, M. & Feuer, E.J. 2009. Effects of mammography screening under different screening schedules: Model estimates of potential benefits and harms. Annals of Internal Medicine 151: 738-747.

Michor, F., Hughes, T.P., Iwasa, Y., Branford, S., Shah, N.P. & Sawyers, C.L. 2005. Dynamics of chronic myeloid leukaemia. Nature 435: 1267-1270.

Murray, J.D. 2003. Mathematical biology II: Spatial Models and Biomedical Applications. (3rd

ed.) Springer-Verlag.
中垣俊之(監訳) 2005. 『数理生理学 (上)』日本評論社. (原書 Keener, J. & Sneyd, J. 1998. Mathematical Physiology. Springer-Verlag.)
西浦博・稲葉寿 2011. 感染症の制御による癌リスク減少の評価手法, 統計数理 59(2): 267-286.
Nowak, M.A. & Bangham, R.M. 1996. Population dynamics of immune responses to persistent viruses. Science 272: 74-79.
Nowak, M.A., Komarova, N.L., Sengupta, A., Jallepalli, P.V., Shih, I-M & Vogelstein, B. 2002. The role of chromosomal instability in tumor initiation. Proceedings of the National Academy of Sciences 99: 16226-16231.
Nowak, M.A. & May, R.M. 2000. Virus Dynamics Mathematical Principles of Immunology and Virology. Oxford University Press.
大瀧慈 2007. 発がんの数理モデル. 数学セミナー 2007. 02.
Perelson, A.S., Neumann, A.U., Markowitz, M., Leonard, J.M. & Ho, D.D. 1996. HIV-1 dynamics in vivo: Virion clearance rate, infected cell life-span, and viral generation time. Science 271: 1582-1586.
Preston, D.L., Shimizu, Y., Pierce, D.A., Suyama, A. & Mabuchi, K. 2003. Studies of mortality of Atomic Bomb Survivors. Report 13: Solid cancer and noncancer disease mortality: 1950-1997. Radiation Research 160: 381-407.
U. S. Preventive Services Task Force 2009. Screening for breast cancer. (http://www.uspreventiveservicestaskforce.org/uspstf09/breastcancer/brcanrs.htm
Yamaguchi, N., Tamura, T., Sobue, T., Akiba, S., Ohtaki, M., Baba, Y., Mizuno, S. & Watanabe, S. 1991. Evaluation of cancer prevention strategies by computerized simulation model: an Approach to lung cancer. Cancer Causes and Control 2: 147-155.
Zheng, Q. 1999. Progress of a half century in the study of the Luria-Delbrück distribution. Mathematical Biosciences 162: 1-32.
Zheng, Q. 2002. Statistical and algorithmic methods for fluctuation analysis with SALVADOR as an implementation. Mathematical Biosciences 176: 237-252.

基本的文献 (8章)

Subramanian, A., Tamayo, P., Mootha, V.K., Mukherjee, S., Ebert, B.L., Gillette, M.A., Paulovich, A., Pomeroy, S.L., Golub, T.R., Lander, E.S. & Mesirov, J.P. 2005. Gene set enrichment analysis: a knowledge-based approach for interpreting genome-wide expression profiles. Proceedings of the National Academy of Sciences of the United States of America 102(43): 15545-15550.
Tamayo, P., Slonim, D., Mesirov, J., Zhu, Q., Kitareewan, S., Dmitrovsky, E., Lander, E.S. & Golub, T.R. 1999. Interpreting patterns of gene expression with self-organizing maps: methods and application to hematopoietic differentiation. Proceedings of the National Academy of Sciences of the United States of America 96: 2907-2912.

引用文献 (8章)

Altschul, S.F., Gish, W., Miller, W., Myers, E.W. & Lipman, D.J. 1990. Basic local alignment search tool. Journal of Molecular Biology 215(3): 403-410.
Edman, P. 1950. Method for determination of the amino acid sequence in peptides. Acta Chemica Scandinavica 4: 283-293.
Eisen, M.B., Spellman, P.T., Brown, P.O. & Botstein, D. 1998. Cluster analysis and display of genome-wide expression patterns. Proceedings of the National Academy of Sciences of the United States of America 95(25): 14863-14868.
Golub, T.R., Slonim, D.K., Tamayo, P., Huard, C., Gaasenbeek, M., Mesirov, J.P., Coller, H.,

Loh, M.L., Downing, J.R., Caligiuri, M.A., Bloomfield, C.D. & Lander, E.S. 1999. Molecular classification of cancer: class discovery and class prediction by gene expression monitoring. Science 286(5439): 531-537.

Maxam, A.M. & Gilbert, W. 1977. A new method for sequencing DNA. Proceedings of the National Academy of Sciences of the United States of America 74(2): 560-564.

Rosenblatt, F. 1958. The perceptron: a probabilistic model for information storage and organization in the brain. Psychological Review 65(6): 386-408.

Sanger, F., Nicklen, S. & Coulson, A.R. 1977. DNA sequencing with chain-terminating inhibitors. Proceedings of the National Academy of Sciences of the United States of America 74(12): 5463-5467.

Sano, M., Aoyagi, K., Takahashi, H., Kawamura, T., Mabuchi, T., Igaki, H., Tachimori, Y., Kato, H., Ochiai, A., Honda, H., Nimura, Y., Nagino, M., Yoshida, T. & Sasaki, H. 2010. *Forkhead box A1* transcriptional pathway in *KRT7*-expressing esophageal squamous cell carcinomas with extensive lymph node metastasis. International Journal of Oncology 36(2): 321-330.

Schapire, R.E. 1990. The strength of weak learnability. Machine Learning 5: 197-227.

Smith, T.F. & Waterman, M.S. 1981. Identification of Common Molecular Subsequences. Journal of Molecular Biology 147: 195-197.

Somogyi, R. 1999. Making sense of gene-expression data. Pharmainformatics: A Trends Guide (Trends Supplement). Cambridge, England, Elsevier Trends Journal: pp. 17-24.

Takahashi, H. & Honda, H. 2006. Modified signal-to-noise: a new simple and practical gene filtering approach based on the concept of projective adaptive resonance theory (PART) filtering method. Bioinformatics 22(13): 1662-1664.

Tamayo, P., Slonim, D., Mesirov, J., Zhu, Q., Kitareewan, S., Dmitrovsky, E., Lander, E.S. & Golub, T.R. 1999. Interpreting patterns of gene expression with self-organizing maps: methods and application to hematopoietic differentiation. Proceedings of the National Academy of Sciences of the United States of America 96(6): 2907-2912.

Tibshirani, R., Hastie, T., Narasimhan, B. & Chu, G. 2002. Diagnosis of multiple cancer types by shrunken centroids of gene expression. Proceedings of the National Academy of Sciences of the United States of America 99(10): 6567-6572.

Tusher, V.G., Tibshirani, R. & Chu, G. 2001. Significance analysis of microarrays applied to the ionizing radiation response. Proceedings of the National Academy of Sciences of the United States of America 98(9): 5116-5121.

Vapnik, V.N. & Chervonenkis, A. 1964. A note on one class of perceptrons. Automation and Remote Control 25: 821-837.

Yamada, A., Sasaki, H., Aoyagi, K., Sano, M., Fujii, S., Daiko, H., Nishimura, M., Yoshida, T., Chiba, T. & Ochiai, A. 2008. Expression of cytokeratin 7 predicts survival in stage I/IIA/IIB squamous cell carcinoma of the esophagus. Oncology Reports 20(5): 1021-1027.

事項索引

AIDS（acquired immunodeficiency syndrome）244
Arabidopsis thaliana 134
BLAST（Basic Local Alignment Search Tool）304
cAMP 155
CAMs（cell adhesion molecules）149
central place foraging 177
CIBEX 297
CIN（chromosomal instability）273
CML（chronic myeloid leukaemia）270
CTL（cytotoxic T lymphocyte）254, 260
DDBJ（DNA Data Bank of Japan）295
Dictyostelium discoideum 153
EBI（European Bioinformatics Institute）295
EMBL（European Molecular Biology Laboratory）295
ESS（evolutionarily stable strategy）188
Evo-Devo（evolutionary developmental biology）119
FDR（false discovery rate）312
GEC（generalized epithelial cell）148
GenBank 295
GEO（Gene Expression Omnibus）296
HIV（human immunodeficiency virus）156, 244
HPV 273
IBM（individual based model）217
MHC（major histocompatibility complex）210
NCBI（National Center for Biotechnology Information）295
NIG（National Institute of Genetics）295
NMR（nuclear magnetic resonance）296
NSC（nearest shrunken centroids）312
PDB（The Worldwide Protein Data Bank）296
PRF（Protein Research Foundation）296
PSA（prostate specific antigen）270
PVA（population viability analyses）78
Sitophilus zeamais 157
SPC（scale precursor cell）148
UniProt 295

■ あ 行 ■

アスパラギン酸 161
アライメント 299
アレルギー 253
アロメトリー（allometry）124
アロメトリー式 124
鞍状点（saddle point）330
安定 323
安定共存 30, 34, 37
安定行列 324
安定平衡点 209
イオンチャンネル 274
E-関数 151
移住付き指数成長モデル 5
異所的種分化 217
位置情報説（positional information theory）133
一年草 198
1分子反応 94
1分子反応曲線 125
市松模様 152
一般化ロトカ・ボルテラモデル 39, 42
遺伝共分散 223
遺伝子型頻度 204
遺伝子座 204
遺伝子選択（gene selection あるいは gene filtering）310
遺伝子発現情報 289
遺伝子頻度 204

遺伝子プール　204
遺伝的多様性　209
遺伝的浮動　211
イニシエーション　263
イモリ　136
ウィナー過程（Wiener process）　51
餌獲得効率　175
餌の好ましさ　178
SIR モデル　234
SIS モデル　234
SEIR モデル　234
S 字曲線　18
X 線結晶解析法　296
エデンの園　229
NK 細胞（natural killer cell）　254
FKN モデル　112
エボ・デボ（Evo-Devo）　119
MHC クラス II 分子　255
オイラー・丸山スキーム（Euler-Maruyama scheme）　51
黄金分割比　121
ω 極限　40, 326

■ か 行 ■

外交配　186
階層型クラスタ解析　307
開度 d（divergence angle）　121
解の初期値に対する鋭敏性　23
改良型 GM モデル　102, 141
カオス　22
カオス解　35
過学習　310
化学分解法　298
拡散誘導不安定性（diffusion-driven instability）　137
拡散誘導不安定性理論（diffusion-driven instability theory）　133
核磁気共鳴（NMR）　296
獲得免疫　254
確率セルオートマトン（stochastic cellular automaton）　53
確率微分方程式（stochastic differential equation）　50
隠れマルコフモデル（hidden Markov model）　297
渦状点（focus）　102, 331

渦心点（center）　101, 331
活性化因子（activator）　98
活性化因子・抑制因子モデル（activator-inhibitor model）　99
活性化-抑制系（activator-inhibitor system）　99
活性化-抑制反応　98
活動電位（action potential）　274, 277
鎌形赤血球症遺伝子　209
がん　314
環境収容力（carrying capacity）　15, 161
がん細胞　263
感受性分析（sensitivity analysis）　246
ギーラー・マインハルト（GM）モデル　101
キイロタマホコリカビ（*Dictyostelium discoideum*）　153
幾何平均　181
機能的要因（適応的要因）　130
基本酵素反応　103
基本コンタクトプロセス（basic contact process）　53
基本再生産数（basic reproduction number）　237, 239, 241
ギャップ　299
ギャップダイナミクス（gap dynamics）　61
究極要因　174
休眠種子　180
競合阻害　107
共進化　226
競争カーネル（competition kernel）　70
競争的排除の原理　32, 41
協力　193
極座標モデル　136
局所安定パターン（locally stable pattern）　151
局所的安定性（local stability）　58
局所配偶競争　191
キラー T 細胞　254, 256, 260
切替えタイミング　198
近親交配　185
空間点過程（spatial point process）　69
クエリ配列　299
組換え率　217
クラスター解析　307
クラスターサイズ（cluster size）　61

事項索引

グルメ戦略　179
景観行列（landscape matrix）　77
形質移動　219, 221
形態進化　127
形態進化の変換理論　127
k-means 法　308
経路最適化問題　301
血縁度係数　182
結合写像格子（coupled map lattice）　74
結節点（node）　330
限界価値　199
交替時間　18
抗原　255
格子モデル（lattice model）　53, 149
格子ロジスティックモデル（lattice logistic model）　53
構成的形態学　130
構成要素モデル（indivisual-based model）　149
構造的要因（non-adaptive factor）　131
酵素反応　102
酵素反応速度論　103
酵素法　298
抗体（antibody）　255
後天性免疫不全症候群（AIDS）　244
ゴキブリ　136
コクゾウムシ（*Sitophilus zeamais*）　157
国立遺伝学研究所（NIG）　295
個体群存続可能性分析（PVA）　78
個体ベースモデル（IBM）　217
固定確率　213
コマーシャルセックスワーカー（CSW）　245
固有方程式　321
コルモゴロフの前進方程式（Kolmogorov's forward equation）　51
混合戦略　190
混合阻害　110
ゴンペルツ曲線　126

■ さ 行 ■

再帰的（recurrent）　61
サイクリック AMP（cAMP）　155
最小 2 乗法　20, 328
最大反応速度　105
最適餌パッチ時間　175
最適餌メニュー選択　175
最適休眠率　181
最適生存率　196
サイトカイン（cytokine）　255
細胞移動　133, 148
細胞間信号伝達分子　255
細胞間接着分子（CAMs）　149
細胞傷害性 T リンパ球（CTL）　254, 260
細胞信号の授受　133
細胞選別（cell sorting）　148
細胞複製　132
細胞分化　132
細胞分化パターン　132
魚の卵　171
3 種競争モデル　38
散布カーネル（dispersal kernel）　70
CD4 レセプター　255
CD8 レセプター　255
時間遅れ　23
時間遅れを有するロジスティック方程式　24
時間平均　26, 41
至近要因　174
シグナル走化性　161
シグナル分子　134
シグモイド曲線　18
翅原基（wing disk）　146
自己触媒反応　96
自己密度依存　31
自己密度依存効果　14, 23, 32
自己免疫疾患　253
指数成長　2, 14
指数成長に対する方程式　3
指数成長モデル　2
次世代行列（next generation matrix）　92
自然淘汰　174
自然免疫　254
しっぺ返し（Tit-for-Tat）　62, 194
質量作用型　235
質量作用の法則（law of mass action）　94
質量作用の法則型　249
縞枯れ現象　164
ジャンケン的競争　38
周期解　21
囚人のジレンマゲーム　193
収束安定性（convergence stability）　227

終端条件　197
樹形進化の理論モデル　129
出生死亡過程（birth and death process）　50
種分化　217
主要組織適合性抗原（MHC）　210
巡回的競争モデル　37
巡回的相互作用　38
純出生過程（pure birth process）　47
純粋戦略　190
条件付き確率（conditional probability）　56
ショウジョウバエ　134
上皮細胞（GEC）　148
初期条件　6, 322
初期値　322
植物群落　163
食物連鎖　33
食物連鎖モデル　37
自励系　322
シロイヌナズナ（*Arabidopsis thaliana*）　134
進化安定性（evolutionary stability）　227
進化速度　214
進化的に安定な戦略（ESS）　188
進化臨界値　186
シンク（sink）　74
診断モデル　310
振動解　331
侵入適応度　226
スクレムのモデル　159
スミス・ウォーターマンアルゴリズム（Smith-Waterman algorithm）　303
生活史スケジュール　198
性感染症　240
生息地破壊（habitat loss）　78
生態的要因（ecophynotypic effect）　131
成長可能期間　199
成長曲線　125
性淘汰　218
正の走化性（positive chemotaxis）　153
性比　191
生物個体群　156
生物種の侵入　156
絶対安定パターン（absolutely stable pattern）　151
絶滅時刻　7
漸近安定　323

線形安定　140, 331
線形安定性　139
線形化方程式　325
線形微分方程式　11, 15
線形不安定　331
染色体不安定（CIN）　273
選択係数　207
選択的細胞間接着仮説（differential adhesion hypothesis）　150
前立腺特異抗原（PSA）　270
双安定　31, 34, 37
相加遺伝分散　223
走化性（chemotaxis）　148, 152
相加的　223
双曲型　325
双曲型成長　12
相互作用行列　40
増殖を含む拡散過程　159
相対成長（relative growth）　123
相対成長率（relative growth rate）　122
相同性検索　289
相補的利他行動　193
側方抑制機構　144
ソース（source）　74
ソルジャー　185

■ た 行 ■

大域結合写像（globally coupled map）　74
対数らせん（logarithmic spiral）　121
大腸菌　161
ダイナミック・プログラミング　195, 300
対立遺伝子　204
タカ派　187
タカ・ハトゲーム　187
多重性の問題　312
畳み込み（convolution）　72
多段階理論（multi-stage theory）　264
ダボハゼ戦略　179
玉ねぎ様パターン　152
単為生殖　185
単純拡散過程　156
単純拡散方程式　158
単数倍数性　184
単数倍数体　214
チャンス（偶然的）要因　131
中立安定　230

事項索引　　381

中立説　213
チューリングのモデル　142
チューリング理論　138, 144
懲罰　195
チョウ目昆虫(Lepidoptera)　146
超優性　208
DNAチップ　305, 306
T細胞　254
定常解　330
定常状態仮説　104
定数変化法　6, 9, 15
適応戦略　171
適応度　172
適応動態（adative dynamics）　226
適応度成分　176
伝染病モデル（epidemic model）　61
等角らせん（equiangular spiral）　121
同所的種分化　218
等成長（isometry）　124
投票者モデル（voter model）　61
同類交配　206
特異解　201
特異点　226
特性方程式　139
突然変異　203

な 行
内部平衡点　40
ナチュラルキラー細胞　254
二遺伝子座モデル　216
2型平衡　190
2項分布　211
二重逆数プロット　103, 106
2種共生系　32
2種競争系　28
2倍化時間　7
2被食者-1捕食者系　34
2分子反応　95
二列互生葉序パターン（distichous pattern）　120

は 行
倍数体　182
バクテリア　161
バクテリアコロニー　161
場所選択　197
パッチ（patch）　74
パッチ占有モデル（patch occupaney model）　74
ハッチンソンの方程式　24
ハーディ・ワインベルグの法則（Hardy-Weinberg principle）　205
派手なオス　223
波動解　139
ハト派　187
ハミルトニアン　199
ハミルトンの規則　183
反競合阻害　109
バンスのらせんカオス　35
斑点パターン形成　161
反応拡散方程式　137, 138
反応次数　93
反応速度　93
反応速度式　94
反応速度定数　93
バンバン制御（bang-bang control）　201
反復囚人のジレンマゲーム（iterated prisoner's dilemma）　62
判別分析　310
B細胞　254
非階層型クラスタ解析　307
非協力（defect）　62, 193
非再帰的（transient）　61
非線形微分方程式　11
ヒトパピローマウイルス（HPV）　273
ヒト免疫不全ウイルス（HIV）　156, 244
ヒドラ　135
非明示的な空間モデル（spatially implicit model）　76
評判　195
表面自由エネルギー　151
ビリオン(virion)　257
比例混合（proportionate mixing）　244
頻度依存選択　210
不安定　323
ファンデルポル方程式（Van der Pol equation）　287
フィッシャーのモデル　160
フィッツヒュー・南雲モデル（FitzHugh-Nagumo model）　282
フィードバック抑制系（feedback inhibition）　99

フィボナッチ数列（Fibonacci sequence）121
フィボナッチ分数　121
不完全優性　208
複雑ネットワーク（complex network）61
不妊カースト　183
負の走化性（negative chemotaxis）153
負の超優性　208
部分分数展開　14
フランス国旗問題　134
プログレッション（progression）263
プロモーション　263
ペア近似（pair approximation）56
ペア形成モデル（pair formation model）245
平均こみ合い度（mean crowding）61
平均存続時間（mean persistence time）52
平均適応度　209
平均場近似（mean-field approximation）59
平衡点　25, 322
平衡頻度　189
べき乗指数成長モデル　11
ヘテロクリニックサイクル　38
ヘテロ接合効果　207
ヘテロ接合体　204
ヘテロ接合度　213
ヘリコバクター・ピロリ　273
ベルーゾフ・ザボチンスキー（BZ）反応（Belousov-Zhabotinsky reaction）111
ヘルパーT細胞　255, 256
変異型　226, 249
変異個体　191
変数分離法　4, 11, 14
ポアソン過程（Poisson process）49, 267
ポアンカレ・ベンディクソンの定理（Poincaré-Bendixon theorem）286
包括適応度　182
ホジキン・ハクスレーの神経細胞のモデル（Hodgkin-Huxley model）274
捕食者-被食者系　24
捕食者-被食者の微分方程式系　25
補助変数　199
ホップ分岐（Hopf bifurcation）286
ホメオボックス遺伝子　134
ホモ接合体　204
ホモロジー　299

Holtfreterらの実験　149
ポントリャーギンの最大原理（Pontryagin's maximum principle）198

■ ま 行 ■

マイクロアレイ　305
巻貝の形態形成モデル（pattern formation in snails）128
マクドナルド（Macdonald）型　235, 240, 249
マクロファージ　254
麻疹　250
マルコフ過程（Markov process）48
マルコフ連鎖（Markov chain）48
マルサス型　249
マルサス係数　3, 25, 33
慢性骨髄性白血病（CML）270
ミカエリス定数（Michaelis constant）104
ミカエリス・メンテンの式（Michaelis-Menten equation）105
ミカエリス・メンテンの理論　103
ミクソーマウイルス　248
無限粒子系（interacting particle system）53
明示的な空間構造（explicit spatial structure）76
メスのコスト　221
メスの好み　223
メタ個体群（metapopulation）73
メタ個体群収容力（metapopulation capacity）77
免疫　210
免疫グロブリン（immunoglobulin）255
モーメントクロージャ法（moment closure）69
モルフォゲン（morphogen）133

■ や 行 ■

ヤコビ行列　324
野生型　226, 249
誘引化学物質　161
優越固有値（dominant eigenvalue）77
有効集団サイズ　213
優性　208
有性生殖　209
優成長（positive allometry）124

事項索引

有病率　242, 243
ユニバーサルプロット　18
葉序パターン（phyllotactic pattern）　120
抑制因子（inhibitor）　98

■ ら 行

ライトの方程式　24
ライト・フィッシャーモデル（Wright-Fisher model）　211
ラインウイーバー・バークのプロット（Lineweaver-Burk plot）　103, 106
ラウス・フルビッツ（Routh-Hurwitz）の安定判別法　240
らせん葉序パターン（spiral pattern）　120
ラプラス分布（Laplace distribution）　70
ランダウの記号　48
ランナウェイ過程　219
リアプノフ関数（Lyapnov function）　238, 326
リアプノフ指数　252
罹患率　243
離散時間のロジスティック成長モデル　21
離散世代をもつ指数成長モデル　20
離散モデル（discrete model）　148
利他行動　182

リッカチ型微分方程式　15
リードタイムバイアス　272
量的遺伝形質　223
量的遺伝モデル　222
臨界値定理（marginal value theorem）　178
輪生葉序パターン（whorled pattern）　120
淋病　243
鱗粉前駆細胞（SPC）　148
ルリア・デルブリュック分布（Luria-Delbruck distribution）　269
歴史的・系統発生的要因　130
劣性　208, 210
劣成長（negative allometry）　124
レングスバイアス　272
連鎖非平衡　216
連立型指数成長モデル　8
ロジスティック曲線　126
ロジスティック成長　15
ロジスティック成長モデル　14
ロトカ・ボルテラ競争系　31
ロトカ・ボルテラモデル（Lotka-Volterra model）　24, 33

■ わ 行

ワーカー　183, 185

■ **著者略歴**(五十音順)

梯　正之（かけはし　まさゆき）医学博士・理学博士
　　1956年　福岡県に生まれる
　　1985年　京都大学大学院理学研究科博士課程修了
　　現　在　広島大学大学院医歯薬保健学研究院　教授
　　研究テーマ　保健医療システム・感染症の数理モデル
　　著・訳書　『進化とゲーム理論―闘争の論理―』（共訳，産業図書）
　　　　　　　『昆虫学セミナー　個体群動態と害虫防除』（分担執筆，冬樹社）
　　　　　　　『生態学事典』（分担執筆，共立出版）
　　　　　　　『理論生物学入門』（共著，現代図書）
　　　　　　　『現代人口学の射程』（分担執筆，ミネルヴァ書房）
　　　　　　　『「数」の数理生物学』（分担執筆，共立出版）
　　　　　　　『感染症の数理モデル』（分担執筆，培風館）
　　　　　　　『第2版　現代数理科学事典』（分担執筆，丸善）
　　　　　　　『生物学辞典』（分担執筆，東京化学同人）ほか
　　HPアドレス　http://home.hiroshima-u.ac.jp/kakehashi

佐藤　一憲（さとう　かずのり）理学博士
　　1963年　東京都に生まれる
　　1993年　九州大学大学院理学研究科博士後期課程修了
　　現　在　静岡大学工学部　准教授
　　研究テーマ　空間構造をもち確率論的法則に従う集団の動態などの理論的研究
　　著・訳書　『理工系の微分・積分』（共著，学術図書出版社）
　　　　　　　『ネットワーク科学の道具箱』（共著，近代科学社）
　　　　　　　『「空間」の数理生物学』（共著，共立出版）
　　　　　　　『個体群生態学入門―生物の人口論―』（共訳，共立出版）
　　　　　　　『The Geometry of Ecological Interactions』
　　　　　　　　　（共著，Cambridge University Press）
　　　　　　　『Mathematics for Ecology and Environmental Sciences』
　　　　　　　　　（共著，Springer-Verlag）ほか

関村　利朗（せきむら　としお）理学博士
　　1947年　鳥取県に生まれる
　　1977年　広島大学大学院理学研究科博士課程修了
　　現　在　中部大学大学院応用生物学研究科　教授
　　研究テーマ　生物の形やパターン形成と多様性生成機構についての統合的研究
　　著・訳書　『生物の形の多様性と進化―遺伝子から生態系まで―』（共編著，裳華房）
　　　　　　　『Morphogenesis and Pattern Formation in Biological Systems
　　　　　　　　　―Experiments and Models―』（共編著，Springer-Verlag），
　　　　　　　『生物にみられるパターンとその起源』（共著，東京大学出版会），
　　　　　　　『MATH EVERYWHERE Deterministic and Stochastic Modelling in
　　　　　　　　　Biomedicine, Economics and Industry』（共著，Springer-Verlag）
　　　　　　　『理論生物学入門』（共著，現代図書）
　　　　　　　『「空間」の数理生物学』（共著，共立出版）
　　　　　　　『Pattern Formation in Morphogenesis』（共著，Springer-Verlag）ほか
　　HPアドレス　http://stu.isc.chubu.ac.jp/bio/public/Bio_Chem/labo/sekimura_lab
　　　　　　　　/index.html

高橋　広夫（たかはし　ひろお）博士（工学）

　　1978 年　広島市に生まれる
　　2006 年　名古屋大学大学院工学研究科博士課程修了
　　現　在　中部大学応用生物学部　講師
　　研究テーマ　バイオインフォマティクスによるゲノム網羅的解析
　　著・訳書　『バイオプロダクション―ものつくりのためのバイオテクノロジー―』
　　　　　　　　（共著，コロナ社）
　　　　　　　『Focus on Genetic Screening Research』
　　　　　　　　（共著，NOVA Science Publishers Inc.）ほか
　　HP アドレス　http://stu.isc.chubu.ac.jp/bio/public/Bio_Chem/labo/takahashi_lab/index.html

竹内　康博（たけうち　やすひろ）工学博士

　　1951 年　静岡県に生まれる
　　1979 年　京都大学大学院工学研究科博士課程修了
　　現　在　青山学院大学理工学部　教授
　　研究テーマ　生物数学：感染症伝播，免疫システムなどの理論的研究
　　著・訳書　『応用数学』（共著，学術図書出版社）
　　　　　　　『Global Dynamical Properties of Lotka-Volterra Systems』
　　　　　　　　（単著，World Scientific）
　　　　　　　『Mathematics for Ecology and Environmental Sciences』
　　　　　　　　（共著，Springer-Verlag）
　　　　　　　『Global View at Fight against Influenza』（共著，Nova Science）
　　　　　　　『Avian Influenza: Etiology, Pathogenesis and Interventions』
　　　　　　　　（共著，Nova Science）
　　　　　　　『微生物の力学系―ケモスタット理論を通して―』（監訳，日本評論社）ほか

山村　則男（やまむら　のりお）理学博士

　　1947 年　大阪府に生まれる
　　1975 年　京都大学大学院理学研究科博士課程修了
　　現　在　総合地球環境学研究所　教授
　　研究テーマ　生物間相互作用の進化，生態系の動態などの理論的研究
　　著・訳書　『動物と植物の利用しあう関係』（共著，平凡社）
　　　　　　　『寄生から共生へ―昨日の敵は今日の友』（共著，平凡社）
　　　　　　　『進化ゲームとその展開』（共著，共立出版）
　　　　　　　『生物多様性科学のすすめ―生態学からのアプローチ―』（共著，丸善）
　　　　　　　『動物生態学 新版』（共著，海游舎）
　　　　　　　『理論生物学入門』（共著，現代図書）ほか
　　HP アドレス　http://www.chikyu.ac.jp/yamamura-pro/yamamura/index.html

理論生物学の基礎
2012年5月25日　初版発行

編　者　　関村利朗
　　　　　山村則男

発行者　　本間喜一郎

発行所　　株式会社 海游舎
　　　　　〒151-0061 東京都渋谷区初台 1-23-6-110
　　　　　電話 03 (3375) 8567　　FAX 03 (3375) 0922

印刷・製本　凸版印刷 (株)

© 関村利朗・山村則男 2012

本書の内容の一部あるいは全部を無断で複写複製することは，著作権および出版権の侵害となることがありますのでご注意ください。

ISBN978-4-905930-24-2　　PRINTED IN JAPAN